AutoCAD 2024
从新手到高手

龙马高新教育 编著

北京大学出版社
PEKING UNIVERSITY PRESS

内 容 提 要

本书通过精选案例系统地介绍了AutoCAD 2024的相关知识和应用方法，引导读者深入学习。

全书分为4篇，共16章。第1篇为基础入门篇，主要介绍AutoCAD 2024的基础知识、命令调用、基本设置及图层等；第2篇为二维绘图篇，主要介绍绘制二维图形、编辑二维图形、绘制和编辑复杂对象、尺寸标注、文字与表格、图块与外部参照及图形文件管理操作等；第3篇为三维建模篇，主要介绍三维建模基础、三维模型及编辑三维模型等；第4篇为行业应用篇，主要介绍钢链围墙护栏施工图和四通管绘制等。

本书既适合AutoCAD 2024初、中级人员学习，也可以作为各类院校相关专业学生和计算机培训班学员的教材或辅导用书。

图书在版编目（CIP）数据

AutoCAD 2024从新手到高手 / 龙马高新教育编著. -- 北京：北京大学出版社，2025.9. -- ISBN 978-7-301-36480-2

Ⅰ.TP391.72

中国国家版本馆CIP数据核字第2025F1F563号

书　　　名	**AutoCAD 2024从新手到高手**
	AutoCAD 2024 CONG XINSHOU DAO GAOSHOU
著作责任者	龙马高新教育　编著
责任编辑	孙金鑫　蒲玉茜
标准书号	ISBN 978-7-301-36480-2
出版发行	北京大学出版社
地　　　址	北京市海淀区成府路205号　100871
网　　　址	http://www.pup.cn　　新浪微博：@北京大学出版社
电子邮箱	编辑部 pup7@pup.cn　总编室 zpup@pup.cn
电　　　话	邮购部 010-62752015　发行部 010-62750672　编辑部 010-62570390
印　刷　者	北京圣夫亚美印刷有限公司
经　销　者	新华书店
	787毫米×1092毫米　16开本　21.75印张　542千字
	2025年9月第1版　2025年9月第1次印刷
印　　　数	1-3000册
定　　　价	99.00元

未经许可，不得以任何方式复制或抄袭本书之部分或全部内容。
版权所有，侵权必究
举报电话：010-62752024　电子邮箱：fd@pup.cn
图书如有印装质量问题，请与出版部联系，电话：010-62756370

AutoCAD 2024 很神秘吗？

不神秘！

学习 AutoCAD 2024 难吗？

不难！

阅读本书能掌握 AutoCAD 2024 的使用方法吗？

能！

为什么要阅读本书

AutoCAD 是由美国 Autodesk 公司开发的通用 CAD（Computer Aided Design，计算机辅助设计）软件。随着计算机技术的迅速发展，计算机绘图技术被广泛应用在机械、建筑、家居、纺织和地理信息等行业，并发挥着越来越大的作用。本书从实用的角度出发，结合典型案例，模拟真实的工作环境，介绍了 AutoCAD 2024 的使用方法与技巧，旨在帮助读者全面、系统地掌握 AutoCAD 的应用。

选择本书的 N 个理由

❶ 简单易学，案例为主

本书以案例为主线，贯穿知识点，实操性强，与读者需求紧密结合，模拟真实的工作学习环境，帮助读者解决在工作中遇到的问题。

❷ 高手支招，高效实用

本书的"疑难解析"板块提供了大量的实用技巧，不仅能满足读者的阅读需求，也能解决读者在工作学习中遇见的问题。

❸ 举一反三，巩固提高

本书的"本章练习"板块提供了与该章知识点有关或类型相似的综合案例，帮助读者巩固和提高所学内容。

❹ 海量资源，实用至上

赠送大量实用模板和学习辅助资料等，便于读者结合赠送资料学习掌握实用技巧。

配套资源

❶ 10小时名师视频教程

教学视频涵盖本书所有知识点，详细讲解每个实例的操作过程和关键点。读者可以更轻松地掌握AutoCAD 2024软件的使用方法和技巧。另外，扩展性讲解部分可以使读者获得更加丰富多元的内容。

❷ 超多、超值资源大奉送

随书赠送AutoCAD 2024常用命令速查手册、AutoCAD 2024快捷键查询手册、通过互联网获取学习资源和解题方法、AutoCAD行业图纸模板、AutoCAD设计源文件、AutoCAD图块集模板、AutoCAD 2024软件安装教学视频、15小时Photoshop CC教学视频、《手机办公10招就够》电子书、《微信高手技巧随身查》电子书、《QQ高手技巧随身查》电子书及《高效能人士效率倍增手册》电子书等超值资源，以方便读者扩展学习。

扫描右侧二维码并输入本书77页资源下载码，可下载本书配套资源。

博雅读书社

使用方法

下载配套资源到电脑端，打开相应的文件夹即可查看对应的资源。每一章所用到的素材文件均在"本书实例的素材文件、结果文件\素材\ch*"文件夹中，读者在操作时可随时取用。

本书读者对象

1．没有任何AutoCAD应用基础的初学者。
2．有一定应用基础，想精通AutoCAD 2024的人员。
3．有一定应用基础，没有实战经验的人员。
4．大专院校及培训学校的教师和学生。

创作者说

本书由龙马高新教育编著。如果读者读完本书后，惊奇地发现"我已经是AutoCAD 2024达人了"，就是让我们最欣慰的结果。

在本书编写过程中，我们竭尽所能地为读者呈现最好、最实用的软件功能，但仍难免有疏漏和不妥之处，敬请广大读者指正。

目录 CONTENTS

第 1 篇　基础入门篇

第 1 章　AutoCAD 2024 入门

了解 AutoCAD 的入门知识，包括软件的安装、启动、退出、工作界面，以及一些基本操作等。

- 1.1 安装与启动 AutoCAD 2024 3
  - 1.1.1 安装 AutoCAD 2024 3
  - 1.1.2 启动与退出 AutoCAD 2024 4
- 1.2 AutoCAD 2024 的工作界面 5
  - 1.2.1 应用程序菜单 5
  - 1.2.2 菜单栏 6
  - 1.2.3 选项卡与面板 6
  - 1.2.4 绘图窗口 7
  - 1.2.5 命令行与文本窗口 7
  - 1.2.6 状态栏 8
  - 1.2.7 坐标系 8
  - 1.2.8 切换工作空间 9
- 1.3 AutoCAD 的图形文件管理 10
  - 1.3.1 新建图形文件 10
  - ◇ 练一练——新建一个样板为"acadiso.dwt"的图形文件 10
  - 1.3.2 打开图形文件 11
  - ◇ 练一练——打开"飞机"图形文件 11
  - 1.3.3 保存图形文件 12
  - ◇ 练一练——保存"酒杯"图形文件 12
  - 1.3.4 关闭图形文件 12
  - 1.3.5 将文件输出保存为其他格式 13
  - ◇ 练一练——将文件输出保存为"PDF"格式 14
- 1.4 命令的调用方法 14
  - 1.4.1 输入命令 14
  - 1.4.2 命令行提示 15
  - 1.4.3 退出命令 16
  - 1.4.4 重复执行命令 16
  - 1.4.5 透明命令 16
- 1.5 AutoCAD 坐标系统 17
  - 1.5.1 了解坐标系统 17
  - 1.5.2 坐标值的几种输入方式 17
- 1.6 AutoCAD 2024 新增功能 19
  - 1.6.1 文件选项卡菜单 19
  - 1.6.2 智能块（放置） 20
- 1.7 实例——利用坐标输入系统绘制图形 21

疑难解析

1. 巧妙打开备份文件和临时文件 21
2. 选项卡和面板的灵活显示 22

本章练习

第 2 章　AutoCAD 的基本设置

在开始绘图之前，要对辅助绘图工具进行周详且细致的设置，这些设置主要包括系统选项设置、草图设置和打印设置等。

- 2.1 系统选项设置 25
  - 2.1.1 显示设置 25
  - 2.1.2 打开和保存设置 26
  - ◇ 练一练——查找临时图形文件的保存位置 27
  - 2.1.3 用户系统配置 28
  - ◇ 练一练——自定义右键单击 28

2.1.4 绘图设置	29
2.1.5 选择集设置	30
2.2 草图设置	**31**
2.2.1 对象捕捉设置	31
2.2.2 极轴追踪设置	32
2.2.3 动态输入设置	33
2.2.4 选择循环设置	34
◇ 练一练——删除重叠对象	34
2.3 打印设置	**35**
2.3.1 选择打印机	35
2.3.2 设置图纸尺寸和打印比例	36
2.3.3 打印区域	36
2.3.4 更改图形方向	37
2.3.5 切换打印样式表	37
2.3.6 打印预览	38
◇ 练一练——打印带轮工程图	38
2.4 实例——创建样板文件	**39**

疑难解析

1. 巧用临时捕捉 41
2. 鼠标中键的灵活运用 42

第3章　图层

图层相当于重叠的透明图纸，每张图纸上面的图形都具备自己的颜色、线宽、线型等特性，将所有图纸上面的图形绘制完成后，可以根据需要对其进行相应的隐藏或显示，得到最终的图形需求结果。为方便对 AutoCAD 对象进行统一管理和修改，用户可以把类型相同或相似的对象设置为同一图层。

3.1 图层特性管理器	**44**
3.1.1 创建新图层	44
◇ 练一练——新建一个名称为"粗实线"的图层	44
3.1.2 更改图层颜色	45
◇ 练一练——更改"台灯罩"轮廓图层的颜色	45
3.1.3 更改图层线宽	46
◇ 练一练——更改"靠背椅"底座图层的线宽	46
3.1.4 更改图层线型	47
◇ 练一练——更改"中心线"图层的线型	48
3.2 更改图层的控制状态	**49**
3.2.1 打开/关闭图层	49
◇ 练一练——关闭"手提包"图层	49
3.2.2 冻结/解冻图层	50
◇ 练一练——冻结"水翁"图层	50
3.2.3 锁定/解锁图层	51
◇ 练一练——锁定"大丝葵"图层	51
3.2.4 打印/不打印图层	51
◇ 练一练——使"旗杆"图层处于不打印状态	52
3.3 管理图层	**52**
3.3.1 改变图形对象所在图层	52
◇ 重点——改变细实线对象所在图层	53
3.3.2 切换当前层	53
◇ 重点——将"躺椅"图层置为当前	54
3.3.3 删除图层	54
◇ 练一练——删除"天花板和酒瓶"图层	55
3.4 实例——创建建筑制图图层	**56**

疑难解析

1. 轻松匹配对象属性 57
2. 如何控制线型的显示效果 58

本章练习

第2篇　二维绘图篇

第4章　绘制基本二维图形

二维图形是 AutoCAD 的核心功能，任何复杂的图形，都是由点、线等基本的二维图形组合而成。对基本二维图形进行合理的绘制与布置，有利于提高复杂二维图形绘制的准确度及绘图效率。

4.1 绘制点	**62**
4.1.1 设置点样式	62
4.1.2 单点与多点	62
4.1.3 定距等分点	63
◇ 练一练——为圆弧对象进行定距等分	63
4.1.4 定数等分点	64
◇ 练一练——绘制燃气灶开关和燃气孔	64
4.2 绘制直线	**65**
◇ 练一练——绘制三通管接头图形	66

目录 CONTENTS

4.3 绘制构造线	66
◇ 练一练——绘制构造线对象	66
4.4 绘制射线	67
◇ 练一练——绘制射线对象	67
4.5 绘制矩形和正多边形	68
4.5.1 矩形	68
◇ 练一练——绘制矩形对象	69
4.5.2 多边形	70
◇ 练一练——绘制多边形对象	70
4.6 绘制圆	70
◇ 练一练——绘制阀盖图形	72
4.7 绘制圆弧	73
◇ 练一练——绘制梅花图案	76
4.8 绘制椭圆和椭圆弧	76
4.8.1 椭圆	76
◇ 练一练——绘制椭圆对象	77
4.8.2 椭圆弧	78
◇ 练一练——绘制椭圆弧对象	78
4.9 绘制圆环	78
◇ 练一练——绘制圆环对象	79
4.10 实例——绘制洗手盆平面图	79

疑难解析

1. 关联的中心标记和中心线 ... 80
2. 轻松控制正多边形底边与水平方向的夹角角度 ... 82

本章练习

第5章 编辑二维图形对象

单纯地使用绘图命令,只能创建一些基本的图形对象。如果要绘制复杂的图形,在很多情况下必须借助图形编辑命令。AutoCAD 提供了强大的图形编辑功能,可以帮助用户合理地构造和组织图形,既保证绘图的精确性,又简化了绘图操作,从而极大地提高了绘图效率。

5.1 选取对象	85
5.1.1 单个选取对象	85
5.1.2 选取多个对象	85
◇ 练一练——对多个图形对象同时进行选取	85
5.2 复制类编辑对象	86
5.2.1 复制	87
◇ 练一练——通过复制命令完善压缩弹簧图形	87
5.2.2 偏移	88
◇ 练一练——绘制扬声器图形	88
5.2.3 镜像	89
◇ 练一练——绘制压盖螺母图形	89
5.2.4 阵列	90
◇ 练一练——通过阵列命令创建图形对象	90
5.3 调整对象的大小或位置	91
5.3.1 移动	92
◇ 练一练——移动树木图形对象	92
5.3.2 旋转	92
◇ 练一练——旋转植物图形对象	92
5.3.3 缩放	93
◇ 练一练——缩放餐具图形对象	93
5.3.4 修剪	94
◇ 练一练——修剪图形对象	95
5.3.5 延伸	95
◇ 练一练——对图形对象进行延伸操作	96
5.3.6 拉伸	96
◇ 练一练——对图形对象进行拉伸操作	97
5.3.7 拉长	97
◇ 练一练——完善齿轮轴图形	98
5.4 构造类编辑对象	98
5.4.1 圆角	98
◇ 练一练——完善U盘图形	99
5.4.2 倒角	99
◇ 练一练——创建倒角对象	100
5.4.3 有间隙的打断	100
◇ 练一练——创建有间隙的打断	100
5.4.4 没间隙的打断——打断于点	101
◇ 练一练——完善衣柜图形	102
5.4.5 合并	102
◇ 练一练——合并图形对象	102
5.5 分解和删除对象	103
5.5.1 分解	103
◇ 练一练——分解标高图块	103
5.5.2 删除	104
◇ 练一练——删除花朵图形多余花瓣	104

5.6 实例——绘制定位压盖 105

疑难解析
1. 巧用圆角命令延伸对象 109
2. 轻松找回误删除的对象 109

本章练习

第 6 章 绘制和编辑复杂二维对象

AutoCAD 2024 可以满足用户的多种绘图需要，一种图形可以通过多种绘制方式来绘制，如平行线可以用两条直线来绘制，但是用多线绘制会更为快捷准确。

6.1 创建和编辑图案填充 112
  6.1.1 图案填充 112
   ◇ 练一练——创建图案填充对象 112
  6.1.2 编辑图案填充 113
   ◇ 练一练——编辑图案填充对象 114
6.2 创建和编辑多线 114
  6.2.1 多线样式 114
   ◇ 练一练——设置多线样式 115
  6.2.2 多线 115
   ◇ 练一练——创建多线对象 116
  6.2.3 编辑多线 117
   ◇ 练一练——编辑多线对象 117
6.3 创建和编辑多段线 118
  6.3.1 多段线 119
   ◇ 练一练——创建窗帘对象 119
  6.3.2 编辑多段线 120
   ◇ 练一练——编辑多段线对象 121
6.4 创建和编辑样条曲线 121
  6.4.1 样条曲线 121
   ◇ 练一练——绘制景观平台结构侧立面图 122
  6.4.2 编辑样条曲线 122
   ◇ 练一练——编辑样条曲线对象 123
6.5 创建面域和边界 124
  6.5.1 面域 124
   ◇ 练一练——创建面域对象 124
  6.5.2 边界 124
   ◇ 练一练——创建边界对象 125

6.6 实例——绘制墙体外轮廓及填充 126

疑难解析
1. 轻松填充个性化图案 129
2. 巧用多线绘制同心五角星 130

本章练习

第 7 章 图块

图块是一组图形实体的总称，在图形中需要插入某些特殊符号时会经常用到该功能。在应用过程中，CAD 图块将作为一个独立的、完整的对象来操作，在图块中各部分图形可以拥有各自的图层、线型、颜色等特征。用户可以根据需要按指定比例和角度将图块插入到指定位置。

7.1 创建内部块和全局块 132
  7.1.1 创建内部块 132
   ◇ 练一练——创建婴儿车图块 132
  7.1.2 创建全局块（写块）..................... 133
   ◇ 练一练——创建环岛行驶标识图块 134
7.2 插入块 135
   ◇ 练一练——插入窗户图块 135
7.3 创建和编辑带属性的块 137
  7.3.1 定义属性 137
   ◇ 练一练——创建带属性的块 138
  7.3.2 修改属性定义 139
   ◇ 练一练——修改"标高"图块属性定义 140
7.4 图块管理 141
  7.4.1 分解块 141
   ◇ 练一练——分解毛巾架图块 141
   ◇ 练一练——重定义"单开门"图块 142
  7.4.2 块编辑器 143
   ◇ 练一练——编辑"落料模型"图块 143
7.5 实例——创建并插入带属性的"标高"图块 144

疑难解析
1. 图块的快速创建方法 146
2. 完美分解无法分解的图块 147

本章练习

第 8 章　尺寸标注

没有尺寸标注的图形被称为哑图，各大行业已经极少采用。需要注意的是零件的大小取决于图纸所标注的尺寸，并不以实际绘图尺寸作为依据。因此，图纸中的尺寸标注可以看作是数字化信息的表达。

8.1 尺寸标注的规则和组成 150
8.1.1 尺寸标注的规则 150
8.1.2 尺寸标注的组成 150

8.2 尺寸标注样式管理器 151
◇ 练一练——创建建筑标注样式 151

8.3 尺寸标注 153
8.3.1 线性标注 154
◇ 练一练——创建线性标注对象 154
8.3.2 对齐标注 154
◇ 练一练——创建对齐标注对象 155
8.3.3 半径标注 155
◇ 练一练——创建半径标注对象 156
8.3.4 直径标注 156
◇ 练一练——创建直径标注对象 156
8.3.5 角度标注 157
◇ 练一练——创建角度标注对象 157
8.3.6 弧长标注 158
◇ 练一练——创建弧长标注对象 158
8.3.7 基线标注 158
◇ 练一练——创建基线标注对象 159
8.3.8 连续标注 159
◇ 练一练——创建连续标注对象 160
8.3.9 折弯标注 161
◇ 练一练——创建折弯标注对象 161
8.3.10 折弯线性标注 162
◇ 练一练——创建折弯线性标注对象 162
8.3.11 坐标标注 163
◇ 练一练——创建坐标标注对象 163
8.3.12 快速标注 164
◇ 练一练——创建快速标注对象 164
8.3.13 检验标注 164
◇ 练一练——创建检验标注对象 165

8.4 多重引线标注 165
8.4.1 多重引线样式 166
◇ 练一练——设置多重引线样式 166

8.4.2 创建多重引线 168
◇ 练一练——创建多重引线标注 168
8.4.3 多重引线的编辑 169
◇ 练一练——编辑多重引线对象 169

8.5 尺寸公差和形位公差标注 171
8.5.1 标注尺寸公差 172
◇ 练一练——创建尺寸公差对象 172
8.5.2 标注形位公差 174
◇ 练一练——创建形位公差对象 175

8.6 实例——标注机械图形 175

疑难解析
1. 对齐标注的水平竖直标注与线性标注的区别 181
2. 快速切换当前标注样式 182

本章练习

第 9 章　智能标注和编辑标注

智能标注（dim）命令可以实现在同一命令任务中创建多种类型的标注。智能标注（dim）命令支持的标注类型包括垂直标注、水平标注、对齐标注、旋转的线性标注、角度标注、半径标注、直径标注、折弯半径标注、弧长标注、基线标注和连续标注。

标注对象创建完成后可以根据需要对其进行编辑操作，以满足工程图纸的实际标注需求。本章介绍如何编辑图形对象的各种标注。

9.1 智能标注——dim 命令 185
◇ 练一练——使用智能标注功能标注图形对象 185

9.2 编辑标注 186
9.2.1 DIMEDIT（DED）编辑标注 186
◇ 练一练——编辑标注对象 187
9.2.2 文字对齐方式 188
◇ 练一练——对标注对象进行文字对齐 188
9.2.3 调整标注间距 189
◇ 练一练——调整标注间距 190
9.2.4 标注打断处理 190
◇ 练一练——对标注进行打断处理 191
9.2.5 使用夹点编辑标注 192
◇ 练一练——使用夹点功能编辑标注对象 192

9.3 实例——给弯头图形添加标注 193

疑难解析
1. 编辑标注关联性 195
2. 仅移动标注对象的文字部分 197

本章练习

第10章 文字和表格

绘图时需要对图形进行文本标注和说明。AutoCAD 提供了强大的文字和表格功能，可以帮助用户创建文字和表格，从而标注图样的非图形信息，使设计和施工人员对图形一目了然。

10.1 创建文字样式 200
　　◇ 练一练——创建文字样式 200
10.2 输入与编辑单行文字 201
　　10.2.1 单行文字 201
　　◇ 练一练——创建单行文字对象 202
　　10.2.2 编辑单行文字 202
　　◇ 练一练——编辑单行文字对象 203
10.3 输入与编辑多行文字 203
　　10.3.1 多行文字 203
　　◇ 练一练——创建多行文字对象 203
　　10.3.2 编辑多行文字 204
　　◇ 练一练——编辑多行文字对象 204
10.4 创建表格 205
　　10.4.1 创建表格样式 205
　　◇ 练一练——创建表格样式 205
　　10.4.2 创建表格对象 206
　　◇ 练一练——创建表格对象 207
　　10.4.3 编辑表格 207
　　◇ 练一练——编辑表格对象 208
10.5 实例——创建明细栏并添加文字说明 210

疑难解析
1. 输入的字体显示 "???" 的解决方法 212
2. 轻松替换原文件中不存在的字体 212

本章练习

第11章 查询

AutoCAD 中包含许多辅助绘图功能供用户进行调用，其中查询就是应用较广的辅助功能。本章将对查询工具的使用进行详细介绍。

11.1 查询对象信息 214
　　11.1.1 查询距离 214
　　◇ 重点——查询对象距离信息 214
　　11.1.2 查询半径 215
　　◇ 重点——查询对象半径信息 215
　　11.1.3 查询角度 215
　　◇ 重点——查询对象角度信息 215
　　11.1.4 查询面积和周长 216
　　◇ 重点——查询对象面积和周长信息 216
　　11.1.5 查询体积 217
　　◇ 练一练——查询对象体积信息 217
　　11.1.6 查询质量特性 217
　　◇ 练一练——查询对象质量特性 218
　　11.1.7 查询对象列表 218
　　◇ 练一练——查询对象列表信息 218
　　11.1.8 查询点坐标 219
　　◇ 重点——查询点坐标信息 219
　　11.1.9 查询图纸绘制时间 220
　　◇ 练一练——查询图纸绘制时间相关信息 .. 220
　　11.1.10 查询图纸状态 220
　　◇ 练一练——查询图纸状态相关信息 220
11.2 实例——查询卧室对象属性 221

疑难解析
1. LIST 和 DBLIST 命令的差异 223
2. 核查和修复 223

本章练习

第3篇　三维建模篇

第12章 三维建模基础

相对于二维 XY 平面视图，三维视图多了一个维度，不仅有 XY 平面，还有 ZX 平面和 YZ 平面。因此，三维视图相对于二维视图更加直观。可以通过三维空间和视觉样式的切换，从不同角度观察图形。

12.1 三维建模空间与三维视图 227
12.1.1 三维建模空间 227
12.1.2 三维视图 227

12.2 视觉样式 228
12.2.1 视觉样式的分类 228
◇ 练一练——在不同视觉样式下对三维模型进行观察 230
12.2.2 视觉样式管理器 230

12.3 坐标系 231
12.3.1 创建 UCS（用户坐标系） 231
◇ 练一练——创建用户自定义 UCS 232
12.3.2 重命名 UCS（用户坐标系） 232
◇ 练一练——对用户自定义 UCS 进行重命名操作 233

12.4 实例——对沙发模型进行观察 233

疑难解析
1. 坐标系自动变化的原因 234
2. 多方向同时观察模型 235

本章练习

第 13 章 三维建模

在三维界面内，除了可以绘制简单的三维图形，还可以绘制三维曲面和三维实体。例如，可以直接绘制长方体、球体和圆柱体等基本实体，也可以通过二维图形的拉伸、旋转等命令生成实体。

13.1 三维实体建模 237
13.1.1 长方体建模 237
◇ 练一练——创建长方体几何模型 237
13.1.2 圆柱体建模 237
◇ 练一练——创建圆柱体几何模型 238
13.1.3 圆锥体建模 238
◇ 练一练——创建圆锥体几何模型 239
13.1.4 球体建模 239
◇ 练一练——创建球体几何模型 239
13.1.5 棱锥体建模 239

◇ 练一练——创建棱锥体几何模型 240
13.1.6 楔体建模 240
◇ 练一练——创建楔体几何模型 240
13.1.7 圆环体建模 241
◇ 练一练——创建圆环体几何模型 241
13.1.8 多段体建模 241
◇ 练一练——创建多段体几何模型 242

13.2 三维曲面建模 242
13.2.1 长方体表面建模 243
◇ 练一练——创建长方体曲面模型 243
13.2.2 圆锥体表面建模 243
◇ 练一练——创建圆锥体曲面模型 243
13.2.3 圆柱体表面建模 244
◇ 练一练——创建圆柱体曲面模型 244
13.2.4 棱锥体表面建模 245
◇ 练一练——创建棱锥体曲面模型 245
13.2.5 球体表面建模 245
◇ 练一练——创建球体曲面模型 246
13.2.6 楔体表面建模 246
◇ 练一练——创建楔体曲面模型 246
13.2.7 圆环体表面建模 247
◇ 练一练——创建圆环体曲面模型 247
13.2.8 旋转曲面建模 247
◇ 练一练——创建旋转曲面模型 248
13.2.9 边界曲面建模 248
◇ 练一练——创建边界曲面模型 249
13.2.10 直纹曲面建模 249
◇ 练一练——创建直纹曲面模型 249
13.2.11 平移曲面建模 250
◇ 练一练——创建平移曲面模型 250

13.3 由二维图形创建三维图形 251
13.3.1 拉伸成型 251
◇ 练一练——通过拉伸创建实体模型 252
13.3.2 放样成型 253
◇ 练一练——通过放样创建实体模型 253
13.3.3 旋转成型 254
◇ 练一练——通过旋转创建实体模型 254
13.3.4 扫掠成型 255
◇ 练一练——通过扫掠创建实体模型 255

13.4 实例——创建烟感报警器模型 256

疑难解析

1. 橄榄球体和苹果造型的快速绘制 258
2. 实体和曲面之间的相互转换 258
◇ 练一练——实体和曲面间的相互转换 258

本章练习

第 14 章 编辑三维模型

在绘图时，用户可以对图形进行三维图形编辑。三维图形编辑就是对图形对象进行阵列、镜像、旋转、对齐以及对模型的边、面等修改操作的过程。AutoCAD 提供了强大的三维图形编辑功能，可以帮助用户合理地构造和组织图形。

14.1 布尔运算和干涉检查 261
14.1.1 并集运算 261
◇ 练一练——对三维模型进行并集运算 261
14.1.2 差集运算 261
◇ 练一练——对三维模型进行差集运算 262
14.1.3 交集运算 262
◇ 练一练——对三维模型进行交集运算 262
14.1.4 干涉检查 263
◇ 练一练——对三维模型进行干涉检查 263

14.2 三维图形的操作 264
14.2.1 三维旋转 264
◇ 练一练——对三维模型进行三维旋转操作 264
14.2.2 三维对齐 265
◇ 练一练——对三维模型进行三维对齐操作 266
14.2.3 三维镜像 267
◇ 练一练——对三维模型进行三维镜像操作 267

14.3 三维实体边编辑 268
14.3.1 圆角边 268
◇ 练一练——对三维实体对象进行圆角边操作 268
14.3.2 倒角边 269
◇ 练一练——对三维实体对象进行倒角边操作 269
14.3.3 提取边 270
◇ 练一练——对三维实体对象进行提取边操作 270
14.3.4 压印边 270

◇ 练一练——对三维实体对象进行压印边操作 271
14.3.5 着色边 271
◇ 练一练——对三维实体对象进行着色边操作 272
14.3.6 复制边 272
◇ 练一练——对三维实体对象进行复制边操作 273
14.3.7 偏移边 273
◇ 练一练——对三维实体对象进行偏移边操作 273

14.4 三维实体面编辑 274
14.4.1 拉伸面 274
◇ 练一练——对三维实体对象进行拉伸面操作 274
14.4.2 倾斜面 275
◇ 练一练——对三维实体对象进行倾斜面操作 275
14.4.3 移动面 276
◇ 练一练——对三维实体对象进行移动面操作 276
14.4.4 复制面 277
◇ 练一练——对三维实体对象进行复制面操作 277
14.4.5 偏移面 277
◇ 练一练——对三维实体对象进行偏移面操作 278
14.4.6 删除面 278
◇ 练一练——对三维实体对象进行删除面操作 278
14.4.7 旋转面 279
◇ 练一练——对三维实体对象进行旋转面操作 279
14.4.8 着色面 280
◇ 练一练——对三维实体对象进行着色面操作 280

14.5 三维实体体编辑 281
14.5.1 剖切 281
◇ 练一练——对三维实体对象进行剖切操作 281
14.5.2 加厚 282
◇ 练一练——对三维实体对象进行加厚操作 282
14.5.4 抽壳 282
◇ 练一练——对三维实体对象进行抽壳操作 283

14.6 实例——创建三维升旗台 283

疑难解析

1. 可用于三维空间的二维编辑命令 288
2. 轻松标注三维模型 288

本章练习

第 4 篇　行业应用篇

第 15 章　钢链围墙护栏施工图

护栏根据用途可以分为围墙护栏、阳台护栏、道路护栏、空调护栏等。本章以钢链围墙护栏为例,对护栏施工图的绘制进行介绍。

15.1　围墙护栏设计简介 293
- 15.1.1　围墙护栏的设计标准 293
- 15.1.2　钢链围墙护栏施工图的绘制思路 293
- 15.1.3　围墙护栏设计的注意事项 294

15.2　绘制钢链围墙护栏施工图 295
- 15.2.1　设置绘图环境 295
- 15.2.2　绘制钢链围墙护栏立面图 299
- 15.2.3　绘制钢链围墙护栏剖面图 305
- 15.2.4　为钢链围墙护栏立面/剖面图添加注释 310
- 15.2.5　绘制详图 1 311
- 15.2.6　绘制详图 2 314

第 16 章　四通管绘制

四通管是一种管件,主要应用于管道汇集的地方,用于连接管道并传输相应介质。本章将对四通管的绘制进行介绍。

16.1　四通管设计简介 316
- 16.1.1　四通管的设计标准 316
- 16.1.2　四通管的绘制思路 316
- 16.1.3　四通管设计的注意事项 317

16.2　绘制四通管 318
- 16.2.1　设置绘图环境 318
- 16.2.2　绘制剖视图 A-A 321
- 16.2.3　绘制剖视图 B-B 325
- 16.2.4　绘制局部视图 331
- 16.2.5　添加注释 334

第 1 篇

基础入门篇

第1章
AutoCAD 2024 入门

内容简介

了解 AutoCAD 的入门知识,包括软件的安装、启动、退出、工作界面,以及一些基本操作等。

内容要点

- AutoCAD 2024 的安装、启动及退出
- AutoCAD 2024 的工作界面
- AutoCAD 的图形文件管理
- AutoCAD 的命令调用方法
- AutoCAD 2024 的新增功能

案例效果

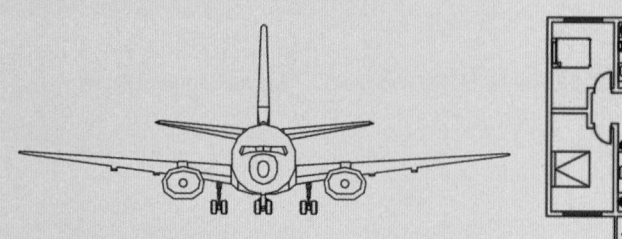
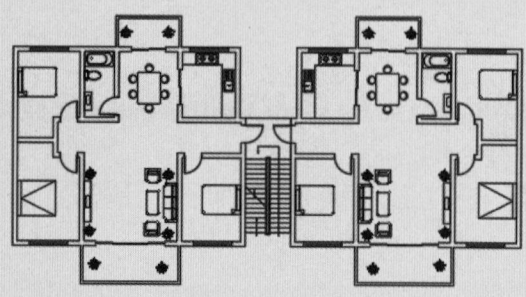

第 1 章
AutoCAD 2024 入门

1.1 安装与启动 AutoCAD 2024

在计算机上正常使用 AutoCAD 2024 软件的前提是在计算机上正确安装该软件，本节就来介绍一下如何安装、启动，以及退出 AutoCAD 2024。

1.1.1 安装 AutoCAD 2024

AutoCAD 2024 安装步骤如下。

第1步 下载安装程序并将其解压到一个英文名称的文件夹下，如图 1-1 所示。

图 1-1 解压缩文件

第2步 解压完成后找到并双击 Setup.exe 文件，在弹出的"法律协议"界面，勾选"我同意使用条款"复选框，然后单击"下一步"按钮，如图 1-2 所示。

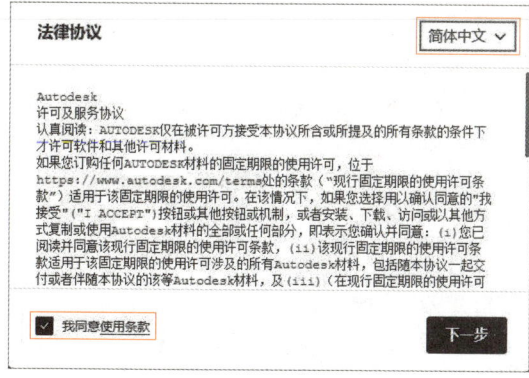

图 1-2 法律协议

第3步 在"选择安装位置"界面中，单击  可以更改安装的位置，设定好安装位置后单击"安装"按钮，如图 1-3 所示。

第4步 计算机的配置不同，安装的速度也不相同，"安装进度"界面如图 1-4 所示。

图 1-3 指定安装位置

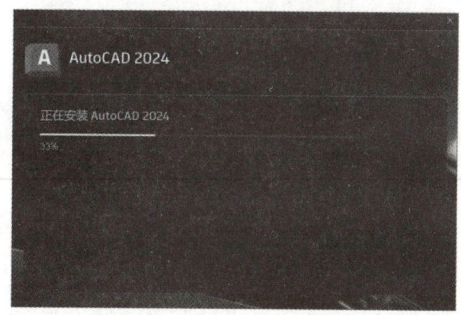

图 1-4 安装进度界面

第5步 程序安装完成后，提示是否重启计算机，如图 1-5 所示。

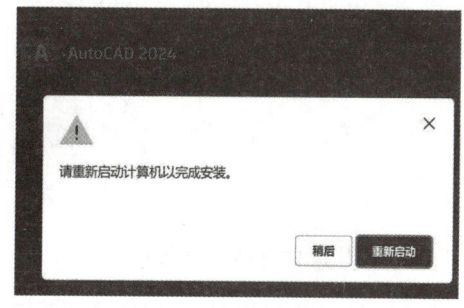

图 1-5 重启提示框

第 6 步 在重启提示框上单击"稍后"按钮，弹出安装完成界面，如图 1-6 所示。

图 1-6　安装完成界面

> **提示**
>
> 1. 如果计算机上要同时安装多个版本的 AutoCAD，一定要先安装低版本的，再安装高版本的。
>
> 2. 在安装前，要先把安装程序压缩包解压到一个不含中文字符的文件夹中，再进行安装。
>
> 3. 成功安装 AutoCAD 2024 后，还应进行产品注册。

1.1.2　启动与退出 AutoCAD 2024

1. 启动 AutoCAD 2024

AutoCAD 2024 的常用启动方法有三种，下面将分别进行介绍。

执行方式

- "开始"菜单→"AutoCAD 2024"→"AutoCAD 2024"命令。
- 双击桌面上的快捷图标 A。
- 打开已经创建的 AutoCAD 文件。

操作步骤

执行上述操作后会启动 AutoCAD 2024，并弹出"开始"选项卡界面，如图 1-7 所示。

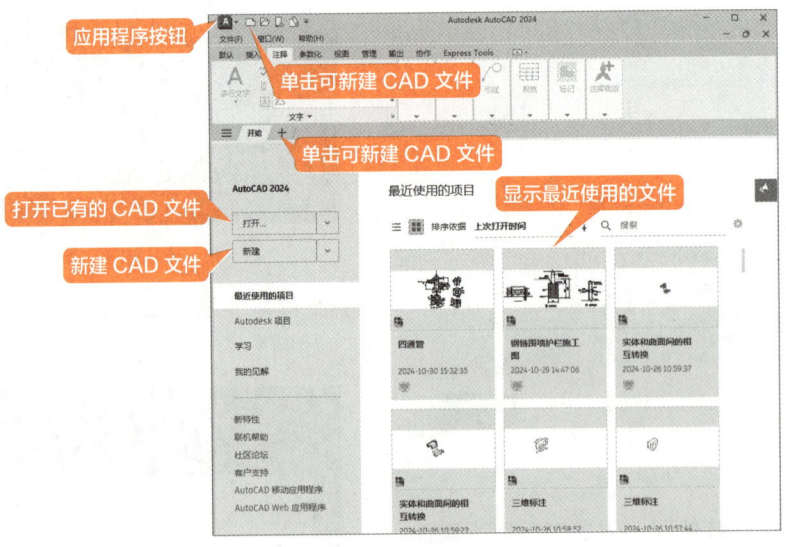

图 1-7　"开始"选项卡界面

2. 退出 AutoCAD 2024

AutoCAD 2024 的常用退出方法有五种，下面将分别进行介绍。

第 1 章
AutoCAD 2024 入门

执行方式

- 单击标题栏中的"关闭"按钮，或在标题栏空白位置处右击，在弹出的下拉菜单中选择"关闭"选项。
- 在命令行中输入"QUIT"命令，按"Enter"键确认。
- 使用快捷键"Alt+F4"。
- 单击"应用程序菜单"按钮，在弹出的菜单中单击"退出 AutoCAD"按钮 。
- 双击"应用程序菜单"按钮。

1.2 AutoCAD 2024 的工作界面

AutoCAD 2024 的工作界面由应用程序菜单、标题栏、快速访问工具栏、菜单栏、功能区、绘图窗口、命令行和状态栏等组成。AutoCAD 2024 工作界面如图 1-8 所示。

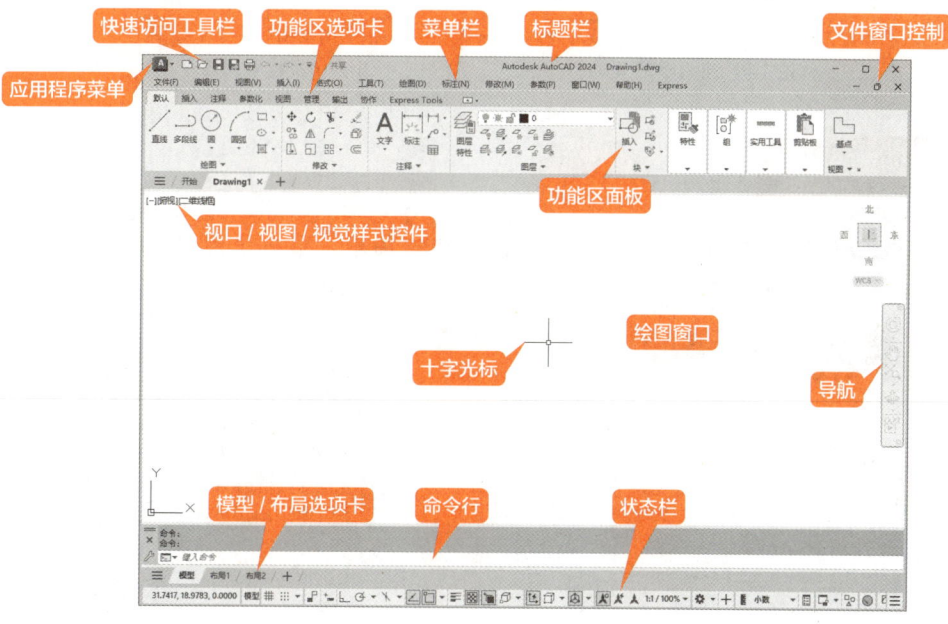

图 1-8　AutoCAD 2024 工作界面

1.2.1 应用程序菜单

在应用程序菜单中，可以搜索命令、访问常用工具并浏览文件。

执行方式

- 在 AutoCAD 2024 界面左上方，单击"应用程序菜单"按钮即可。

操作步骤

执行上述操作后会弹出应用程序菜单，如图 1-9 所示。

选项说明

可以在应用程序菜单中快速创建、打开、保存、核查、修复和清除文件，打印或发布图形，还可以在右下方单击"选项"按钮，打开"选项"对话框，单击"退出 Autodesk AutoCAD 2024"按钮，退出 AutoCAD。在应用程序菜单上方的搜索框中，输入搜索字段，按"Enter"键确认，下方将显示搜索到的命令，如图 1-10 所示。

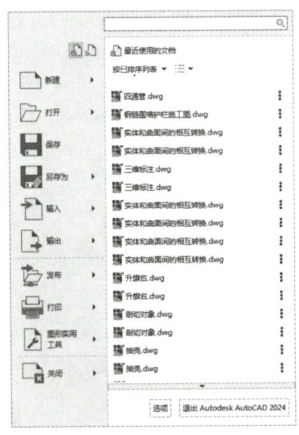

图 1-9　应用程序菜单

图 1-10　搜索到的命令

1.2.2　菜单栏

在 AutoCAD 2024 中可以根据需要显示或隐藏菜单栏，如图 1-11 所示。

图 1-11　显示或隐藏菜单栏

显示出来的菜单栏默认显示在绘图区域的顶部，是各类命令的集合，同时也是 AutoCAD 中最常用的命令调用方式之一，如图 1-12 所示。

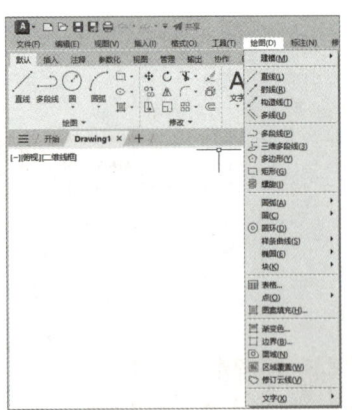

图 1-12　菜单栏

1.2.3　选项卡与面板

AutoCAD 2024 根据任务标记将许多面板组织集中到某个选项卡中，面板包含的很多工具、控件与工具栏和对话框中的相同，如"默认"选项卡中的"绘图"面板，如图 1-13 所示。

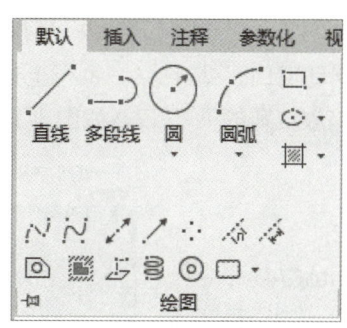

图 1-13 "绘图"面板

1.2.4 绘图窗口

在 AutoCAD 中,绘图窗口是绘图的工作区域,如图 1-14 所示。所有的绘图结果都反映在这个窗口中。另外,该窗口还显示了当前使用的坐标系类型和坐标原点,以及 X 轴、Y 轴、Z 轴的方向等。在默认情况下,坐标系为世界坐标系。如果需要增大绘图空间,可以适当关闭其周围和里面的各个工具栏。如果图纸比较大,需要查看未显示部分,可以单击窗口右边与下边滚动条上的箭头,或拖动滚动条上的滑块来移动图纸。

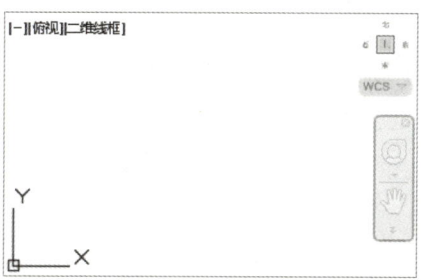

图 1-14 绘图窗口

绘图窗口的下方有"模型"和"布局"选项卡,可用在模型空间或布局空间之间进行切换。

1.2.5 命令行与文本窗口

1. 命令行

"命令行"窗口位于绘图窗口的底部,用于输入命令并显示 AutoCAD 提供的信息。

- 📄 **执行方式**
- 命令行:COMMANDLINEHIDE。
- 菜单栏:选择菜单栏中的"工具"→"命令行"命令。
- 快捷键:"Ctrl+9"组合键。

- 📄 **操作步骤**

执行上述操作后会显示或隐藏"命令行"窗口,显示的"命令行"窗口如图 1-15 所示。

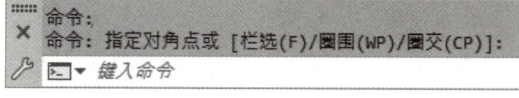

图 1-15 "命令行"窗口

选项说明

"命令行"窗口可以拖放为浮动窗口,处于浮动状态的"命令行"窗口随拖放位置的不同,其标题显示的方向也不同。

2. AutoCAD 文本窗口

AutoCAD 文本窗口是记录 AutoCAD 命令的窗口,是放大的"命令行"窗口,它记录了已执行的命令,也可以用来输入新命令。

执行方式

- 命令行:TEXTSCR。
- 菜单栏:选择菜单栏中的"视图"→"显示"→"文本窗口"命令。
- 快捷键:"Ctrl+F2"组合键。

操作步骤

执行上述操作后会打开 AutoCAD 文本窗口,如图 1-16 所示。

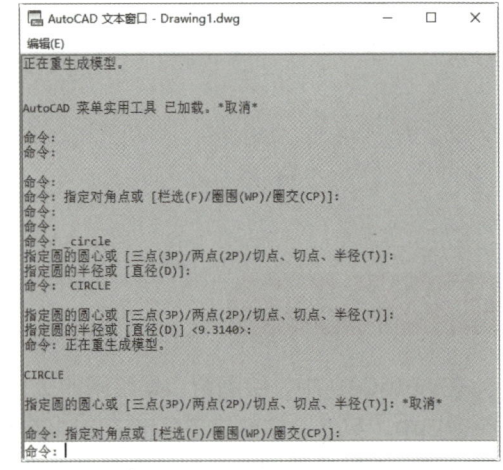

图 1-16　AutoCAD 文本窗口

1.2.6　状态栏

状态栏用来显示 AutoCAD 当前的状态,如是否使用正交模式、是否启用对象捕捉、是否使用栅格、是否显示线宽等,其位于 AutoCAD 界面的底部,如图 1-17 所示。

图 1-17　状态栏

> **提示**
>
> 单击状态栏最右端的自定义按钮≡,在弹出的选项菜单上,可以选择显示或关闭状态栏的选项,如图 1-18 所示。
>
>
>
> 图 1-18　自定义选项

1.2.7　坐标系

在 AutoCAD 中有两个坐标系,一个是 WCS(World Coordinate System)即世界坐标系,一个是 UCS(User Coordinate System)即用户坐标系。

第1章 AutoCAD 2024 入门

1. 世界坐标系

启动 AutoCAD 2024，在绘图区的左下角会看到一个坐标，即默认的世界坐标系，包含 X 轴和 Y 轴，如图 1-19 所示。

如果是在三维空间中则还有一个 Z 轴，并且沿 X、Y、Z 轴的方向规定为正方向，如图 1-20 所示。

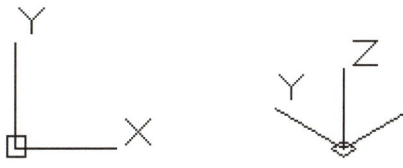

图 1-19　二维世界坐标系　　图 1-20　三维世界坐标系

2. 用户坐标系

坐标系可以根据需要对原点和方向进行设置和修改，即将世界坐标系更改为用户坐标系。更改为用户坐标系后的 X、Y、Z 轴仍然互相垂直，但是其方向和位置可以任意指定，有了很大的灵活性。

执行方式

- 命令行：UCS。
- 菜单栏：选择菜单栏中的"工具"→"新建 UCS"命令，然后选择一个适当的选项。
- 功能区：单击"可视化"选项卡"坐标"面板中的适当按钮即可。

操作步骤

执行上述操作后会显示命令行提示。

```
命令：_UCS
当前 UCS 名称：*世界*
指定 UCS 的原点或 [面(F)/命名(NA)/
对象(OB)/上一个(P)/视图(V)/世界(W)/
X/Y/Z/Z 轴(ZA)] <世界>：
```

选项说明

命令行中各选项含义如下。

指定 UCS 的原点：重新指定 UCS 的原点以确定新的 UCS。

面：将 UCS 与三维实体的选定面对齐。

命名：按名称保存、恢复或删除常用的 UCS 方向。

对象：指定一个实体以定义新的坐标系。

上一个：恢复上一个 UCS。

视图：将新的 UCS 的 XY 平面设置在与当前视图平行的平面上。

世界：将当前的 UCS 设置成 WCS。

X/Y/Z：确定当前的 UCS 绕 X、Y 和 Z 轴中的某一轴旋转一定的角度以形成新的 UCS。

Z 轴：将当前 UCS 沿 Z 轴的正方向移动一定的距离。

1.2.8　切换工作空间

AutoCAD 2024 包括："草图与注释""三维基础"和"三维建模" 3 种工作空间类型，用户可以根据需要对工作空间进行切换。

执行方式

- 单击工作界面右下角中的"切换工作空间"按钮 ，在弹出的菜单中选择相应的工作空间，如图 1-21 所示。

图 1-21　"切换工作空间"菜单

- 在快速访问工具栏中选择相应的工作空间，如图 1-22 所示。

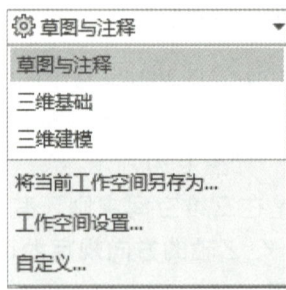

图 1-22　选择工作空间

1.3　AutoCAD 的图形文件管理

在 AutoCAD 中，图形文件管理一般包括新建图形文件、打开图形文件、保存图形文件、关闭图形文件以及将图形文件输出为其他格式等。

1.3.1　新建图形文件

下面对在 AutoCAD 2024 中新建图形文件的方法进行介绍。

📄 **执行方式**

- 命令行：NEW。
- 菜单栏：选择菜单栏中的"文件"→"新建"命令。
- 应用程序菜单：选择"应用程序菜单"中的"新建"→"图形"命令。
- 快速访问工具栏：单击快速访问工具栏中的"新建"按钮。
- 快捷键："Ctrl+N"组合键。

📄 **操作步骤**

执行上述操作后会打开"选择样板"对话框，如图 1-23 所示。

📄 **选项说明**

在"选择样板"对话框中选择对应的样板后（初学者一般选择样板文件 acadiso.dwt 即可），单击"打开"按钮，就会以对应的样板为模板建立新图形文件。

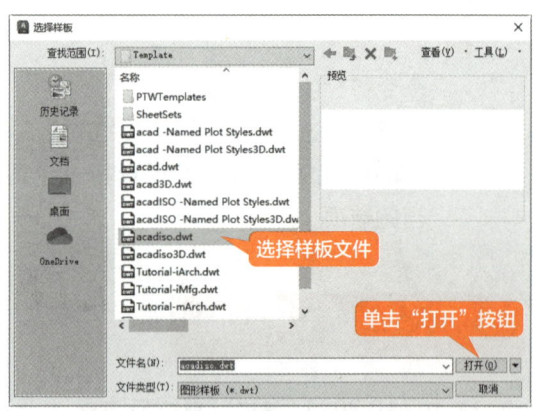

图 1-23　"选择样板"对话框

◇ **练一练——新建一个样板为"acadiso.dwt"的图形文件**

下面将创建一个样板为"acadiso.dwt"的图形文件。

第 1 章
AutoCAD 2024 入门

操作步骤：

第1步 启动 AutoCAD 2024，选择"文件"→"新建"菜单命令，弹出图 1-23 所示的"选择样板"对话框。

第2步 在"选择样板"对话框中选择"acadiso.dwt"样板，单击"打开"按钮，完成操作，如图 1-24 所示。

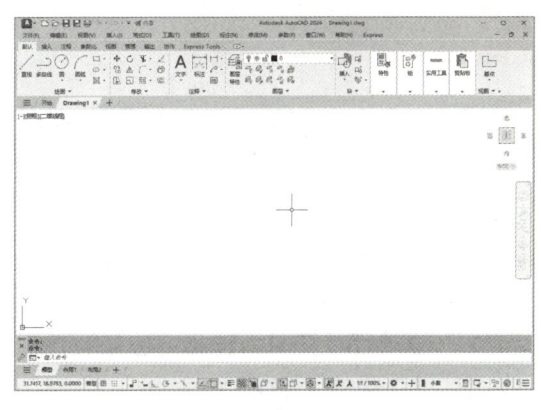

图 1-24　新建的图形文件

1.3.2　打开图形文件

下面对在 AutoCAD 2024 中打开图形文件的方法进行介绍。

📋 执行方式

- 命令行：OPEN。
- 菜单栏：选择菜单栏中的"文件"→"打开"命令。
- 应用程序菜单：选择"应用程序菜单"中的"打开"→"图形"命令。
- 快速访问工具栏：单击快速访问工具栏中的"打开"按钮 。
- 快捷键："Ctrl+O"组合键。

◇ 练一练——打开"飞机"图形文件

素材文件：素材 \CH01\ 飞机 .dwg
结果文件：无

下面将在 AutoCAD 2024 中打开"飞机"图形文件。

操作步骤：

第1步 启动 AutoCAD 2024，单击快速访问工具栏中的"打开"按钮 ，在弹出的"选择文件"对话框中选择随书配套资源的"素材\CH01\飞机.dwg"文件，如图 1-25 所示。

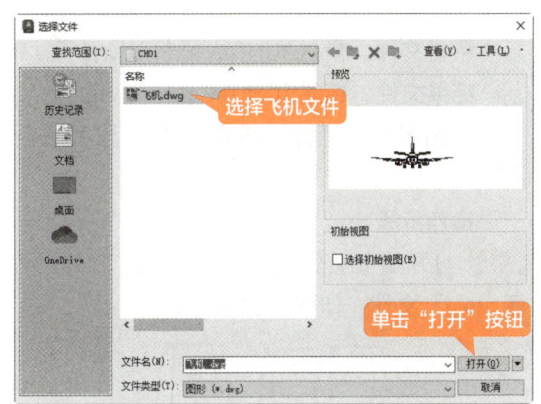

图 1-25　选择"飞机.dwg"文件

第2步 单击"打开"按钮，完成操作，如图 1-26 所示。

图 1-26　文件打开结果

| 提示 |

在选择文件对话框里，按住"Ctrl"键或"Shift"键可以同时选择多个文件进行打开。

1.3.3 保存图形文件

下面对在 AutoCAD 2024 中保存图形文件的方法进行介绍。

📄 **执行方式**

- 命令行：QSAVE。
- 菜单栏：选择菜单栏中的"文件"→"保存"命令。
- 应用程序菜单：选择"应用程序菜单"中的"保存"命令。
- 快速访问工具栏：单击快速访问工具栏中的"保存"按钮 🖫 。
- 快捷键："Ctrl+S"组合键。

◇ **练一练——保存"酒杯"图形文件**

素材文件：素材 \CH01\ 酒杯 .dwg
结果文件：结果 \CH01\ 酒杯 .dwg

下面将对"酒杯"图形文件修改后进行保存。

操作步骤：

第1步 打开随书配套资源中的"素材\CH01\酒杯.dwg"文件，如图 1-27 所示。

图 1-27　素材文件

第2步 按住鼠标左键从左至右拖动，选择图 1-28 所示的图形对象。

图 1-28　选择对象

第3步 按"Del"键将所选直线段删除，结果如图 1-29 所示。

图 1-29　删除对象

第4步 单击快速访问工具栏中的"保存"按钮 🖫 ，完成操作。

> **提示**
>
> 单击快速访问工具栏中的"另存为"按钮 🖫 ，可以将修改后的文件保存到其他文件夹目录下。新建文件第一次保存时弹出的也是"图形另存为"对话框。

1.3.4 关闭图形文件

下面对在 AutoCAD 2024 中关闭图形文件的方法进行介绍。

📄 **执行方式**

- 命令行：CLOSE。
- 菜单栏：选择菜单栏中的"文件"→"关闭"命令。
- 应用程序菜单：选择"应用程序菜单"中的"关闭"→"当前图形"命令。

第 1 章
AutoCAD 2024 入门

- 在绘图窗口中单击"关闭"按钮 。

操作步骤

如果对当前图形文件执行过"关闭"命令，就会打开"AutoCAD"提示窗口，如图 1-30 所示。

选项说明

在"AutoCAD"提示窗口中单击"是"按钮，AutoCAD 会保存改动后的图形并关闭该图形；单击"否"按钮，将不保存图形并关闭该图形；单击"取消"按钮，将放弃当前操作。

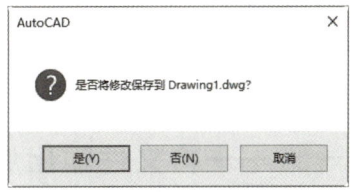

图 1-30　AutoCAD 提示窗口

1.3.5　将文件输出保存为其他格式

AutoCAD 文件除了可以保存为 ".dwg" 格式，还可以通过"输出"命令将其保存为其他格式。

执行方式

- 命令行：EXPORT。
- 菜单栏：选择菜单栏中的"文件"→"输出"命令。
- 应用程序菜单：选择"应用程序菜单"中的"输出"命令，然后选择一种格式。

操作步骤

调用方式不一样，打开的对话框也会略有差别，在这里采用菜单栏方式调用该命令，打开"输出数据"对话框，如图 1-31 所示。

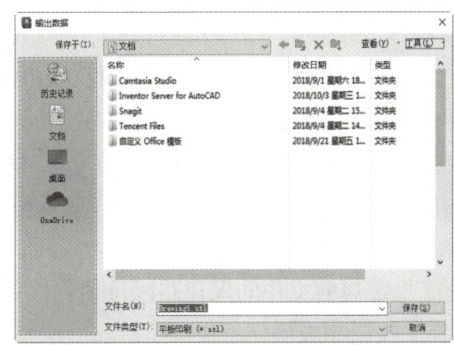

图 1-31　"输出数据"对话框

选项说明

可以使用的输出类型如表 1-1 所示。

表 1-1　AutoCAD 可使用的输出类型

格式	说明	相关命令
三维 DWF (*.dwf) DWFX (*.dwfx)	Autodesk Web 图形格式	3DDWF
ACIS (*.sat)	ACIS 实体对象文件	ACISOUT
位图 (*.bmp)	与设备无关的位图文件	BMPOUT
块 (*.dwg)	图形文件	WBLOCK
DXX 提取 (*.dxx)	属性提取 DXF™ 文件	ATTEXT
封装 PS (*.eps)	封装的 PostScript 文件	PSOUT
IGES (*.iges; *.igs)	IGES 文件	IGESEXPORT
FBX 文件 (*.fbx)	Autodesk® FBX 文件	FBXEXPORT
平版印刷 (*.stl)	实体对象光固化快速成型文件	STLOUT

续表

格式	说明	相关命令
图元文件 (*.wmf)	Microsoft Windows® 图元文件	WMFOUT
V7 DGN (*.dgn)	MicroStation DGN 文件	DGNEXPORT
V8 DGN (*.dgn)	MicroStation DGN 文件	DGNEXPORT

◇ **练一练——将文件输出保存为"PDF"格式**

素材文件：素材\CH01\室内平面布置图.dwg

结果文件：结果\CH01\室内平面布置图.pdf

下面将"室内平面布置图.dwg"文件输出保存为"PDF"格式。

操作步骤：

第1步 打开随书配套资源中的"素材\CH01\室内平面布置图.dwg"文件，如图1-32所示。

第2步 单击"应用程序菜单"按钮 ，选择"输出"→"PDF"选项，弹出"另存为PDF"对话框，如图1-33所示。

第3步 指定当前文件的保存路径及名称，单击"保存"按钮完成操作。

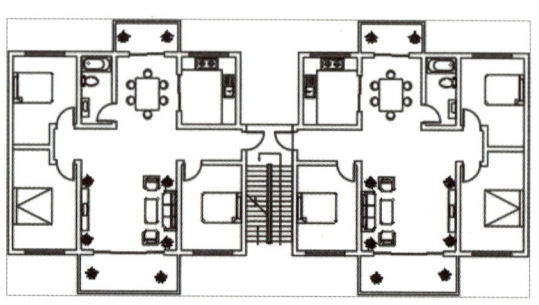

图1-32 素材文件

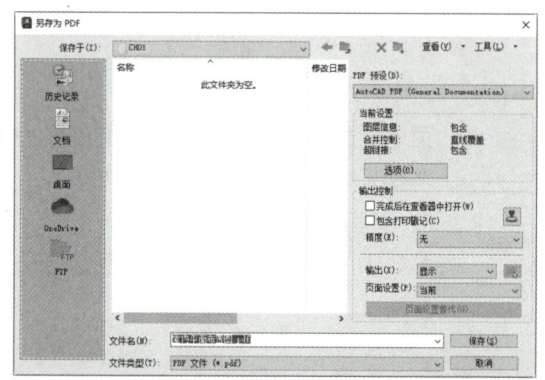

图1-33 "另存为PDF"对话框

1.4 命令的调用方法

命令的调用方法分多种，通过菜单栏调用、通过功能区选项板调用以及通过工具栏调用的方法基本相同，找到相应按钮或选项后单击即可。另外还可以通过命令行调用，在命令行输入相应指令，并配合空格键或"Enter"键执行。下面具体介绍AutoCAD 2024中命令的调用、退出、重复执行以及透明命令的使用方法。

1.4.1 输入命令

在命令行中输入命令即输入相关图形的指令，如点的指令为"POINT（或PO）"，多段线的指令为"PLINE（或PL）"等。输入相应指令后按"Enter"键或空格键即可对指令执行操作。

第 1 章
AutoCAD 2024 入门

表 1-2 提供了较为常用的绘图命令及其缩写。

表 1-2 常用的绘图命令及其简写

命令全名	简写	对应操作	命令全名	简写	对应操作
POINT	PO	绘制点	LINE	L	绘制直线
XLINE	XL	绘制构造线	PLINE	PL	绘制多段线
MLINE	ML	绘制多线	SPLINE	SPL	绘制样条曲线
POLYGON	POL	绘制正多边形	RECTANG	REC	绘制矩形
CIRCLE	C	绘制圆	ARC	A	绘制圆弧
DONUT	DO	绘制圆环	ELLIPSE	EL	绘制椭圆
REGION	REG	面域	MTEXT	MT/T	多行文本
BLOCK	B	块定义	INSERT	I	插入块
WBLOCK	W	定义块文件	DIVIDE	DIV	定数等分
BHATCH	H	填充	COPY	CO/CP	复制
MIRROR	MI	镜像	ARRAY	AR	阵列
OFFSET	O	偏移	ROTATE	RO	旋转
MOVE	M	移动	EXPLODE	X	分解
TRIM	TR	修剪	EXTEND	EX	延伸
STRETCH	S	拉伸	SCALE	SC	比例缩放
BREAK	BR	打断	CHAMFER	CHA	倒角
PEDIT	PE	编辑多段线	DDEDIT	ED	修改文本
PAN	P	平移	ZOOM	Z	视图缩放

1.4.2 命令行提示

AutoCAD 命令的调用方法虽然有多种，但是调用后的结果都是相同的。执行相关指令后，命令行都会出现相关提示及选项供用户操作。下面以执行多线指令为例进行详细介绍。

● **执行方式**
- 命令行：MLINE/ML。
- 菜单栏：选择菜单栏中的"绘图"→"多线"命令。

● **操作步骤**
执行上述操作后会显示命令行提示。

```
命令：_MLINE
当前设置：对正 = 上，比例 = 20.00，
样式 = STANDARD
指定起点或 [对正(J)/比例(S)/样式
(ST)]：
```

● **选项说明**
命令行提示指定多线起点，并附有相应

选项"对正 (J)/ 比例 (S)/ 样式 (ST)"。指定相应坐标点即可指定多线起点。在命令行中输入相应选项代码，如"比例"选项代码"S"后，按"Enter"键确认，即可执行比例设置。

1.4.3 退出命令

退出命令一般分为两种情况，一种是命令执行完成后退出命令，可通过按空格键、"Enter"键或"Esc"键来完成操作；另外一种是调用命令后不执行（即直接退出命令），可通过按"Esc"键来完成操作。用户可以根据实际情况选择合适的命令退出方式。

1.4.4 重复执行命令

如果重复执行的是刚结束的上个命令，直接按"Enter"键或空格键即可完成此操作。此外还可以通过下面的方法重复执行命令。

📋 执行方式
- 单击鼠标右键，通过"重复"或"最近的输入"选项可以重复执行最近执行的命令，如图 1-34 所示。
- 单击命令行"最近使用的命令"的下拉按钮，在弹出的快捷菜单中选择最近执行的命令，如图 1-35 所示。

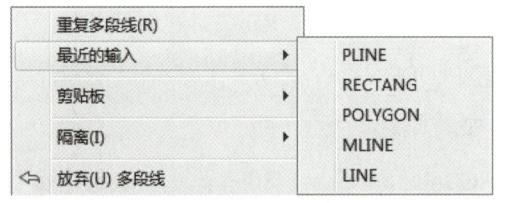

图 1-34 通过"单击鼠标右键"方式

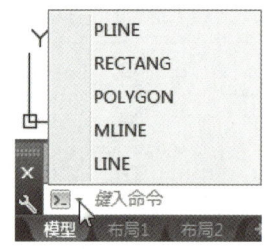

图 1-35 通过"最近使用的命令"按钮

1.4.5 透明命令

透明命令是指在不中断其他当前正在执行的命令的状态下可以调用的命令。此种命令可以极大地方便用户的操作，尤其体现在对当前所绘制图形的即时观察方面。

📋 执行方式
- 选择相应的菜单命令。
- 单击工具栏相应按钮。
- 通过命令行。

AutoCAD 中有许多透明命令，表 1-3 提供了部分透明命令，需要注意的是所有透明命令前面都带有符号"'"。

表 1-3 AutoCAD 的部分透明命令

透明命令	对应操作	透明命令	对应操作	透明命令	对应操作
'Color	设置当前对象颜色	'Dist	查询距离	'Layer	管理图层
'Linetype	设置当前对象线型	'ID	点坐标	'PAN	实时平移

续表

透明命令	对应操作	透明命令	对应操作	透明命令	对应操作
'Lweight	设置当前对象线宽	'Time	时间查询	'Redraw	重画
'Style	文字样式	'Status	状态查询	'Redrawall	全部重画
'Dimstyle	样注样式	'Setvar	设置变量	'Zoom	缩放
'Ddptype	点样式	'Textscr	文本窗口	'Units	单位控制
'Base	基点设置	'Thickness	厚度	'Limits	模型空间界限
'Adcenter	CAD 设计中心	'Matchprop	特性匹配	'Help 或'?	CAD 帮助
'Adcclose	CAD 设计中心关闭	'Filter	过滤器	'About	关于 CAD
'Script	执行脚本	'Cal	计算器	'Osnap	对象捕捉
'Attdisp	属性显示	'Dsettings	草图设置	'Plinewid	多段线变量设置
'Snapang	十字光标角度	'Textsize	文字高度	'Cursorsize	十字光标大小
'Filletrad	倒圆角半径	'Osmode	对象捕捉模式	'Clayer	设置当前层

1.5 AutoCAD 坐标系统

下面对 AutoCAD 的坐标系统及坐标值的几种输入方式进行介绍。

1.5.1 了解坐标系统

在 AutoCAD 中，所有对象都是依据坐标系进行准确定位的，为了满足用户的不同需求，坐标系又分为世界坐标系和用户坐标系。无论是世界坐标系还是用户坐标系，其坐标值的输入方式是相同的，即都可以采用绝对直角坐标、绝对极坐标、相对直角坐标、相对极坐标中的任意一种方式进行坐标值的输入。另外需要注意，无论是采用世界坐标系还是采用用户坐标系，其坐标值的大小都是依据坐标系的原点进行确定的。坐标系的原点为（0，0），坐标轴的正方向取正值，反方向取负值。

1.5.2 坐标值的几种输入方式

下面对 AutoCAD 2024 中各种坐标的输入方式进行详细介绍。

1. 绝对直角坐标的输入

下面利用绝对直角坐标输入的方式绘制一条直线段。

操作步骤：

第1步 新建一个图形文件，在命令行输入"L"，按"Enter"键调用直线命令。在命令行输入"-600,500"，命令行提示如下。

```
命令：_LINE
指定第一个点：-600,500
```

第2步 按"Enter"键确认，如图1-36所示。

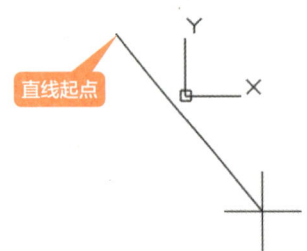

图1-36 指定直线起点

第3步 在命令行输入"1500,-1400"，命令行提示如下。

```
指定下一点或 [放弃(U)]：1500,-1400
```

第4步 按两次"Enter"键结束直线命令，如图1-37所示。

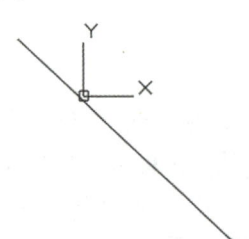

图1-37 直线绘制结果

> **提示**
>
> 在命令行输入数字时，输入法须处在英文输入状态。

2. 相对直角坐标的输入

下面利用相对直角坐标输入的方式绘制一条直线段。

操作步骤：

第1步 新建一个图形文件，在命令行输入"L"，按"Enter"键调用直线命令。在绘图区域中任意单击一点作为直线的起点，如图1-38所示。

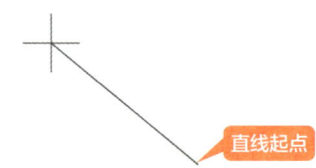

图1-38 指定直线起点

第2步 在命令行输入"@1300,1300"，命令行提示如下。

```
指定下一点或 [放弃(U)]：@1300,1300
```

第3步 按两次"Enter"键结束直线命令，如图1-39所示。

图1-39 直线绘制结果

3. 绝对极坐标的输入

下面利用绝对极坐标输入的方式绘制一条直线段。

操作步骤：

第1步 新建一个图形文件，在命令行输入"L"，按"Enter"键调用直线命令。在命令行输入"0,0"，命令行提示如下。

```
命令：_LINE
指定第一个点：0,0
```

第2步 按"Enter"键确认，如图1-40所示。

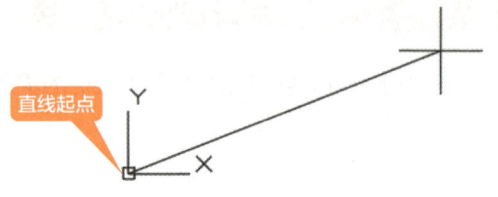

图1-40 指定直线起点

第 1 章
AutoCAD 2024 入门

第3步 在命令行输入"2300<120",其中 2300 确定直线的长度,120 确定直线和 X 轴正方向的角度。命令行提示如下。

指定下一点或 [放弃(U)]: 2300<120

第4步 按两次"Enter"键结束直线命令,如图 1-41 所示。

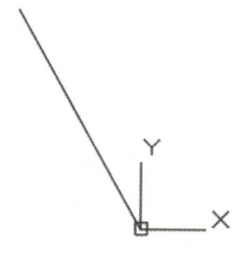

图 1-41 直线绘制结果

4. 相对极坐标的输入

下面利用相对极坐标输入的方式绘制一条直线段。

操作步骤:

第1步 新建一个图形文件,在命令行输入"L",按"Enter"键调用直线命令。在绘图区域中任意单击一点作为直线的起点,如图 1-42 所示。

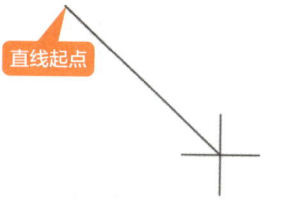

图 1-42 指定直线起点

第2步 在命令行输入"@900<45",命令行提示如下。

指定下一点或 [放弃(U)]: @900<45

第3步 按两次"Enter"键结束直线命令,如图 1-43 所示。

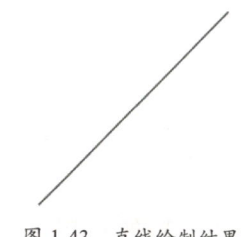

图 1-43 直线绘制结果

1.6 AutoCAD 2024 新增功能

AutoCAD 2024 对许多功能进行了改进,如计数、浮动窗口和图形历史记录增强功能等。

1.6.1 文件选项卡菜单

使用文件选项卡菜单可用于切换图形、创建或打开图形、保存所有图形以及关闭所有图形等。单击展开文件选项卡菜单,可以在当前已经打开的图形文件之间进行切换,如图 1-44 所示。

将光标悬停在当前已经打开的文件上面,可以查看该文件模型和布局的缩略图,如图 1-45 所示。

图 1-44 文件选项卡

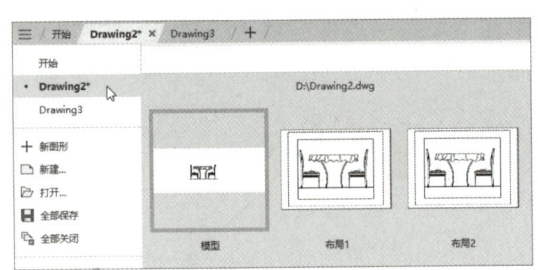

图 1-45 模型和布局缩略图

将光标悬停在模型或布局上面，系统会临时显示"打印"和"发布"的图标，如图 1-46 所示。

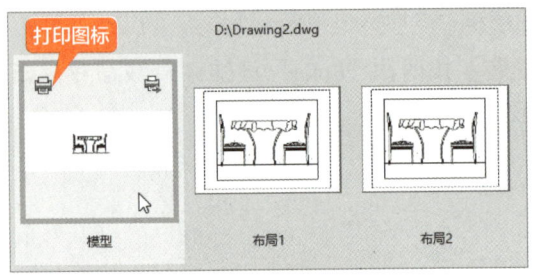

图 1-46 打印图标

单击"新图形"按钮，系统会以默认样板为模板创建一个新的图形文件，不会弹出"选择样板"对话框。

单击"新建"按钮，和单击快速访问工具栏中的"新建"按钮一样，系统会弹出"选择样板"对话框。

单击"打开"按钮，和单击快速访问工具栏中的"打开"按钮一样，系统会弹出"选择文件"对话框。

单击"全部保存"按钮，所有当前已打开的文件全部会执行保存操作，如果当前已打开的文件中包含之前从未执行过保存操作的文件，系统则会弹出"图形另存为"对话框。

单击"全部关闭"按钮，所有当前已打开的文件全部会执行关闭操作，如果当前已打开的文件中包含未保存的操作，系统则会弹出是否保存询问对话框。

1.6.2 智能块（放置）

智能块（放置）功能可以根据图形中该块现有的放置方式，推断出相同块的下次放置方式，在执行该块的插入时提供放置建议。

图 1-47 所示为原始图形。

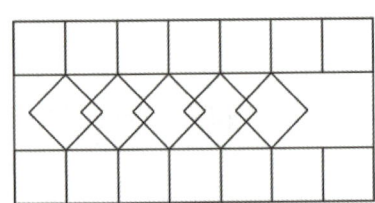

图 1-47 原始图形

图 1-48 所示为调用"插入块"命令后，块在空白位置的状态。

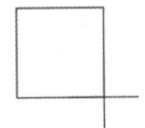

图 1-48 块在空白位置的状态

将光标移动到原始图形附近，可以发现部分原始图形产生了亮显，如图 1-49 所示。

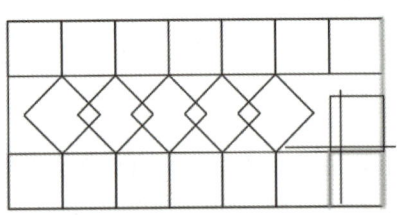

图 1-49 亮显

按"Ctrl"键后，原始图形的亮显部分发生了变化，块的放置建议发生了切换，如图 1-50 所示。

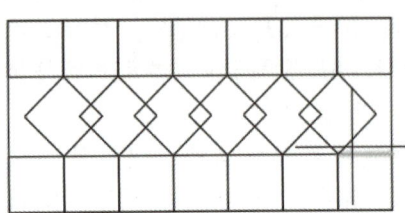

图 1-50 亮显部分发生变化

第 1 章
AutoCAD 2024 入门

按住快捷键"Shift+["或"Shift+W"不松手,可以临时关闭放置建议,如图 1-51 所示。

松开快捷键"Shift+["或"Shift+W",按"Ctrl"键切换到合适的位置建议,单击鼠标左键接受建议,如图 1-52 所示。

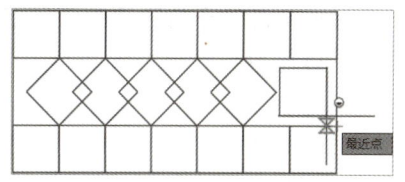

图 1-51　临时关闭放置建议

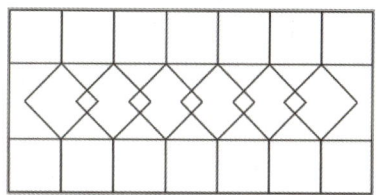

图 1-52　切换到合适的位置

1.7 实例——利用坐标输入系统绘制图形

素材文件:无
结果文件:结果 \CH01\ 利用坐标输入系统绘制图形 .dwg

第1步 新建一个图形文件,在命令行输入"L",按"Enter"键调用直线命令。根据命令行提示进行如下操作。

```
命令: _LINE
指定第一个点: 0,0
指定下一点或 [放弃(U)]: 500<90
指定下一点或 [放弃(U)]: @300,0
指定下一点或 [闭合(C)/放弃(U)]: @200<-90
指定下一点或 [闭合(C)/放弃(U)]: @200,0
指定下一点或 [闭合(C)/放弃(U)]: @0,-300
指定下一点或 [闭合(C)/放弃(U)]: C
```

第2步 结果如图 1-53 所示。

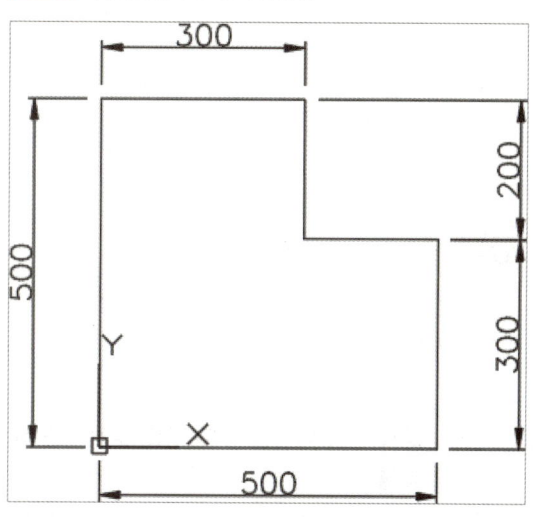

图 1-53　坐标输入绘制图形

1. 巧妙打开备份文件和临时文件

CAD 中备份文件的后缀为".bak",将备份文件的后缀改为".dwg"即可打开备份文件。

CAD 中临时文件的后缀为".ac$",找到临时文件将它复制到其他位置,将后缀改为".dwg"即可打开该文件。

2. 选项卡和面板的灵活显示

在功能区的空白位置处单击鼠标右键，选择"显示选项卡"选项，在其子选项中进行勾选或取消勾选操作。被勾选的子选项会显示在选项卡中，没有被勾选的子选项不会显示在选项卡中，如图1-54所示。

在功能区的空白位置处单击鼠标右键，选择"显示面板"选项，在其子选项中进行勾选或取消勾选操作。被勾选的子选项会显示在面板中，没有被勾选的子选项不会显示在面板中，如图1-55所示。

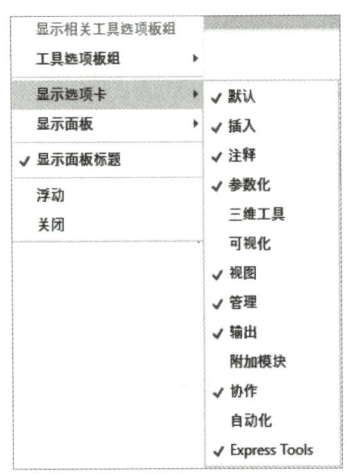

图1-54 "显示选项卡"菜单

图1-55 "显示面板"菜单

将"草图与注释"工作空间切换为"三维建模"工作空间。

操作步骤：

第1步 启动AutoCAD 2024，默认为"草图与注释"工作空间，如图1-56所示。

第2步 单击工作界面右下角中的"切换工作空间"按钮，在弹出的菜单中选择"三维建模"工作空间，如图1-57所示。

第3步 切换为"三维建模"空间后如图1-58所示。

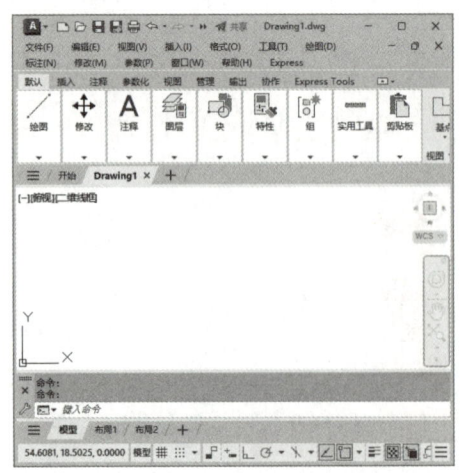

图1-56 "草图与注释"工作空间

第 1 章
AutoCAD 2024 入门

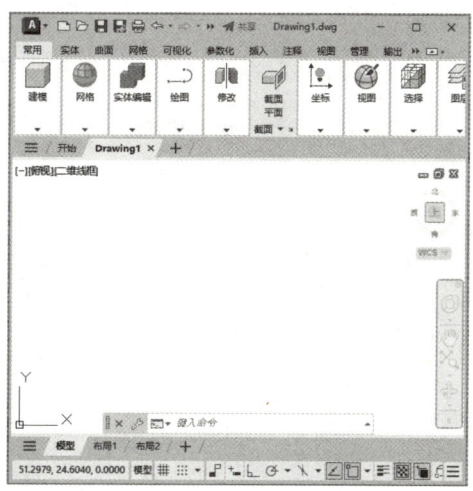

图 1-57　选择"三维建模"　　　　图 1-58　"三维建模"工作空间

> **提示**
>
> 工作空间切换后，默认隐藏菜单栏，重新显示菜单栏的方法参见 1.2.2 节。

第 2 章
AutoCAD 的基本设置

📄 内容简介

在开始绘图之前,要对辅助绘图工具进行周详且细致的设置,这些设置主要包括系统选项设置、草图设置和打印设置等。

📁 内容要点

- 系统选项设置
- 草图设置
- 打印设置

✈ 案例效果

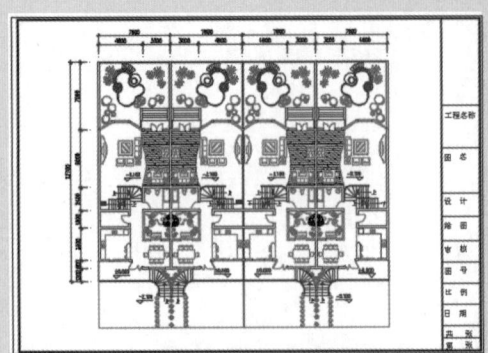
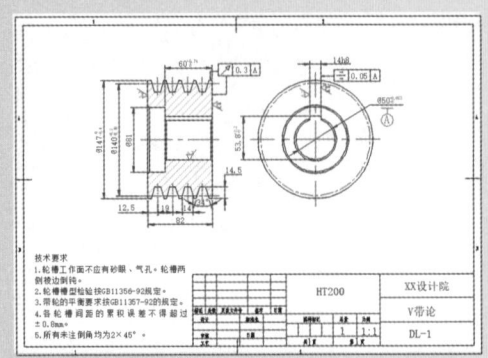

第 2 章 AutoCAD 的基本设置

2.1 系统选项设置

系统选项用于对系统的优化设置，包括文件设置、显示设置、打开和保存设置、打印和发布设置、系统设置、用户系统配置设置、绘图设置、三维建模设置、选择集设置和配置设置。

执行方式：

应用程序菜单：单击按钮 （窗口左上角）→"选项"。

菜单栏：选择菜单栏中的"工具"→"选项"命令。

命令行：OPTIONS/OP 命令。

操作步骤

执行上述操作后会打开"选项"对话框，如图 2-1 所示。

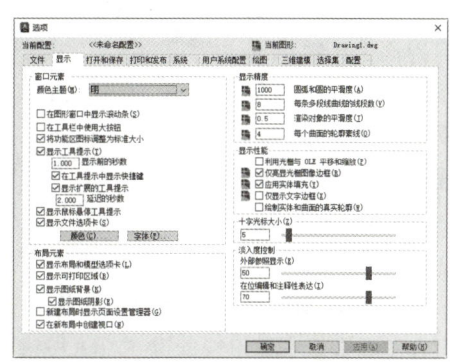

图 2-1 "选项"对话框

2.1.1 显示设置

显示设置用于设置窗口的明暗、背景颜色、字体样式和颜色、显示的精确度、显示性能及十字光标的大小等。从图 2-1 中可见，在"选项"对话框中的"显示"选项卡下可以进行显示设置。

1. "窗口元素"选项框

"窗口元素"选项框包括颜色主题、在图形窗口中显示滚动条、在工具栏中使用大按钮、将功能区图标调整为标准大小、显示工具提示、显示鼠标悬停工具提示、显示文件选项卡、颜色和字体等选项，如图 2-2 所示。

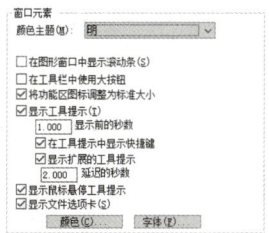

图 2-2 "窗口元素"选项框

选项说明

颜色主题：该下拉列表用于设置窗口的明亮程度，单击"颜色主题"下拉三角按钮，在下拉列表框中可以设置颜色主题为"明"或"暗"。

在图形窗口中显示滚动条：勾选该复选框，将在绘图区域的底部和右侧显示滚动条，如图 2-3 所示。

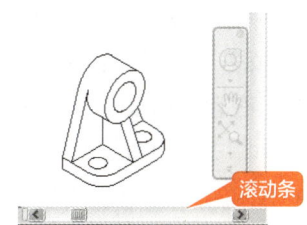

图 2-3 在图形窗口显示滚动条

在工具栏中使用大按钮：默认情况下的图标是 16×16 像素显示的，勾选该复选框将以 32×32 像素的更大格式显示按钮。

将功能区图标调整为标准大小：当图标不符合标准大小时，勾选该复选框可将功能区小图标缩放为 16×16 像素，将功能区大图标缩放为 32×32 像素。

显示工具提示：勾选该复选框后将光标移动到功能区、菜单栏、功能面板和其他用户界面上，将出现提示信息，默认显示时间为 1 秒，用户可以通过文本框调整时间的增加或减少，如图 2-4 所示。

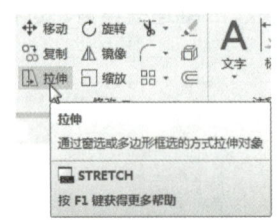

图 2-4 显示工具提示

在工具提示中显示快捷键：勾选该复选框可在工具提示中显示快捷键"Alt+ 按键"或"Ctrl+ 按键"。

显示扩展的工具提示：勾选该复选框可控制扩展工具提示的显示。

延迟的秒数：该文本框设置显示基本工具提示与显示扩展工具提示之间的延迟时间。

显示鼠标悬停工具提示：勾选该复选框，若光标悬停在对象上，会显示鼠标悬停工具提示，如图 2-5 所示。

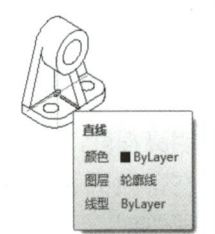

图 2-5 显示鼠标悬停工具提示

显示文件选项卡：勾选该复选框，"文件"选项卡会显示在绘图窗口中，方便用户进行文件相关操作；取消勾选，则"文件"选项卡不会显示。

颜色：单击该按钮，弹出"图形窗口颜色"对话框。在该对话框中可以设置窗口的背景颜色、光标颜色、栅格颜色等，如图 2-6 将二维模型空间的统一背景色设置为白色。

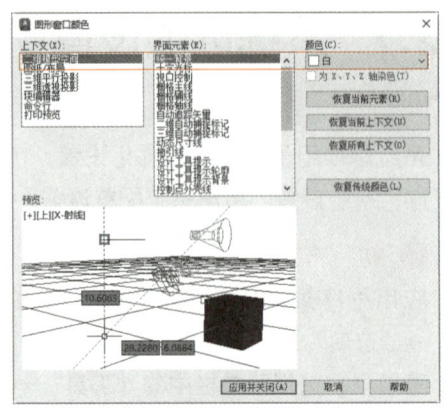

图 2-6 设置二维模型空间背景色

字体：单击该按钮，弹出"命令行窗口字体"对话框。使用此对话框可指定命令行窗口文字字体，如图 2-7 所示。

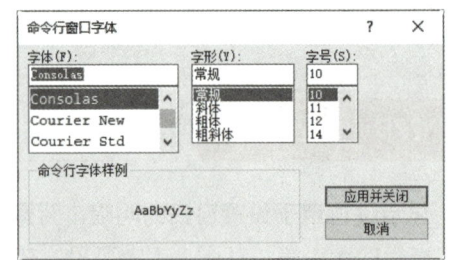

图 2-7 "命令行窗口字体"对话框

2. "十字光标大小"显示

在"十字光标大小"选项框中可以对十字光标的大小进行设置，如图 2-8 是十字光标大小为 5 和 20 的显示对比。

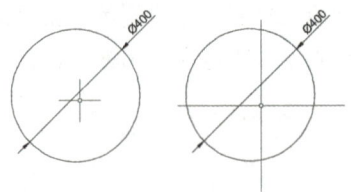

图 2-8 十字光标大小为 5 和 20 的显示对比

2.1.2 打开和保存设置

选择"打开和保存"选项卡，用户在这里可以设置文件另存为的格式，如图 2-9 所示。

第 2 章 AutoCAD 的基本设置

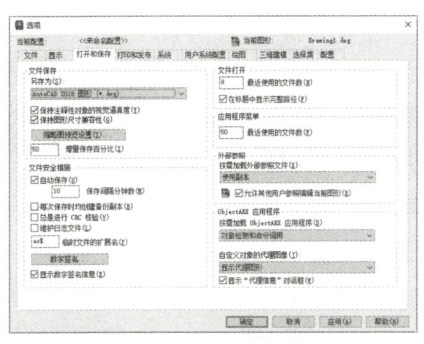

图 2-9 "打开和保存"选项卡

1. "文件保存"选项框

图 2-10 所示为"文件保存"选项卡。

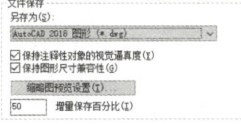

图 2-10 "文件保存"选项框

选项说明

另存为：在该下拉列表中可以设置文件保存的格式和版本，关于保存格式与版本之间的关系，请参见"1.3.3 保存图形文件"相关内容。这里的另存为格式一旦设定，将被作为默认保存格式一直沿用下去，直到下次修改为止。

缩略图预览设置：单击该按钮，弹出"缩略图预览设置"对话框，此对话框控制保存图形时是否更新缩略图预览。

增量保存百分比：该文本框中可设置图形文件中潜在浪费空间的百分比。完全保存将消除浪费的空间。增量保存较快，但会增加图形的大小。如果将"增量保存百分比"设置为 0，则每次保存都是完全保存。要优化性能，可将此值设置为 50。如果硬盘空间不足，可将此值设置为 25。如果将此值设置为 20 或更小，SAVE 和 SAVEAS 命令的执行速度将明显变慢。

2. "文件安全措施"选项框

图 2-11 所示为"文件安全措施"选项框。

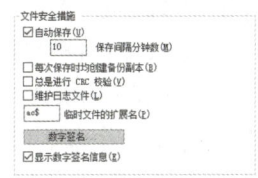

图 2-11 "文件安全措施"选项框

选项说明

自动保存：勾选该复选框可以避免因为意外造成数据丢失，文本框中可以设置自动保存文件的间隔分钟数。

每次保存时均创建备份副本：勾选该复选框可以提高图形文件的安全性，特别是对于大型图形，当保存的源文件被破坏时，可以通过备份文件来恢复，关于如何打开备份文件请参见第 1 章"疑难解析"的相关内容。

总是进行 CRC 校验：勾选该复选框，在每次读入图形时，执行循环冗余校验。

维护日志文件：勾选该复选框，将文本窗口的内容写入日志文件。

临时文件的扩展名：该文本框中可为当前用户指定唯一的扩展名来标识网络环境中的临时文件，默认的扩展名是".ac$"。

显示数字签名信息：勾选该复选框，打开带有有效数字签名文件时，显示数字签名信息。

◇ 练一练——查找临时图形文件的保存位置

如果因为突然断电或死机造成的文件没有保存，可以在"选项"对话框里打开"文件"选项卡，单击"临时图形文件位置"前面的"⊞"，展开得到系统自动保存的临时文件路径，如图 2-12 所示。

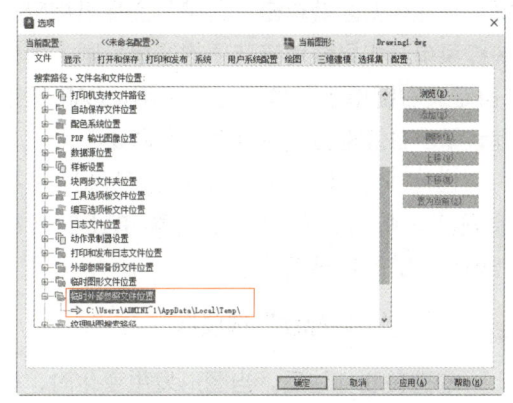

图 2-12 临时图形文件的保存位置

2.1.3 用户系统配置

"用户系统配置"用于设置是否采用Windows标准操作、插入比例、坐标数据输入的优先级、关联标注、块编辑器设置、线宽设置、默认比例列表等相关设置，如图2-13所示。

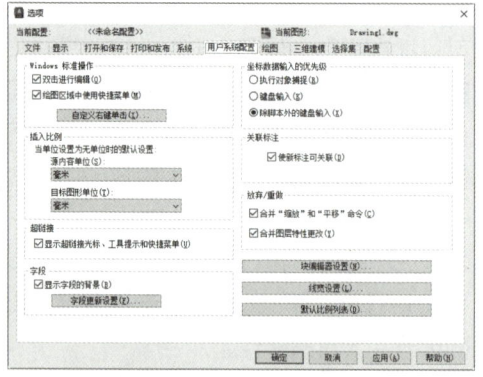

图2-13 用户系统配置选项卡

1. "Windows标准操作"选项框

图2-14所示为"Windows标准操作"选项框。

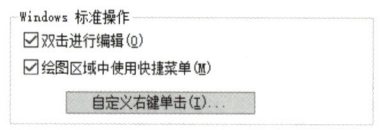

图2-14 "Windows标准操作"选项框

选项说明

双击进行编辑：勾选该复选框后，直接双击图形就会弹出相应的图形编辑对话框，可以对图形进行编辑操作。

绘图区域中使用快捷菜单：勾选该复选框后，在绘图区域单击"右键"会弹出相应的快捷菜单。如果取消该选项的选择，则下面的"自定义右键单击"按钮将不可用，CAD直接默认单击右键相当于重复上一次命令。

自定义右键单击：该按钮可以控制在绘图区域中右击是显示快捷菜单还是与按"Enter"键的效果相同。

2. "关联标注"选项框

勾选关联标注后，当图形发生变化时，标注尺寸也随着图形的变化而变化。取消关联标注后再进行标注的尺寸，当图形修改后，尺寸不再随着图形变化。

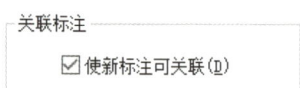

图2-15 "关联标注"选项框

> **提示**
>
> 除了可以通过系统选项板来设置尺寸标注的关联性，还可以通过系统变量"DIMASO"来控制标注的关联性。

◇ 练一练——自定义右键单击

单击"自定义右键单击……"按钮，弹出"自定义右键单击"对话框，如图2-16所示。

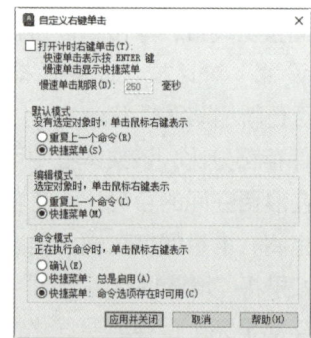

图2-16 "自定义右键单击"对话框

选项说明

打开计时右键单击：该复选框可以控制右击操作。快速单击与按"Enter"键的效果相同。慢速单击将显示快捷菜单，可以用毫秒来设置慢速单击的持续时间。

默认模式：该选项框针对没有选定对象时，确定单击右键所表示的操作。

- 选中"重复上一个命令单选"按钮，单击右键时与按"Enter"键的效果相同。

第 2 章
AutoCAD 的基本设置

- 选中"快捷菜单"单选按钮,单击右键时启用"默认"快捷菜单。

编辑模式:该选项框是针对有对象被选中,但没有命令在运行时的情况。

- 选中"重复上一个命令"单选按钮,单击右键时与按"Enter"键的效果相同。
- 选中"快捷菜单"单选按钮,单击右键时启用"编辑"快捷菜单。

命令模式:该选项框是针对有命令正在运行时的情况。

- 选中"确认"该单选按钮,单击右键时与按"Enter"键的效果相同。
- 选中"快捷菜单:总是启用"单选按钮,单击右键时启用"命令"快捷菜单。
- 选中"快捷菜单:命令选项存在时可用"单选按钮,单击右键时仅当在命令提示下命令选项为可用状态时,才启用"命令"快捷菜单。若没有可用的选项,则右击与按"Enter"键的效果相同。

2.1.4 绘图设置

绘图设置用于设置绘制二维图形时的相关设置,包括自动捕捉设置、自动捕捉标记大小、对象捕捉选项及靶框大小等,选择"绘图"选项卡,如图 2-17 所示。

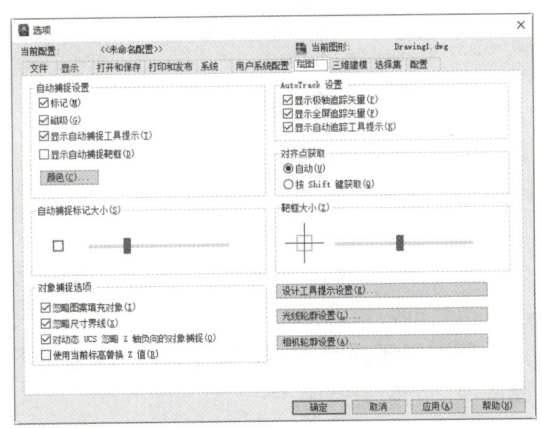

图 2-17 "绘图"选项卡

1. "自动捕捉设置"选项框

"自动捕捉设置"选项框用于控制自动捕捉标记、工具提示和磁吸的显示。

勾选"磁吸"复选框,绘图时,当光标靠近对象时,可以捕捉临近可用的捕捉点。按"tab"键可以切换捕捉点,即使不靠近该点,也可以吸取该点成为直线的下一个端点,如图 2-18 所示。

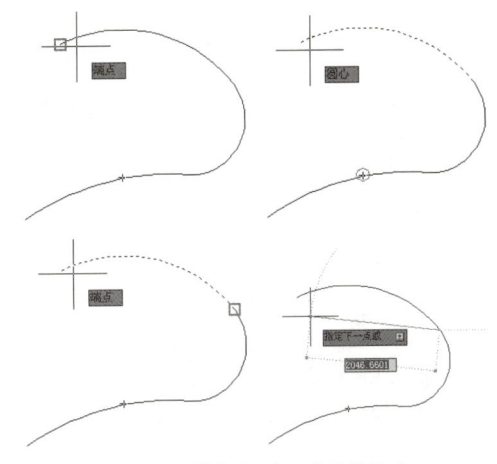

图 2-18 捕捉临近可用的捕捉点

2. "对象捕捉选项"选项框

"忽略图案填充对象"可以在捕捉对象时忽略填充的图案,这样就不会捕捉到填充图案中的点,如图 2-19 所示。

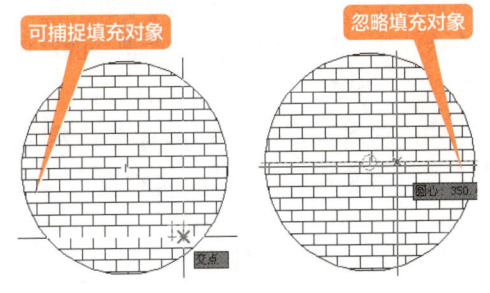

图 2-19 捕捉和忽略填充对象对比

2.1.5 选择集设置

"选择集"主要用于选择集模式的设置和夹点的相关设置,"选择集"选项卡如图2-20所示。

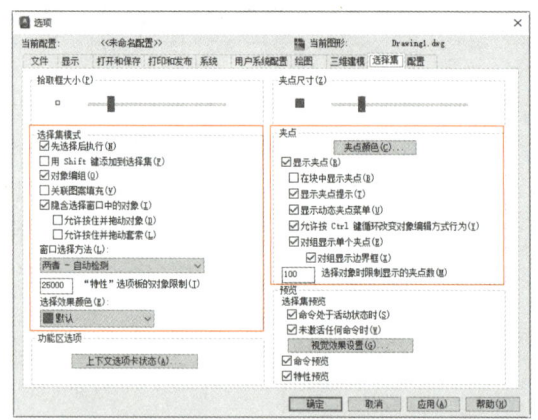

图2-20 "选择集"选项卡

1. 选择集模式

图2-21所示为"选择集模式"选项框。

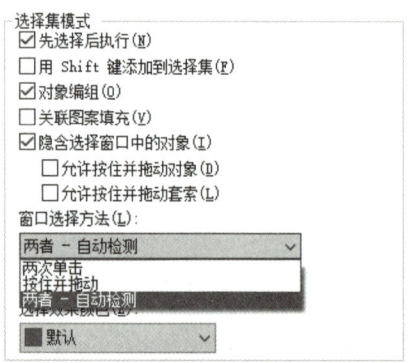

图2-21 "选择集模式"选项框

选项说明

先选择后执行：选中该复选框后，允许先选择对象（这时选择的对象显示有夹点），然后再调用命令。若不勾选该命令，则只能先调用命令，然后再选择对象（这时选择的对象没有夹点，一般会以虚线或加亮显示）。

用"Shift"键添加到选择集：勾选该复选框后只有按住"Shift"键才能进行多项选择。

对象编组：该选项是针对编组对象的，勾选了该复选框，只要选择编组对象中的任意一个，则整个对象将被选中。利用"GROUP"命令可以创建编组。

隐含选择窗口中的对象：勾选该复选框后，在对象外选择了一点时，初始化选择对象中的图形。

窗口选择方法：该下拉列表有三个选项，即两次单击、按住并拖动和两者—自动检测。从图2-21中可见，默认选项为"两者—自动检测"。

2. 夹点设置

"夹点"选项框如图2-22所示。

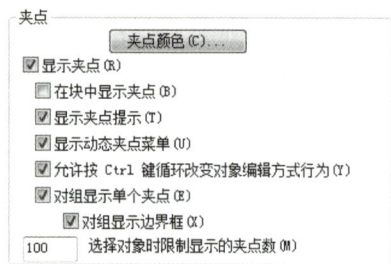

图2-22 "夹点"选项框

选项说明

显示夹点：勾选该复选框后，在没有任何命令执行的时候选择对象，将在对象上显示夹点，否则将不显示夹点，图2-23为勾选和不勾选选择的效果对比。

图2-23 显示与不显示夹点对比

在块中显示夹点：该复选框控制在没有命令执行时选择图块是否显示夹点，勾选该复选框则显示，否则不显示，两者的对比如图2-24所示。

第 2 章 AutoCAD 的基本设置

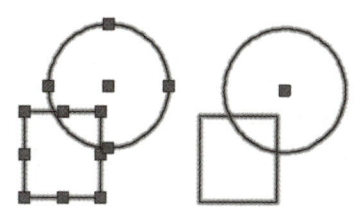

图 2-24 选择图块时勾选与不勾选夹点对比

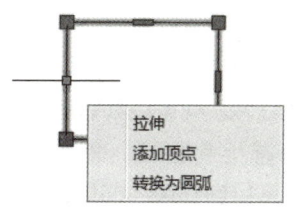

图 2-25 多功能夹点上的动态菜单显示

显示夹点提示：勾选该复选框后，当光标悬停在支持夹点提示自定义对象的夹点上时，显示夹点的特定提示。

显示动态夹点菜单：勾选该复选框后，将鼠标悬停在多功能夹点上时，动态菜单显示，如图 2-25 所示。

允许按 Ctrl 键循环改变对象编辑方式行为：勾选该复选框后，可允许多功能夹点按"Ctrl"键循环改变对象的编辑方式。单击选中多功能夹点，然后按"Ctrl"键，可以在"拉伸""添加顶点"和"转换为圆弧"选项之间循环选中执行方式。

2.2 草图设置

在 AutoCAD 中绘制图形时，通过系统提供的极轴追踪、对象捕捉和正交等强大功能，即使在不明确坐标的情况下，也能精确地定位和绘制图形。这些实用的设置都可以在"草图设置"对话框中轻松进行设置和调整。

 执行方式

- 菜单栏：选择菜单栏中的"工具"→"绘图设置"命令。
- 命令行：DSETTINGS/DS/SE/OS。

 操作步骤

执行上述操作后会打开"草图设置"对话框，如图 2-26 所示。

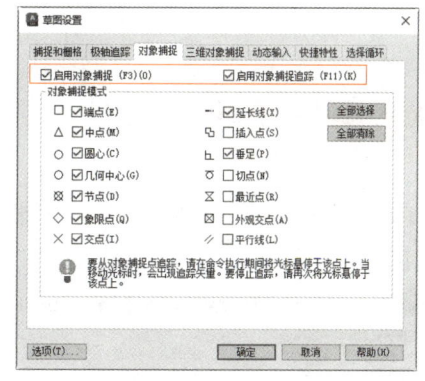

图 2-26 "草图设置"对话框

2.2.1 对象捕捉设置

在绘图过程中，经常要指定一些已有对象上的点，如端点、圆心和两个对象的交点等。对象捕捉功能可以迅速、准确地捕捉到某些特殊点，从而精确地绘制图形。

从图 2-26 可以看出，打开"草图设置"对话框，单击"对象捕捉"选项卡，即可进行设置。

● 选项说明

端点：捕捉到圆弧、椭圆弧、直线、多线、多段线线段、样条曲线等的端点。

中点：捕捉到圆弧、椭圆、椭圆弧、直线、多线、多段线线段、面域、实体、样条曲线或参照线的中点。

圆心：捕捉到圆心。

几何中心：选中该捕捉模式后，在绘图时即可对闭合多边形的中心点进行捕捉。

节点：捕捉到点对象、标注定义点或标注文字起点。

象限点：捕捉到圆弧、圆、椭圆或椭圆弧的象限点。

交点：捕捉到圆弧、圆、椭圆、椭圆弧、直线、多线、多段线、射线、面域、样条曲线或参照线的交点。

延长线：当光标经过对象的端点时，显示临时延长线或圆弧，以便用户在延长线或圆弧上指定点。

插入点：捕捉到属性、块、图形或文字的插入点。

垂足：捕捉圆弧、圆、椭圆、椭圆弧、直线、多线、多段线、射线、面域、实体、样条曲线或参照线的垂足。

切点：捕捉到圆弧、圆、椭圆、椭圆弧或样条曲线的切点。

最近点：捕捉到圆弧、圆、椭圆、椭圆弧、直线、多线、点、多段线、射线、样条曲线或参照线的最近点。

外观交点：捕捉不在同一平面，但可能看起来在当前视图中相交的两个对象的外观交点。

平行线：将直线段、多段线线段、射线或构造线限制为与其他线性对象平行。

> **提示**
>
> 1. 只有勾选"启用对象捕捉"和"启用对象捕捉追踪"复选框后，设置的捕捉点才可以捕捉和追踪。
>
> 2. 如果多个对象捕捉都处于活动状态，则使用距离靶框中心最近的选定对象捕捉。如果有多个对象捕捉可用，则可以按"Tab"键在它们之间切换。

2.2.2 极轴追踪设置

单击"极轴追踪"选项卡，可以设置极轴追踪的角度，如图2-27所示。

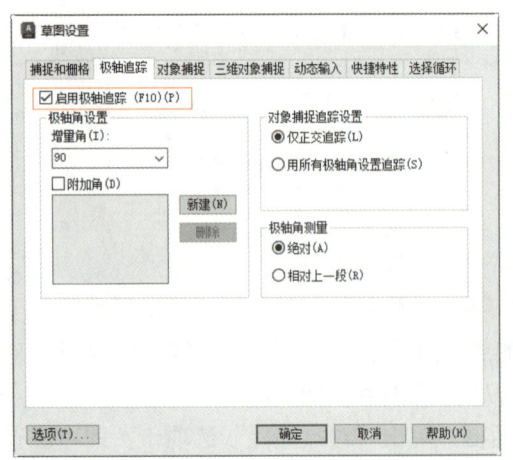

图 2-27 极轴追踪选项卡

● 选项说明

启用极轴追踪：只有勾选该复选框，下面的设置才起作用。按"F10"键也可以使极轴追踪在启用和关闭之间切换。

增量角：该下拉列表框用于设置极轴追踪对齐路径的极轴角度增量，可以直接输入角度值，也可以从中选择90、45、30或22.5等常用角度。当启用极轴追踪功能之后，系统将自动追踪该角度整数倍的方向。

附加角：勾选此复选框，然后单击"新建"按钮，可以在左侧窗口中设置增量角之外的附加角度。附加的角度系统只追踪该角度，不追踪该角度的整数倍的角度。

极轴角测量：该选项区域用于选择极轴追踪对齐角度的测量基准。若选中"绝对"单选按钮，将以当前用户坐标系（UCS）的 X 轴正向为基准确定极轴追踪的角度；若选中"相对上一段"单选按钮，将根据上一次绘制线段的方向为基准确定极轴追踪的角度。

> **提示**
>
> 极轴追踪和正交模式不能同时启用。当启用极轴追踪后，系统将自动关闭正交模式；同理，当启用正交模式后，系统将自动关闭极轴追踪。在绘制水平或竖直直线时常将正交打开，在绘制其他直线时常将极轴追踪打开。

2.2.3 动态输入设置

打开动态输入功能，在输入文字时就能看到光标附近的动态输入提示框。动态输入适用于输入命令、对提示进行响应及输入坐标值。

1. 动态输入的设置

单击"动态输入"选项卡，如图 2-28 所示。

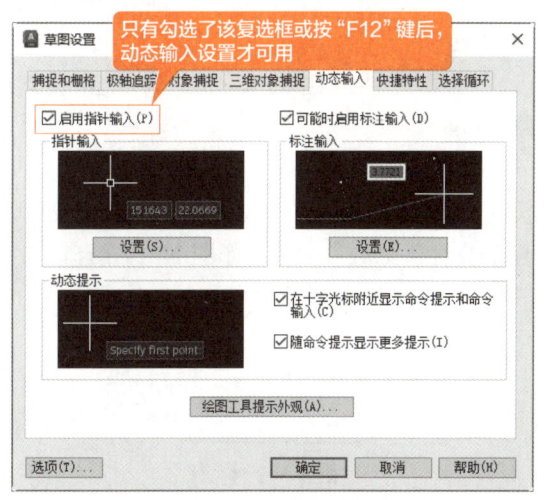

图 2-28 "动态输入"选项卡

指针输入：单击"指针输入"选项栏中的"设置"按钮，打开如图 2-29 所示的"指针输入设置"对话框，在这里可以设置第二个点或后续的点的默认格式。

2. 改变动态输入设置

默认的动态输入设置能确保把工具栏提示中的输入解释为相对极轴坐标。但是，有时需要为单个坐标改变此设置。在输入时可以在 X 坐标前加上一个符号来改变此设置。

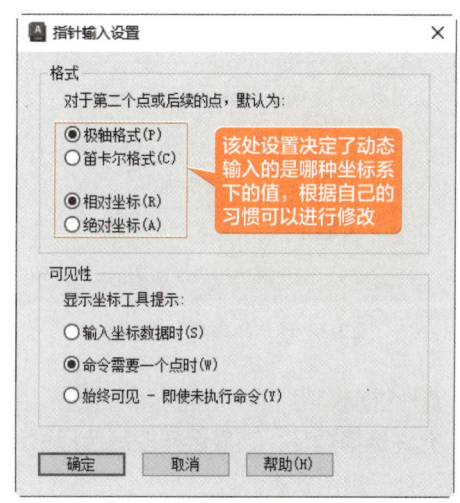

图 2-29 "指针输入设置"对话框

AutoCAD 提供了 3 种方法来改变此设置。

绝对坐标：键入"#"，可以将默认的相对坐标设置改变为输入绝对坐标。例如，输入"#10,10"，那么所指定的就是绝对坐标点"10,10"。

相对坐标：键入"@"，可以将事先设置的绝对坐标改变为相对坐标，如输入"@4,5"。

世界坐标系：如果在创建一个自定义坐标系之后，又想输入一个世界坐标系的坐标值，可以在 X 轴坐标值之前加入一个"*"。

> **提示**
>
> 勾选"动态提示"选项区域中的"在十字光标附近显示命令提示和命令输入"复选框,可以在光标附近显示命令提示。
>
> 勾选"可能时启用标注输入"复选框,在输入字段中输入值并按"Tab"键后,该字段将显示一个锁定图标,并且光标会受输入的值的约束。

2.2.4 选择循环设置

在绘图操作中,当面对重合的对象或者彼此非常接近的对象时,准确选择其中之一往往变得尤为困难。这时,选择循环功能(也称对象循环选择)的作用就凸显出来。它允许用户在这些难以区分的对象之间循环切换,从而精确选择到目标对象,极大地提高了绘图的效率和准确性。

单击"选择循环"选项卡,可以对"选择循环"进行设置,如图 2-30 所示。

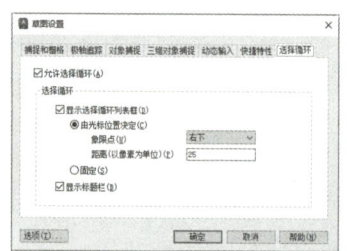

图 2-30 "选择循环"选项卡

选项说明

允许选择循环:该复选框控制选择循环功能是否处于启用状态。

显示选择循环列表框:该复选框以列表的形式,列出了在拾取框光标的当前位置可能选择的所有重叠对象。

由光标位置决定:勾选该单选按钮后,可跟随光标移动列表框。

象限点:该下拉列表可以指定光标将列表框定位到的象限。

距离(以像素为单位):该文本框可以指定光标与列表框之间的距离。

固定:勾选该单选按钮后,列表框不随光标一起移动,仍在原来的位置。若要更改列表框的位置,请单击并拖动。

显示标题栏:勾选该复选框后,可以显示标题栏;若要节省屏幕空间,可以关闭标题栏。

◇ 练一练——删除重叠对象

素材文件:素材\CH02\删除重叠对象.dwg

结果文件:结果\CH02\删除重叠对象.dwg

操作步骤:

第1步 打开随书配套资源中的"素材\CH02\删除重叠对象.dwg"文件,如图 2-31 所示。

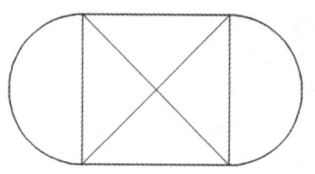

图 2-31 素材文件

第2步 选择"工具"→"绘图设置"菜单命令,弹出"草图设置"对话框,进行相关设置,如图 2-32 所示。

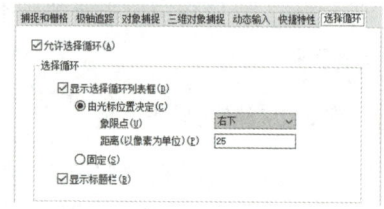

图 2-32 选择循环设置

第3步 将鼠标放到绘图区域中的圆弧上,十字光标旁边出现图标，说明圆弧有重复，如图 2-33 所示。

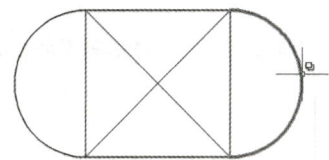

图 2-33 显示有重复对象

现图标，如图 2-35 所示。

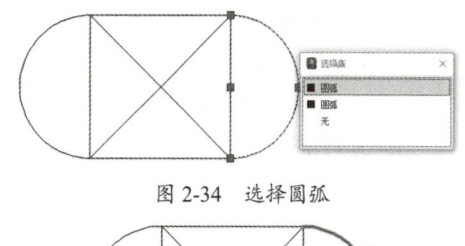

图 2-34 选择圆弧

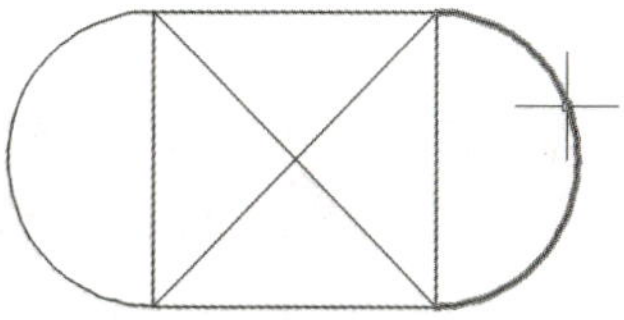

第4步 鼠标单击圆弧，在弹出的"选择集"对话框中选择要删除的圆弧，如图 2-34 所示。

第5步 按"Delete"键将所选圆弧删除，删除后再将鼠标放到圆弧上，十字光标旁边不再出

图 2-35 删除重叠对象

2.3 打印设置

用户在使用 AutoCAD 创建图形以后，通常要将其打印到图纸上。打印的图形可以是单一视图，也可以是复杂的视图排列。根据不同的需要来设置选项，以决定打印的内容和图形在图纸上的布置。

执行方式

- 命令行：PRINT/PLOT。
- 菜单栏：选择菜单栏中的"文件"→"打印"命令。
- 功能区：单击"输出"选项卡"打印"面板中的"打印"按钮。
- 应用程序菜单：选择"应用程序菜单"中的"打印"→"打印"命令。
- 快速访问工具栏：单击快速访问工具栏中的"打印"按钮。
- 快捷键："Ctrl+P"组合键。

操作步骤

执行上述操作后会打开"打印–模型"对话框，如图 2-36 所示。

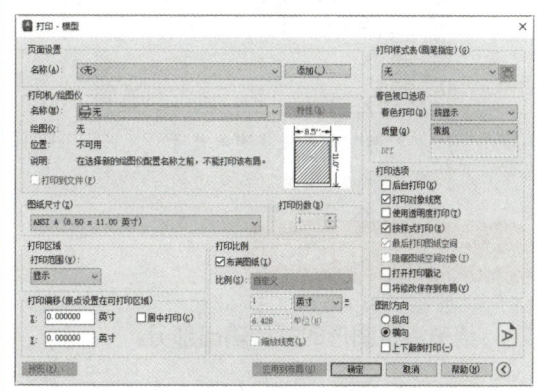

图 2-36 "打印–模型"对话框

2.3.1 选择打印机

用于选择已安装的打印机。

执行方式

- 在"打印−模型"对话框中"打印机/绘图仪"区域的"名称"下拉列表中可以单击选择已安装的打印机,如图2-37所示。

图2-37 选择已安装的打印机

2.3.2 设置图纸尺寸和打印比例

用于选择适当的纸张尺寸及打印比例。

执行方式

- 在"打印−模型"对话框的"图纸尺寸"下拉列表中可以选择适合打印机所使用的纸张尺寸,如图2-38所示。

- 在"打印−模型"对话框中"打印比例"区域的"比例"下拉列表中可以设置图形输出比例,如图2-39所示。假如勾选"布满图纸"复选框,则可以将图形布满图纸打印。

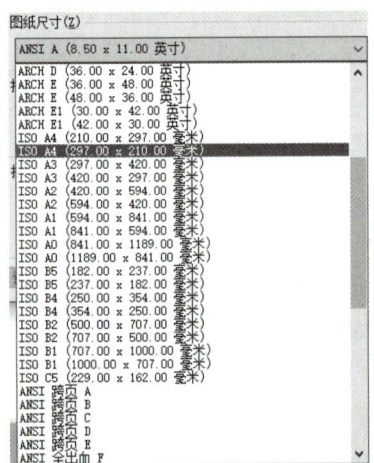

图2-38 设置图纸尺寸

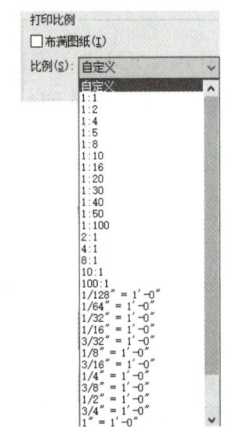

图2-39 设置打印比例

2.3.3 打印区域

用于指定图形的打印输出部分。

执行方式

- 在"打印−模型"对话框中"打印区域"的"打印范围"下拉列表中可以选择打印区域,如图2-40所示。

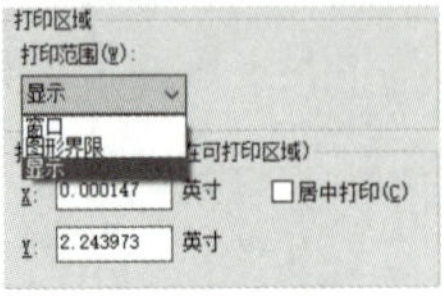

图2-40 设置打印区域

选项说明

窗口:是最常用的打印范围类型。选择"窗口"类型打印时系统会提示指定打印区域的两个对角点,如图2-41所示。

第 2 章
AutoCAD 的基本设置

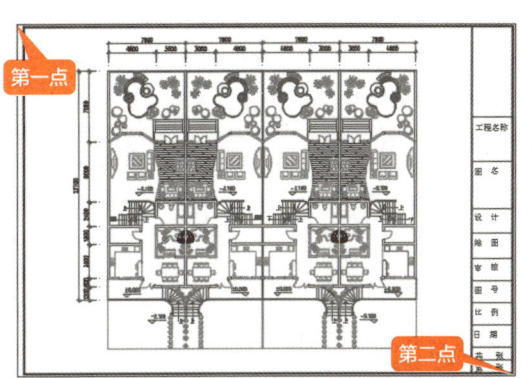

居中打印：在"打印偏移"区域中勾选"居中打印"，可以将图形居中打印，如图 2-42 所示。

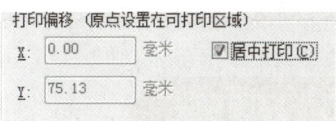

图 2-42　居中打印

图 2-41　指定打印区域

2.3.4　更改图形方向

用于指定图形的输出方向。

📄 **执行方式**

- 在"打印–模型"对话框的"图形方向"区域中可以选择图形方向，如图 2-43 所示。

图 2-43　图形方向

2.3.5　切换打印样式表

用于指定打印样式并且可以对其进行编辑操作。

📄 **执行方式**

- 在"打印–模型"对话框的"打印样式表（画笔指定）"区域中可以选择需要的打印样式，如图 2-44 所示。

📄 **操作步骤**

执行上述操作后会打开"问题"对话框，如图 2-45 所示。

📄 **选项说明**

选择打印样式表后，其文本框右侧的"编辑"按钮由原来的不可用状态变为可用状态，单击此按钮，打开"打印样式表编辑器"对话框，在对话框中可以编辑打印样式，如图 2-46 所示。

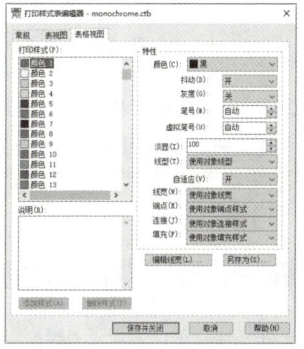

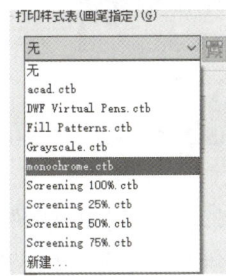

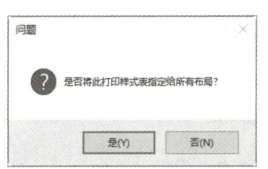

图 2-44　打印样式表　　图 2-45　"问题"提示框　　图 2-46　"打印样式表编辑器"对话框

> **提示**
>
> 如果是黑白打印机，选择"monochrome.ctb"之后不需要任何改动。因为 CAD 默认该打印样式下所有对象颜色均为黑色。

2.3.6 打印预览

同其他软件打印操作一样，AutoCAD 在打印之前可以先进行预览。

执行方式

- 在"打印–模型"对话框中单击"预览"按钮可以对打印效果进行预览。

操作步骤

执行上述操作后会弹出打印预览界面，如图 2-47 所示。

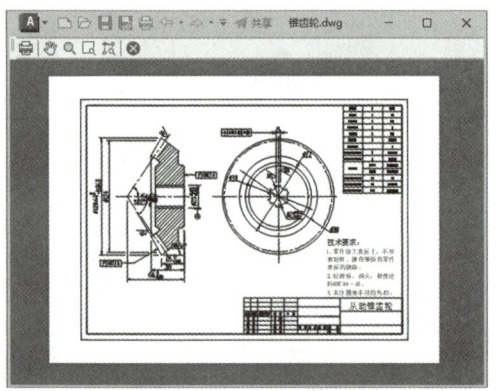

图 2-47　打印预览界面

选项说明

如果预览后没问题，单击打印按钮即可打印，如果对打印设置不满意，则单击关闭预览按钮，回到"打印–模型"对话框重新设置。

> **提示**
>
> 按住鼠标中键，可以拖动预览图形，上下滚动鼠标中键，可以放大缩小预览图形。

◇ **练一练——打印带轮工程图**

素材文件：素材 \CH02\ 带轮 .dwg

结果文件：无

利用打印命令打印带轮工程图。

操作步骤：

第1步　打开随书配套资源中的"素材\CH02\带轮.dwg"文件，如图 2-48 所示。

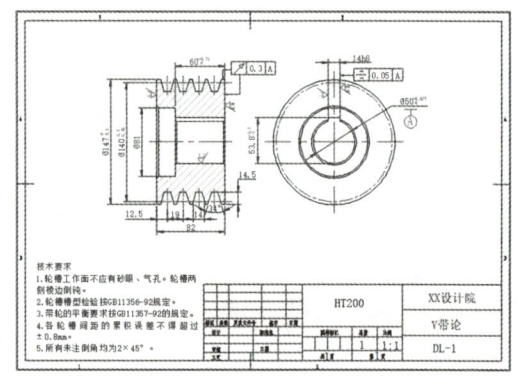

图 2-48　素材文件

第2步　选择"文件"→"打印"菜单命令，在弹出的"打印–模型"对话框中选择一个适当的打印机，如图 2-49 所示。

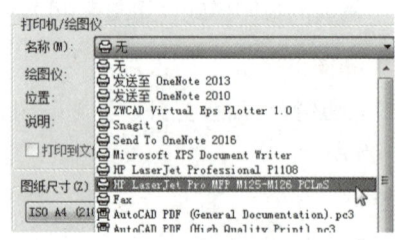

图 2-49　选择打印机

第3步　"图纸尺寸"选择"ISO A4（297×210 毫米）"，如图 2-50 所示。

第4步　在"打印偏移"区域勾选"居中打印"复选框，在"打印比例"区域勾选"布满图纸"复选框，如图 2-51 所示。

第 2 章 AutoCAD 的基本设置

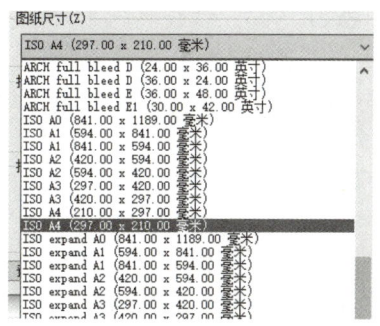

图 2-50 指定图纸尺寸

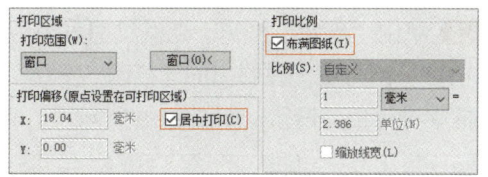

图 2-51 居中和布满图纸设置

第 5 步 在"打印范围"区域选择"窗口",在绘图区域中指定打印区域,如图 2-52 所示。

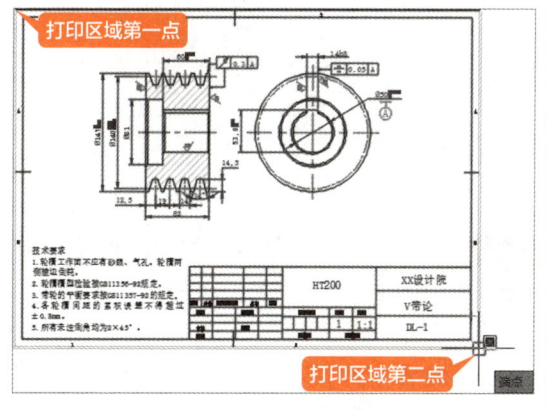

图 2-52 指定打印区域

第 6 步 返回"打印–模型"对话框,在"图形方向"区域选择"横向",如图 2-53 所示。

图 2-53 设置图形打印方向

第 7 步 单击"预览"按钮,如图 2-54 所示。

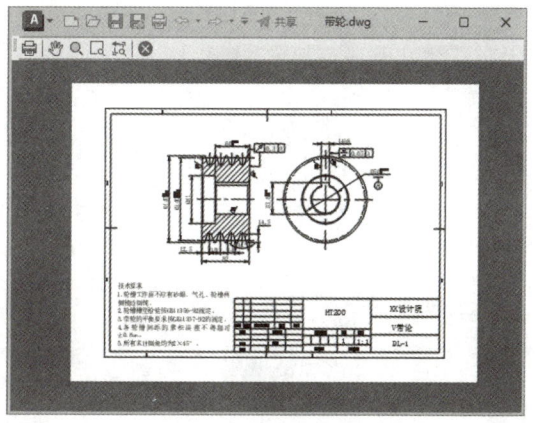

图 2-54 打印预览

第 8 步 单击鼠标右键,在弹出的快捷菜单中选择"打印"选项完成操作。

2.4 实例——创建样板文件

用户可以根据绘图习惯进行绘图环境的设置,将完成设置的文件保存为".dwt"文件(样板文件的格式),即可创建样板文件。

第 1 步 新建一个 AutoCAD 文件,单击按钮 (窗口左上角)→"选项",在弹出的"选项"对话框中选择"显示"选项卡,单击"窗口元素"区域的"颜色主题"下拉按钮,在弹出的下拉列表中选择"明",如图 2-55 所示。

第 2 步 单击"窗口元素"区域的"颜色"按钮,在弹出的"图形窗口颜色"对话框中,将二维模型空间的统一背景改为白色,如图 2-56 所示。

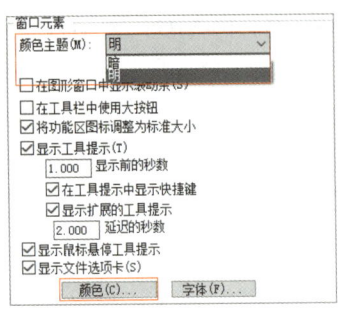

图 2-55　设置颜色主题

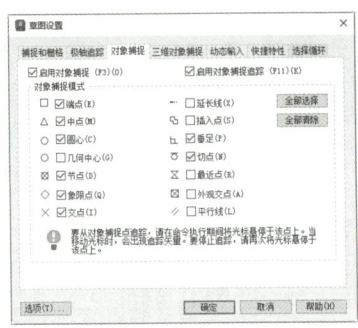

图 2-58　草图设置

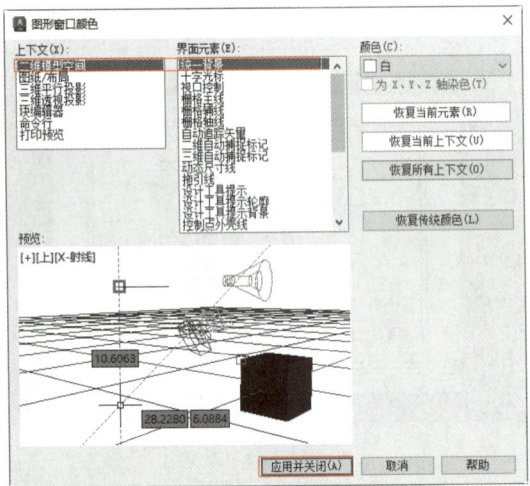

图 2-56　设置背景颜色

第5步 单击"确定"按钮，返回绘图界面后按"Ctrl+P"组合键，在弹出的"打印-模型"对话框中进行相关设置，如图 2-59 所示。

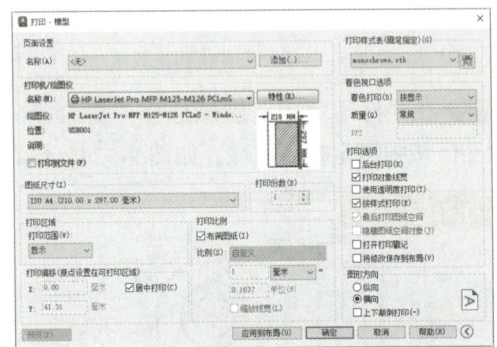

图 2-59　设置打印参数

第3步 单击"应用并关闭"按钮，返回"选项"对话框，单击"确定"按钮，回到绘图界面后，按"F7"键将栅格关闭，如图 2-57 所示。

第6步 单击"应用到布局"按钮，然后单击"确定"按钮，关闭"打印-模型"对话框。选择"文件"→"保存"菜单命令，在弹出的"图形另存为"对话框中选择文件类型为"AutoCAD 图形样板（*.dwt）"，然后输入样板的名字，单击"保存"按钮即可创建一个样板文件，如图 2-60 所示。

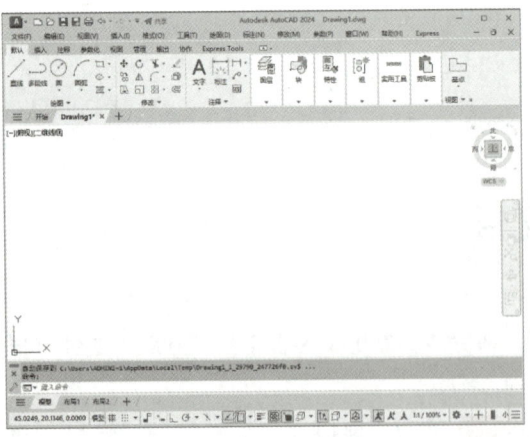

图 2-57　关闭栅格

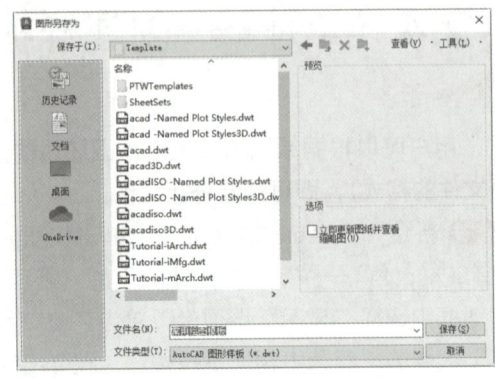

图 2-60　指定文件名称

第4步 选择"工具"→"绘图设置"菜单命令，在弹出的"草图设置"对话框中进行相关设置，如图 2-58 所示。

第 2 章
AutoCAD 的基本设置

第7步 单击"保存"按钮，在弹出的"样板选项"对话框中设置测量单位，单击"确定"按钮，如图 2-61 所示。

第8步 创建完成后，再次启动 AutoCAD，单击新建按钮，在弹出的"选择样板"对话框中选择刚才创建的样板文件，新建 CAD 文件即可。

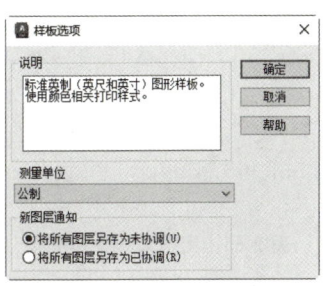

图 2-61 设置测量单位

1. 巧用临时捕捉

当需要临时捕捉某点时，可以按下"Shift"键或"Ctrl"键并右击，弹出对象捕捉快捷菜单，如图 2-62 所示。从中选择需要的命令，再把光标移到要捕捉对象的特征点附近，即可捕捉到相应的对象特征点。

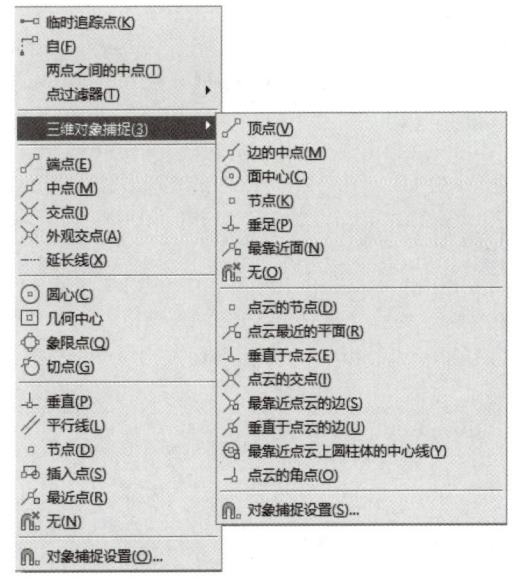

图 2-62 可捕捉的对象特征点

选项说明

- 临时追踪点：创建对象捕捉所使用的临时点。
- 自：从临时参考点偏移。
- 端点：捕捉到线段等对象的端点。
- 中点：捕捉到线段等对象的中点。
- 交点：捕捉到各对象之间的交点。
- 外观交点：捕捉两个对象的外观的交点。
- 延长线：捕捉到直线或圆弧的延长线上的点。
- 圆心：捕捉到圆或圆弧的圆心。
- 几何中心：捕捉到任意闭合多段线和样条曲线的中心。
- 象限点：捕捉到圆或圆弧的象限点。
- 切点：捕捉到圆或圆弧的切点。
- 垂直：捕捉到垂直于线或圆上的点。

- 平行线 ⃫：捕捉到与指定线平行的线上的点。
- 插入点 ：捕捉块、图形、文字或属性的插入点。
- 节点 ：捕捉到节点对象。
- 最近点 ：捕捉离拾取点最近的线段、圆、圆弧等对象上的点。
- 无 ：关闭对象捕捉模式。
- 对象捕捉设置 ：设置自动捕捉模式。

2. 鼠标中键的灵活运用

用户可以根据需求灵活运用鼠标中键。

📄 **执行方式**

- 按住中键：可以平移图形，如图 2-63 所示。

图 2-63　平移图形

- 滚动中键：可以缩放图形。
- 双击中键：可以全屏显示图形，如图 2-64 所示。

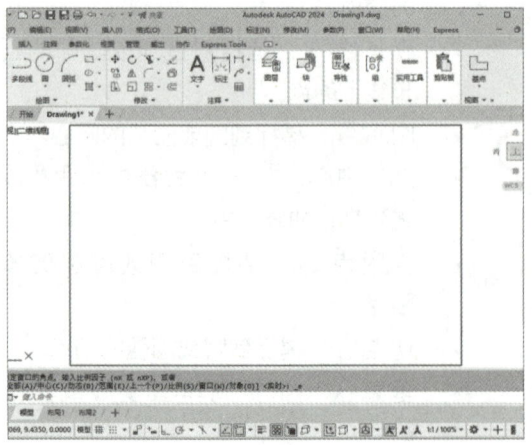

图 2-64　全屏显示

- Shift+ 中键：可以受约束的动态观察图形，如图 2-65 所示。

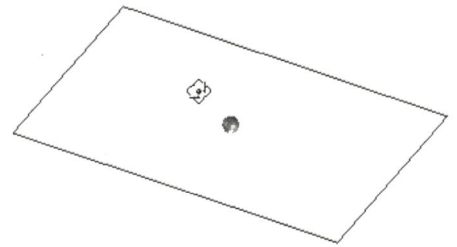

图 2-65　受约束的动态观察

- Ctrl+Shift+ 中键：可以自由动态观察图形，如图 2-66 所示。

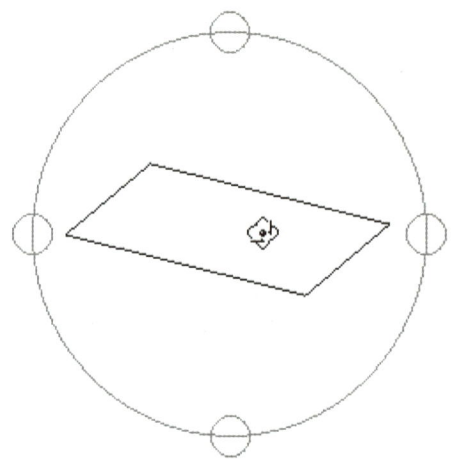

图 2-66　自由动态观察

第 3 章

图层

🔲 内容简介

图层相当于重叠的透明图纸,每张图纸上面的图形都具备自己的颜色、线宽、线型等特性,将所有图纸上面的图形绘制完成后,可以根据需要对其进行相应的隐藏或显示,得到最终的图形需求结果。为方便对 AutoCAD 对象进行统一管理和修改,用户可以把类型相同或相似的对象设置为同一图层。

📃 内容要点

- 图层特性管理器
- 更改图层的控制状态
- 管理图层

🔷 案例效果

3.1 图层特性管理器

图层特性管理器可以显示图形中的图层列表及其特性，也可以添加、删除和重命名图层，还可以更改图层特性、设置布局视口的特性替代或添加说明等。

◆ 执行方式
- 功能区：单击"默认"选项卡"图层"面板中的"图层特性"按钮 。
- 命令行：LAYER/LA。
- 菜单栏：选择菜单栏中的"格式"→"图层"命令。

◆ 操作步骤

执行上述操作后会打开"图层特性管理器"对话框，如图 3-1 所示。

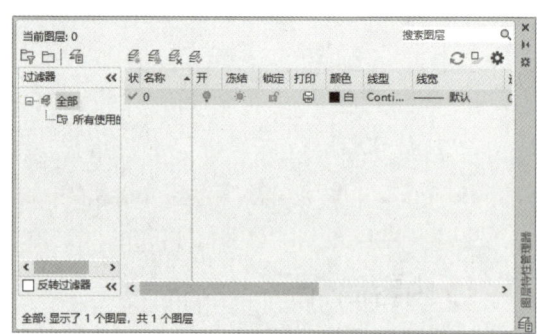

图 3-1 "图层特性管理器"对话框

3.1.1 创建新图层

根据工作需要，可以在一个工程文件中创建多个图层，而每个图层可以控制相同属性的对象。新图层将继承图层列表中当前选定图层的特性，如颜色或开关状态等。

◆ 执行方式
- 在"图层特性管理器"对话框中单击"新建图层"按钮 ，即可创建新图层，如图 3-2 所示。AutoCAD 会默认将图层名称命名为"图层 1"。

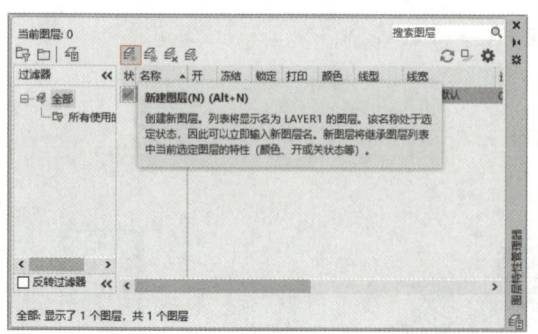

图 3-2 单击"新建图层"按钮

◇ **练一练——新建一个名称为"粗实线"的图层**

素材文件：无
结果文件：结果 \CH03\ 新建图层 .dwg
利用新建图层功能创建粗实线图层。
操作步骤：

第1步 新建一个 AutoCAD 文件，单击"默认"选项卡"图层"面板中的"图层特性"按钮 ，在弹出的"图层特性管理器"对话框中单击"新建图层"按钮，创建一个默认名称为"图层 1"的新图层，如图 3-3 所示。

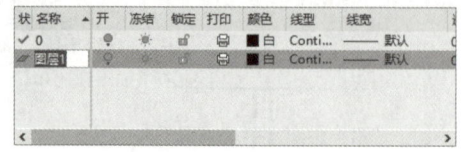

图 3-3 新建图层

第 3 章
图层

第2步 将"图层1"名称更改为"粗实线",如图 3-4 所示。

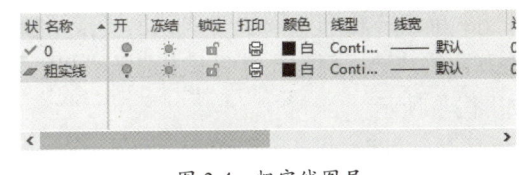

图 3-4 粗实线图层

3.1.2 更改图层颜色

AutoCAD 系统中提供了 256 种颜色,通常在设置图层的颜色时,一般都会采用 7 种标准颜色:红色、黄色、绿色、青色、蓝色、紫色及白色。这 7 种颜色区别较大又有名称,便于识别和调用。

📄 执行方式

- 在"图层特性管理器"对话框中单击"颜色"按钮■,即可根据提示更改图层颜色,如图 3-5 所示。

图 3-5 单击颜色按钮

📄 操作步骤

执行上述操作后会打开"选择颜色"对话框,如图 3-6 所示。

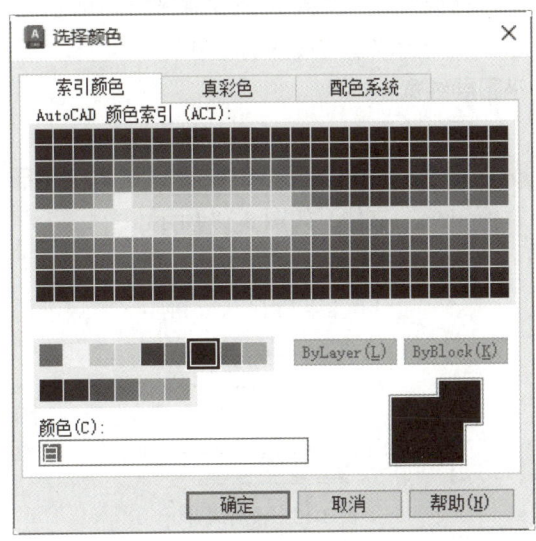

图 3-6 "选择颜色"对话框

◇ **练一练——更改"台灯罩"轮廓图层的颜色**

素材文件:素材 \CH03\ 台灯罩 .dwg
结果文件:结果 \CH03\ 台灯罩 .dwg

利用更改图层颜色功能更改"台灯罩"轮廓图层颜色。

操作步骤:

第1步 打开随书配套资源中的"素材\CH03\台灯罩.dwg"文件,如图 3-7 所示。

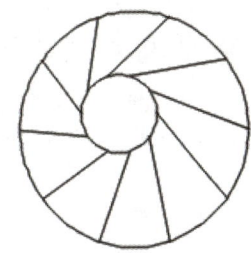

图 3-7 素材文件图

第2步 选择"格式"→"图层"菜单命令,弹出"图层特性管理器"对话框,如图 3-8 所示。

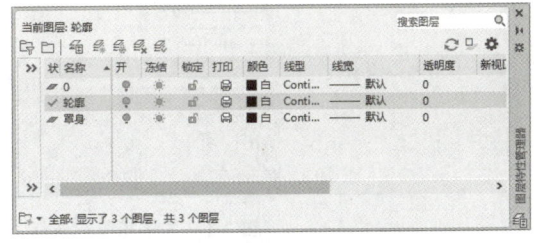

图 3-8 "图层特性管理器"对话框

· 45 ·

第3步 单击"轮廓"图层的"颜色"按钮■，在弹出的"选择颜色"对话框中选择"红色"，如图 3-9 所示。

第4步 在"选择颜色"对话框中单击"确定"按钮，关闭"图层特性管理器"对话框，"台灯罩"轮廓层变为"红色"，如图 3-10 所示。

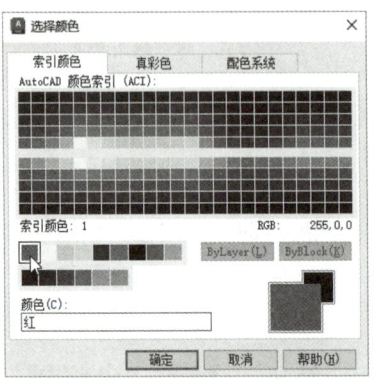

图 3-9 "选择颜色"对话框

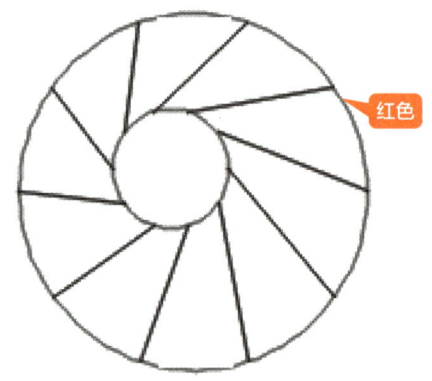

图 3-10 台灯罩变为红色

3.1.3 更改图层线宽

AutoCAD 中有 20 多种线宽可供选择，其中 TrueType 字体、光栅图像、点和实体填充（二维实体）无法显示线宽。

📄 执行方式

- 在"图层特性管理器"对话框中单击"线宽"按钮 —— 默认，即可根据提示更改图层线宽，如图 3-11 所示。

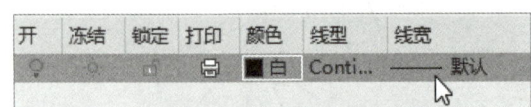

图 3-11 单击"线宽"按钮

📄 操作步骤

执行上述操作后会打开"线宽"对话框，如图 3-12 所示。

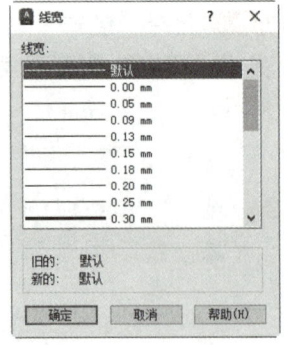

图 3-12 "线宽"对话框

◇ **练一练——更改"靠背椅"底座图层的线宽**

素材文件：素材 \CH03\ 靠背椅 .dwg
结果文件：结果 \CH03\ 靠背椅 .dwg

利用更改图层线宽功能更改"靠背椅"底座图层线宽。

操作步骤：

第1步 打开随书配套资源中的"素材\CH03\靠背椅.dwg"文件，如图 3-13 所示。

图 3-13 素材文件

第2步 选择"格式"→"图层"菜单命令，弹出"图层特性管理器"对话框，如图 3-14 所示。

第 3 章
图层

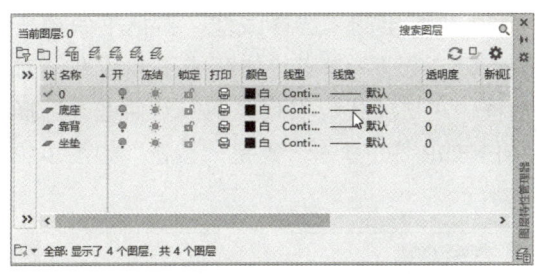

图 3-14 "图层特性管理器"对话框

第 3 步 单击"底座"图层的"线宽"按钮,在弹出的"线宽"对话框中选择"0.30mm",如图 3-15 所示。

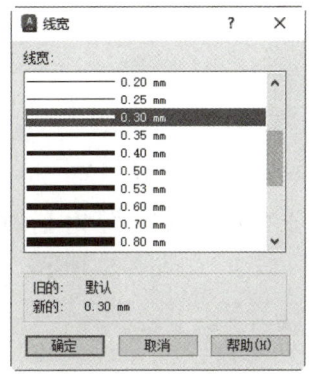

图 3-15 设置线宽

第 4 步 在"线宽"对话框中单击"确定"按钮,关闭"图层特性管理器"对话框,"底座"线宽发生了相应的变化,如图 3-16 所示。

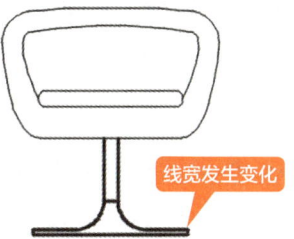

图 3-16 线宽发生变化

| 提示 |

状态栏的"显示/隐藏线宽"按钮必须处于打开状态,在图形上线宽才能显示。另外,0.25mm 及以下的线宽,在图形上看起来是相同的,但它们打印到图纸上的实际宽度是不同的。

3.1.4 更改图层线型

AutoCAD 提供了实线、虚线及点划线等 45 种线型,默认的线型方式为"Continuous"(连续)。

执行方式

- 在"图层特性管理器"对话框中单击"线型"按钮 Continuous ,即可根据提示更改图层线型,如图 3-17 所示。

图 3-17 单击"线型"按钮

操作步骤

第 1 步 执行上述操作后会打开"选择线型"对话框,如图 3-18 所示。

图 3-18 "选择线型"对话框

第 2 步 在"选择线型"对话框中单击"加载"按钮,会弹出"加载或重载线型"对话框,如图 3-19 所示。

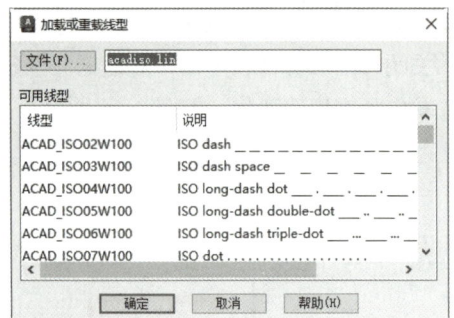

图 3-19 "加载或重载线型"对话框

◇ **练一练——更改"中心线"图层的线型**

素材文件：素材\CH03\定位垫片.dwg
结果文件：结果\CH03\定位垫片.dwg
利用更改图层线型功能更改"中心线"图层线型。

操作步骤：

第1步 打开随书配套资源中的"素材\CH03\定位垫片.dwg"文件，如图3-20所示。

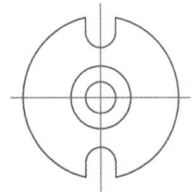

图 3-20 素材文件

第2步 选择"格式"→"图层"菜单命令，在弹出的"图层特性管理器"对话框中单击"中心线"图层的"线型"按钮 Continuous，如图 3-21 所示。

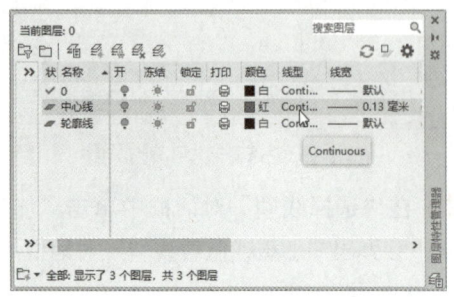

图 3-21 "图层特性管理器"对话框

第3步 在弹出的"选择线型"对话框中单击"加载"按钮，弹出"加载或重载线型"对话框，在"加载或重载线型"对话框中选择"CENTER"并单击"确定"按钮，如图 3-22 所示。

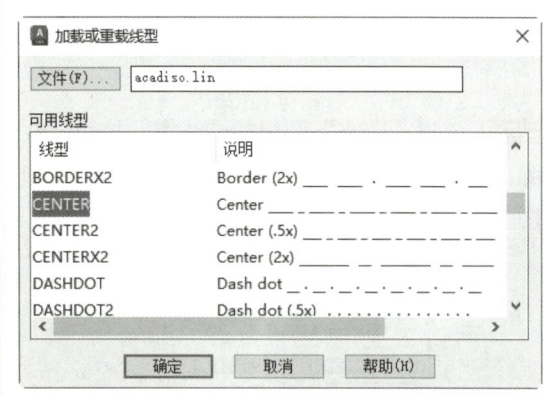

图 3-22 "加载或重载线型"对话框

第4步 返回"选择线型"对话框后选择"CENTER"线型，如图 3-23 所示。

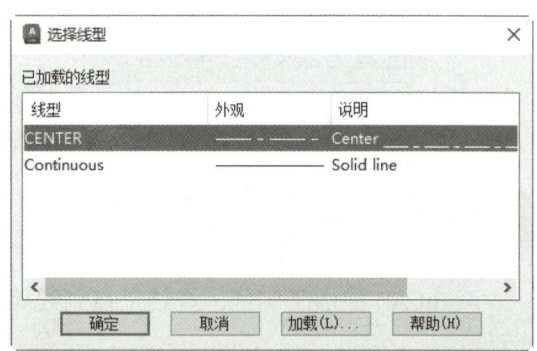

图 3-23 选择线型

第5步 单击"确定"按钮，退回到"图层特性管理器"对话框，如图 3-24 所示。

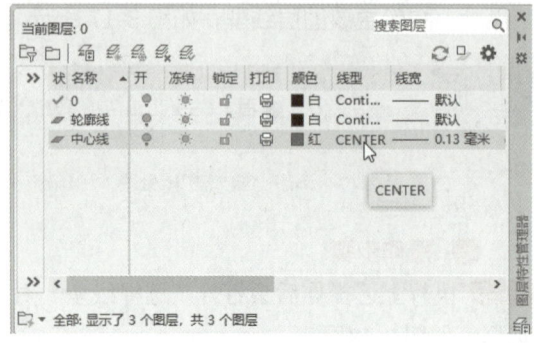

图 3-24 "图层特性管理器"对话框

第 3 章 图层

第 6 步 关闭"图层特性管理器"对话框，中心线线型发生了相应的变化，如图 3-25 所示。

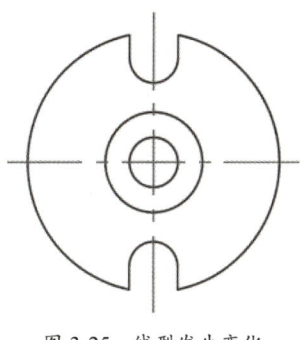

图 3-25 线型发生变化

3.2 更改图层的控制状态

图层可通过图层状态进行控制，以便于对图形进行管理和编辑。图层状态的控制是在"图层特性管理器"对话框中进行的。

3.2.1 打开/关闭图层

通过将图层打开或关闭可以控制图形的显示或隐藏。当图层处于关闭状态时，图层中的内容将被隐藏且无法编辑和打印。

📄 **执行方式**

- 在"图层特性管理器"对话框中单击"开/关"按钮，即可将图层打开或关闭，如图 3-26 所示。

图 3-26 图层"开/关"按钮

◇ **练一练——关闭"手提包"图层**

素材文件：素材 \CH03\ 打开或关闭图层 .dwg

结果文件：结果 \CH03\ 打开或关闭图层 .dwg

利用关闭图层功能关闭"手提包"图层。

操作步骤：

第 1 步 打开随书配套资源中的"素材 \CH03\ 打开或关闭图层 .dwg"文件，如图 3-27 所示。

图 3-27 素材文件

第 2 步 选择"格式"→"图层"菜单命令，在弹出的"图层特性管理器"对话框中单击"手提包"图层的"开/关"按钮，关闭"图层特性管理器"对话框，结果如图 3-28 所示。

> **提示**
>
> 若要显示图层中隐藏的文件,可重新单击"开/关"按钮,使其呈亮显状态显示,以便打开被关闭的图层。

图 3-28 "手提包"图层关闭

3.2.2 冻结/解冻图层

当图层冻结时,图层中的内容被隐藏,且该图层上的内容不能进行编辑和打印。将图层冻结可以减少复杂图形的重生成时间。图层冻结时将以灰色的雪花图标显示,图层解冻时将以明亮的太阳图标显示。

执行方式

- 在"图层特性管理器"对话框中单击"冻结/解冻"按钮,即可将图层冻结或解冻,如图 3-29 所示。

图 3-29 图层"冻结/解冻"按钮

◇ **练一练——冻结"水翁"图层**

素材文件:素材\CH03\冻结或解冻图层.dwg

结果文件:结果\CH03\冻结或解冻图层.dwg

利用冻结图层功能冻结"水翁"图层。

操作步骤:

第1步 打开随书配套资源中的"素材\CH03\冻结或解冻图层.dwg"文件,如图 3-30 所示。

图 3-30 素材文件

第2步 选择"格式"→"图层"菜单命令,在弹出的"图层特性管理器"对话框中单击"水翁"图层的"冻结/解冻"按钮,关闭"图层特性管理器"对话框,结果如图 3-31 所示。

图 3-31 "水翁"图层冻结

> **提示**
>
> 若要解除图层中冻结的文件,可重新单击"冻结/解冻"按钮,使其呈太阳状态显示,以便解除被冻结的图层。

3.2.3 锁定/解锁图层

图层锁定后图层上的内容依然可见，但是不能被编辑。

- 执行方式

- 在"图层特性管理器"对话框中单击"锁定/解锁"按钮 🔓，即可将图层锁定或解锁，如图 3-32 所示。

图 3-32 图层"锁定/解锁"按钮

> 提示
>
> 除了可以在"图层特性管理器"中控制图层的打开/关闭、冻结/解冻、锁定/解锁，还可以通过"默认"选项卡→"图层"面板中的图层选项来控制图层的状态，如图 3-33 所示。

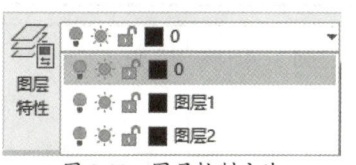

图 3-33 图层控制方法

◇ 练一练——锁定"大丝葵"图层

素材文件：素材 \CH03\ 锁定或解锁图层.dwg

结果文件：结果 \CH03\ 锁定或解锁图层.dwg

利用锁定图层功能锁定"大丝葵"图层。

操作步骤：

第1步 打开随书配套资源中的"素材\CH03\锁定或解锁图层.dwg"文件，如图 3-34 所示。

图 3-34 素材文件

第2步 选择"格式"→"图层"菜单命令，在弹出的"图层特性管理器"对话框中单击"大丝葵"图层的"锁定/解锁"按钮，关闭"图层特性管理器"对话框，在绘图区域中将光标放置到"大丝葵"图形上面，如图 3-35 所示。

图 3-35 锁定"大丝葵"图层

第3步 选择"修改"→"移动"菜单命令，将绘图区域中的所有对象全部作为需要移动的对象，可以发现"树木"图形可以移动，"大丝葵"图形不可以移动，如图 3-36 所示。

图 3-36 "大丝葵"对象不可移动

3.2.4 打印/不打印图层

图层的不打印设置只对图形中可见的图层（即图层是打开的并且是解冻的）有效。若图层设为打印但该层是冻结的或关闭的，此时 AutoCAD 将不打印该图层。

执行方式

- 在"图层特性管理器"对话框中单击"打印/不打印"按钮，即可将图层处于可打印状态或不可打印状态，如图 3-37 所示。

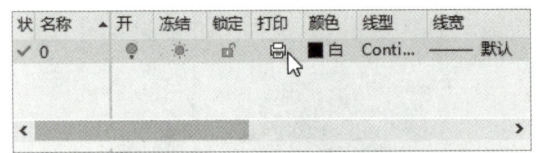

图 3-37 图层"打印/不打印"按钮

◇ **练一练——使"旗杆"图层处于不打印状态**

素材文件：素材 \CH03\ 打印或不打印图层 .dwg

结果文件：结果 \CH03\ 打印或不打印图层 .dwg

利用不打印图层功能使"旗杆"图层对象不打印。

操作步骤：

第1步 打开随书配套资源中的"素材\CH03\打印或不打印图层.dwg"文件，如图 3-38 所示。

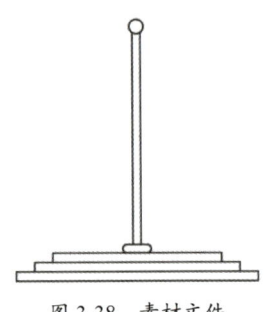

图 3-38 素材文件

第2步 选择"格式"→"图层"菜单命令，在弹出的"图层特性管理器"对话框中单击"旗杆"图层的"打印/不打印"按钮，关闭"图层特性管理器"对话框，选择"文件"→"打印"菜单命令，打印结果如图 3-39 所示。

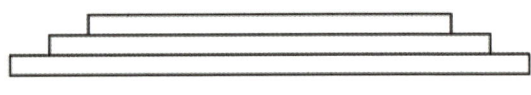

图 3-39 "旗杆"图层不打印

3.3 管理图层

通过对图层的有效管理，不仅可以提高绘图效率，保证绘图质量，而且还可以及时地将无用图层删除，节约磁盘空间。

3.3.1 改变图形对象所在图层

对于相对简单的图形而言，可以先绘制图形对象，然后将图形对象分别放置到不同的图层上面。

执行方式

- 在绘图区域中选择相应图形对象后，单击"默认"选项卡"图层"面板中的图层选项，选择相应图层，即可将该图形对象放置到相应图层上面。如图 3-40 所示。

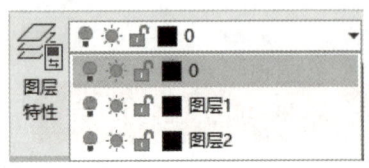

图 3-40 选择相应图层

第 3 章 图层

◇ 重点——改变细实线对象所在图层

素材文件：素材 \CH03\ 改变对象所在图层 .dwg

结果文件：结果 \CH03\ 改变对象所在图层 .dwg

利用改变图形对象所在图层功能，将细实线放置到相应图层上面。

操作步骤：

第1步 打开随书配套资源中的"素材 \CH03\ 改变对象所在图层.dwg"文件，如图 3-41 所示。

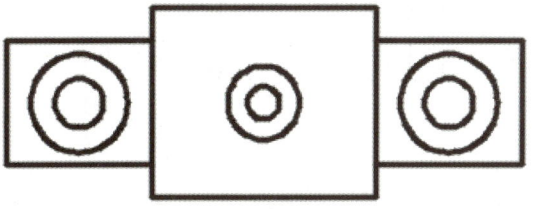

图 3-41　素材文件

第2步 在绘图区域中选择如图 3-42 所示的两个圆形对象。

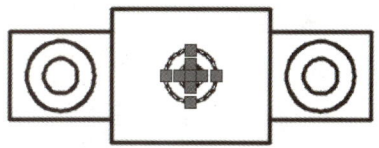

图 3-42　选择圆形对象

第3步 单击"默认"选项卡"图层"面板中的"细实线"图层，如图 3-43 所示。

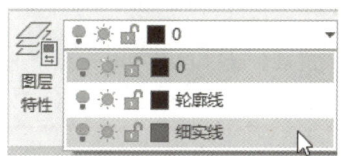

图 3-43　选择细实线图层

第4步 按"Esc"键取消对图形对象的选择，结果如图 3-44 所示。

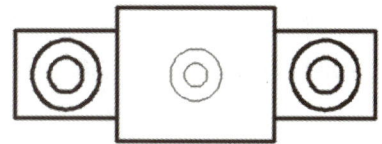

图 3-44　对象改变所在图层

3.3.2 切换当前层

下面将对切换当前层的方法进行详细介绍。

📄 执行方式

- 利用"图层特性管理器"对话框切换当前图层。如图 3-45 所示。

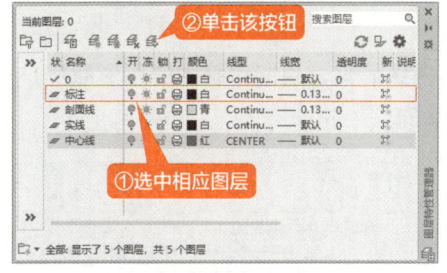

图 3-45　"图层特性管理器"对话框

- 利用"图层"选项卡的下拉列表切换当前图层。如图 3-46 所示。

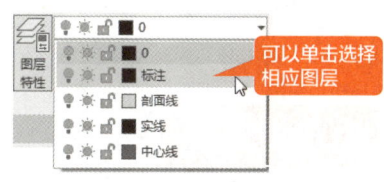

图 3-46　"图层"选项卡

- 利用"图层"选项卡的"置为当前"按钮切换当前图层。如图 3-47 所示。

图 3-47　"置为当前"按钮

- 利用"图层工具"菜单命令切换当前图层。如图 3-48 所示。

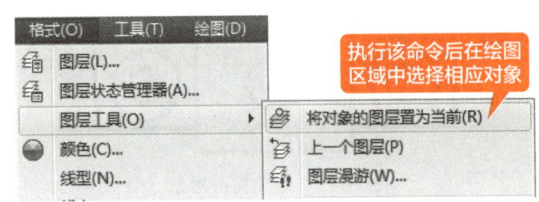

图 3-48 "图层工具"菜单命令

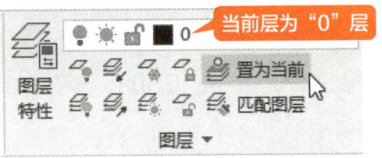

第2步 单击"默认"选项卡"图层"面板中的"置为当前"按钮，如图 3-50 所示。

图 3-50 "置为当前"按钮

第3步 鼠标在"躺椅"的任意位置单击，如图 3-51 所示。

> **提示**
> 在"图层特性管理器"对话框中选中相应图层后双击，也可以将其设置为当前层。

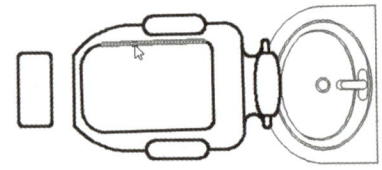

图 3-51 单击选择

第4步 "躺椅"图层已置换为当前层，如图 3-52 所示。

图 3-52 "躺椅"图层为当前层

◇ **重点——将"躺椅"图层置为当前**

素材文件：素材 \CH03\ 切换当前层 .dwg
结果文件：结果 \CH03\ 切换当前层 .dwg
利用切换当前层功能将"躺椅"图层置为当前。
操作步骤：

第1步 打开随书配套资源中的"素材 \CH03\ 切换当前层 .dwg"文件，如图 3-49 所示。

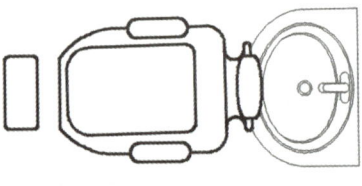

图 3-49 素材文件

3.3.3 删除图层

删除图形中无用的图层，不仅能让图层列表看起来更清爽，也能给臃肿的图形瘦身。需要注意的是，系统默认的图层 0 和当前图层是不能被删除的。

◉ **执行方式**

• 在"图层特性管理器"对话框中选择相应图层，单击"删除图层"按钮，即可将相应图层删除，如图 3-53 所示。

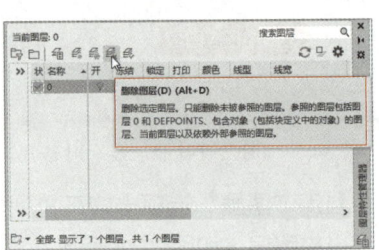

图 3-53 "删除图层"按钮

第 3 章
图层

- 利用"图层"选项卡的"删除"按钮删除当前图层。如图 3-54 所示。

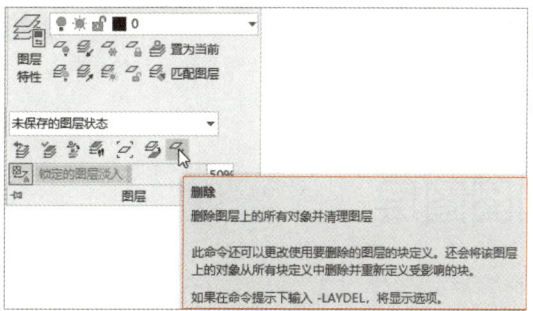

图 3-54 删除图层和图层对象按钮

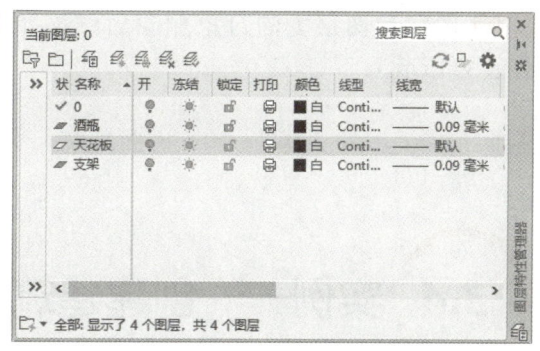

图 3-56 删除"天花板"图层

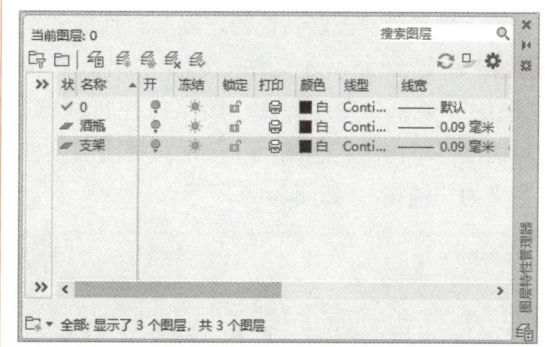

图 3-57 "天花板"图层删除结果

| 提示 |

在"图层特性管理器"对话框中不能删除包含对象的图层和使用外部参照的图层。

◇ **练一练——删除"天花板和酒瓶"图层**

素材文件：素材\CH03\删除图层.dwg
结果文件：结果\CH03\删除图层.dwg
利用删除图层功能删除"天花板"图层和"酒瓶"图层。

操作步骤：

第1步 打开随书配套资源中的"素材\CH03\删除图层.dwg"文件，如图 3-55 所示。

图 3-55 素材文件

第2步 选择"格式"→"图层"菜单命令，在弹出的"图层特性管理器"对话框中选择"天花板"图层，单击"删除图层"按钮，如图 3-56 所示。

第3步 "天花板"图层删除后，结果如图 3-57 所示。

第4步 单击"图层"选项卡"删除"按钮，然后鼠标在"酒瓶"任意位置单击，如图 3-58 所示。

图 3-58 单击选择要删除图层上的对象

第5步 根据命令行提示进行如下操作。

命令：_LAYDEL
选择要删除的图层上的对象或 [名称(N)]：
选定的图层：酒瓶。
选择要删除的图层上的对象或 [名称(N)/放弃(U)]：   //按空格键结束选择
******** 警告 ********
将要从该图形中删除图层"酒瓶"。
是否继续？ [是(Y)/否(N)] <否(N)>：Y
//输入"Y"将删除对象和图层，输入"N"将退出删除命令
删除图层"酒瓶"。
已删除 1 个图层。

· 55 ·

第6步 图层和图层上的对象删除后结果如图 3-59 所示。

图 3-59　图层和图层上对象删除后的结果

3.4 实例——创建建筑制图图层

下面利用"图层特性管理器"对话框创建建筑制图图层，具体操作步骤如下。

第1步 新建一个 dwg 文件，选择"格式"→"图层"菜单命令，弹出"图层特性管理器"对话框，单击"新建图层"按钮，将图层名称定义为"轴线"，如图 3-60 所示。

第3步 单击"确定"按钮，返回"图层特性管理器"对话框，单击"轴线"图层的"线型"按钮 ，弹出"选择线型"对话框，如图 3-62 所示。

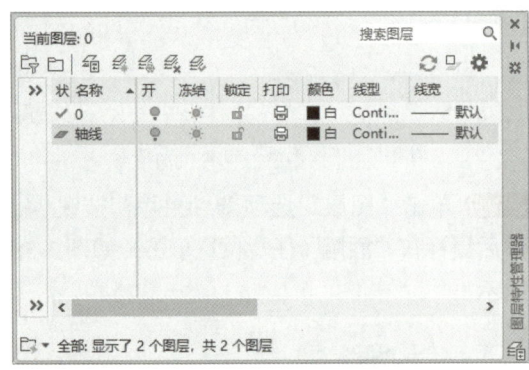

图 3-60　定义图层名称

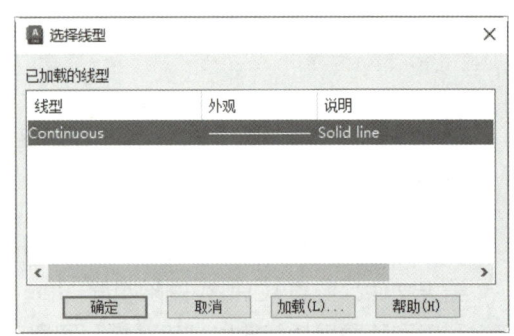

图 3-62　"选择线型"对话框

第2步 单击"轴线"图层的"颜色"按钮■，在弹出的"选择颜色"对话框中选择"红色"，如图 3-61 所示。

第4步 单击"加载"按钮，弹出"加载或重载线型"对话框，选择"ACAD_ISO04W100"线型，如图 3-63 所示。

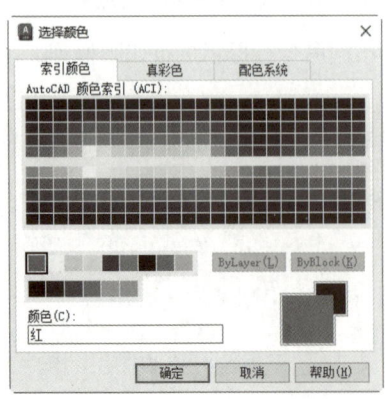

图 3-61　选择图层颜色

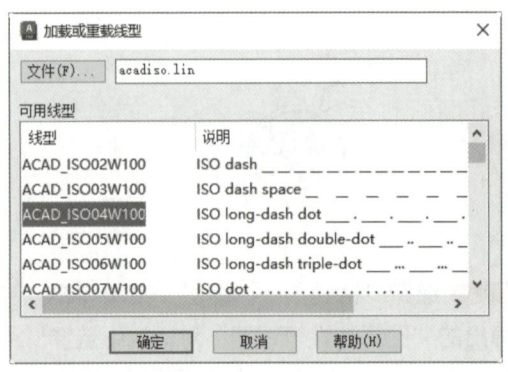

图 3-63　加载线型

第5步 单击"确定"按钮，返回"选择线型"对话框，选择刚才加载的"ACAD_ISO04W100"

第 3 章
图层

线型，如图 3-64 所示。

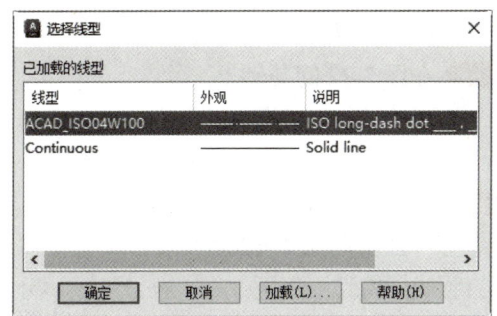

图 3-64　选择线型

第6步 单击"确定"按钮，返回"图层特性管理器"对话框，单击"轴线"图层的"线宽"按钮————**默认**，弹出"线宽"对话框，选择"0.13mm"选项，如图 3-65 所示。

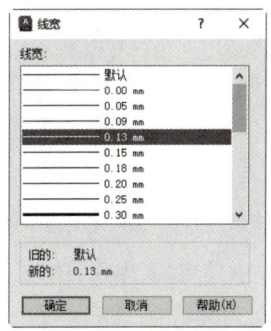

图 3-65　选择线宽

第7步 单击"确定"按钮，返回"图层特性

管理器"对话框，"轴线"图层创建完成，如图 3-66 所示。

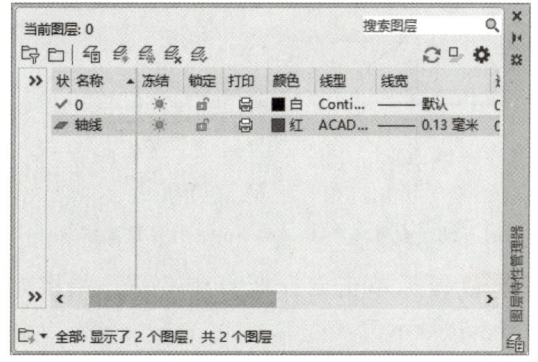

图 3-66　"轴线"图层

第8步 重复第 1～7 步，继续创建其他图层，结果如图 3-67 所示。

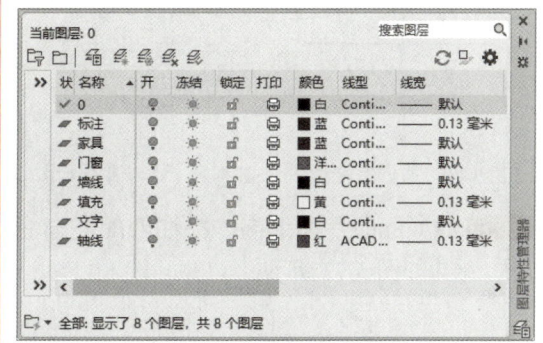

图 3-67　所有创建的图层

1. 轻松匹配对象属性

将选定对象的特性应用于其他对象。可应用的特性类型包括颜色、图层、线型、线型比例、线宽、打印样式、透明度和其他指定的特性。

📄 执行方式

- 功能区：单击"默认"选项卡"特性"面板中的"特性匹配"按钮。
- 命令行：MATCHPROP/MA。
- 菜单栏：选择菜单栏中的"修改"→"特性匹配"命令。

📄 操作步骤

第1步 打开随书配套资源中的"素材\CH03\轮毂键槽.dwg"文件，如图 3-68 所示。

第2步 单击"默认"选项卡"特性"面板中的"特性匹配"按钮，如图3-69所示。

- 快捷键："Ctrl+1"组合键。

📖 **操作步骤**

第1步 在图3-72的基础上，选择两条中心线，如图3-73所示。

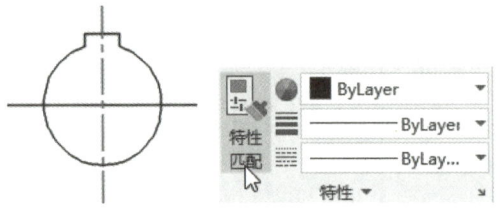

图3-68 素材文件　　图3-69 特性匹配按钮

第3步 鼠标单击选择竖直中心线，结果如图3-70所示。

第4步 当鼠标变成"笔"的形状后，单击选择水平直线，如图3-71所示。

第2步 单击"默认"选项卡"特性"面板的右下角图标，弹出"特性"面板，如图3-74所示。

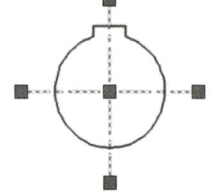

图3-73 选择对象

第3步 在"特性"面板中将"线型比例"改为1，如图3-75所示。

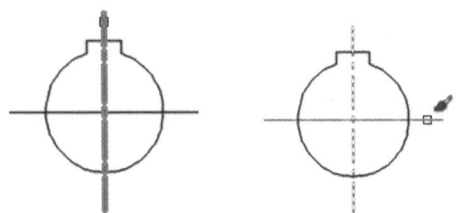

图3-70 选择源对象　　图3-71 选择目标对象

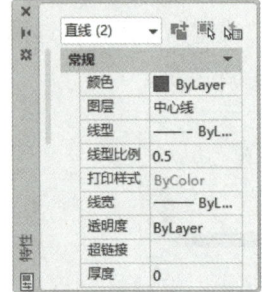 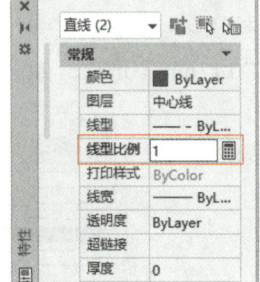

图3-74 "特性"面板　　图3-75 修改线型比例

第5步 按"Enter"键退出"特性匹配"命令后，结果如图3-72所示。

第4步 按"ESC"键退出选择状态后，结果如图3-76所示。

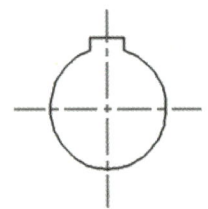

图3-72 特性匹配结果

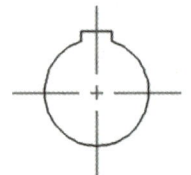

图3-76 修改后的结果

2. 如何控制线型的显示效果

如果非实线线型经过设置后仍显示为实线或显示效果不理想，可以选择相应线条，通过"特性"面板对线型比例进行修改。

📖 **执行方式**

- 功能区：单击"默认"选项卡"特性"面板的右下角图标。
- 命令行：PROPERTIES/PR。
- 菜单栏：选择菜单栏中的"修改"→"特性"命令。

| 提示 |

每个对象都具有"常规特性"和"特殊特性"，常规特性包括其图层、颜色、线型、线型比例、线宽、透明度和打印样式等。不同的对象具有不同的"特殊特性"。例如，圆的特殊特性包括其半径和区域。通过"特性"面板可以同时对这两种特性进行修改。

选择多个对象时，仅显示所有选定对象的公共特性。未选定任何对象时，仅显示常规特性的当前设置。

第 3 章
图层

素材文件：素材 \CH03\ 音箱 .dwg
结果文件：结果 \CH03\ 音箱 .dwg

第1步 打开素材文件"音箱 .dwg"，如图 3-77 所示。

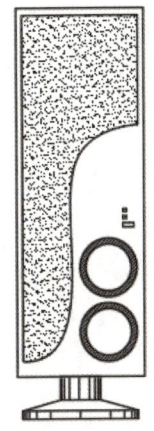

图 3-77 素材文件

第2步 打开"图层特性管理器"对话框，如图 3-78 所示。

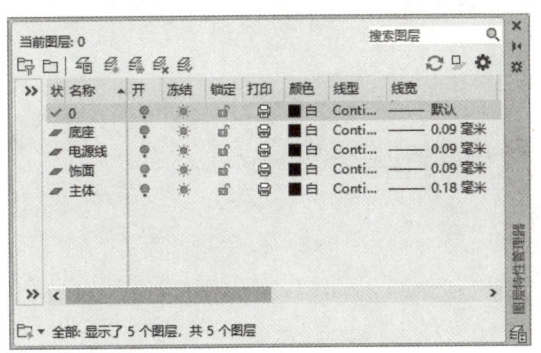

图 3-78 "图层特性管理器"对话框

第3步 将"电源线"图层删除，"饰面"图层线宽设置为"0.30mm"，"主体"图层颜色设置为"蓝色"，如图 3-79 所示。

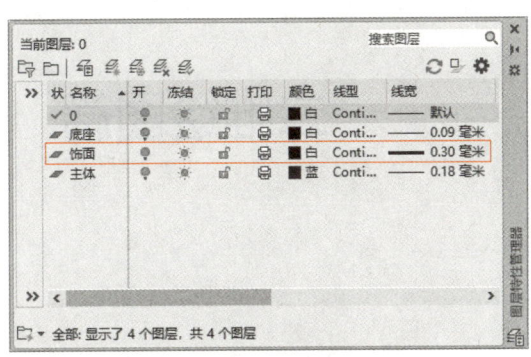

图 3-79 设置图层

第4步 关闭"图层特性管理器"对话框后如图 3-80 所示。

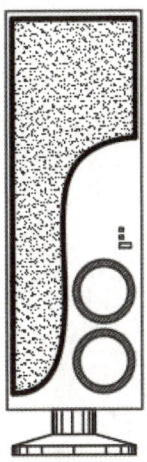

图 3-80 图层修改后的结果

第 **2** 篇

二维绘图篇

第 4 章
绘制基本二维图形

📖 内容简介

二维图形是 AutoCAD 的核心功能,任何复杂的图形,都是由点、线等基本的二维图形组合而成。对基本二维图形进行合理的绘制与布置,有利于提高复杂二维图形绘制的准确度及绘图效率。

📌 内容要点

- 绘制点
- 绘制直线、构造线及射线
- 绘制矩形和正多边形
- 绘制圆、圆弧、椭圆和椭圆弧
- 绘制圆环

🚩 案例效果

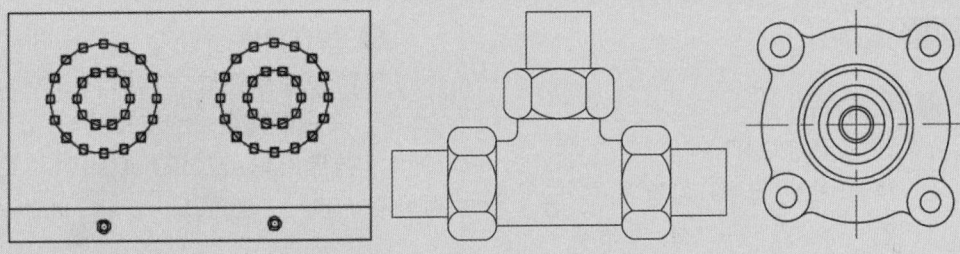

4.1 绘制点

点是绘图的基础，通常可以这样理解：点构成线，线构成面，面构成体。在 AutoCAD 2024 中，点可以作为绘制复杂图形的辅助点使用，可以作为某项标识使用，也可以作为直线、圆、矩形、圆弧、椭圆的相应特征的划分点使用。

4.1.1 设置点样式

AutoCAD 中提供有多种点样式供用户选择。

⚫ 执行方式
- 命令行：DDPTYPE/ PTYPE。
- 菜单栏：选择菜单栏中的"格式"→"点样式"命令。
- 功能区：单击"默认"选项卡"实用工具"面板中的"点样式"按钮 。

⚫ 操作步骤
执行上述操作后会打开"点样式"对话框，如图 4-1 所示。

⚫ 选项说明
"点样式"对话框中各选项含义如下。

点大小：该文本框用于设置点在屏幕中显示的大小比例。

相对于屏幕设置大小：选中此单选项，点的大小比例将相对于计算机屏幕，不随图形的缩放而改变。

按绝对单位设置大小：选中此单选项，点的大小表示点的绝对尺寸，当对图形进行缩放时，点的大小也随之变化。

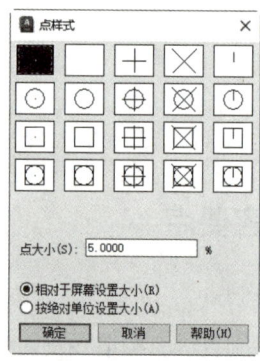

图 4-1 "点样式"对话框

4.1.2 单点与多点

调用一次"单点"命令只能绘制一个点，调用一次"多点"命令可以绘制多个点，按"Esc"键可以结束"多点"命令。

1. 单点

⚫ 执行方式
- 命令行：POINT/PO。
- 菜单栏：选择菜单栏中的"绘图"→"点"→"单点"命令。

⚫ 操作步骤
执行上述操作后会调用"单点"命令，指定点的位置便可以创建出单点对象，如图 4-2 所示。

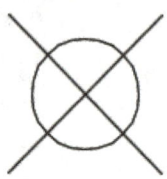

图 4-2 单点对象

第 4 章
绘制基本二维图形

2. 多点

- **执行方式**
  - 菜单栏：选择菜单栏中的"绘图"→"点"→"多点"命令。
  - 功能区：单击"默认"选项卡"绘图"面板中的"多点"按钮 。

- **操作步骤**

执行上述操作后会调用"多点"命令，连续指定点的位置便可以创建出多点对象，如图 4-3 所示。

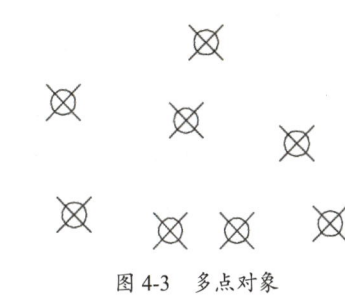

图 4-3 多点对象

> **提示**
> 设置的"点样式"不同，点的形状会有所差异。

4.1.3 定距等分点

通过定距等分可以从选定对象的一个端点划分出相等的长度。对线段、样条曲线等非闭合图形进行定距等分时需要注意光标点选对象的位置，此位置即为定距等分的起始位置。当不能完全按输入的距离进行等分时，最后一段的距离通常会小于等分距离。

- **执行方式**
  - 命令行：MEASURE/ME。
  - 菜单栏：选择菜单栏中的"绘图"→"点"→"定距等分"命令。
  - 功能区：单击"默认"选项卡"绘图"面板中的"定距等分"按钮 。

◇ **练一练——为圆弧对象进行定距等分**

素材文件：素材 \CH04\ 定距等分 .dwg
结果文件：结果 \CH04\ 定距等分 .dwg
利用定距等分点功能为圆弧对象定距等分。

操作步骤：

第1步 打开随书配套资源中的"素材 \CH04\ 定距等分 .dwg"文件，如图 4-4 所示。

第2步 单击"默认"选项卡"绘图"面板中的"定距等分"按钮 ，在绘图区域中单击选择圆弧对象作为需要定距等分的对象，如图 4-5 所示。

图 4-4 素材文件

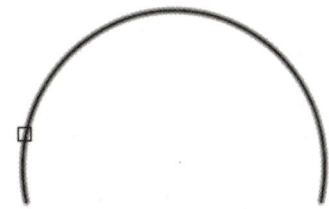

图 4-5 选择圆弧对象

第3步 在命令行中指定线段长度为"75"，按"Enter"键确认，如图 4-6 所示。

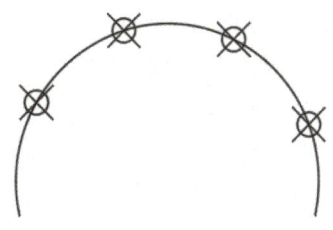

图 4-6 定距等分

4.1.4 定数等分点

定数等分点可以将等分对象的长度或周长等间隔排列，所生成的点通常被用作对象捕捉点或某种标识使用的辅助点。对于闭合图形（比如圆），等分点数和等分段数相等；对于开放图形，等分点数为等分段数 n 减去 1。

执行方式

- 命令行：DIVIDE/DIV。
- 菜单栏：选择菜单栏中的"绘图"→"点"→"定数等分"命令。
- 功能区：单击"默认"选项卡"绘图"面板中的"定数等分"按钮。

◇ 练一练——绘制燃气灶开关和燃气孔

素材文件：素材 \CH04\ 燃气灶 .dwg
结果文件：结果 \CH04\ 燃气灶 .dwg

利用多点及定数等分点功能绘制燃气灶开关和燃气孔。

操作步骤：

第1步 打开随书配套资源中的"素材 \CH04\ 燃气灶 .dwg"文件，如图 4-7 所示。

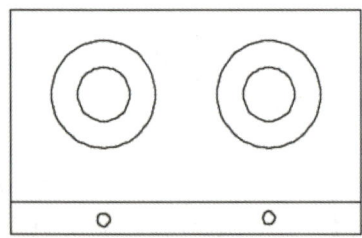

图 4-7　素材文件

第2步 单击"默认"选项卡"绘图"面板中的"多点"按钮，在绘图区域中分别捕捉两个圆的圆心定义点的位置，按"Esc"键结束"多点"命令，如图 4-8 所示。

第3步 单击"默认"选项卡"绘图"面板中的"定数等分"按钮，在绘图区域中选择左侧大圆作为需要定数等分的对象，将线段数目设置为"16"，按"Enter"键确认，如图 4-9 所示。

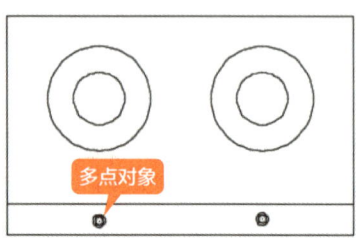

图 4-8　绘制多点对象

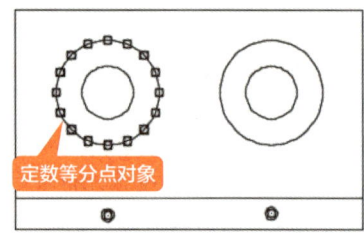

图 4-9　定数等分

第4步 重复第 3 步，在绘图区域中对右侧大圆进行定数等分，将线段数目设置为"16"，如图 4-10 所示。

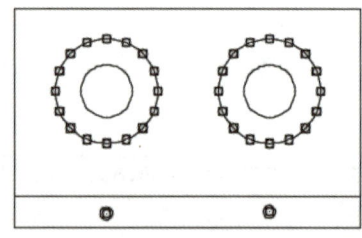

图 4-10　定数等分

第5步 重复第 3 步，在绘图区域中分别对两个小圆进行定数等分，将线段数目设置为"10"，如图 4-11 所示。

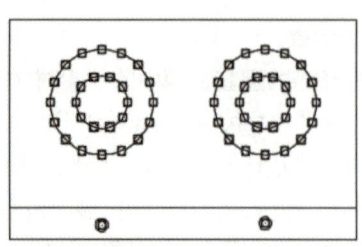

图 4-11　定数等分

第 4 章 绘制基本二维图形

4.2 绘制直线

使用"直线"命令,可以创建一系列连续的线段,在一个由多条线段连接而成的简单图形中,每条线段都是一个单独的直线对象。

执行方式

- 命令行:LINE/L。
- 菜单栏:选择菜单栏中的"绘图"→"直线"命令。
- 功能区:单击"默认"选项卡"绘图"面板中的"直线"按钮。

操作步骤

执行上述操作后,命令行会进行如下提示。

```
命令:_LINE
指定第一个点:
```

CAD 中默认的直线绘制方法是两点绘制,即连接任意两点即可绘制一条直线。除了可以通过连接两点绘制直线,还可以通过绝对坐标、相对直角坐标、相对极坐标等方法来绘制直线。具体绘制方法参见表 4-1。

表 4-1 绘制直线的三种方法

绘制方法	绘制步骤	结果图形	相应命令行显示
通过输入绝对坐标绘制直线	1. 指定第一个点(或输入绝对坐标确定第一个点); 2. 依次输入第二点、第三点……的绝对坐标	(500,1000)(500,500)(1000,500)	命令:_LINE 指定第一个点:500,500 指定下一点或 [放弃(U)]:500,1000 指定下一点或 [放弃(U)]:1000,500 指定下一点或 [闭合(C)/放弃(U)]:C //闭合图形

通过输入相对直角坐标绘制直线	1. 指定第一个点(或输入绝对坐标确定第一个点);
	2. 依次输入第二点、第三点……的相对前一点的直角坐标
		第二点 第一点 第三点	命令:_LINE
			指定第一个点:
			//任意点击一点作为第一点
			指定下一点或 [放弃(U)]:@0,500
			指定下一点或 [放弃(U)]:@500,-500
			指定下一点或 [闭合(C)/放弃(U)]:C
			//闭合图形

通过输入相对极坐标绘制直线	1. 指定第一个点(或输入绝对坐标确定第一个点);
	2. 依次输入第二点、第三点……的相对前一点的极坐标
		第三点 第二点 第一点	命令:_LINE
			指定第一个点:
			//任意点击一点作为第一点
			指定下一点或 [放弃(U)]:@500<180
			指定下一点或 [放弃(U)]:@500<90
			指定下一点或 [闭合(C)/放弃(U)]:C
			//闭合图形

◇ **练一练——绘制三通管接头图形**

素材文件：素材\CH04\三通管接头.dwg
结果文件：结果\CH04\三通管接头.dwg
利用直线命令绘制三通管接头图形。
操作步骤：

第1步 打开随书配套资源中的"素材\CH04\三通管接头.dwg"文件，如图4-12所示。

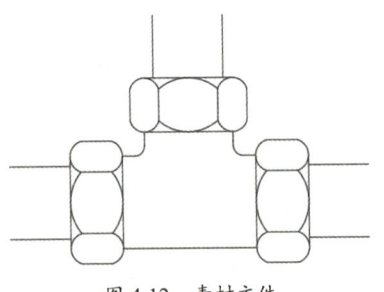

图4-12 素材文件

第2步 单击"默认"选项卡"绘图"面板中的"直线"按钮，分别捕捉对应的端点绘制三条直线段，如图4-13所示。

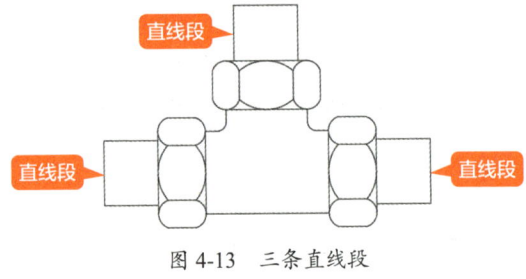

图4-13 三条直线段

> **提示**
> 端点捕捉完成后，按"Enter"键可以结束直线命令。

4.3 绘制构造线

构造线是两端无限延伸的直线，可以用来作为创建其他对象时的参考线。在执行一次"构造线"命令时，可以连续绘制多条通过一个公共点的构造线。

📄 **执行方式**

- 命令行：XLINE/XL。
- 菜单栏：选择菜单栏中的"绘图"→"构造线"命令。
- 功能区：单击"默认"选项卡"绘图"面板中的"构造线"按钮。

📄 **操作步骤**

执行上述操作后，命令行会进行如下提示。

```
命令：_XLINE
指定点或 [水平(H)/垂直(V)/角度(A)/
二等分(B)/偏移(O)]：
```

> **提示**
> 构造线没有端点，但是构造线有中点，绘制构造线时，指点的第一点就是构造线的中点。

◇ **练一练——绘制构造线对象**

素材文件：素材\CH04\构造线.dwg
结果文件：结果\CH04\构造线.dwg
操作步骤：

第1步 打开随书配套资源中的"素材\CH04\构造线.dwg"文件，如图4-14所示。

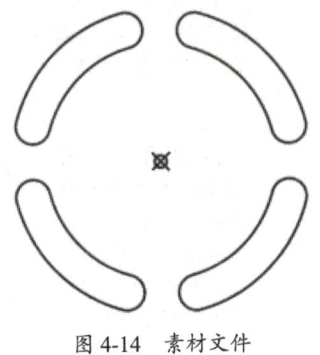

图4-14 素材文件

第 4 章
绘制基本二维图形

第2步 单击"默认"选项卡"绘图"面板中的"构造线"按钮，捕捉节点作为构造线的中点，分别在水平方向和垂直方向上单击指定构造线的通过点，按"Enter"键确认，如图 4-15 所示。

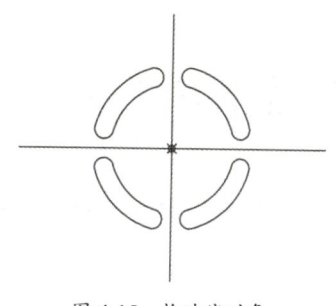

图 4-15 构造线对象

4.4 绘制射线

射线是一端固定，另一端无限延伸的直线。使用"射线"命令，可以创建一系列始于一点并继续无限延伸的直线。

执行方式

- 命令行：RAY。
- 菜单栏：选择菜单栏中的"绘图"→"射线"命令。
- 功能区：单击"默认"选项卡"绘图"面板中的"射线"按钮。

操作步骤

执行上述操作后，命令行会进行如下提示。

命令：_RAY
指定起点：

> **提示**
> 射线有端点，但是射线没有中点，绘制射线时，指定的第一点就是射线的端点。

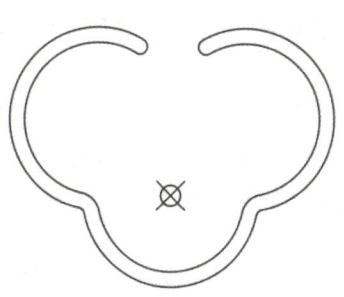

图 4-16 素材文件

第2步 单击"默认"选项卡"绘图"面板中的"射线"按钮，捕捉节点作为射线的起点，并在垂直方向上单击指定射线的通过点，按"Enter"键确认，如图 4-17 所示。

◇ **练一练——绘制射线对象**

素材文件：素材\CH04\射线.dwg
结果文件：结果\CH04\射线.dwg
操作步骤：

第1步 打开随书配套资源中的"素材\CH03\射线.dwg"文件，如图 4-16 所示。

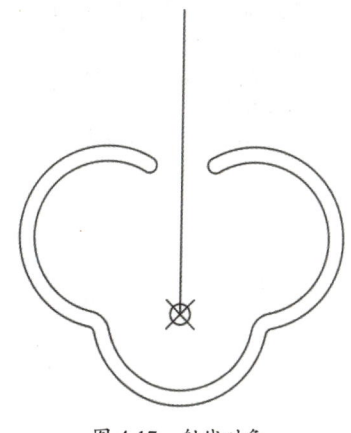

图 4-17 射线对象

4.5 绘制矩形和正多边形

下面对矩形和正多边形的绘制方法进行介绍。

4.5.1 矩形

矩形是四条线段首尾相接且四个角均为直角的四边形。

执行方式

- 命令行：RECTANG/REC。
- 菜单栏：选择菜单栏中的"绘图"→"矩形"命令。
- 功能区：单击"默认"选项卡"绘图"面板中的"矩形"按钮▭。

操作步骤

执行上述操作后，命令行会进行如下提示。

```
命令：_RECTANG
指定第一个角点或 [倒角(C)/标高(E)/圆角(F)/厚度(T)/宽度(W)]：
```

默认的绘制矩形的方式为指定两点绘制矩形，除此以外 AutoCAD 还提供了面积绘制、尺寸绘制和旋转绘制等绘制方法，具体的绘制方法参见表 4-2。

表 4-2 绘制矩形的三种方法

绘制方法	绘制步骤	结果图形	相应命令行显示

面积绘制法	1. 指定第一个角点；
	2. 输入"A"选择面积绘制法；
	3. 输入绘制矩形的面积值；
	4. 指定矩形的长或宽
			命令：_RECTANG
			指定第一个角点或 [倒角(C)/标高(E)/圆角(F)/厚度(T)/宽度(W)]：
			//单击指定第一角点
			指定另一个角点或 [面积(A)/尺寸(D)/旋转(R)]：A
			输入以当前单位计算的矩形面积 <100.0000>：
			//按空格键接受默认值
			计算矩形标注时依据 [长度(L)/宽度(W)] <长度>：
			//按空格键接受默认值
			输入矩形长度 <10.0000>：8

续表

绘制方法	绘制步骤	结果图形	相应命令行显示

尺寸绘制法	1. 指定第一个角点；
	2. 输入"D"选择尺寸绘制法；
	3. 指定矩形的长度和宽度；
	4. 拖动鼠标指定矩形的放置位置
		8 × 12.5 矩形	命令：_RECTANG
			指定第一个角点或 [倒角(C)/标高(E)/圆角(F)/厚度(T)/宽度(W)]：
			//单击指定第一角点
			指定另一个角点或 [面积(A)/尺寸(D)/旋转(R)]：D
			指定矩形的长度 <8.0000>：8
			指定矩形的宽度 <12.5000>：12.5
			指定另一个角点或 [面积(A)/尺寸(D)/旋转(R)]：
			//拖动鼠标指定矩形的放置位置

旋转绘制法	1. 指定第一个角点；
	2. 输入"R"选择旋转绘制法；
	3. 输入旋转的角度；
	4. 拖动鼠标指定矩形的另一角点或输入"A""D"通过面积或尺寸确定矩形的另一个角点
		45°旋转矩形	命令：_RECTANG
			指定第一个角点或 [倒角(C)/标高(E)/圆角(F)/厚度(T)/宽度(W)]：
			//单击指定第一角点
			指定另一个角点或 [面积(A)/尺寸(D)/旋转(R)]：R
			指定旋转角度或 [拾取点(P)] <0>：45
			指定另一个角点或 [面积(A)/尺寸(D)/旋转(R)]：
			//拖动鼠标指定矩形的另一个角点

◇ **练一练——绘制矩形对象**

素材文件：素材\CH04\矩形.dwg
结果文件：结果\CH04\矩形.dwg
操作步骤：

第1步 打开随书配套资源中的"素材\CH04\矩形.dwg"文件，如图4-18所示。

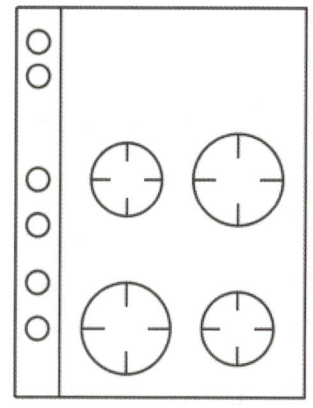

图4-18 素材文件

第2步 单击"默认"选项卡"绘图"面板中的"矩形"按钮，分别指定（1760,3200）、（2170,3355）作为矩形的两个对角点，如图4-19所示。

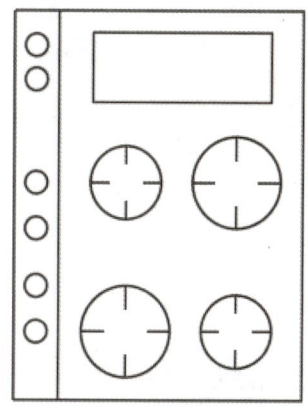

图4-19 矩形对象

4.5.2 多边形

正多边形是由至少三条线段首尾相接组合成的规则图形。

执行方式
- 命令行：POLYGON/POL。
- 菜单栏：选择菜单栏中的"绘图"→"多边形"命令。
- 功能区：单击"默认"选项卡"绘图"面板中的"多边形"按钮⬠。

操作步骤

执行上述操作后，命令行会进行如下提示。

```
命令：_POLYGON
输入侧面数 <4>:
```

多边形的绘制方法可以分为"外切于圆"和"内接于圆"两种。外切于圆是将多边形的边与圆相切，而内接于圆则是将多边形的顶点与圆相接。

◇ **练一练——绘制多边形对象**

素材文件：素材\CH04\多边形.dwg
结果文件：结果\CH04\多边形.dwg
操作步骤：

第1步 打开随书配套资源中的"素材\CH04\多边形.dwg"文件，如图4-20所示。

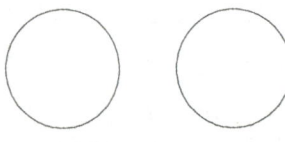

图4-20 素材文件

第2步 单击"默认"选项卡"绘图"面板中的"多边形"按钮⬠，使用"内接于圆"方式绘制正多边形，命令行提示如下。

```
命令：_POLYGON
输入侧面数 <4>: 6
指定正多边形的中心点或 [边(E)]:
//捕捉左侧圆形的中心点
输入选项 [内接于圆(I)/外切于圆(C)]
<I>: I
指定圆的半径：200
```

第3步 绘制多边形如图4-21所示。

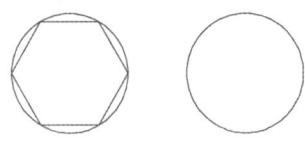

图4-21 内接于圆正多边形

第4步 重复调用"多边形"命令，使用"外切于圆"方式绘制正多边形，命令行提示如下。

```
命令：_POLYGON
输入侧面数 <6>: 6
指定正多边形的中心点或 [边(E)]:
//捕捉右侧圆形的中心点
输入选项 [内接于圆(I)/外切于圆(C)]
<I>: C
指定圆的半径：200
```

第5步 绘制多边形如图4-22所示。

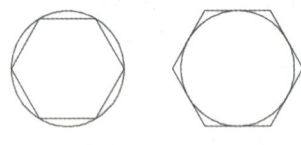

图4-22 外切于圆正多边形

4.6 绘制圆

创建圆的方法有6种，可以指定圆心、半径、直径、圆周上的点或其他对象上的点等不同的方法进行结合绘制。

第 4 章
绘制基本二维图形

📄 执行方式

- 命令行：CIRCLE/C。
- 菜单栏：选择菜单栏中的"绘图"→"圆"命令，然后选择一种绘制圆的方式。
- 功能区：单击"默认"选项卡"绘图"面板中的"圆"按钮，然后选择一种绘制圆的方式。

📄 操作步骤

执行上述操作后，命令行会进行如下提示。

> 命令：_CIRCLE
> 指定圆的圆心或 [三点(3P)/两点(2P)/切点、切点、半径(T)]：

圆的各种绘制方法参见表 4-3（"相切、相切、相切"绘制圆的命令只能通过菜单命令或面板调用，命令行无这一选项）。

表 4-3 圆的各种绘制方法

绘制方法	绘制步骤	结果图形	相应命令行显示
圆心、半径/直径	1. 指定圆心； 2. 输入圆的半径/直径		命令：_CIRCLE 指定圆的圆心或 [三点(3P)/两点(2P)/切点、切点、半径(T)]： 指定圆的半径或 [直径(D)]：45

两点绘圆	1. 调用两点绘圆命令；
	2. 指定直径上的第一点；
	3. 指定直径上的第二点或输入直径长度
			命令：_CIRCLE
			指定圆的圆心或 [三点(3P)/两点(2P)/切点、切点、半径(T)]：2P
			指定圆直径的第一个端点：
			//指定第一点
			指定圆直径的第二个端点：80
			//输入直径长度或指定第二点

三点绘圆	1. 调用三点绘圆命令； 2. 指定圆周上第一个点； 3. 指定圆周上第二个点； 4. 指定圆周上第三个点		命令：_CIRCLE 指定圆的圆心或 [三点(3P)/两点(2P)/切点、切点、半径(T)]：3P 指定圆上的第一个点： 指定圆上的第二个点： 指定圆上的第三个点：
相切、相切、半径	1. 调用"相切、相切、半径"绘圆命令； 2. 选择与圆相切的两个对象； 3. 输入圆的半径		命令：_CIRCLE 指定圆的圆心或 [三点(3P)/两点(2P)/切点、切点、半径(T)]：T 指定对象与圆的第一个切点： 指定对象与圆的第二个切点： 指定圆的半径 <35.0000>：45

续表

绘制方法	绘制步骤	结果图形	相应命令行显示
相切、相切、相切	1. 调用"相切、相切、相切"绘圆命令； 2. 选择与圆相切的三个对象	(相切对象1、相切对象2、相切对象3 示意图)	命令：_CIRCLE 指定圆的圆心或 [三点(3P)/两点(2P)/切点、切点、半径(T)]：3P 指定圆上的第一个点：_TAN 到 指定圆上的第二个点：_TAN 到 指定圆上的第三个点：_TAN 到

◇ **练一练——绘制阀盖图形**

素材文件：素材 \CH04\ 阀盖 .dwg
结果文件：结果 \CH04\ 阀盖 .dwg
利用圆命令绘制阀盖图形。
操作步骤：

第1步 打开随书配套资源中的"素材\CH04\阀盖.dwg"文件，如图 4-23 所示。

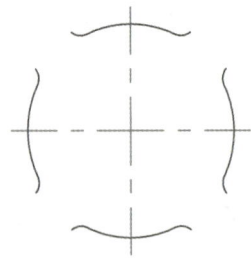

图 4-23 素材文件

第2步 选择"绘图"→"圆"→"圆心、半径"菜单命令，捕捉两条中心线的交点绘制同心圆，圆的半径分别指定为"7.5""9""15""19.5""27""30"如图 4-24 所示。

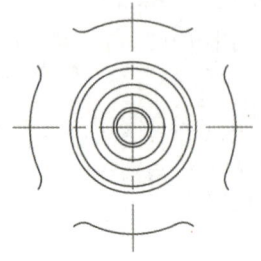

图 4-24 绘制圆形

第3步 选择"绘图"→"圆"→"相切、相切、半径"菜单命令，在绘图区域中单击指定第一个切点，如图 4-25 所示。

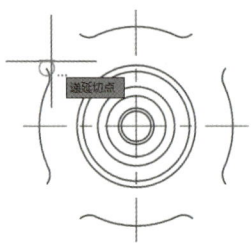

图 4-25 指定第一个切点

第4步 在绘图区域中单击指定第二个切点，如图 4-26 所示。

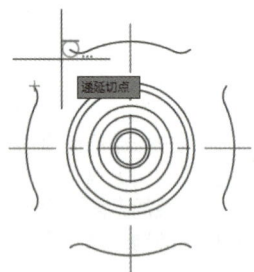

图 4-26 指定第二个切点

第5步 圆的半径指定为"12"，如图 4-27 所示。

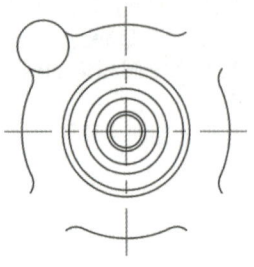

图 4-27 指定半径

第6步 重复第3～5步的操作,继续绘制另外三个圆形,如图4-28所示。

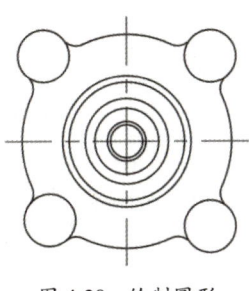

图4-28 绘制圆形

第7步 选择"绘图"→"圆"→"圆心、直径"菜单命令,分别捕捉第3～6步绘制的四个圆形的圆心点作为圆心,圆的直径指定为"10.4",结果如图4-29所示。

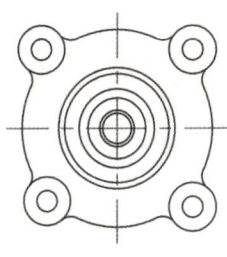

图4-29 绘制图形

4.7 绘制圆弧

绘制圆弧的默认方法是通过确定三点来绘制圆弧。此外,圆弧还可以通过设置起点、方向、中点、角度和弦长等参数来绘制。

执行方式

- 命令行:ARC/A。
- 菜单栏:选择菜单栏中的"绘图"→"圆弧"命令,然后选择一种绘制圆弧的方式。
- 功能区:单击"默认"选项卡"绘图"面板中的"圆弧"按钮,然后选择一种绘制圆弧的方式。

操作步骤

执行上述操作后,命令行会进行如下提示。

```
命令: ARC
指定圆弧的起点或 [圆心(C)]:
```

绘制圆弧时,输入的半径值和圆心角有正负之分。对于半径,当输入的半径值为正时,生成的圆弧是劣弧(小于180°);反之,生成的是优弧(大于180°)。对于圆心角,当角度为正值时,系统沿逆时针方向绘制圆弧,反之,则沿顺时针方向绘制圆弧。

表4-4 圆弧的各种绘制方法

绘制方法	绘制步骤	结果图形	相应命令行显示
三点	1.调用三点画弧命令; 2.指定三个不在同一条直线上的三个点即可完成圆弧的绘制		命令: _ARC 指定圆弧的起点或 [圆心(C)]: 指定圆弧的第二个点或 [圆心(C)/端点(E)]: 指定圆弧的端点:

续表

绘制方法	绘制步骤	结果图形	相应命令行显示
起点、圆心、端点	1. 调用"起点、圆心、端点"画弧命令； 2. 指定圆弧的起点； 3. 指定圆弧的圆心； 4. 指定圆弧的端点		命令：_ARC 指定圆弧的起点或 [圆心(C)]： 指定圆弧的第二个点或 [圆心(C)/端点(E)]：_C 指定圆弧的圆心： 指定圆弧的端点(按住 CTRL 键以切换方向)或 [角度(A)/弦长(L)]：
起点、圆心、角度	1. 调用"起点、圆心、角度"画弧命令； 2. 指定圆弧的起点； 3. 指定圆弧的圆心； 4. 指定圆弧所包含的角度。 提示：当输入的角度为正值时，圆弧沿起点方向逆时针生成；当角度为负值时，圆弧沿起点方向顺时针生成		命令：_ARC 指定圆弧的起点或 [圆心(C)]： 指定圆弧的第二个点或 [圆心(C)/端点(E)]：_C 指定圆弧的圆心： 指定圆弧的端点(按住 CTRL 键以切换方向)或 [角度(A)/弦长(L)]：_A 指定夹角(按住 CTRL 键以切换方向)：120
起点、圆心、长度	1. 调用"起点、圆心、长度"画弧命令； 2. 指定圆弧的起点； 3. 指定圆弧的圆心； 4. 指定圆弧的弦长。 提示：当弦长为正值时，得到的弧为劣弧；当弦长为负值时，得到的弧为优弧		命令：_ARC 指定圆弧的起点或 [圆心(C)]： 指定圆弧的第二个点或 [圆心(C)/端点(E)]：_C 指定圆弧的圆心： 指定圆弧的端点(按住 CTRL 键以切换方向)或 [角度(A)/弦长(L)]：_L 指定弦长(按住 CTRL 键以切换方向)：30
起点、端点、角度	1. 调用"起点、端点、角度"画弧命令； 2. 指定圆弧的起点； 3. 指定圆弧的端点； 4. 指定圆弧的角度。 提示：当输入的角度为正值时，起点和端点沿圆弧成逆时针关系；当角度为负值时，起点和端点沿圆弧成顺时针关系		命令：_ARC 指定圆弧的起点或 [圆心(C)]： 指定圆弧的第二个点或 [圆心(C)/端点(E)]：_E 指定圆弧的端点： 指定圆弧的中心点(按住 CTRL 键以切换方向)或 [角度(A)/方向(D)/半径(R)]：_A 指定夹角(按住 CTRL 键以切换方向)：137

第 4 章
绘制基本二维图形

续表

绘制方法	绘制步骤	结果图形	相应命令行显示
起点、端点、方向	1.调用"起点、端点、方向"画弧命令； 2.指定圆弧的起点； 3.指定圆弧的端点； 4.指定圆弧的起点切向		命令：ARC 指定圆弧的起点或 [圆心(C)]： 指定圆弧的第二个点或 [圆心(C)/端点(E)]：E 指定圆弧的端点： 指定圆弧的中心点(按住 CTRL 键以切换方向)或 [角度(A)/方向(D)/半径(R)]：D 指定圆弧起点的相切方向(按住 CTRL 键以切换方向)：
起点、端点、半径	1.调用"起点、端点、半径"画弧命令； 2.指定圆弧的起点； 3.指定圆弧的端点； 4.指定圆弧的半径。 提示：当输入的半径值为正值时，得到的圆弧是劣弧；当输入的半径值为负值时，得到的弧是优弧		命令：ARC 指定圆弧的起点或 [圆心(C)]： 指定圆弧的第二个点或 [圆心(C)/端点(E)]：E 指定圆弧的端点： 指定圆弧的中心点(按住 CTRL 键以切换方向)或 [角度(A)/方向(D)/半径(R)]：R 指定圆弧的半径(按住 CTRL 键以切换方向)：140
圆心、起点、端点	1.调用"圆心、起点、端点"画弧命令； 2.指定圆弧的圆心； 3.指定圆弧的起点； 4.指定圆弧的端点		命令：ARC 指定圆弧的起点或[圆心(C)]：C 指定圆弧的圆心： 指定圆弧的起点： 指定圆弧的端点(按住 CTRL 键以切换方向)或 [角度(A)/弦长(L)]：
圆心、起点、角度	1.调用"圆心、起点、角度"画弧命令； 2.指定圆弧的圆心； 3.指定圆弧的起点； 4.指定圆弧的角度		命令：ARC 指定圆弧的起点或[圆心(C)]：C 指定圆弧的圆心： 指定圆弧的起点： 指定圆弧的端点(按住 CTRL 键以切换方向)或 [角度(A)/弦长(L)]：A 指定夹角(按住 CTRL 键以切换方向)：170
圆心、起点、长度	1.调用"圆心、起点、长度"画弧命令； 2.指定圆弧的圆心； 3.指定圆弧的起点； 4.指定圆弧的弦长。 提示：弦长为正值时得到的弧是劣弧；当弦长为负值时，得到的弧是优弧		命令：ARC 指定圆弧的起点或[圆心(C)]：_C 指定圆弧的圆心： 指定圆弧的起点： 指定圆弧的端点(按住 CTRL 键以切换方向)或 [角度(A)/弦长(L)]：L 指定弦长(按住 CTRL 键以切换方向)：60

· 75 ·

◇ **练一练——绘制梅花图案**

素材文件：素材 \CH04\ 梅花 .dwg
结果文件：结果 \CH04\ 梅花 .dwg
利用圆弧命令绘制梅花图案。
操作步骤：

第1步 打开随书配套资源中的"素材\CH04\梅花.dwg"文件，如图 4-30 所示。

第2步 选择"绘图"→"圆弧"→"三点"菜单命令，在绘图区域中分别捕捉相应节点绘制圆弧对象，如图 4-31 所示。

第3步 重复第 2 步的操作，继续进行另外四个圆弧对象的绘制，如图 4-32 所示。

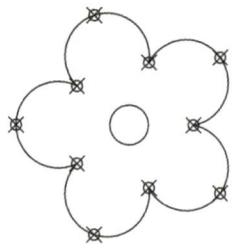

图 4-32 素材文件

第4步 选择所有节点对象，按"Delete"键将其删除，结果如图 4-33 所示。

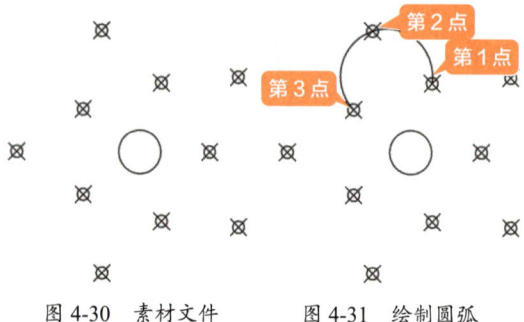

图 4-30 素材文件　　图 4-31 绘制圆弧

图 4-33 绘制梅花

4.8 绘制椭圆和椭圆弧

椭圆和椭圆弧类似，都是到两点之间的距离之和为定值的点集合而成。

4.8.1 椭圆

下面将对椭圆的绘制方法进行详细介绍。

📄 **执行方式**

- 命令行：ELLIPSE/EL。
- 菜单栏：选择菜单栏中的"绘图"→"椭圆"命令，然后选择一种绘制椭圆的方式。
- 功能区：单击"默认"选项卡"绘图"面板中的"椭圆"按钮⊙，然后选择一种绘制椭圆的方式。

📄 **操作步骤**

执行上述操作后，命令行会进行如下提示。

命令：_ELLIPSE
指定椭圆的轴端点或 [圆弧(A)/中心点(C)]：

椭圆的两种绘制方法参见表 4-5。

第 4 章
绘制基本二维图形

表 4-5 椭圆的两种绘制方法

绘制方法	绘制步骤	结果图形	相应命令行显示
指定圆心创建椭圆	1. 指定椭圆的中心； 2. 指定一条轴的端点； 3. 指定或输入另一条半轴的长度		命令：_ELLIPSE 指定椭圆的轴端点或 [圆弧(A)/中心点(C)]：C 指定椭圆的中心点： 指定轴的端点： 指定另一条半轴长度或 [旋转(R)]：65
"轴、端点"创建椭圆	1. 指定一条轴的端点； 2. 指定该条轴的另一端点； 3. 指定或输入另一条半轴的长度		命令：_ELLIPSE 指定椭圆的轴端点或 [圆弧(A)/中心点(C)]： 指定轴的另一个端点： 指定另一条半轴长度或 [旋转(R)]：32

◇ **练一练——绘制椭圆对象**

素材文件：素材 \CH04\ 椭圆 .dwg
结果文件：结果 \CH04\ 椭圆 .dwg
操作步骤：

第1步 打开随书配套资源中的"素材 \CH04\ 椭圆 .dwg"文件，如图 4-34 所示。

图 4-34 素材文件

第2步 选择"绘图"→"椭圆"→"圆心"菜单命令，在绘图区域中捕捉两条中心线的交点 A 作为椭圆的中心点，捕捉端点 B 作为轴的端点，捕捉端点 C 以指定另一条半轴长度，如图 4-35 所示。

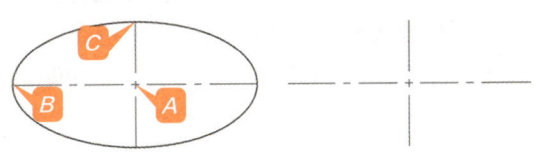

图 4-35 绘制椭圆形

第3步 选择"绘图"→"椭圆"→"轴、端点"菜单命令，在绘图区域中捕捉端点 D 作为椭圆的轴端点，捕捉端点 E 作为轴的另一个端点，捕捉端点 F 以指定另一条半轴长度，如图 4-36 所示。

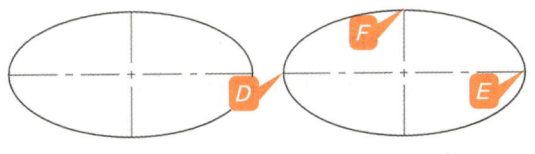

图 4-36 绘制椭圆形

资源下载码：CAD2502

4.8.2 椭圆弧

椭圆弧为椭圆上某一角度到另一角度的一段，在绘制椭圆弧前必须先绘制一个椭圆。

📋 **执行方式**

- 命令行：ELLIPSE/EL，然后输入"A"绘制圆弧。
- 菜单栏：选择菜单栏中的"绘图"→"椭圆"→"圆弧"命令。
- 功能区：单击"默认"选项卡"绘图"面板中的"椭圆弧"按钮 ⌒。

📋 **操作步骤**

执行上述操作后，命令行会进行如下提示。

```
命令：ELLIPSE
指定椭圆的轴端点或 [圆弧(A)/中心点(C)]：_A
指定椭圆弧的轴端点或 [中心点(C)]：
```

◇ **练一练——绘制椭圆弧对象**

素材文件：素材\CH04\椭圆弧.dwg
结果文件：结果\CH04\椭圆弧.dwg
操作步骤：

第1步 打开随书配套资源中的"素材\CH04\椭圆弧.dwg"文件，如图4-37所示。

第2步 选择"绘图"→"椭圆"→"圆弧"菜单命令，命令行提示如下。

```
命令：_ELLIPSE
指定椭圆的轴端点或 [圆弧(A)/中心点(C)]：A
指定椭圆弧的轴端点或 [中心点(C)]：
//捕捉端点A
指定轴的另一个端点：
//捕捉端点B
指定另一条半轴长度或 [旋转(R)]：
//捕捉端点C
指定起点角度或 [参数(P)]：0
指定端点角度或 [参数(P)/夹角(I)]：270
```

第3步 结果如图4-38所示。

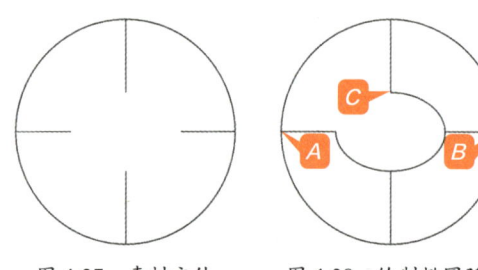

图 4-37　素材文件　　图 4-38　绘制椭圆弧

4.9 绘制圆环

圆环是填充环或实体填充圆，即带有宽度的闭合多段线。

📋 **执行方式**

- 命令行：DONUT/DO。
- 菜单栏：选择菜单栏中的"绘图"→"圆环"命令。
- 功能区：单击"默认"选项卡"绘图"面板中的"圆环"按钮 ◎。

📋 **操作步骤**

执行上述操作后，命令行会进行如下提示。

```
命令：DONUT
指定圆环的内径 <0.5000>：
```

第 4 章 绘制基本二维图形

选项说明

若指定圆环内径为 0，则可绘制实体填充圆。

◇ 练一练——绘制圆环对象

素材文件：无
结果文件：结果\CH04\圆环.dwg
操作步骤：

第1步 新建一个 AutoCAD 文件，选择"绘图"→"圆环"菜单命令，命令行提示如下。

```
命令：DONUT
指定圆环的内径 <0.5000>: 5
//指定圆环内径
指定圆环的外径 <1.0000>: 20
//指定圆环外径
指定圆环的中心点 或 <退出>:
//在绘图区域中任意单击一点作为圆环的中心点
指定圆环的中心点 或 <退出>:
//按"ENTER"键退出该命令
```

第2步 结果如图 4-39 所示。

图 4-39 圆环对象

4.10 实例——绘制洗手盆平面图

洗手盆在日常生活中比较常见，应用非常广泛。本例主要会应用到圆、椭圆、直线、多点等命令。

第1步 新建一个 AutoCAD 文件，选择"绘图"→"圆"→"圆心、半径"菜单命令，以坐标系原点为圆心，绘制两个半径分别为"15"和"40"的圆，如图 4-40 所示。

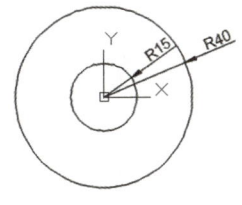

图 4-40 绘制两个圆形

第2步 选择"绘图"→"椭圆"→"圆心"菜单命令，命令行提示如下。

```
命令：ELLIPSE
指定椭圆的轴端点或 [圆弧(A)/中心点(C)]: C
指定椭圆的中心点：
//指定坐标原点为中心点
指定轴的端点：210,0
指定另一条半轴长度或 [旋转(R)]: 145
```

第3步 椭圆绘制结果如图 4-41 所示。

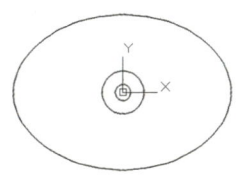

图 4-41 绘制椭圆形

第4步 选择"绘图"→"椭圆"→"轴、端点"菜单命令，命令行提示如下。

```
命令：ELLIPSE
指定椭圆的轴端点或 [圆弧(A)/中心点(C)]: 265,0
指定轴的另一个端点：-265,0
指定另一条半轴长度或 [旋转(R)]: 200
```

第5步 椭圆绘制结果如图 4-42 所示。

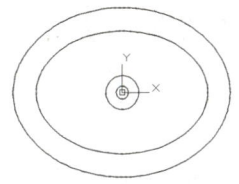

图 4-42 绘制椭圆形

第6步 选择"绘图"→"直线"菜单命令,命令行提示如下。

```
命令：_LINE
指定第一个点：-360,-100
指定下一点或 [放弃(U)]：-360,250
指定下一点或 [放弃(U)]：360,250
指定下一点或 [闭合(C)/放弃(U)]：360,-100
指定下一点或 [闭合(C)/放弃(U)]：↙
```

第7步 直线绘制结果如图4-43所示。

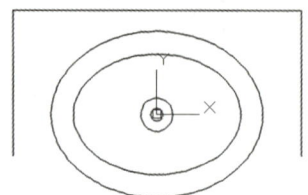

图4-43 绘制直线

第8步 选择"绘图"→"圆弧"→"起点、端点、半径"菜单命令,分别捕捉A点和B点为起点和端点,然后输入半径值"500",如图4-44所示。

第9步 选择"格式"→"点样式"菜单命令,在弹出来的"点样式"对话框中进行相应的设置,如图4-45所示。

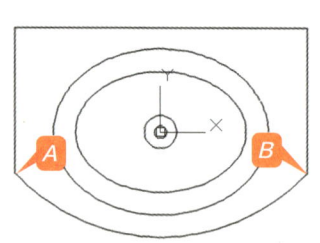 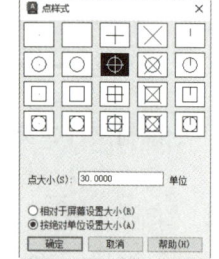

图4-44 绘制圆弧　　图4-45 设置点样式

第10步 选择"绘图"→"点"→"多点"菜单命令,绘制三个点,坐标分别为(-60,160)、(0,170)、(60,160),如图4-46所示。

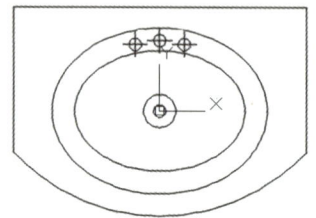

图4-46 绘制多点

1. 关联的中心标记和中心线

AutoCAD可以创建圆或圆弧对象关联的中心标记,以及与选定的直线和多段线线段关联的中心线。

第1步 打开随书配套资源中的"素材\CH04\中心标记和中心线.dwg"文件,如图4-47所示。

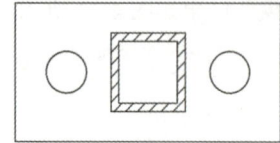

图4-47 素材文件

第2步 单击"注释"选项卡"中心线"面板中的"圆心标记"按钮,如图4-48所示。

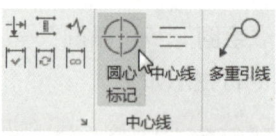

图4-48 单击"圆心标记"按钮

第3步 选择两个圆,添加圆心标记后结果如图4-49所示。

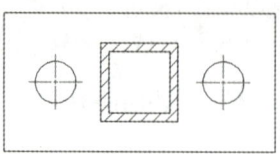

图4-49 圆心标记

第4步 单击"注释"选项卡"中心线"面板中的"中心线"按钮,选择大矩形的上侧底边为第一条直线,如图4-50所示。

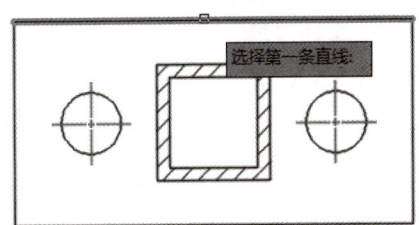

图4-50 选择直线段

第5步 选择下侧底边为第二条直线,如图4-51所示。

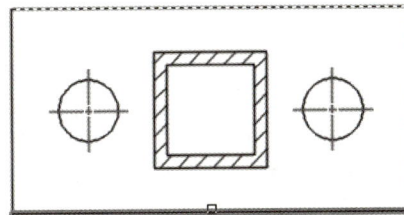

图4-51 选择直线段

第6步 添加中心线后如图4-52所示。

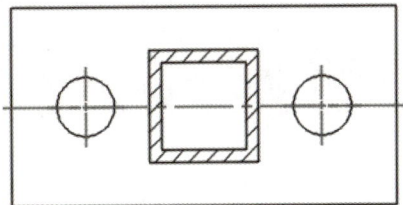

图4-52 中心线

第7步 重复第4~5步继续添加中心线,结果如图4-53所示。

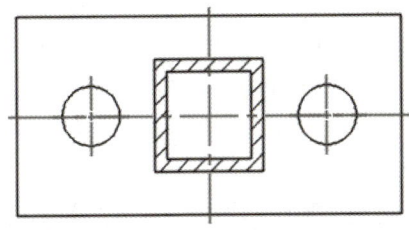

图4-53 中心线

第8步 如图4-54所示按住鼠标从右至左选择图形。

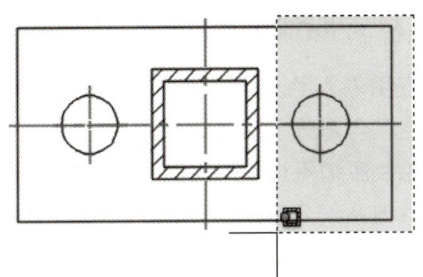

图4-54 选择图形

第9步 按住如图4-55所示的夹点向右拖动鼠标。

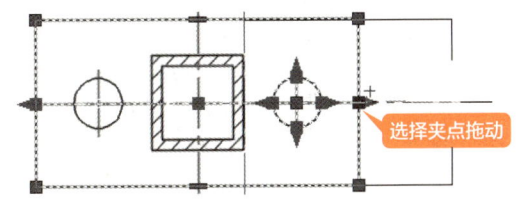

图4-55 拖动鼠标

第10步 在合适的位置松开鼠标,结果如图4-56所示,新建的中心线跟图形关联,仍然在图形的中心。

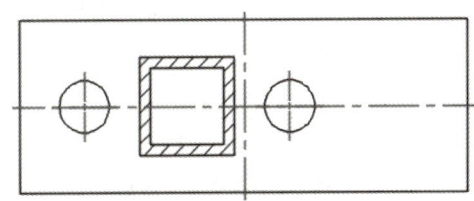

图4-56 中心线跟图形关联

| 提示 |

"CENTERDISASSOCIATE"命令可以解除关联,"CENTERREASSOCIATE"命令则可以让解除关联的中心标记或中心线重新关联。例如,上面操作先解除中心线的关联性,然后再进行夹点拉伸,结果如图4-57所示。

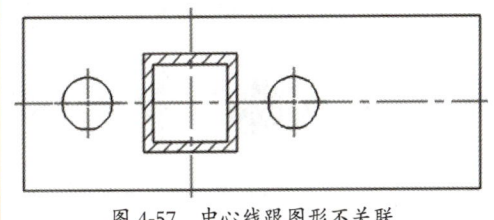

图4-57 中心线跟图形不关联

2. 轻松控制正多边形底边与水平方向的夹角角度

在用输入半径值绘制多边形时，所绘制的多边形底边都与水平方向平齐，这是因为多边形底边自动与事先设定好的捕捉旋转角度对齐，而这个角度被 AutoCAD 默认为 0°。通过输入半径值绘制底边不与水平方向平齐的多边形，有两种方法：一是通过输入相对极坐标绘制，二是通过修改系统变量来绘制。下面就绘制一个外切圆半径为 200，底边与水平方向为 30°的正六边形。

第1步 新建一个 AutoCAD 文件，在命令行输入 "POL" 按空格键，根据命令行提示进行如下操作。

```
命令：_POLYGON
输入侧面数 <4>：6
指定正多边形的中心点或 [边(E)]：
//任意单击一点作为多边形的中心
输入选项 [内接于圆(I)/外切于圆(C)]
<I>：C
指定圆的半径：@200<60
```

第2步 正六边形绘制完成后，结果如图 4-58 所示。

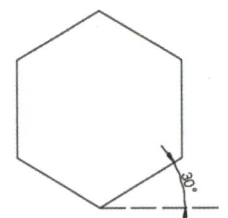

图 4-58 正六边形绘制结果

| 提示 |

除了输入极坐标的方法，通过修改系统参数 "SNAPANG" 也可以完成上述多边形的绘制，操作捕捉如下。

（1）在命令行输入 "SANPANG" 命令并按空格键，将新的系统值设置为 "30°"。

```
命令：SANPANG
输入 SANPANG 的新值 <0>：30
```

（2）在命令行输入 "POL" 命令并按空格键，AutoCAD 提示如下。

```
命令：_POLYGON
输入侧面数 <4>：6
指定正多边形的中心点或 [边(E)]：
// 任意单击一点作为多边形的中心
输入选项 [内接于圆(I)/外切于圆(C)]
<I>：C
指定圆的半径：200
```

绘制图 4-59 所示的图形。

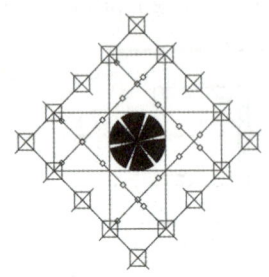

图 4-59 最终结果

思路及方法：

第1步 利用多边形命令，绘制一个外切于半径为 100 的圆的正方形，输入半径时输入 "@100<45"。

第2步 将正方形十六等分，等分之前先设置点样式。

第3步 利用矩形命令，绘制两个矩形，结果如图 4-60 所示。

第 4 章
绘制基本二维图形

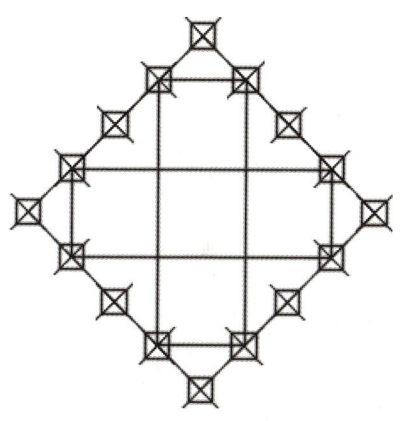

图 4-60 绘制矩形

第 4 步 单击"默认"选项卡"特性"面板中的"线型"下拉按钮,加载线型"FENCELINE2"并选择,将其设置为当前样式,如图 4-61 所示。

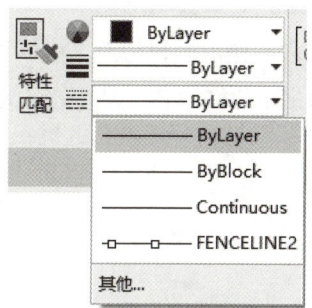

图 4-61 加载线型

第 5 步 通过直线命令绘制 4 条直线,如图 4-62 所示。

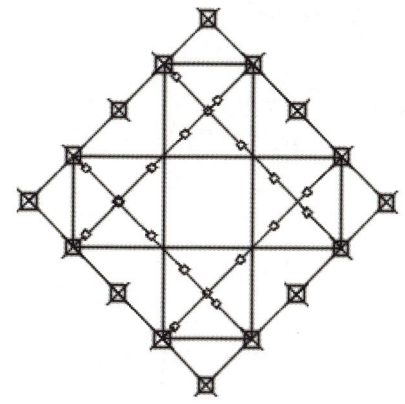

图 4-62 绘制直线

第 6 步 通过圆环命令绘制一个内径为 0、外径长度为内部正方形边长的圆环,并将该圆环放置在正方形的中心,如图 4-63 所示。

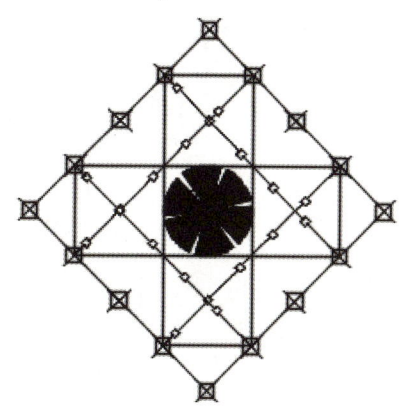

图 4-63 绘制圆环

> **提示**
>
> (1)圆环的线型为"FENCELINE2"。
> (2)提前设置好对象捕捉。
> (3)当提示指定圆环外径时,单击捕捉中间正方形的中点,如图 4-64 所示。
>
>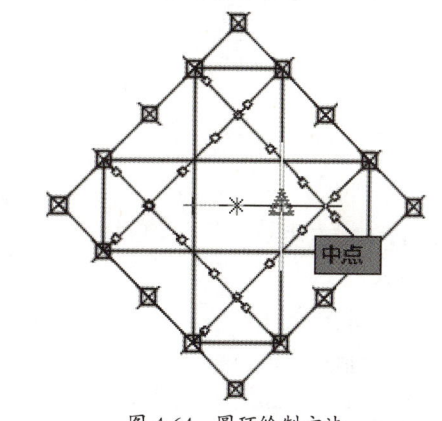
>
> 图 4-64 圆环绘制方法

第 5 章
编辑二维图形对象

● 内容简介

单纯地使用绘图命令，只能创建一些基本的图形对象。如果要绘制复杂的图形，在很多情况下必须借助图形编辑命令。AutoCAD 提供了强大的图形编辑功能，可以帮助用户合理地构造和组织图形，既保证绘图的精确性，又简化了绘图操作，从而极大地提高了绘图效率。

● 内容要点

- 选取对象
- 复制类编辑对象
- 调整对象的大小或位置
- 构造类编辑对象
- 分解和删除对象

● 案例效果

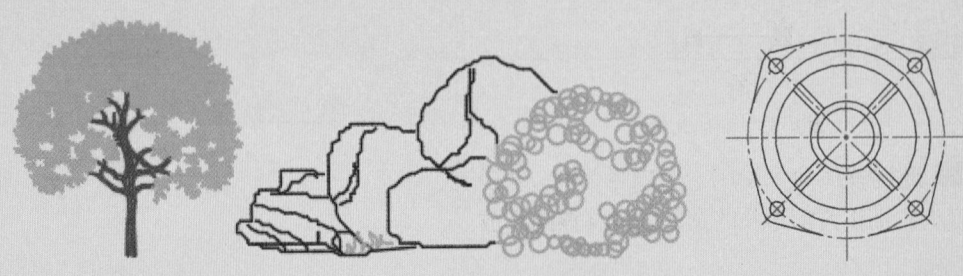

第 5 章
编辑二维图形对象

5.1 选取对象

在 AutoCAD 中创建的每个几何图形都是一个 AutoCAD 对象类型。AutoCAD 对象类型具有很多形式。例如,直线、圆、标注、文字、多边形和矩形等都是对象。执行任何编辑命令都必须选取对象,因此会频繁使用选取命令。

5.1.1 单个选取对象

将光标移至需要选取的图形对象上面,单击即可选中该对象。

选取对象时可以选取单个对象,也可以通过多次选取单个对象实现多个对象的选取。对于重叠对象可以利用"选择循环"功能进行相应对象的选取,如图 5-1 所示。

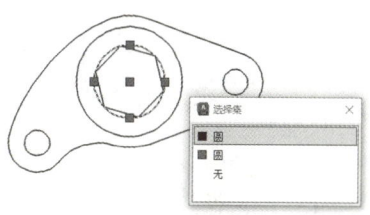

图 5-1 选择循环

5.1.2 选取多个对象

可以采用窗口选取或交叉选取选择多个对象。窗口选取对象时,只有整个对象都在选取框中时,对象才会被选中。而交叉选取对象时,只要对象和选择框相交都会被选中。

> **提示**
>
> 在执行命令后,选择对象时,如果多选了,在命令行输入"R",然后单击多选的对象,可以将多选的对象取消。
>
> 在操作时,如果不慎将选取好的对象丢弃掉了,这时可以先退出命令,然后再重新执行操作命令,当命令行提示选取时输入"P",重新选取上一步的所有选取对象。

◇ **练一练——对多个图形对象同时进行选取**

素材文件:素材\CH05\选取对象.dwg
结果文件:无

分别利用"窗口选取"和"交叉选取"方式选取多个图形对象。

操作步骤:

1. 窗口选取

第 1 步 打开随书配套资源中的"素材\CH05\选取对象.dwg"文件,如图 5-2 所示。

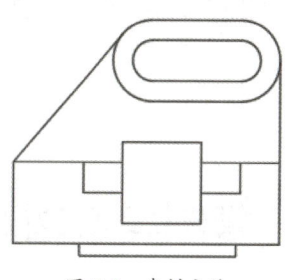

图 5-2 素材文件

第 2 步 在绘图区域左边空白处单击鼠标,确定矩形窗口第一点,如图 5-3 所示。

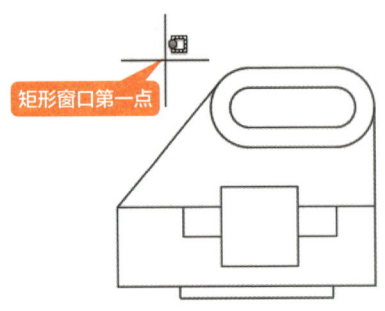

图 5-3 确定矩形窗口第一点

第3步 从左向右拖动鼠标，展开一个矩形窗口，如图 5-4 所示。

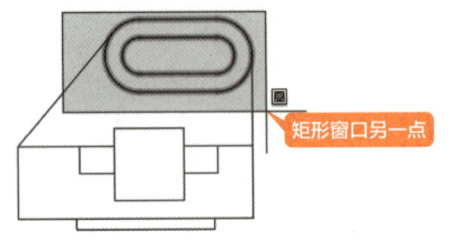

图 5-4 展开一个矩形窗口

第4步 单击鼠标后，完全位于窗口内的对象即被选中，如图 5-5 所示。

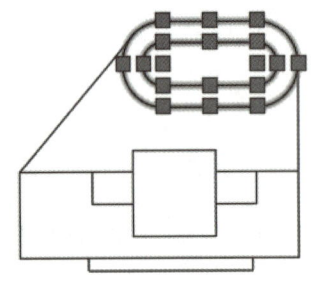

图 5-5 选取多个对象

2. 交叉选取

第1步 打开随书配套资源中的"素材\CH05\选取对象.dwg"文件，如图 5-6 所示。

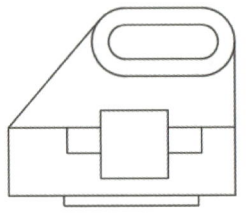

图 5-6 素材文件

第2步 在绘图区域右边空白处单击鼠标，确定矩形窗口第一点，如图 5-7 所示。

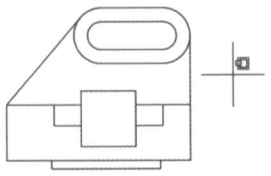

图 5-7 确定矩形窗口第一点

第3步 从右向左拖动鼠标，展开一个矩形窗口，如图 5-8 所示。

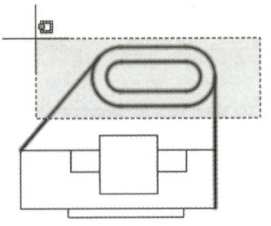

图 5-8 展开一个矩形窗口

第4步 单击鼠标，凡是和选取框接触的对象全部被选中，如图 5-9 所示。

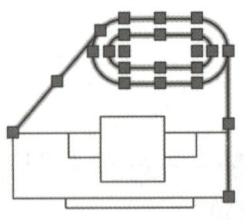

图 5-9 选取多个对象

5.2 复制类编辑对象

在 AutoCAD 中复制类编辑命令包括"复制""镜像""偏移"和"阵列"等，下面将对这类图形编辑方法进行详细介绍。

第 5 章 编辑二维图形对象

5.2.1 复制

复制,通俗地讲就是把原对象变成多个完全一样的对象。这和现实当中复印身份证和求职简历是一个道理。例如,通过"复制"命令,可以很轻松地从单个餐桌复制出多个餐桌,以实现一个完整餐厅的效果。

📋 执行方式

- 命令行:COPY/CO/CP。
- 菜单栏:选择菜单栏中的"修改"→"复制"命令。
- 功能区:单击"默认"选项卡"修改"面板中的"复制"按钮 。
- 选择对象后右击,在快捷菜单中选择"复制选择"命令。

📋 操作步骤

执行上述操作后,命令行会进行如下提示。

```
命令: COPY
选择对象:
```

> **提示**
>
> 执行一次"复制"命令,可以实现连续复制多次同一个对象的结果,退出"复制"命令后终止复制操作。

◇ 练一练——通过复制命令完善压缩弹簧图形

素材文件:素材 \CH05\ 压缩弹簧 .dwg
结果文件:结果 \CH05\ 压缩弹簧 .dwg
利用复制命令完善压缩弹簧图形。
操作步骤:

第 1 步 打开随书配套资源中的"素材\CH05\压缩弹簧.dwg"文件,如图 5-10 所示。

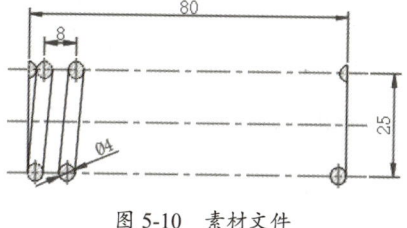

图 5-10 素材文件

第 2 步 单击"默认"选项卡"修改"面板中的"复制"按钮 ,在绘图区域中选择如图 5-11 所示图形对象,作为需要复制的对象,按"Enter"键确认。

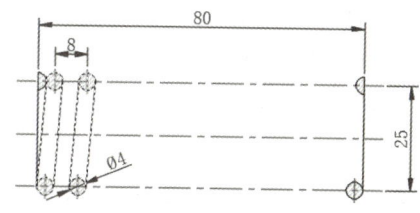

图 5-11 选择对象

第 3 步 在绘图区域中捕捉如图 5-12 所示端点作为复制对象的基点。

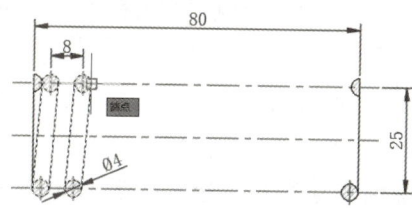

图 5-12 捕捉端点

第 4 步 在绘图区域中捕捉如图 5-13 所示垂足作为复制后的第二个点,按"Enter"键确认,如图 5-14 所示。

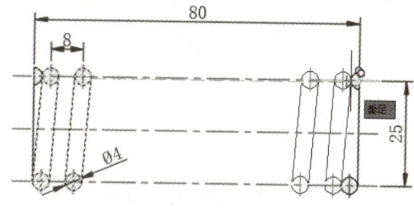

图 5-13 捕捉垂足

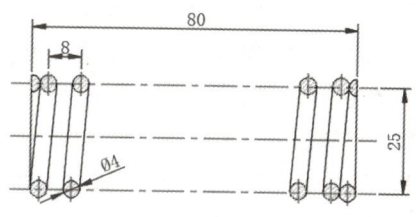

图 5-14 复制结果

5.2.2 偏移

通过偏移可以创建与原对象造型平行的新对象。在 AutoCAD 中，如果偏移的对象为直线，那么偏移的结果相当于复制。偏移对象如果是圆，偏移的结果是一个和源对象同心的同心圆，偏移距离即为两个圆的半径差。偏移的对象如果是矩形，偏移结果还是一个和源对象同中心的矩形，偏移距离即为两个矩形平行边之间的距离。

执行方式

- 命令行：OFFSET/O。
- 菜单栏：选择菜单栏中的"修改"→"偏移"命令。
- 功能区：单击"默认"选项卡"修改"面板中的"偏移"按钮 ⊆。

操作步骤

执行上述操作后，命令行会进行如下提示。

```
命令：_OFFSET
当前设置：删除源=否  图层=源  OFFSETGAPTYPE=0
指定偏移距离或 [通过(T)/删除(E)/图层(L)] <通过>：
```

选项说明

命令行中各选项含义如下。

指定偏移距离：指定需要被偏移的距离值。

通过 (T)：可以指定一个已知点，偏移后生成的新对象将通过该点。

删除 (E)：控制是否在执行偏移命令后将源对象删除。

图层 (L)：确定将偏移对象创建在当前图层上还是源对象所在的图层上。

◇ 练一练——绘制扬声器图形

素材文件：素材 \CH05\ 扬声器 .dwg
结果文件：结果 \CH05\ 扬声器 .dwg
利用偏移命令绘制扬声器图形。
操作步骤：

第1步 打开随书配套资源中的"素材 \CH05\ 扬声器 .dwg"文件，如图 5-15 所示。

第2步 单击"默认"选项卡"修改"面板中的"偏移"按钮 ⊆，偏移距离指定为"100"，在绘图区域中选择如图 5-16 所示图形对象，作为需要偏移的对象。

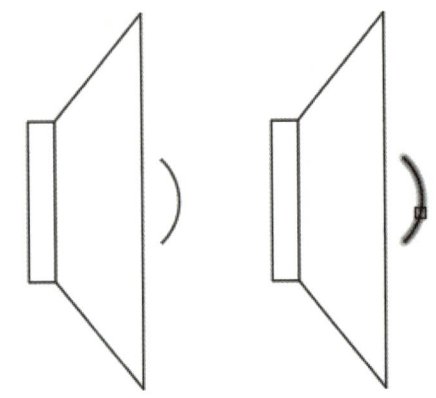

图 5-15　素材文件　　图 5-16　选择偏移对象

第3步 在偏移对象的右侧单击指定偏移方向，如图 5-17 所示。

第4步 将偏移得到的圆弧对象继续向右进行偏移，按"Enter"键结束偏移命令，如图 5-18 所示。

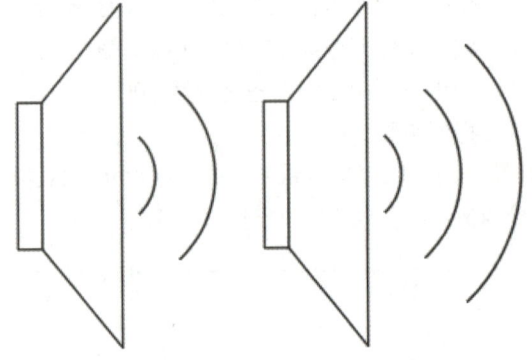

图 5-17　指定偏移方向　　图 5-18　偏移结果

5.2.3 镜像

镜像命令对创建对称的对象非常有用。通常可以快速地绘制半个对象，然后将其镜像，而不必绘制整个对象。

● 执行方式
- 命令行：MIRROR/MI。
- 菜单栏：选择菜单栏中的"修改"→"镜像"命令。
- 功能区：单击"默认"选项卡"修改"面板中的"镜像"按钮。

● 操作步骤
执行上述操作后，命令行会进行如下提示。

```
命令：MIRROR
选择对象：
```

◇ **练一练——绘制压盖螺母图形**

素材文件：素材\CH05\压盖螺母.dwg
结果文件：结果\CH05\压盖螺母.dwg
利用镜像命令绘制压盖螺母图形。
操作步骤：

第1步 打开随书配套资源中的"素材\CH05\压盖螺母.dwg"文件，如图5-19所示。

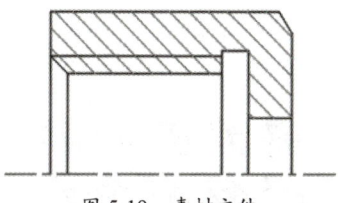

图5-19 素材文件

第2步 单击"默认"选项卡"修改"面板中的"镜像"按钮，在绘图区域中选择全部图形对象作为需要镜像的对象，按"Enter"键确认，如图5-20所示。

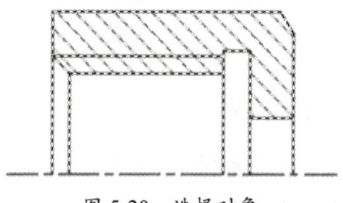

图5-20 选择对象

第3步 在绘图区域中捕捉端点为镜像线第一点，如图5-21所示。

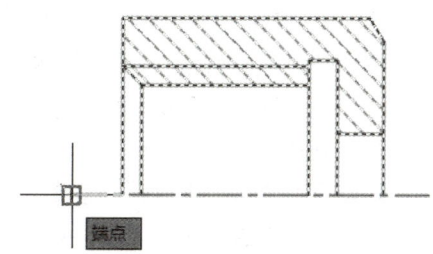

图5-21 指定镜像线第一点

第4步 在绘图区域中捕捉端点为镜像线第二点，如图5-22所示。

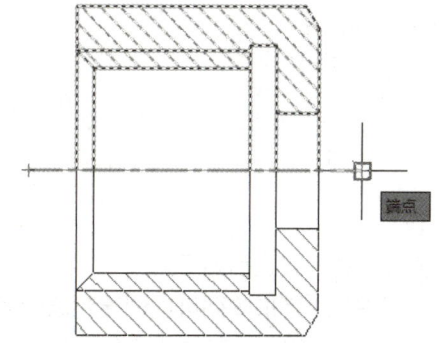

图5-22 指定镜像线第二点

第5步 当命令行提示是否删除"源对象"时，输入"N"并按"Enter"键确认，如图5-23所示。

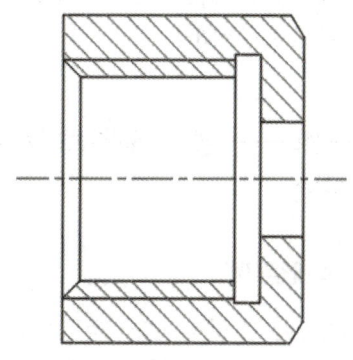

图5-23 镜像结果

5.2.4 阵列

阵列功能可以将对象快速创建多个副本。在 AutoCAD 中，阵列可以分为矩形阵列、路径阵列，以及环形阵列（极轴阵列）。

📖 执行方式

- 命令行：ARRAY/AR，选择需要阵列的对象后可以选择一种阵列方式。
- 菜单栏：选择菜单栏中的"修改"→"阵列"命令，然后选择一种阵列方式。
- 功能区：单击"默认"选项卡"修改"面板中的"阵列"按钮，然后选择一种阵列方式。

📖 操作步骤

执行上述操作后，命令行会进行如下提示。

```
命令：_ARRAY
选择对象：找到 1 个
选择对象：
输入阵列类型 [矩形(R)/路径(PA)/极轴(PO)] <矩形>：
```

📖 选项说明

各种阵列方式区别如下。

矩形阵列：矩形阵列可以创建对象的多个副本，并可控制副本之间的数目和距离。

环形阵列：环形阵列也可创建对象的多个副本，并可对副本是否旋转以及旋转角度进行控制。

路径阵列：在路径阵列中，项目将均匀地沿路径或部分路径分布。

◇ 练一练——通过阵列命令创建图形对象

1. 矩形阵列

素材文件：素材\CH05\矩形阵列.dwg
结果文件：结果\CH05\矩形阵列.dwg
利用矩形阵列命令创建图形对象。

操作步骤：

第1步 打开随书配套资源中的"素材\CH05\矩形阵列.dwg"文件，如图 5-24 所示。

图 5-24 素材文件

第2步 单击"默认"选项卡"修改"面板中的"矩形阵列"按钮，在绘图区域中选择全部图形对象作为需要矩形阵列的对象，按"Enter"键确认，在弹出的"阵列创建"选项卡中进行相应设置，如图 5-25 所示。

列数:	5	行数:	6
介于:	1500.0000	介于:	1400.0000
总计:	6000.0000	总计:	7000.0000
列		行 ▼	

图 5-25 参数设置

第3步 单击"关闭阵列"按钮，如图 5-26 所示。

图 5-26 矩形阵列结果

2. 环形阵列

素材文件：素材\CH05\环形阵列.dwg
结果文件：结果\CH05\环形阵列.dwg

利用环形阵列命令创建图形对象。

操作步骤：

第1步 打开随书配套资源中的"素材\CH05\环形阵列.dwg"文件，如图 5-27 所示。

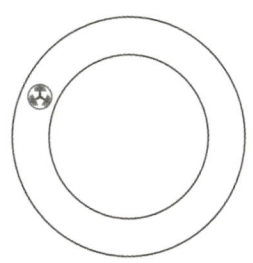

图 5-27　素材文件

第2步 单击"默认"选项卡"修改"面板中的"环形阵列"按钮，在绘图区域中选择如图 5-28 所示的图形对象作为需要环形阵列的对象，按"Enter"键确认，捕捉圆心点作为阵列的中心点。

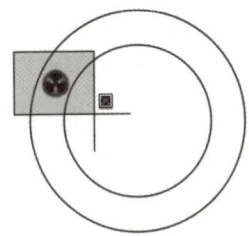

图 5-28　选择阵列对象

第3步 在弹出的"阵列创建"选项卡中进行相应设置，如图 5-29 所示。

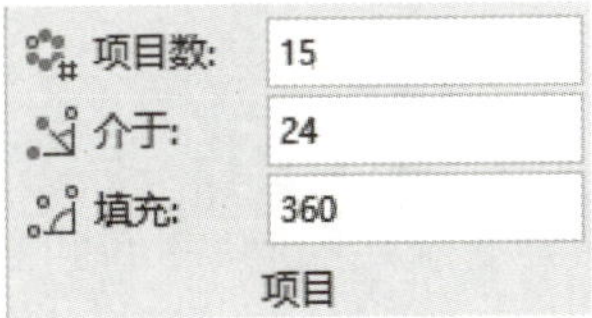

项目数：	15
介于：	24
填充：	360
项目	

图 5-29　参数设置

第4步 单击"关闭阵列"按钮，如图 5-30 所示。

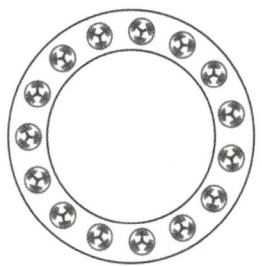

图 5-30　环形阵列结果

3. 路径阵列

素材文件：素材\CH05\路径阵列.dwg
结果文件：结果\CH05\路径阵列.dwg
利用路径阵列命令创建图形对象。
操作步骤：

第1步 打开随书配套资源中的"素材\CH05\路径阵列.dwg"文件，如图 5-31 所示。

图 5-31　素材文件

第2步 单击"默认"选项卡"修改"面板中的"路径阵列"按钮，在绘图区域中选择文字对象作为需要路径阵列的对象，按"Enter"键确认。选择圆弧作为阵列的路径曲线，单击"关闭阵列"按钮，如图 5-32 所示。

图 5-32　路径阵列结果

5.3　调整对象的大小或位置

AutoCAD 中调整对象的大小或位置的命令包括"移动""缩放""旋转""修剪""延伸""拉伸"和"拉长"等，下面将对这些命令的运用方法进行详细介绍。

5.3.1 移动

"移动"命令可以将原对象以指定的距离和角度移动到任何位置，从而实现对象的组合以形成一个新的对象。

执行方式

- 命令行：MOVE/M。
- 菜单栏：选择菜单栏中的"修改"→"移动"命令。
- 功能区：单击"默认"选项卡"修改"面板中的"移动"按钮✥。
- 选择对象后右击，在快捷菜单中选择"移动"命令。

操作步骤

执行上述操作后，命令行会进行如下提示。

```
命令：_MOVE
选择对象：
```

◇ 练一练——移动树木图形对象

素材文件：素材\CH05\移动树木图形对象.dwg

结果文件：结果\CH05\移动树木图形对象.dwg

利用移动命令对树木图形对象进行移动操作。

操作步骤：

第1步 打开随书配套资源中的"素材\CH05\移动树木图形对象.dwg"文件，如图5-33所示。

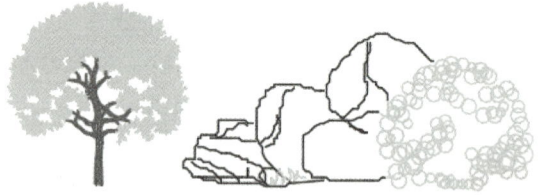

图 5-33 素材文件

第2步 单击"默认"选项卡"修改"面板中的"移动"按钮✥，在绘图区域中选择左侧的树木图形作为需要移动的对象，按"Enter"键确认。任意指定一点作为移动的基点，拖动鼠标在适当的位置单击指定移动对象的第二个点，如图5-34所示。

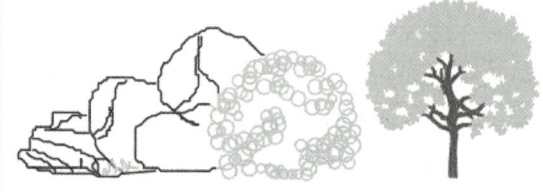

图 5-34 移动结果

5.3.2 旋转

旋转是指绕指定基点旋转图形中的对象。

执行方式

- 命令行：ROTATE/RO。
- 菜单栏：选择菜单栏中的"修改"→"旋转"命令。
- 功能区：单击"默认"选项卡"修改"面板中的"旋转"按钮↻。
- 选择对象后右击，在快捷菜单中选择"旋转"命令。

操作步骤

执行上述操作后，命令行会进行如下提示。

```
命令：_ROTATE
UCS 当前的正角方向： ANGDIR=逆时针 ANGBASE=0
选择对象：
```

◇ 练一练——旋转植物图形对象

素材文件：素材\CH05\旋转植物图形对

象.dwg

结果文件：结果\CH05\旋转植物图形对象.dwg

利用旋转命令旋转植物图形对象。

操作步骤：

第1步 打开随书配套资源中的"素材\CH05\旋转植物图形对象.dwg"文件，如图5-35所示。

第2步 单击"默认"选项卡"修改"面板中的"旋转"按钮○，在绘图区域中选择全部图形对象作为需要旋转的对象，按"Enter"键确认，如图5-36所示。

第3步 在绘图区域中单击指定图形对象的旋转基点，如图5-37所示。

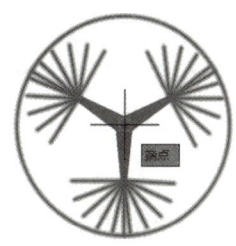

图5-37 指定旋转基点

第4步 在命令行中指定旋转角度为"180"，按"Enter"键确认，如图5-38所示。

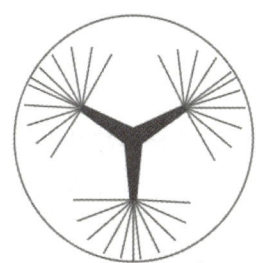 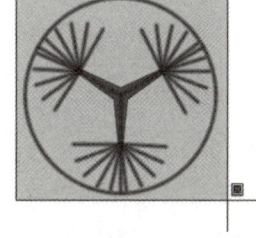

图5-35 素材文件　　图5-36 选择全部对象

图5-38 旋转结果

5.3.3 缩放

"缩放"命令可以在X、Y和Z坐标上同比放大或缩小对象，最终使对象符合设计要求。在对对象进行缩放操作时，对象的比例保持不变，但其在X、Y、Z坐标上的数值将发生改变。

执行方式

- 命令行：SCALE/SC。
- 菜单栏：选择菜单栏中的"修改"→"缩放"命令。
- 功能区：单击"默认"选项卡"修改"面板中的"缩放"按钮□。
- 选择对象后右击，在快捷菜单中选择"缩放"命令。

操作步骤

执行上述操作后，命令行会进行如下提示。

```
命令：_SCALE
选择对象：
```

练一练——缩放餐具图形对象

素材文件：素材\CH05\缩放餐具图形对象.dwg

结果文件：结果\CH05\缩放餐具图形对象.dwg

利用缩放命令对餐具图形对象进行缩放操作。

操作步骤：

第1步 打开随书配套资源中的"素材\CH05\缩放餐具图形对象.dwg"文件，如图5-39所示。

第2步 单击"默认"选项卡"修改"面板中的"缩放"按钮□，在绘图区域中选择"勺子"作为需要缩放的对象，按"Enter"键确认，如图5-40所示。

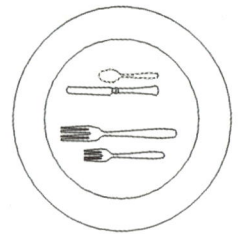

图 5-39 素材文件　　图 5-40 选择缩放对象

第4步 在命令行中指定缩放比例因子为"1.5"，按"Enter"键确认，如图 5-42 所示。

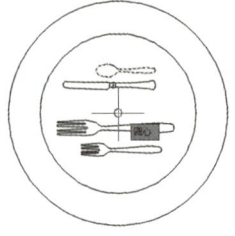
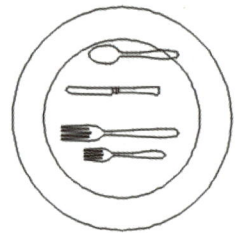

图 5-41 指定缩放基点　　图 5-42 缩放结果

第3步 在绘图区域中捕捉圆心点作为图形对象缩放的基点，如图 5-41 所示。

5.3.4 修剪

可以利用"修剪"命令对多余对象进行修剪操作。

执行方式

- 命令行：TRIM/TR。
- 菜单栏：选择菜单栏中的"修改"→"修剪"命令。
- 功能区：单击"默认"选项卡"修改"面板中的"修剪"按钮 ✂。

操作步骤

执行上述操作后，命令行会进行如下提示。

```
命令：_TRIM
当前设置：投影=UCS，边=无，模式=快速
选择要修剪的对象，或按住 SHIFT 键选
择要延伸的对象或 [剪切边(T)/窗交(C)/
模式(O)/投影(P)/删除(R)]：
```

选项说明

命令行中各选项含义如下。

选择要修剪的对象：选择需要被修剪掉的对象。

按住"Shift"键选择要延伸的对象：延伸选定对象而不执行修剪操作。

剪切边（T）：使用其他选定对象来定义对象修剪到的边界。

窗交（C）：选择矩形区域（由两点确定）内部或与之相交的对象。

模式（O）：AutoCAD 2024 修剪模式有两种，一种默认修剪模式为"快速"，该模式使用所有对象作为潜在剪切边；另一种模式为"标准"，该模式将提示您选择剪切边。

投影（P）：指定延伸对象时使用的投影方法，默认提供3种投影选项供用户选择，分别为"无（N）""UCS（U）""视图（V）"。

删除（R）：修剪命令执行过程中可以对需要删除的部分进行有效删除，而不影响修剪命令的执行。

执行"模式（O）"操作，然后选择"标准（S）"，命令行会进行如下提示。

```
[剪切边(T)/窗交(C)/模式(O)/投影
(P)/删除(R)]：O
输入修剪模式选项 [快速(Q)/标准(S)]
<快速(Q)>：S
选择要修剪的对象，或按住 SHIFT 键选
择要延伸的对象或 [剪切边(T)/栏选(F)/
窗交(C)/模式(O)/投影(P)/边(E)/删除
(R)/放弃(U)]：
```

选项说明

命令行中各选项含义如下。

栏选（F）：与选择栏相交的所有对象将被选择。选择栏是一系列临时线段，用两个或多个栏选点指定且不会构成闭合环。

边 (E)：确定对象是在另一对象的延长边处进行修剪，还是仅在三维空间中与该对象相交的对象处进行修剪。默认提供有两种模式供用户选择，分别为"延伸 (E)""不延伸 (N)"。

放弃 (U)：恢复在命令中执行的上一个操作，至少执行过一次修剪操作后才会出现该选项。

◇ **练一练——修剪图形对象**

素材文件：素材 \CH05\ 修剪图形对象 .dwg

结果文件：结果 \CH05\ 修剪图形对象 .dwg

利用修剪命令对直线对象进行修剪操作。

操作步骤：

第1步 打开随书配套资源中的"素材\CH05\修剪图形对象 .dwg"文件，如图 5-43 所示。

第2步 单击"默认"选项卡"修改"面板中的"修剪"按钮 。在绘图区域中选择需要被修剪掉的部分对象，如图 5-44 所示。

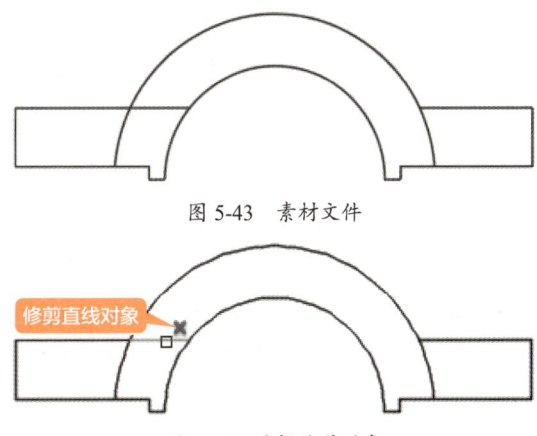

图 5-43　素材文件

图 5-44　选择修剪对象

第3步 按"Enter"键确认，修剪后如图 5-45 所示。

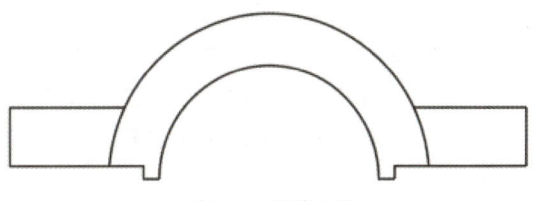

图 5-45　修剪结果

5.3.5　延伸

可以利用"延伸"命令将需要延长的对象延伸到选定边界。

📄 **执行方式**

- 命令行：EXTEND/EX。
- 菜单栏：选择菜单栏中的"修改"→"延伸"命令。
- 功能区：单击"默认"选项卡"修改"面板中的"延伸"按钮。

📄 **操作步骤**

执行上述操作后，命令行会进行如下提示。

```
命令： EXTEND
当前设置:投影=UCS，边=无，模式=快速
选择要延伸的对象，或按住 SHIFT 键选
择要修剪的对象或[边界边(B)/窗交(C)/
模式(O)/投影(P)]：
```

📄 **选项说明**

命令行中各选项含义如下。

选择要延伸的对象：指定需要被延伸的对象。

按住"Shift"键选择要修剪的对象：将选定对象修剪到最近的边界而不是将其延伸。

边界边 (B)：使用其他选定对象来定义对象延伸到的边界。

窗交 (C)：选择矩形区域（由两点确定）内部或与之相交的对象。

模式 (O)：AutoCAD 2024 延伸模式有两种，一种默认延伸模式为"快速"，该模式使用所有对象作为潜在边界边；另一种模式为"标准"，该模式将提示您选择边界边。

投影 (P)：指定延伸对象时使用的投影方法，默认提供 3 种投影选项供用户选择，分别为"无（N）""UCS（U）""视图（V）"。

执行"模式（O）"操作，然后选择"标准（S）"后命令行会进行如下提示。

[边界边(B)/窗交(C)/模式(O)/投影(P)]：O
输入延伸模式选项 [快速(Q)/标准(S)] <快速(Q)>：S
选择要延伸的对象，或按住 SHIFT 键选择要修剪的对象或[边界边(B)/栏选(F)/窗交(C)/模式(O)/投影(P)/边(E)/放弃(U)]：

● 选项说明

命令行中各选项含义如下。

栏选 (F)：与选择栏相交的所有对象将被选择。选择栏是一系列临时线段，用两个或多个栏选点指定且不会构成闭合环。

边 (E)：将对象延伸到另一个对象的隐含边，或仅延伸到三维空间中与其实际相交的对象。

放弃 (U)：恢复在命令中执行的上一个操作，至少执行过一次延伸操作后才会出现该选项。

◇ **练一练——对图形对象进行延伸操作**

素材文件：素材 \CH05\ 延伸图形对象 .dwg

结果文件：结果 \CH05\ 延伸图形对象 .dwg

利用延伸命令对直线对象进行延伸操作。
操作步骤：

第1步 打开随书配套资源中的"素材 \CH05\ 延伸图形对象 .dwg"文件，如图 5-46 所示。

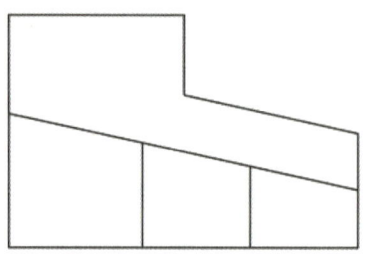

图 5-46　素材文件

第2步 单击"默认"选项卡"修改"面板中的"延伸"按钮，在绘图区域中选择要延伸的对象，如图 5-47 所示。

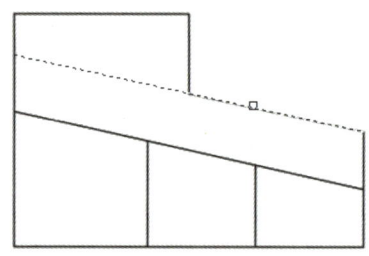

图 5-47　选择需要被延伸的对象

第3步 按"Enter"键确认，延伸后结果如图 5-48 所示。

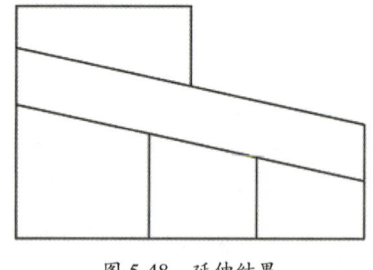

图 5-48　延伸结果

5.3.6　拉伸

通过"拉伸"命令可改变对象的形状。在 AutoCAD 中，"拉伸"命令主要用于非等比缩放。"缩放"命令是对对象的整体进行放大或缩小，也就是说，缩放前后对象的大小发生改变，但其比例和形状保持不变。"拉伸"命令可以对对象进行形状或比例上的改变。

第 5 章 编辑二维图形对象

执行方式

- 命令行：STRETCH/S。
- 菜单栏：选择菜单栏中的"修改"→"拉伸"命令。
- 功能区：单击"默认"选项卡"修改"面板中的"拉伸"按钮。

操作步骤

执行上述操作后命令行会进行如下提示。

```
命令：_STRETCH
以交叉窗口或交叉多边形选择要拉伸的对
象...
选择对象：
```

> **提示**
> 在选择对象时，必须采用交叉选择的方式选择对象，全部被选中的对象将被移动，部分被选中的对象进行拉伸。

◇ **练一练——对图形对象进行拉伸操作**

素材文件：素材 \CH05\ 螺钉 .dwg
结果文件：结果 \CH05\ 螺钉 .dwg
利用拉伸命令对螺钉对象进行拉伸操作。

操作步骤

第1步 打开随书配套资源中的"素材\CH05\螺钉.dwg"文件，如图 5-49 所示。

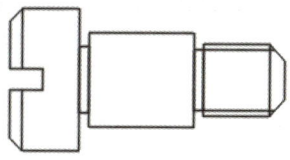

图 5-49 素材文件

第2步 单击"默认"选项卡"修改"面板中的"拉伸"按钮，在绘图区域中由右向左交叉选择要拉伸的对象，按"Enter"键确认，如图 5-50 所示。

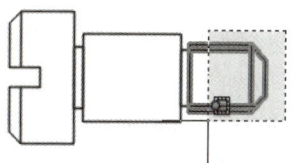

图 5-50 选择要拉伸的对象

第3步 在绘图区域中任意单击一点作为拉伸基点，在命令行输入"@3,0"并按"Enter"键确认，结果如图 5-51 所示。

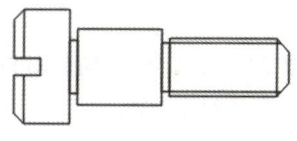

图 5-51 拉伸结果

5.3.7 拉长

"拉长"命令可以通过指定百分比、增量、最终长度或角度来更改对象的长度和圆弧的包含角。

执行方式

- 命令行：LENGTHEN/LEN。
- 菜单栏：选择菜单栏中的"修改"→"拉长"命令。
- 功能区：单击"默认"选项卡"修改"面板中的"拉长"按钮。

操作步骤

执行上述操作后，命令行会进行如下提示。

```
命令：_LENGTHEN
选择要测量的对象或 [增量(DE)/百分比
(P)/总计(T)/动态(DY)] <总计(T)>：
```

> **提示**
> 在选择拉长对象时注意选择的位置，选择的位置不同，得到的结果相反。

◇ **练一练——完善齿轮轴图形**

素材文件：素材 \CH05\ 齿轮轴 .dwg
结果文件：结果 \CH05\ 齿轮轴 .dwg

利用拉长命令对齿轮轴对象进行拉长操作。

操作步骤：

第1步 打开随书配套资源中的"素材 \CH05\ 齿轮轴 .dwg"文件，如图 5-52 所示。

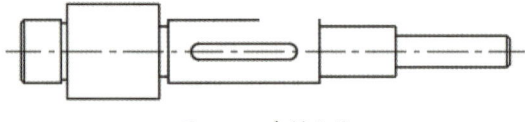

图 5-52　素材文件

第2步 单击"默认"选项卡"修改"面板中的"拉长"按钮，在命令行输入"DY"，按"Enter"键确认，AutoCAD 命令行提示如下。

```
命令：_LENGTHEN
选择要测量的对象或 [增量(DE)/百分比(P)/总计(T)/动态(DY)] <总计(T)>: DY
选择要修改的对象或 [放弃(U)]:
```

第3步 在绘图区域中选择直线段作为需要拉长的对象，并捕捉新端点，如图 5-53 所示。

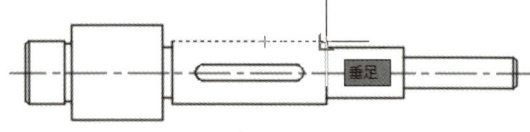

图 5-53　选择要拉长的对象并捕捉新端点

第4步 按"Enter"键确认，结果如图 5-54 所示。

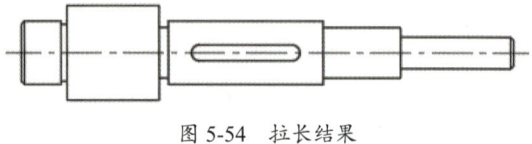

图 5-54　拉长结果

5.4　构造类编辑对象

下面将对 AutoCAD 中构造对象的方法进行详细介绍，包括"圆角""倒角""打断""打断于点"和"合并对象"等。

5.4.1　圆角

"圆角"命令可以将比较尖锐的角进行圆滑处理，也可以对平行或延长线相交的边线进行圆角处理。

- 📄 **执行方式**
  - 命令行：FILLET/F。
  - 菜单栏：选择菜单栏中的"修改"→"圆角"命令。
  - 功能区：单击"默认"选项卡"修改"面板中的"圆角"按钮。

- 📄 **操作步骤**

执行上述操作后，命令行会进行如下提示。

```
命令：_FILLET
当前设置：模式 = 修剪，半径 = 0.0000
选择第一个对象或 [放弃(U)/多段线(P)/半径(R)/修剪(T)/多个(M)]:
```

- 📄 **选项说明**

选择第一个对象：选择定义二维圆角所需的两个对象中的其中一个，如果编辑对象为三维模型，则选择三维实体的边。

放弃 (U)：恢复在命令中执行的上一个操作。

多段线 (P)：对整个二维多段线中两条直线段相交的顶点处均进行圆角。

半径 (R)：预定义圆角半径。

修剪 (T)：控制是否将选定的边修剪到圆角圆弧的端点。

多个 (M)：可以为多个对象添加相同半径值的圆角。

◇ **练一练——完善 U 盘图形**

素材文件：素材 \CH05\U 盘 .dwg
结果文件：结果 \CH05\U 盘 .dwg
利用圆角命令完善 U 盘。
操作步骤：

第1步 打开随书配套资源中的"素材 \CH05\U 盘 .dwg"文件，如图 5-55 所示。

第2步 单击"默认"选项卡"修改"面板中的"圆角"按钮，根据命令行提示进行如下操作。

```
命令：_FILLET
当前设置：模式 = 修剪，半径 = 0.0000
选择第一个对象或 [放弃(U)/多段线(P)/半径(R)/修剪(T)/多个(M)]: R
指定圆角半径 <0.0000>: 2
选择第一个对象或 [放弃(U)/多段线(P)/半径(R)/修剪(T)/多个(M)]: M
……
//选择需要圆角的相邻边
```

第3步 结果如图 5-56 所示。

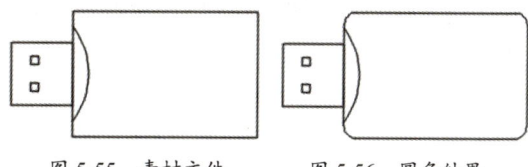

图 5-55　素材文件　　图 5-56　圆角结果

5.4.2　倒角

"倒角"命令操作用于连接两个对象，使它们以平角或倒角相接。

📄 **执行方式**

- 命令行：CHAMFER/CHA。
- 菜单栏：选择菜单栏中的"修改"→"倒角"命令。
- 功能区：单击"默认"选项卡"修改"面板中的"倒角"按钮。

📄 **操作步骤**

执行上述操作后，命令行会进行如下提示。

```
命令：_CHAMFER
("修剪"模式) 当前倒角距离 1 = 0.0000，距离 2 = 0.0000
选择第一条直线或 [放弃(U)/多段线(P)/距离(D)/角度(A)/修剪(T)/方式(E)/多个(M)]:
```

📄 **选项说明**

选择第一条直线：指定定义二维倒角所需的两条边中的第一条边，还可以选择三维实体的边进行倒角，然后从两个相邻曲面中指定其中一个作为基准曲面。

放弃 (U)：恢复在命令中执行的上一个操作。

多段线 (P)：对整个二维多段线倒角，相交多段线线段在每个多段线顶点处被倒角，倒角成为多段线的新线段。如果多段线包含的线段过短以至于无法容纳倒角距离，则不对这些线段倒角。

距离 (D)：设定倒角至选定边端点的距离，如果将两个距离均设定为零，将延伸或修剪两条直线，以使它们终止于同一点。

角度 (A)：用第一条线的倒角距离和第二条线的角度设定倒角距离。

修剪 (T)：控制是否将选定的边修剪到倒

角直线的端点。

方式(E)：控制使用两个距离还是一个距离和一个角度来创建倒角。

多个(M)：为多组对象的边倒角。

◇ **练一练——创建倒角对象**

素材文件：素材\CH05\倒角.dwg
结果文件：结果\CH05\倒角.dwg
利用倒角命令创建倒角对象。

操作步骤：

第1步 打开随书配套资源中的"素材\CH05\倒角.dwg"文件，如图5-57所示。

第2步 单击"默认"选项卡"修改"面板中的"倒角"按钮，将"倒角距离1""倒角距离2"均设置为"20"，在绘图区域中选择如图5-58所示的两条线段作为需要倒角的对象。

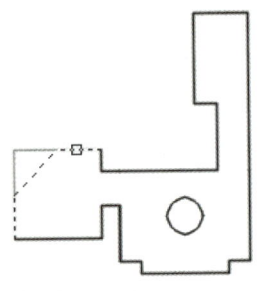

图5-58 选择倒角边

第3步 结果如图5-59所示。

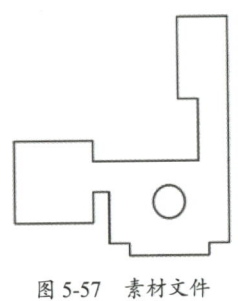

图5-57 素材文件

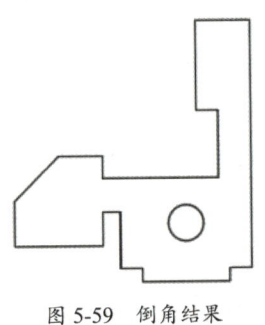

图5-59 倒角结果

5.4.3 有间隙的打断

利用"打断"命令可以轻松实现在两点之间打断对象。

📋 **执行方式**

- 命令行：BREAK/BR。
- 菜单栏：选择菜单栏中的"修改"→"打断"命令。
- 功能区：单击"默认"选项卡"修改"面板中的"打断"按钮。

📋 **操作步骤**

执行上述操作后，命令行会进行如下提示。

```
命令：_BREAK
选择对象：
```

选择需要打断的对象之后命令行会进行如下提示。

指定第二个打断点 或 [第一点(F)]：

📋 **选项说明**

指定第二个打断点：指定第二个打断点的位置，此时系统默认以选择对象时所单击的位置为第一个打断点。

第一点(F)：用指定的新点替换原来的第一个打断点。

◇ **练一练——创建有间隙的打断**

素材文件：素材\CH05\机架.dwg
结果文件：结果\CH05\机架.dwg

第 5 章
编辑二维图形对象

利用打断命令为机架图形创建有间隙的打断。

操作步骤：

第1步 打开随书配套资源中的"素材\CH05\机架.dwg"文件，如图 5-60 所示。

第2步 单击"默认"选项卡"修改"面板中的"打断"按钮，选择直线为需要打断的对象，如图 5-61 所示。

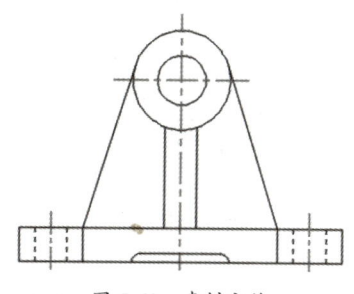

图 5-60　素材文件

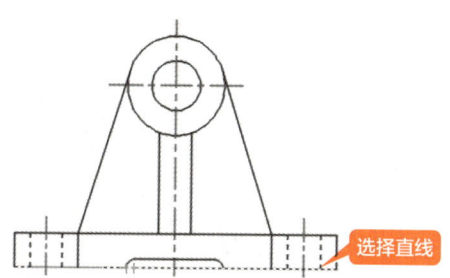

图 5-61　选择打断对象

第3步 在命令行中输入"F"并按"Enter"键确认，在绘图区域中单击指定第一个打断点，如图 5-62 所示。

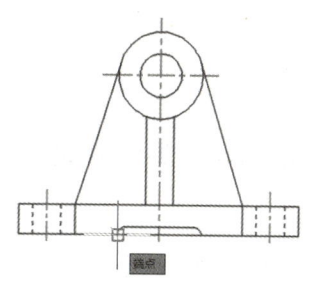

图 5-62　指定第一个打断点

第4步 在绘图区域中单击指定第二个打断点，如图 5-63 所示。

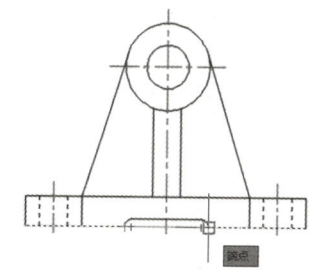

图 5-63　指定第二个打断点

第5步 结果如图 5-64 所示。

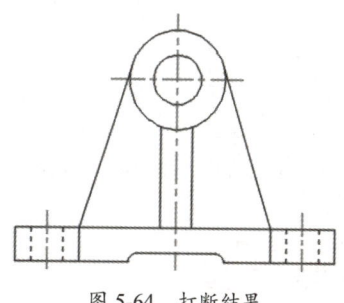

图 5-64　打断结果

5.4.4　没间隙的打断——打断于点

利用"打断于点"命令可以实现将对象在一点处打断，而不存在缝隙。

执行方式

- 命令行：BREAK/BR。
- 菜单栏：选择菜单栏中的"修改"→"打断"命令。
- 功能区：单击"默认"选项卡"修改"面板中的"打断于点"按钮。

操作步骤

执行上述操作后，命令行会进行如下提示。

```
命令： BREAK
选择对象：
```

选择需要打断的对象之后命令行会进行如下提示。

指定第二个打断点 或 [第一点(F)]：F
指定第一个打断点：

第3步 在绘图区域中单击直线中点作为打断点，如图5-67所示。

◇ **练一练——完善衣柜图形**

素材文件：素材\CH05\衣柜.dwg
结果文件：结果\CH05\衣柜.dwg
利用打断于点命令完善衣柜图形。
操作步骤：

第1步 打开随书配套资源中的"素材\CH05\衣柜.dwg"文件，如图5-65所示。

第2步 单击"默认"选项卡"修改"面板中的"打断于点"按钮，单击选择直线作为要打断的对象，如图5-66所示。

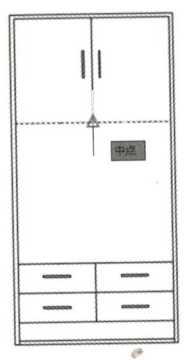

图5-67 捕捉中点

第4步 结果如图5-68所示，在线段一端单击鼠标选择线段，可以看到线段显示为两段。

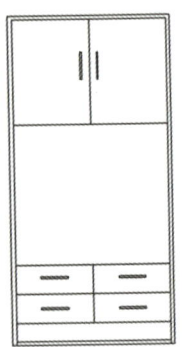 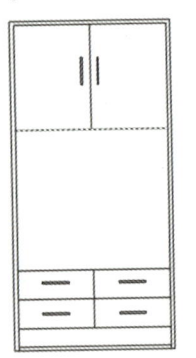

图5-65 素材文件　　图5-66 选择水平直线

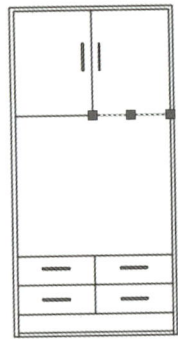

图5-68 打断结果

5.4.5 合并

使用"合并"命令可以将相似的对象合并为一个完整的对象。

◇ **执行方式**

- 命令行：JOIN/J。
- 菜单栏：选择菜单栏中的"修改"→"合并"命令。
- 功能区：单击"默认"选项卡"修改"面板中的"合并"按钮。

> **提示**
> 合并两条或多条圆弧或椭圆弧时，将从源对象开始按逆时针方向合并圆弧。

◇ **操作步骤**

执行上述操作后，命令行会进行如下提示。

命令：JOIN
选择源对象或要一次合并的多个对象：

◇ **练一练——合并图形对象**

素材文件：素材\CH05\合并.dwg
结果文件：结果\CH05\合并.dwg
利用合并命令将直线对象合并。

操作步骤：

第1步 打开随书配套资源中的"素材\CH05\合并.dwg"文件，如图5-69所示。

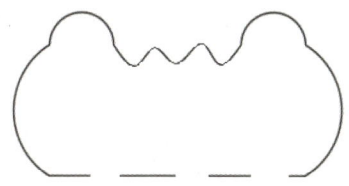

图 5-69　素材文件

第2步 单击"默认"选项卡"修改"面板中的"合并"按钮 ⊷，在绘图区域中选择如图 5-70 所示线段对象作为合并的源对象。

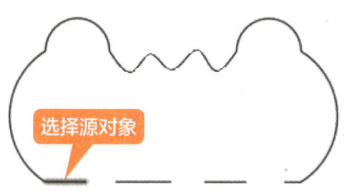

图 5-70　选择合并的源对象

第3步 依次单击选择要合并到源的对象，按"Enter"键确认，如 5-71 所示。

图 5-71　依次选择合并对象

第4步 结果如图 5-72 所示。

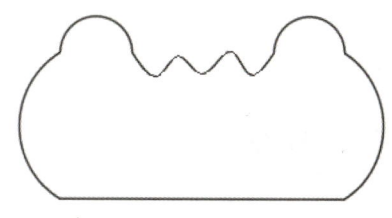

图 5-72　合并结果

5.5 分解和删除对象

通过"分解"操作可以将块、面域、多段线等分解为它的组成对象，以便后续单独修改一个或多个对象。"删除"命令则可以按需求将多余对象从原对象中删除。

5.5.1 分解

"分解"命令主要是把单个组合的对象分解成多个单独的对象，以便更方便地对各个单独对象进行编辑。

📄 执行方式

- 命令行：EXPLODE/X。
- 菜单栏：选择菜单栏中的"修改"→"分解"命令。
- 功能区：单击"默认"选项卡"修改"面板中的"分解"按钮 。

📄 操作步骤

执行上述操作后，命令行会进行如下提示。

命令：_EXPLODE
选择对象：

◇ **练一练——分解标高图块**

素材文件：素材\CH05\标高.dwg
结果文件：结果\CH05\标高.dwg
利用分解命令分解标高图块。

操作步骤：

第1步 打开随书配套资源中的"素材\CH05\标高.dwg"文件，如图5-73所示。

图5-73　素材文件

第2步 单击"默认"选项卡"修改"面板中的"分解"按钮，在绘图区域中选择标高图块作为需要分解的对象，按"Enter"键将标高图块分解，分解后选择图形对象，可以看到图块被分解成了多个单体，如图5-74所示。

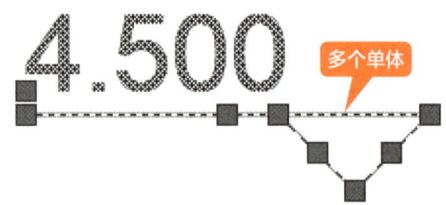

图5-74　分解结果

5.5.2 删除

"删除"命令是把相关图形从原文档中移除，不保留任何痕迹。

执行方式

- 命令行：ERASE/E。
- 菜单栏：选择菜单栏中的"修改"→"删除"命令。
- 功能区：单击"默认"选项卡"修改"面板中的"删除"按钮。
- 选择对象后右击，在快捷菜单中选择"删除"命令。
- 选择需要删除的对象，按"Del"键。

操作步骤

执行上述操作后命令行会进行如下提示。

```
命令： ERASE
选择对象：
```

◇ 练一练——删除花朵图形多余花瓣

素材文件：素材\CH05\花朵.dwg
结果文件：结果\CH05\花朵.dwg
利用删除命令删除花朵图形多余花瓣。
操作步骤：

第1步 打开随书配套资源中的"素材\CH05\花朵.dwg"文件，如图5-75所示。

第2步 单击"默认"选项卡"修改"面板中的"删除"按钮，在绘图区域中选择如图5-76所示图形对象作为需要删除的对象。

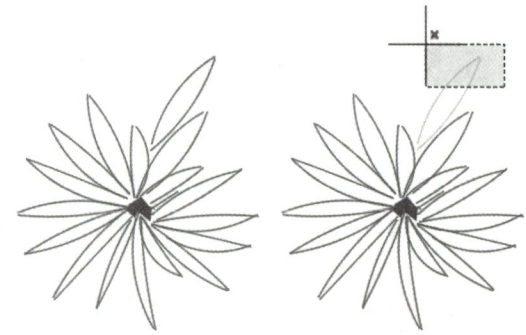

图5-75　素材文件　　图5-76　选择删除对象

第3步 按"Enter"键确认，结果如图5-77所示。

图5-77　删除结果

第 5 章
编辑二维图形对象

5.6 实例——绘制定位压盖

本实例将综合利用"圆""直线""阵列""偏移""修剪""旋转"和"镜像"命令绘制定位压盖零件图。

1. 绘制轮廓圆及定位圆

第1步 打开随书配套资源中的"素材\CH05\定位压盖.dwg"文件，如图 5-78 所示。

图 5-78　素材文件

第2步 单击"默认"选项卡"修改"面板中的"环形阵列"按钮，在绘图区域选择直线作为阵列对象并捕捉直线的中点为阵列的中心，在弹出的"阵列创建"面板上将项目数设置为 4，角度设置 45，设置完毕后单击"关闭阵列"按钮，如图 5-79 所示。

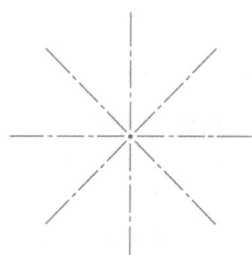

图 5-79　环形阵列结果

第3步 单击"默认"选项卡"绘图"面板中的"圆"按钮，捕捉中心线的交点为圆心，分别绘制半径为"20""25""50""60"和"70"的圆，如图 5-80 所示。

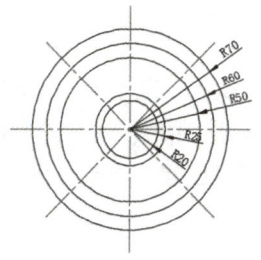

图 5-80　绘制圆形

第4步 重复圆命令，捕捉中心线与 R70 的圆的交点为圆心，绘制一个半径为"5"的圆，如图 5-81 所示。

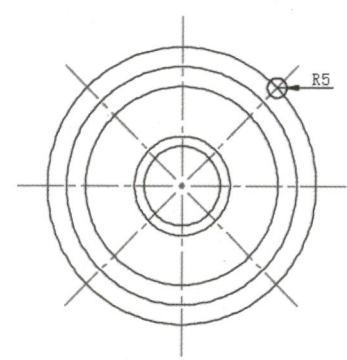

图 5-81　绘制圆形

第5步 单击"默认"选项卡"修改"面板中的"偏移"按钮，将上步绘制的圆向外偏移"5"，如图 5-82 所示。

图 5-82　偏移图形

2. 绘制凸起及螺钉孔

第1步 单击"默认"选项卡"绘图"面板中的"直线"按钮，当命令行提示指定第一点时，按住 **Ctrl+ 右键**，弹出临时捕捉快捷菜单，单击"切点"选项，在 R70 圆周上捕捉切点作为直线的第一点，如图 5-83 所示。

· 105 ·

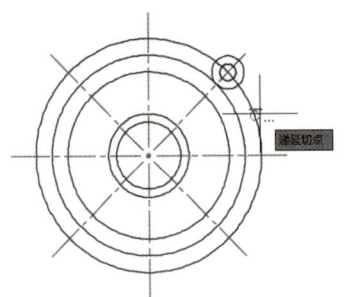

图 5-83 捕捉切点

第 2 步 重复上述操作,在偏移后的圆的圆周上捕捉切点作为直线的第二点,如图 5-84 所示。

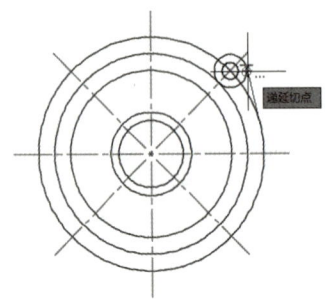

图 5-84 捕捉切点

第 3 步 结果如图 5-85 所示。

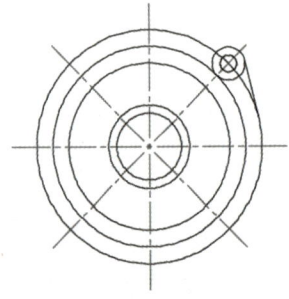

图 5-85 直线绘制结果

第 4 步 单击"默认"选项卡"修改"面板中的"镜像"按钮 ⚡,选择上述步骤中绘制的直线为镜像对象,如图 5-86 所示。

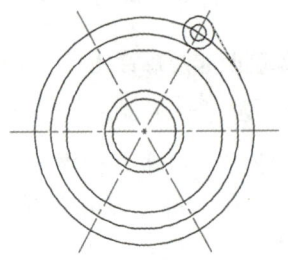

图 5-86 选择镜像对象

第 5 步 捕捉中心线的端点为镜像线的第一点,如图 5-87 所示。

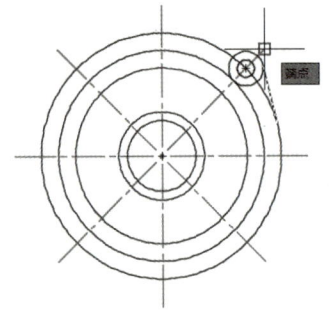

图 5-87 指定镜像线第一点

第 6 步 捕捉圆心为镜像线的第二点,如图 5-88 所示。

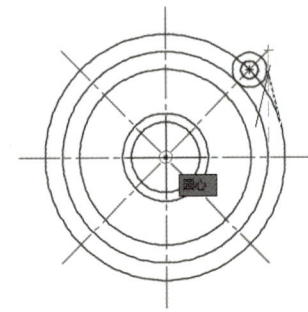

图 5-88 指定镜像线第二点

第 7 步 选择不删除源对象,结果如图 5-89 所示。

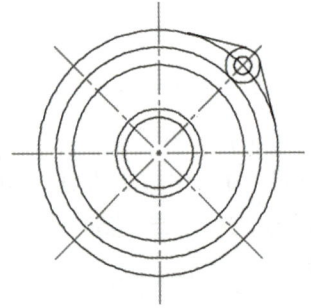

图 5-89 镜像结果

第 8 步 单击"默认"选项卡"修改"面板中的"修剪"按钮 ✂,输入"T"按"Enter"键确认,然后选择刚创建的两条直线为剪切边,如图 5-90 所示。

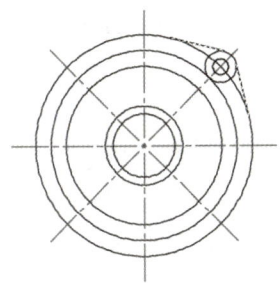

图 5-90　选择剪切边

第9步 选择偏移的圆为修剪对象，如图 5-91 所示。

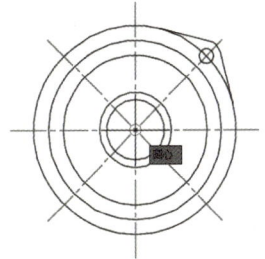

图 5-94　指定阵列中心点

第13步 在弹出的"阵列创建"面板上将项目数设置为 4，角度设置 90，设置完毕后单击"关闭阵列"按钮，结果如图 5-95 所示。

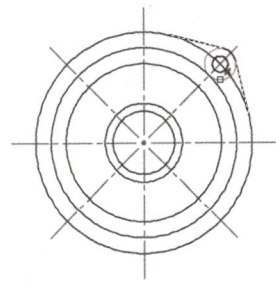

图 5-91　选择要剪切的部分

第10步 修剪结果如图 5-92 所示。

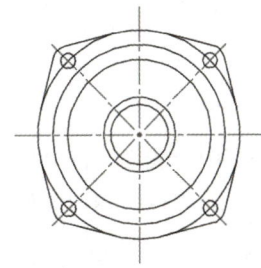

图 5-95　阵列结果

3. 绘制加强筋

第1步 单击"默认"选项卡"修改"面板中的"偏移"按钮，当命令行提示输入偏移距离时，输入"L"按"Enter"键后，再输入"C"选择偏移对象的层为当前层，最后输入偏移距离 3.5。

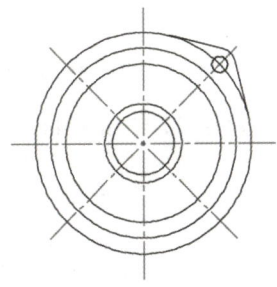

图 5-92　修剪结果

第11步 单击"默认"选项卡"修改"面板中的"环形阵列"按钮，在绘图区域选择阵列对象，如图 5-93 所示。

```
命令： OFFSET
当前设置：删除源=否  图层=源
OFFSETGAPTYPE=0
指定偏移距离或 [通过(T)/删除(E)/图层(L)] <5.0000>: L
输入偏移对象的图层选项 [当前(C)/源(S)] <源>: C
指定偏移距离或 [通过(T)/删除(E)/图层(L)] <5.0000>:3.5
```

第2步 选择如图 5-96 所示的中心线为偏移对象。

第3步 在中心线的下方单击作为偏移的方向，结果如图 5-97 所示。

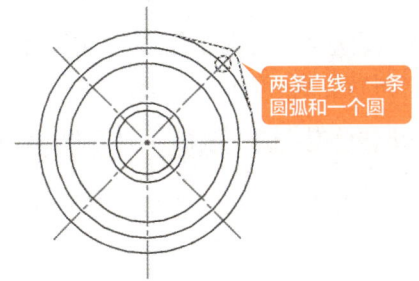

图 5-93　选择阵列对象

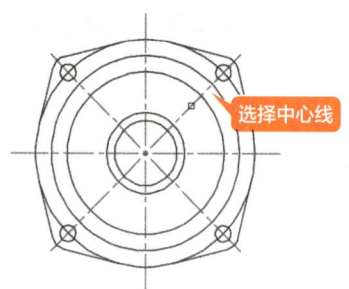

图 5-96 选择偏移对象

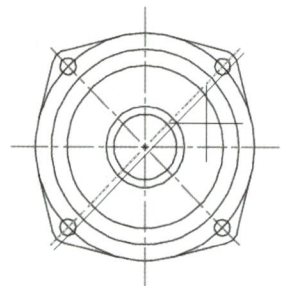

图 5-97 指定偏移方向

第4步 继续选择中心线为偏移对象,在中心线上方单击作为偏移方向,退出偏移命令后结果如图 5-98 所示。

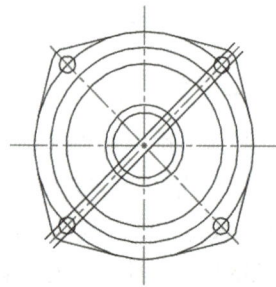

图 5-98 指定偏移方向

第5步 单击"默认"选项卡"修改"面板中的"修剪"按钮,输入"T"按"Enter"键确认,选择图 5-99 所示的两个圆为剪切边。

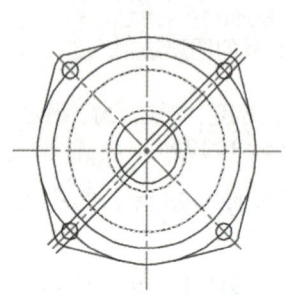

图 5-99 选择剪切边

第6步 对刚偏移的两条直线进行修剪,结果如图 5-100 所示。

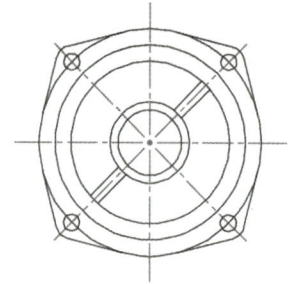

图 5-100 修剪结果

第7步 单击"默认"选项卡"修改"面板中的"旋转"按钮,选择如图 5-101 所示的四条直线为旋转对象。

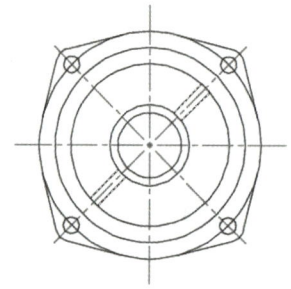

图 5-101 选择旋转对象

第8步 捕捉如图 5-102 所示的圆心为旋转基点。

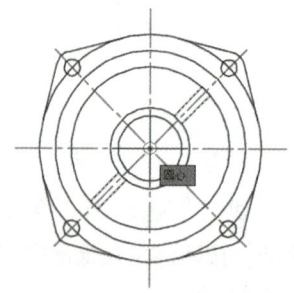

图 5-102 指定旋转基点

第9步 选定基点后在命令行输入"C",即旋转的同时进行复制,再输入旋转角度。

```
指定旋转角度,或 [复制(C)/参照(R)]
<0>: C
指定旋转角度,或 [复制(C)/参照(R)]
<0>: 90
```

第10步 旋转结果如图 5-103 所示。

第 5 章
编辑二维图形对象

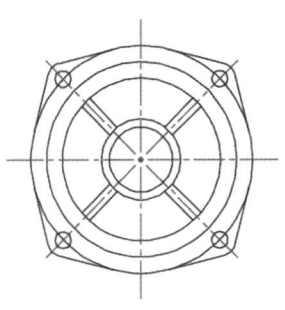

图 5-103 旋转结果

图层,结果如图 5-104 所示。

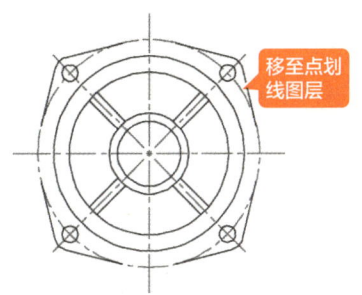

图 5-104 改变圆放置图层

第11步 选择 R70 的圆,将其移至"点划线"

1. 巧用圆角命令延伸对象

当圆角半径设置为"0"时,圆角命令可以起到延伸对象的作用。

第1步 打开随书配套资源中的"素材\CH05\圆角延伸.dwg"文件,如图 5-105 所示。

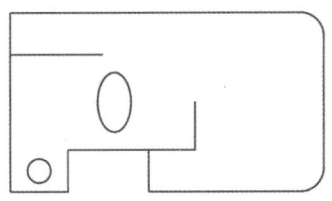

图 5-105 素材文件

第2步 调用"圆角"命令,将圆角半径设置为"0",对直线 A 和直线 B 执行圆角操作,结果如图 5-106 所示。

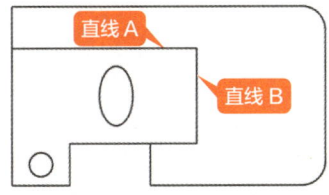

图 5-106 圆角结果

2. 轻松找回误删除的对象

可以使用"OOPS"命令恢复最后删除的

组,"OOPS"命令恢复的是最后删除的整个选择集合,而不是某一个被删除的对象。

第1步 新建一个 AutoCAD 文件,在绘图区域中任意绘制两条直线段,如图 5-107 所示。

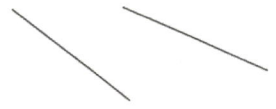

图 5-107 绘制直线段

第2步 将刚才绘制的两条直线段同时选中,按"Del"键将其删除,然后在绘图区域中再次任意绘制一条直线段,如图 5-108 所示。

图 5-108 删除并绘制直线段

第3步 在命令行中输入"OOPS"命令按"Enter"键确认,之前删除的两条线段被找回,结果如图 5-109 所示。

图 5-109 找回删除的直线段

绘制图 5-110 所示图形，注意各部分图形之间的相互关系。

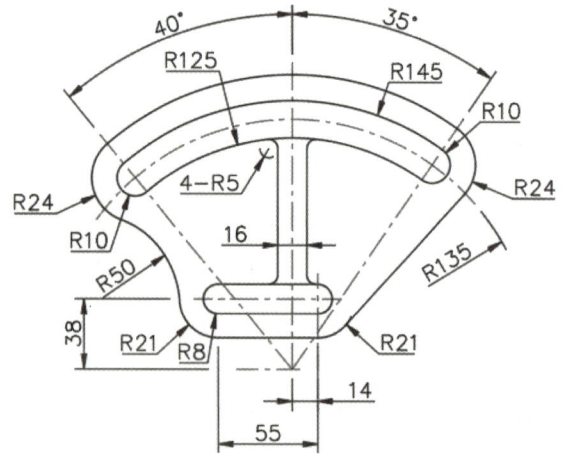

图 5-110　本章练习的结果图形

第 6 章

绘制和编辑复杂二维对象

内容简介

AutoCAD 2024 可以满足用户的多种绘图需要，一种图形可以通过多种绘制方式来绘制，如平行线可以用两条直线来绘制，但是用多线绘制会更为快捷准确。

内容要点

- 创建和编辑多线、多段线、样条曲线
- 创建面域和边界
- 创建和编辑图案填充

案例效果

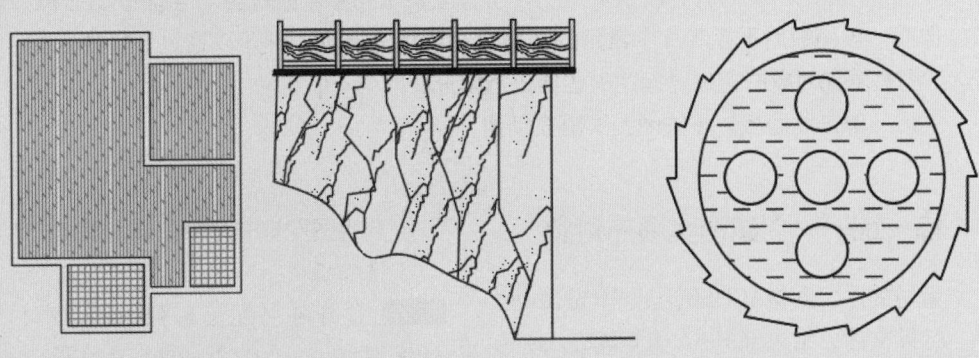

6.1 创建和编辑图案填充

图案填充是指使用填充图案、实体填充或渐变填充来填充封闭区域或选定对象，常用来表示断面或材料特征。

6.1.1 图案填充

在 AutoCAD 中可以使用预定义填充图案填充区域，或使用当前线型定义简单的线图案。既可以创建复杂的填充图案，也可以创建渐变填充。渐变填充是在一种颜色的不同灰度之间或两种颜色之间使用过渡。渐变填充提供光源反射到对象上的外观，可用于增强演示图形的效果。

执行方式

- 命令行：HATCH/H。
- 菜单栏：选择菜单栏中的"绘图"→"图案填充"命令。
- 功能区：单击"默认"选项卡"绘图"面板中的"图案填充"按钮 。

操作步骤

执行上述操作后会弹出"图案填充创建"选项卡，如图 6-1 所示。

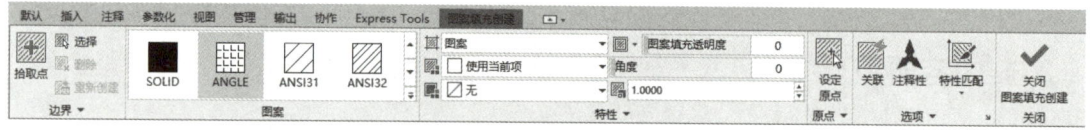

图 6-1 "图案填充创建"选项卡

选项说明

边界：该面板用于设置拾取点和填充区域的边界。
图案：该面板用于指定图案填充的各种图案形状。
特性：该面板用于指定图案填充的类型、背景色、透明度、选定填充图案的角度和比例。
原点：该面板用于控制填充图案生成的起始位置。某些图案填充（如砖块图案）需要与图案填充边界上的一点对齐。默认情况下，所有图案填充原点都对应于当前的 UCS 原点。
选项：该面板用于控制几个常用的图案填充或填充选项，并可以通过"特性匹配"选项使用选定图案填充对象的特性对指定的边界进行填充。
关闭：单击此面板，将关闭图案填充创建。

◇ **练一练——创建图案填充对象**

素材文件：素材 \CH06\ 图案填充 .dwg
结果文件：结果 \CH06\ 图案填充 .dwg

利用图案填充命令创建图案填充对象。
操作步骤：
第1步 打开随书配套资源中的"素材 \CH06\ 图案填充 .dwg"文件，如图 6-2 所示。

第 6 章
绘制和编辑复杂二维对象

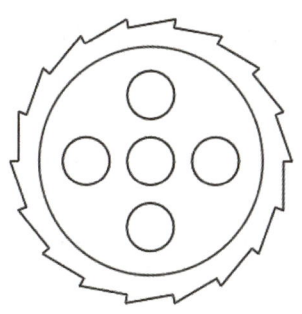

图 6-2 素材文件

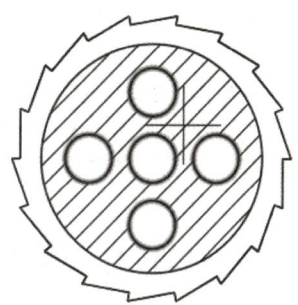

图 6-4 选择填充区域

第2步 单击"默认"选项卡"绘图"面板中的"图案填充"按钮，在弹出的"图案填充创建"选项卡中进行相应的设置，如图 6-3 所示。

第4步 在"图案填充创建"选项卡中单击"关闭图案填充创建"按钮，结果如图 6-5 所示。

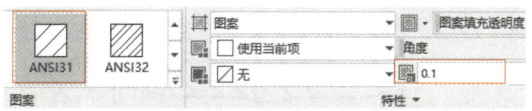

图 6-3 "图案填充创建"选项卡

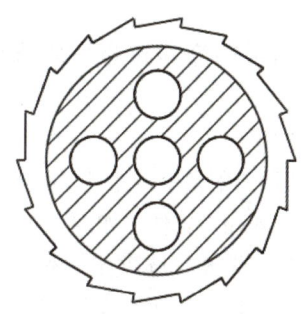

图 6-5 图案填充对象

第3步 在绘图区域中选择如图 6-4 所示区域作为填充区域。

6.1.2 编辑图案填充

修改特定于图案填充的特性，例如现有图案填充或填充的图案、比例和角度。

📄 **执行方式**

- 命令行：HATCHEDIT/HE。
- 菜单栏：选择菜单栏中的"修改"→"对象"→"图案填充"命令。
- 功能区：单击"默认"选项卡"修改"面板中的"编辑图案填充"按钮。

📄 **操作步骤**

执行上述操作后，命令行会进行如下提示。

```
命令：_HATCHEDIT
选择图案填充对象：
```

选择需要编辑的图案填充对象之后，会弹出"图案填充编辑"对话框，如图 6-6 所示。

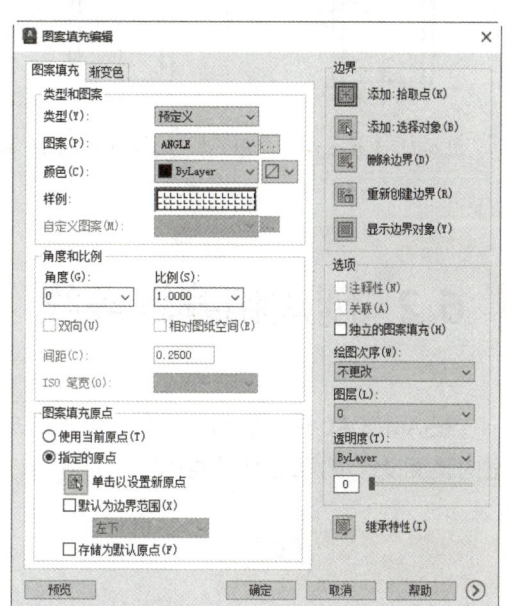

图 6-6 "图案填充编辑"对话框

> **提示**
>
> 双击或单击填充图案，也可以弹出"图案填充编辑器"，只是该界面是选项卡形式。

◇ **练一练——编辑图案填充对象**

素材文件：素材\CH06\编辑图案填充.dwg

结果文件：结果\CH06\编辑图案填充.dwg

利用图案填充编辑命令编辑图案填充对象。

操作步骤：

第1步 打开随书配套资源中的"素材\CH06\编辑图案填充.dwg"文件，如图6-7所示。

第2步 单击"默认"选项卡"修改"面板中的"编辑图案填充"按钮，在绘图区域中单击选择需要编辑的图案填充对象，如图6-8所示。

第3步 在弹出的"图案填充编辑"对话框中，将角度设置为"0"，比例设置为"0.5"，如图6-9所示。

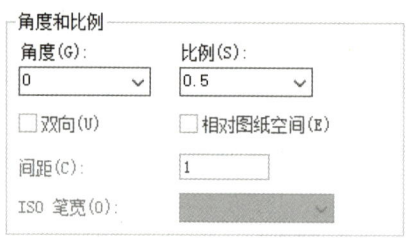

图6-9 选择填充图案

第4步 单击"确定"按钮，结果如图6-10所示。

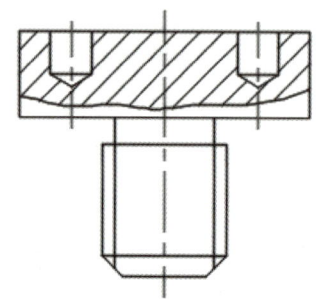

图6-10 图案填充编辑结果

> **提示**
>
> AutoCAD显示的填充角度为"X+45°"，"X"为设置的填充角度，即当填充角度设置为"0°"时，实际填充显示为"45°"，如果填充角度设置为"90°"，实际填充显示为"135°"。

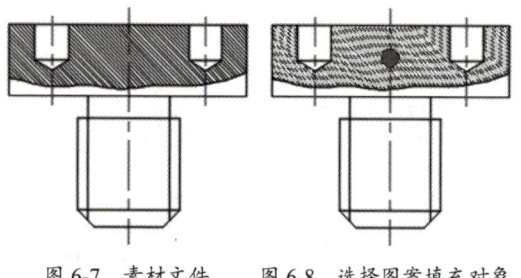

图6-7 素材文件　　图6-8 选择图案填充对象

6.2 创建和编辑多线

在AutoCAD中，使用多线命令可以很方便地创建多条平行线，多线命令常用在建筑设计和室内装潢设计中，比如绘制墙体。

6.2.1 多线样式

设置多线是通过"多线样式"对话框来进行的。

第 6 章 绘制和编辑复杂二维对象

执行方式

- 命令行：MLSTYLE。
- 菜单栏：选择菜单栏中的"格式"→"多线样式"命令。

操作步骤

执行上述操作后会打开"多线样式"对话框，如图 6-11 所示。

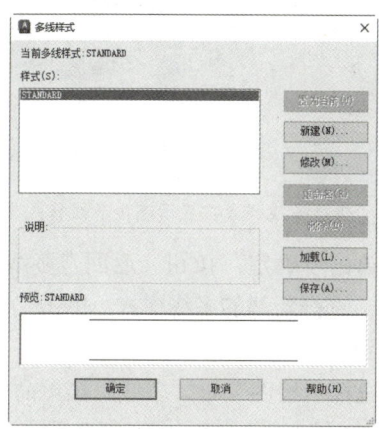

图 6-11 "多线样式"对话框

◇ 练一练——设置多线样式

素材文件：无
结果文件：结果 \CH06\ 多线样式 .dwg
利用"多线样式"对话框创建多线样式。
操作步骤：

第1步 新建一个 AutoCAD 文件，选择"格式"→"多线样式"菜单命令，在弹出的"多线样式"对话框中单击"新建"按钮，弹出"创建新的多线样式"对话框，输入样式名称，如图 6-12 所示。

第2步 单击"继续"按钮弹出"新建多线样式：直线封口"对话框，在该对话框中设置多线"封口"为"直线"形式，如图 6-13 所示。

图 6-12 "创建新的多线样式"对话框

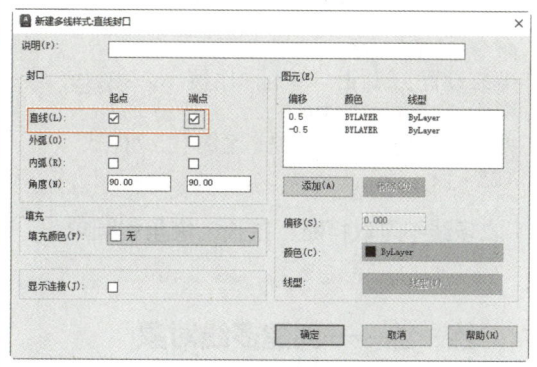

图 6-13 "新建多线样式：直线封口"对话框

第3步 单击"确定"按钮，返回"多线样式"对话框，可以看到多线呈封口样式，如图 6-14 所示。

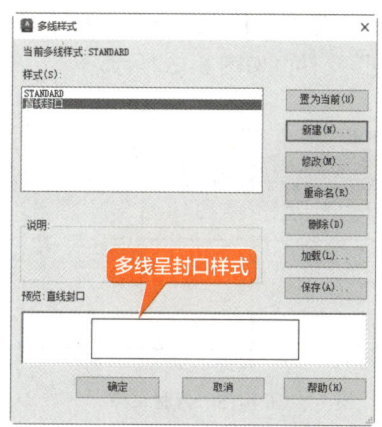

图 6-14 "多线样式"对话框

第4步 选择新建的多线样式，单击"置为当前"按钮，可以将新建的多线样式置为当前。

6.2.2 多线

多线是由多条平行线组成的线型。绘制多线与绘制直线相似的地方是需要指定起点和端点，与直线不同的是一条多线可以由一条或多条平行直线组成。

执行方式

- 命令行：MLINE/ML。
- 菜单栏：选择菜单栏中的"绘图"→"多线"命令。

操作步骤

执行上述操作后，命令行会进行如下提示。

```
命令：_MLINE
当前设置：对正 = 上，比例 = 20.00，样式 = STANDARD
指定起点或 [对正(J)/比例(S)/样式(ST)]：
```

多线不可以打断、拉长、倒角和圆角。

◇ 练一练——创建多线对象

素材文件：素材\CH06\多线.dwg
结果文件：结果\CH06\多线.dwg
利用多线命令创建多线对象。
操作步骤：

第1步 打开随书配套资源中的"素材\CH06\多线.dwg"文件，如图6-15所示。

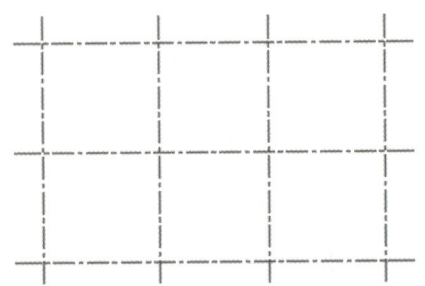

图6-15 素材文件

第2步 选择"格式"→"多线样式"菜单命令，在弹出的"多线样式"对话框中单击"新建"按钮，弹出"创建新的多线样式"对话框，输入样式名称，如图6-16所示。

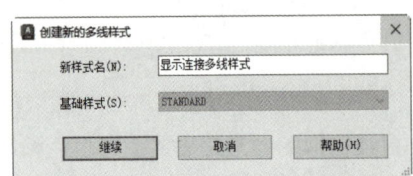

图6-16 "创建新的多线样式"对话框

第3步 单击"继续"按钮弹出"新建多线样式：显示连接多线样式"对话框，在该对话框中勾选"显示连接"复选框，如图6-17所示。

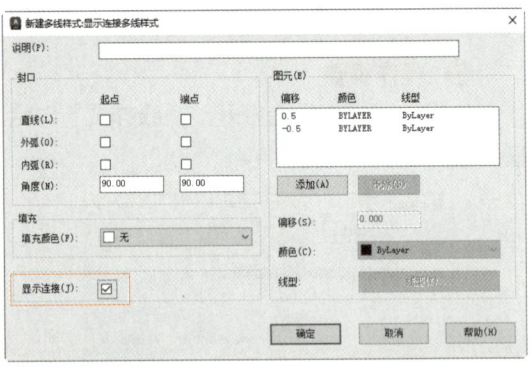

图6-17 "新建多线样式：显示连接多线样式"对话框

第4步 单击"确定"按钮，返回"多线样式"对话框，选择新建的多线样式，单击"置为当前"按钮。

第5步 选择"绘图"→"多线"菜单命令，分别捕捉交点A、B、C、D绘制多线，然后在命令行输入"C"，闭合多线对象，如图6-18所示。

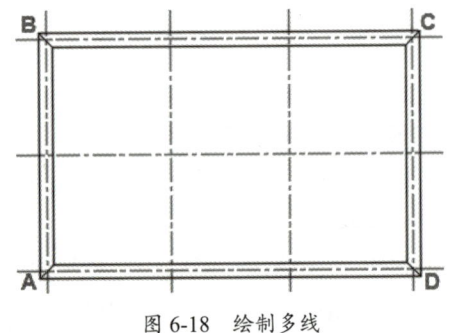

图6-18 绘制多线

第6步 重复多线命令，继续绘制多线，结果如图6-19所示。

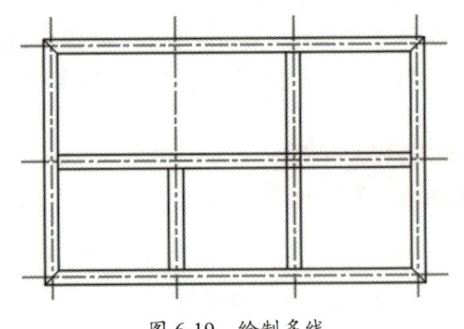

图6-19 绘制多线

第 6 章
绘制和编辑复杂二维对象

6.2.3 编辑多线

多线本身之间的编辑是通过"多线编辑工具"对话框来进行的。在对话框中，第一列用于管理交叉的交点，第二列用于管理T形交叉，第三列用来管理角和顶点，最后一列进行多线的剪切和结合操作。

执行方式

- 命令行：MLEDIT。
- 菜单栏：选择菜单栏中的"修改"→"对象"→"多线"命令。

操作步骤

执行上述操作后会打开"多线编辑工具"对话框，如图 6-20 所示。

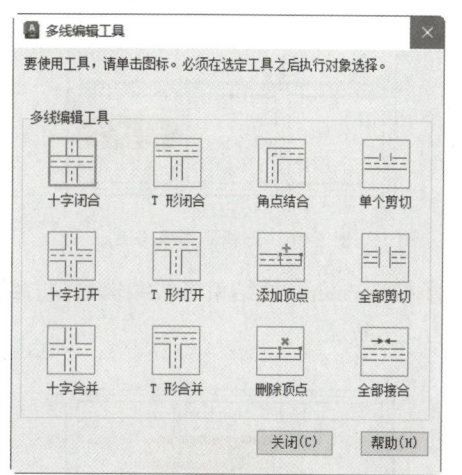

图 6-20 "多线编辑工具"对话框

选项说明

"多线编辑工具"对话框中各选项含义如下。

十字闭合：在两条多线之间创建闭合的十字交点。

十字打开：在两条多线之间创建打开的十字交点。将插入第一条多线的所有元素和第二条多线的外部元素打断。

十字合并：在两条多线之间创建合并的十字交点。选择多线的次序并不重要。

T形闭合：在两条多线之间创建闭合的T形交点。将第一条多线修剪或延伸到与第二条多线的交点处。

T形打开：在两条多线之间创建打开的T形交点。将第一条多线修剪或延伸到与第二条多线的交点处。

T形合并：在两条多线之间创建合并的T形交点。将多线修剪或延伸到与另一条多线的交点处。

角点结合：在多线之间创建角点结合。将多线修剪或延伸到它们的交点处。

添加顶点：向多线上添加一个顶点。

删除顶点：从多线上删除一个顶点。

单个剪切：在选定多线元素中创建可见打断。

全部剪切：创建穿过整条多线的可见打断。

全部接合：将已被剪切的多线线段重新接合起来。

◇ 练一练——编辑多线对象

利用"多线编辑工具"对话框编辑上一节创建的多线对象。

操作步骤：

第1步 选择"修改"→"对象"→"多线"菜单命令，在弹出的"多线编辑工具"对话框中单击"T形打开"按钮，在绘图区域中选择第一条多线，如图 6-21 所示。

图 6-21 选择第一条多线

第2步 在绘图区域中选择第二条多线,如图 6-22 所示。

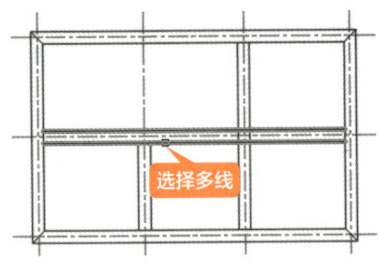

图 6-22 选择第二条多线

第3步 "T 形打开"后如图 6-23 所示。

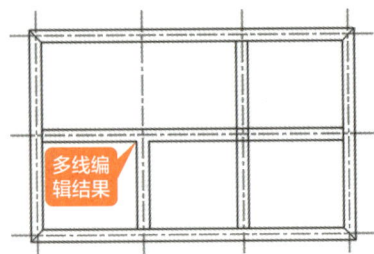

图 6-23 第一个"T 形打开"完成

第4步 重复"T 形打开"操作,完成所有操作后,按"Enter"键结束多线编辑命令,结果如图 6-24 所示。

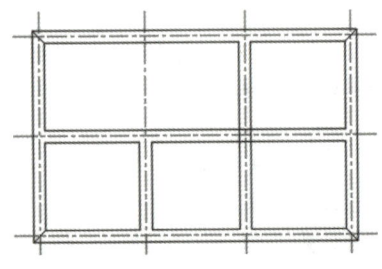

图 6-24 所有的"T 形打开"完成

第5步 重复调用"多线编辑工具"对话框,单击"十字打开"按钮,在绘图区域中选择第一条多线,如图 6-25 所示。

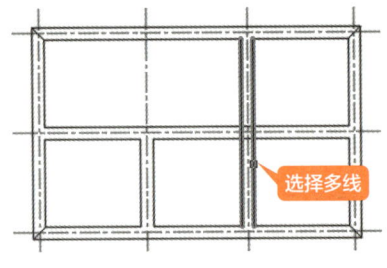

图 6-25 选择第一条多线

第6步 在绘图区域中选择第二条多线,如图 6-26 所示。

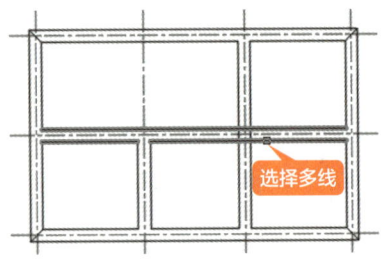

图 6-26 选择第二条多线

第7步 按"Enter"键结束多线编辑命令,结果如图 6-27 所示。

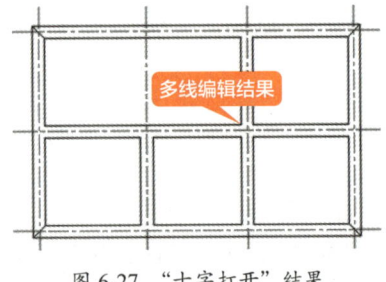

图 6-27 "十字打开"结果

6.3 创建和编辑多段线

在 AutoCAD 中多段线提供单条直线段或单条弧线段所不具备的功能。

第 6 章
绘制和编辑复杂二维对象

6.3.1 多段线

多段线是作为单个对象创建的相互连接的序列线段。可以创建直线段、弧线段或两者的组合线段。

执行方式

- 命令行：PLINE/PL。
- 菜单栏：选择菜单栏中的"绘图"→"多段线"命令。
- 功能区：单击"默认"选项卡"绘图"面板中的"多段线"按钮 。

操作步骤

执行上述操作后，命令行会进行如下提示。

```
命令: _PLINE
指定起点:
```

指定多段线起点之后命令行会进行如下提示。

```
当前线宽为 0.0000
指定下一个点或 [圆弧(A)/半宽(H)/长度(L)/放弃(U)/宽度(W)]:
```

选项说明

命令行中各选项含义如下。

圆弧：将圆弧段添加到多段线中。

半宽：指定从多段线线段的中心到其一边的宽度。

长度：在与上一线段相同的角度方向上绘制指定长度的直线段。如果上一线段是圆弧，将绘制与该圆弧段相切的新直线段。

放弃：删除最近一次添加到多段线上的直线段。

宽度：指定下一条线段的宽度。

◇ **练一练——创建窗帘对象**

素材文件：素材\CH06\窗帘.dwg
结果文件：结果\CH06\窗帘.dwg
利用多段线命令创建多段线对象。

操作步骤：

第1步 打开随书配套资源中的"素材\CH06\窗帘.dwg"文件，如图 6-28 所示。

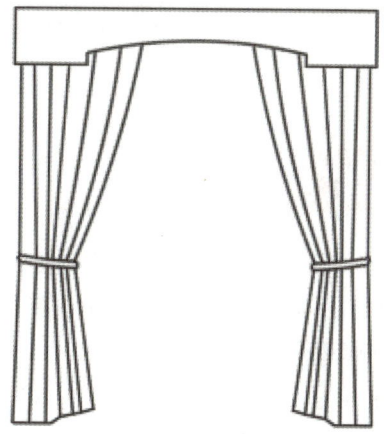

图 6-28 素材文件

第2步 单击"默认"选项卡"绘图"面板中的"多段线"按钮 ，在绘图区域中捕捉端点 A 作为多段线起点，命令行提示如下。

```
命令: _PLINE
指定起点: FRO
基点:
//捕捉右上拐角处的端点A
<偏移>: @0,-175
当前线宽为 0.0000
指定下一个点或 [圆弧(A)/半宽(H)/长度(L)/放弃(U)/宽度(W)]: @-250,0
指定下一点或 [圆弧(A)/闭合(C)/半宽(H)/长度(L)/放弃(U)/宽度(W)]:
@0,35
指定下一点或 [圆弧(A)/闭合(C)/半宽(H)/长度(L)/放弃(U)/宽度(W)]: A
指定圆弧的端点(按住 CTRL 键以切换方向)或[角度(A)/圆心(CE)/闭合(CL)/方向(D)/半宽(H)/直线(L)/半径(R)/第二个点(S)/放弃(U)/宽度(W)]: R
指定圆弧的半径: 2575
指定圆弧的端点(按住 CTRL 键以切换方向)或 [角度(A)]: @-1295,0
指定圆弧的端点(按住 CTRL 键以切换方
```

```
向)或[角度(A)/圆心(CE)/闭合(CL)/方
向(D)/半宽(H)/直线(L)/半径(R)/第二
个点(S)/放弃(U)/宽度(W)]: L
指定下一点或 [圆弧(A)/闭合(C)/半宽
(H)/长度(L)/放弃(U)/宽度(W)]:
@0,-35
指定下一点或 [圆弧(A)/闭合(C)/半宽
(H)/长度(L)/放弃(U)/宽度(W)]:
@-250,0
指定下一点或 [圆弧(A)/闭合(C)/半宽
(H)/长度(L)/放弃(U)/宽度(W)]: C
```

第3步 结果如图 6-29 所示。

图 6-29 多段线绘制结果

6.3.2 编辑多段线

多段线提供单个直线段所不具备的编辑功能。例如，可以调整多段线的宽度和曲率。创建多段线之后，可以使用 PEDIT 命令对其进行编辑，或者使用"分解"命令将其转换成单独的直线段和弧线段。

📄 执行方式

- 命令行：PEDIT/PE。
- 菜单栏：选择菜单栏中的"修改"→"对象"→"多段线"命令。
- 功能区：单击"默认"选项卡"修改"面板中的"编辑多段线"按钮。

📄 操作步骤

执行上述操作后，命令行会进行如下提示。

```
命令: PEDIT
选择多段线或 [多条(M)]:
```

选择需要编辑的多段线之后命令行会进行如下提示。

```
输入选项 [闭合(C)/合并(J)/宽度(W)/
编辑顶点(E)/拟合(F)/样条曲线(S)/非
曲线化(D)/线型生成(L)/反转(R)/放弃
(U)]:
```

📄 选项说明

命令行中各选项含义如下。

闭合：创建多段线的闭合线，将首尾连接。

合并：在开放的多段线的尾端添加直线、圆弧或多段线。对于要合并多段线的对象，除非第一个 PEDIT 提示下使用"多个"选项，否则，它们的端点必须重合。在这种情况下，如果模糊距离设置得足以包括端点，则可以将不相接的多段线合并。

宽度：为整个多段线指定新的统一宽度。可以使用"编辑顶点"选项的"宽度"选项来更改线段的起点宽度和端点宽度。

编辑顶点：在屏幕上绘制 X 标记多段线的第一个顶点。如果已指定此顶点的切线方向，则在此方向上绘制箭头。

拟合：创建圆弧拟合多段线。

样条曲线：使用选定多段线的顶点作为近似 B 样条曲线的曲线控制点或控制框架。该曲线（称为样条曲线拟合多段线）将通过第一个和最后一个控制点，除非原多段线是闭合的。曲线将会被拉向其他控制点但并不一定通过它们。在框架特定部分指定的控制点越多，曲线上这种拉拽的倾向就越大。可以生成二次和三次拟合样条曲线多段线。

非曲线化：删除由拟合曲线或样条曲线插入的多余顶点，拉直多段线的所有线段。保留指定给多段线顶点的切向信息，用于随后的曲线拟合。使用命令（如 BREAK 或 TRIM）编辑样条曲线拟合多段线时，不能使用"非曲线化"选项。

线型生成：生成经过多段线顶点的连续图案线型。关闭此选项，将在每个顶点处以点划线开始和结束生成线型。"线型生成"不能用于带变宽线段的多段线。

反转：反转多段线顶点的顺序。使用此选项可反转使用包含文字线型的对象的方向。例如，根据多段线的创建方向，线型中的文字可能会倒置显示。

放弃：还原操作，可一直返回到 PEDIT 任务开始的状态。

◇ **练一练——编辑多段线对象**

素材文件：素材\CH06\编辑多段线.dwg
结果文件：结果\CH06\编辑多段线.dwg
利用编辑多段线命令编辑多段线对象。
操作步骤：

第1步 打开随书配套资源中的"素材\CH06\编辑多段线.dwg"文件，如图 6-30 所示。

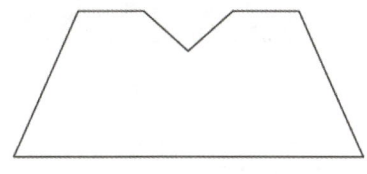

图 6-30　素材文件

第2步 选择"修改"→"对象"→"多段线"菜单命令，在绘图区域中选择如图 6-31 所示的多段线对象。

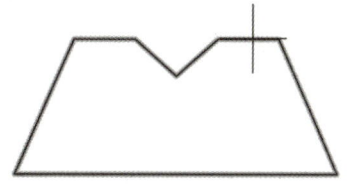

图 6-31　选择多段线对象

第3步 命令行提示如下。

```
命令：_PEDIT
选择多段线或 [多条(M)]：
输入选项 [打开(O)/合并(J)/宽度(W)/
编辑顶点(E)/拟合(F)/样条曲线(S)/非
曲线化(D)/线型生成(L)/反转(R)/放弃
(U)]：W
指定所有线段的新宽度：15
输入选项 [打开(O)/合并(J)/宽度(W)/
编辑顶点(E)/拟合(F)/样条曲线(S)/非
曲线化(D)/线型生成(L)/反转(R)/放弃
(U)]：S
输入选项 [打开(O)/合并(J)/宽度(W)/
编辑顶点(E)/拟合(F)/样条曲线(S)/非
曲线化(D)/线型生成(L)/反转(R)/放弃
(U)]：
```

第4步 结果如图 6-32 所示。

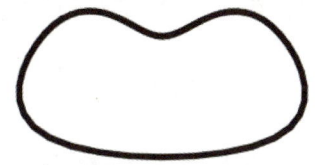

图 6-32　多段线编辑结果

6.4　创建和编辑样条曲线

样条曲线是经过或接近一系列给定点的光滑曲线，可以控制曲线与点的拟合程度。

6.4.1　样条曲线

下面对样条曲线的绘制方法进行介绍。

执行方式

- 命令行：SPLINE/SPL。
- 菜单栏：选择菜单栏中的"绘图"→"样条曲线"命令，然后选择一种绘制样条曲线的方式。
- 功能区：单击"默认"选项卡"绘图"面板中的"样条曲线拟合"按钮 /"样条曲线控制点"按钮 。

操作步骤

执行上述操作后，命令行会进行如下提示。

```
命令：_SPLINE
当前设置：方式=拟合    节点=弦
指定第一个点或 [方式(M)/节点(K)/对象(O)]：
```

默认情况下，使用"拟合点"方式绘制样条曲线时，拟合点将与样条曲线重合，使用"控制点"方式绘制样条曲线时，将会定义控制框（用来设置样条曲线的形状）。

◇ **练一练——绘制景观平台结构侧立面图**

素材文件：素材\CH06\景观平台结构侧立面图.dwg

结果文件：结果\CH06\景观平台结构侧立面图.dwg

利用样条曲线命令创建断面线。

操作步骤：

第1步 打开随书配套资源中的"素材\CH06\景观平台结构侧立面图.dwg"文件，如图6-33所示。

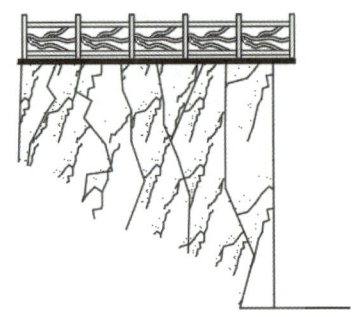

图6-33 素材文件

第2步 单击"默认"选项卡"绘图"面板中的"样条曲线拟合"按钮 ，捕捉图6-34所示端点作为样条曲线的起始点。

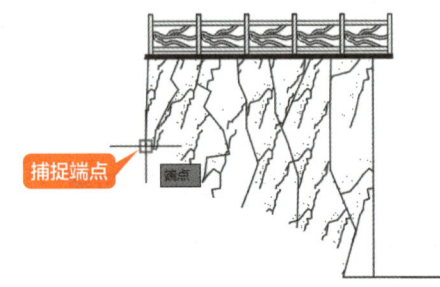

图6-34 绘制样条曲线的起始点

第3步 在绘图区域中的适当位置处依次单击指定样条曲线的下一个点，形状差不多即可，然后按"Enter"键确认，结果如图6-35所示。

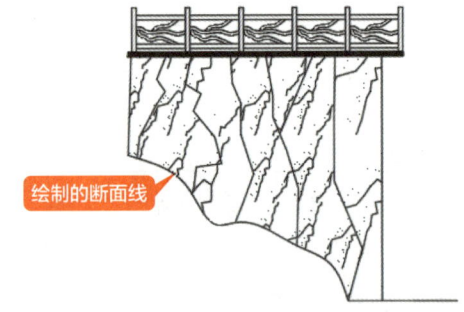

图6-35 拟合点样条曲线

6.4.2 编辑样条曲线

下面对样条曲线的编辑方法进行介绍。

执行方式

- 命令行：SPLINEDIT/SPE。
- 菜单栏：选择菜单栏中的"修改"→"对象"→"样条曲线"命令。

第 6 章
绘制和编辑复杂二维对象

- 功能区：单击"默认"选项卡"修改"面板中的"编辑样条曲线"按钮。

📋 操作步骤

执行上述操作后，命令行会进行如下提示。

```
命令： SPLINEDIT
选择样条曲线：
```

选择需要编辑的样条曲线之后命令行会进行如下提示。

```
输入选项 [闭合(C)/合并(J)/拟合数据
(F)/编辑顶点(E)/转换为多段线(P)/反
转(R)/放弃(U)/退出(X)] <退出>：
```

📋 选项说明

命令行中各选项含义如下。

闭合：显示闭合或打开，具体取决于选定的样条曲线是开放的还是闭合的，开放的样条曲线有两个端点，而闭合的样条曲线则形成一个环。

合并：将选定的样条曲线与其他样条曲线、直线、多段线和圆弧在重合端点处合并，以形成一个较大的样条曲线。对象在连接点处使用扭折连接在一起。

拟合数据：用于编辑拟合数据，执行该选项后，系统将进一步提示编辑拟合数据的相关选项。

编辑顶点：用于编辑控制框数据，执行该选项后，系统将进一步提示编辑控制框数据的相关选项。

转换为多段线：将样条曲线转换为多段线，精度值决定生成的多段线与样条曲线的接近程度，有效值为介于 0 到 99 之间的任意整数。

反转：反转样条曲线的方向，此选项主要适用于第三方应用程序。

放弃：取消上一操作。

退出：返回到命令提示。

◇ 练一练——编辑样条曲线对象

素材文件：素材\CH06\编辑样条曲线.dwg

结果文件：结果\CH06\编辑样条曲线.dwg

利用样条曲线编辑命令编辑样条曲线对象。

操作步骤：

第1步 打开随书配套资源中的"素材\CH06\编辑样条曲线.dwg"文件，如图 6-36 所示。

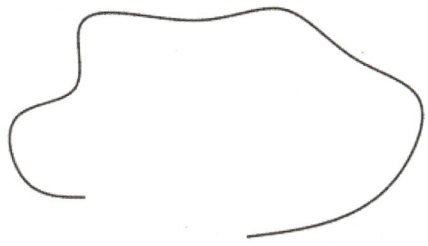

图 6-36　素材文件

第2步 单击"默认"选项卡"修改"面板中的"编辑样条曲线"按钮，在绘图区域中选择样条曲线对象，如图 6-37 所示。

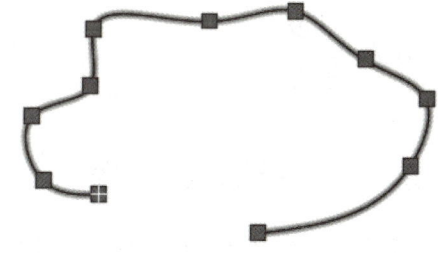

图 6-37　选择样条曲线对象

第3步 在命令行输入"C"，按两次"Enter"键确认，结果如图 6-38 所示。

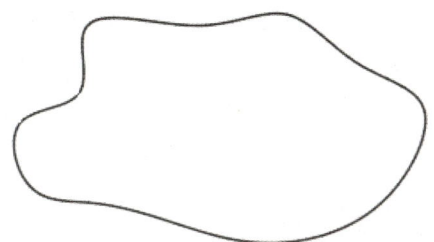

图 6-38　闭合样条曲线

6.5 创建面域和边界

面域是具有物理特性（例如形心或质量中心）的二维封闭区域，可以将现有面域组合成单个或复杂的面域来计算面积。

边界命令不仅可以在封闭区域创建面域，还可以创建多段线。

6.5.1 面域

面域的边界由端点相连的曲线组成，曲线上的每个端点仅连接两条边。

📄 **执行方式**

- 命令行：REGION/REG。
- 菜单栏：选择菜单栏中的"绘图"→"面域"命令。
- 功能区：单击"默认"选项卡"绘图"面板中的"面域"按钮 ◎。

📄 **操作步骤**

执行上述操作后，命令行会进行如下提示。

```
命令: REGION
选择对象:
```

◇ **练一练——创建面域对象**

素材文件：素材\CH06\面域.dwg
结果文件：结果\CH06\面域.dwg
利用面域命令创建面域对象。
操作步骤：

第1步 打开随书配套资源中的"素材\CH06\面域.dwg"文件，任意选择一个图形对象，可以发现每个图形对象都是独立存在的，如图 6-39 所示。

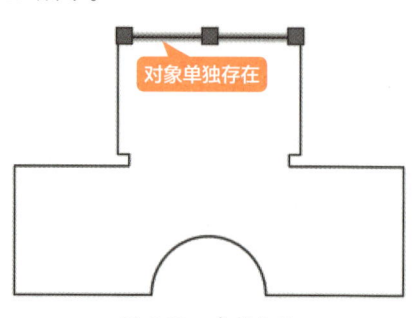

图 6-39　素材文件

第2步 单击"默认"选项卡"绘图"面板中的"面域"按钮 ◎，在绘图区域中选择整个图形对象作为组成面域的对象，按"Enter"键确认，在绘图区域中任意选择一个对象，可以发现所有对象组成了一个整体，如图 6-40 所示。

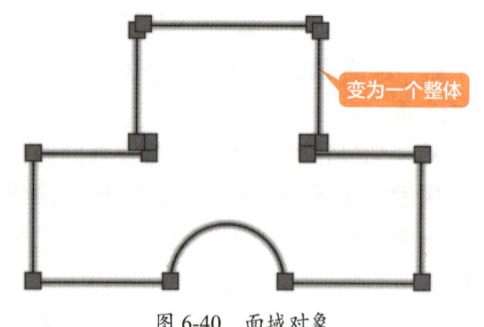

图 6-40　面域对象

6.5.2 边界

边界命令用于在封闭区域创建面域或多段线。

执行方式

- 命令行：BOUNDARY/BO。
- 菜单栏：选择菜单栏中的"绘图"→"边界"命令。
- 功能区：单击"默认"选项卡"绘图"面板中的"边界"按钮。

操作步骤

执行上述操作后会打开"边界创建"对话框，如图6-41所示。

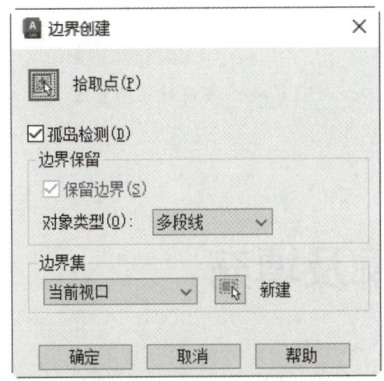

图6-41 "边界创建"对话框

选项说明

"边界创建"对话框中各选项含义如下。

拾取点：根据围绕指定点构成封闭区域的现有对象来确定边界。

孤岛检测：控制BOUNDARY命令是否检测内部闭合边界，该边界称为孤岛。

对象类型：控制新边界对象的类型。BOUNDARY将边界作为面域或多段线对象创建。

边界集：通过指定点定义边界时，BOUNDARY要分析的对象集。

当前视口：根据当前视口范围中的所有对象定义边界集，选择此选项将放弃当前所有边界集。

新建：提示用户选择用来定义边界集的对象。BOUNDARY仅包括可以在构造新边界集时，用于创建面域或闭合多段线的对象。

练一练——创建边界对象

素材文件：素材\CH06\边界.dwg
结果文件：结果\CH06\边界.dwg
利用边界命令创建边界对象。
操作步骤：

第1步 打开随书配套资源中的"素材\CH06\边界.dwg"文件，将光标移至图形对象上面，可以发现当前显示为圆弧，如图6-42所示。

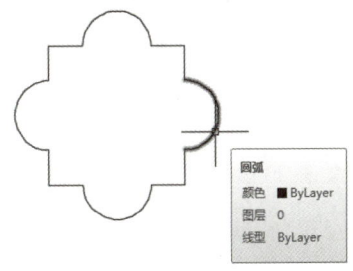

图6-42 素材文件

第2步 单击"默认"选项卡"绘图"面板中的"边界"按钮，在弹出的"边界创建"对话框中将"对象类型"设置为"面域"，单击"拾取点"按钮，在绘图区域中单击拾取内部点，如图6-43所示。

图6-43 拾取内部点

第3步 按"Enter"键确认，在绘图区域中将光标移至图形对象上面，可以发现当前对象显示为面域，如图6-44所示。

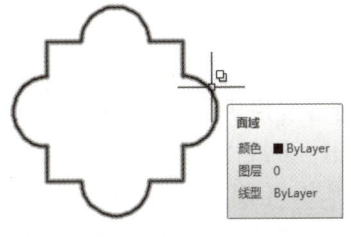

图6-44 面域对象

第4步 AutoCAD 默认创建边界后保留原来图形，即创建面域后，原来的直线仍然存在。如图6-45所示，单击选择创建的边界，在弹出的"选择集"中可以看到提示选择面域还是选择圆弧。

第5步 选择面域，调用移动命令，将创建的边界面域移到合适位置，可以看到原来的图形仍然存在。将鼠标放置到原来的图形上，显示为圆弧，如图6-46所示。

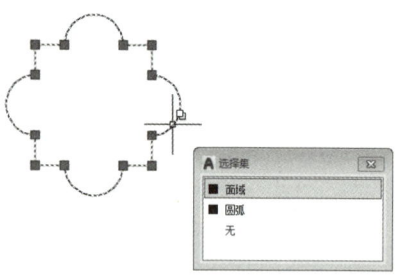

图6-45 选择集

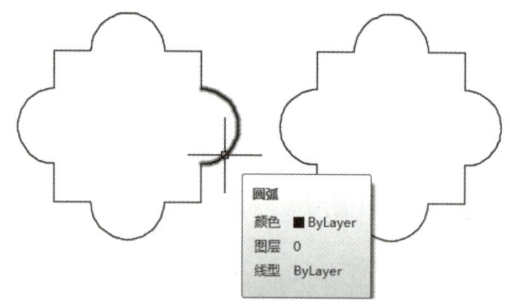

图6-46 当前对象为直线

6.6 实例——绘制墙体外轮廓及填充

绘制墙体外轮廓主要利用多线命令及多线编辑命令，墙体填充利用创建和编辑图案填充命令，具体操作步骤如下。

1. 设置多线样式

第1步 打开随书配套资源中的"素材\CH06\绘制墙体外轮廓及填充.dwg"文件，如图6-47所示。

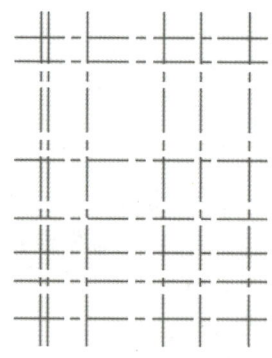

图6-47 素材文件

第2步 选择"格式"→"多线样式"菜单命令，弹出"多线样式"对话框，单击"新建"按钮，弹出"创建新的多线样式"对话框，输入样式名称"墙线"，如图6-48所示。

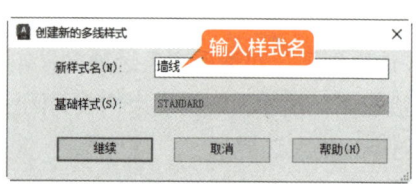

图6-48 "创建新的多线样式"对话框

第3步 单击"继续"按钮，弹出"新建多线样式：墙线"对话框。在"新建多线样式"对话框中设置多线封口样式为直线，如图6-49所示。

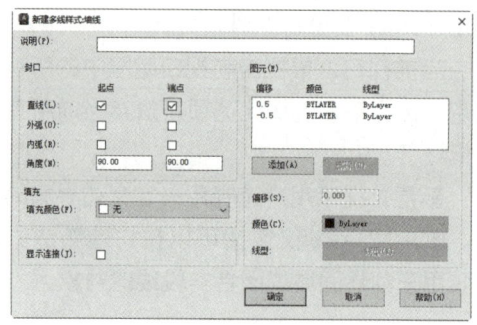

图6-49 "新建多线样式：墙线"对话框

第4步 单击"确定"按钮,返回"多线样式"对话框后可以看到多线呈封口样式,如图6-50所示。

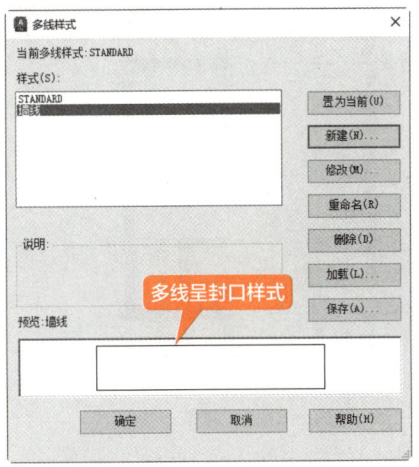

图 6-50 "多线样式"对话框

第5步 选择"墙线"多线样式,单击"置为当前"按钮,将墙线多线样式置为当前,单击"确定"按钮。

2. 绘制墙体外轮廓

第1步 选择"绘图"→"多线"菜单命令,在命令行对多线的"比例"及"对正"方式进行设置,命令行提示如下。

```
命令: ML
当前设置:对正 = 上,比例 = 30.00,样式 = 墙线
指定起点或 [对正(J)/比例(S)/样式(ST)]: S
输入多线比例 <30.00>: 240
当前设置:对正 = 上,比例 = 240.00,样式 = 墙线
指定起点或 [对正(J)/比例(S)/样式(ST)]: J
输入对正类型 [上(T)/无(Z)/下(B)] <上>: Z
当前设置:对正 = 无,比例 = 240.00,样式 = 墙线
指定起点或 [对正(J)/比例(S)/样式(ST)]:
//接下来开始绘制墙体
```

第2步 在绘图区域捕捉轴线的交点绘制多线,结果如图6-51所示。

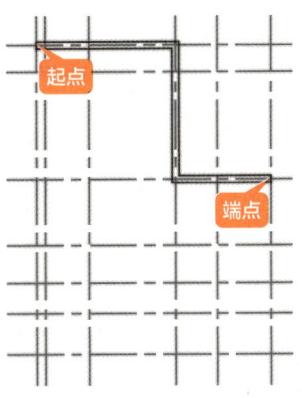

图 6-51 绘制多线

第3步 调用"多线"命令绘制墙体(这次直接绘制,比例和对正方式不用再设置),结果如图6-52所示。

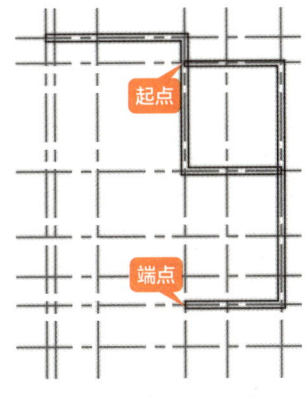

图 6-52 绘制多线

第4步 重复第3步继续绘制墙体,结果如图6-53所示。

图 6-53 绘制多线

第5步 重复第3步继续绘制墙体,结果如图6-54所示。

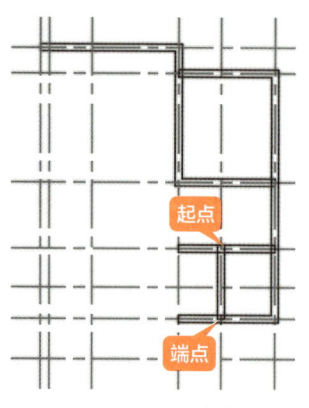

图 6-54 绘制多线

第6步 重复第 3 步继续绘制墙体，结果如图 6-55 所示。

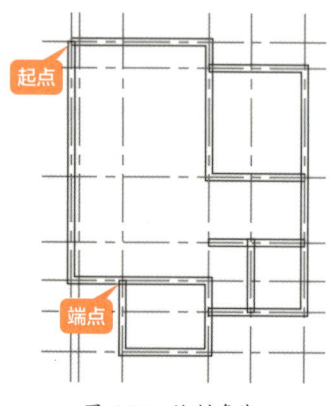

图 6-55 绘制多线

3. 编辑多线

第1步 选择"修改"→"对象"→"多线"菜单命令，弹出"多线编辑工具"对话框，单击"角点结合"选项，选择相交的两条多线，对相交的角点进行编辑，结果如图 6-56 所示。

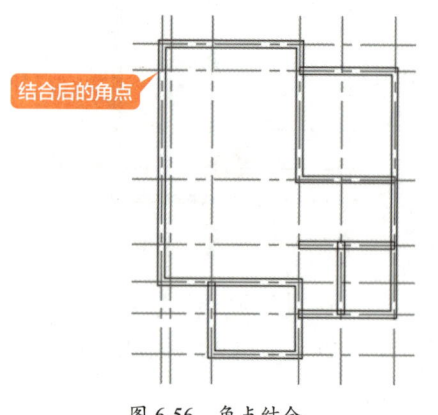

图 6-56 角点结合

第2步 重复多线编辑命令，双击"T 形打开"选项，选择"T 形打开"的第一条多线，如图 6-57 所示。

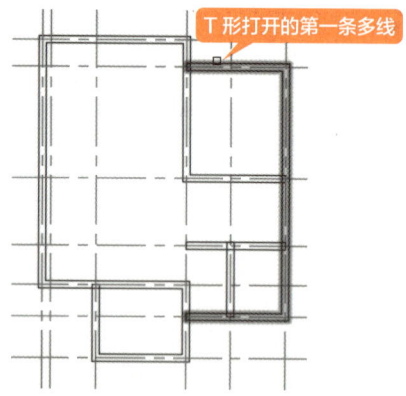

图 6-57 选择第一条多线

第3步 选择"T 形打开"的第二条多线，结果如图 6-58 所示。

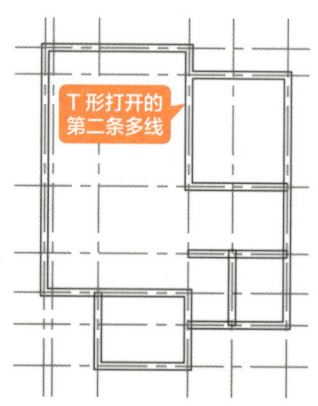

图 6-58 选择第二条多线

第4步 继续执行"T 形打开"操作，注意先选择的多线将被打开，结果如图 6-59 所示。

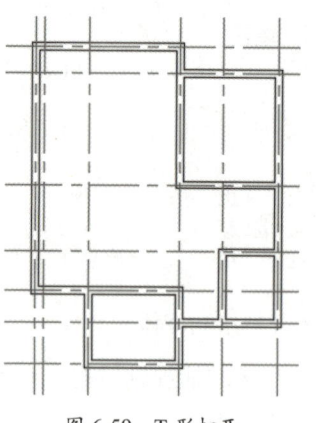

图 6-59 T 形打开

第 6 章
绘制和编辑复杂二维对象

4. 图案填充

第1步 将"辅助线"层关闭，辅助线不再显示，如图 6-60 所示。

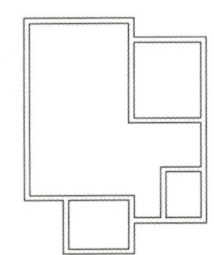

图 6-60 关闭"辅助线"层

第2步 将"填充"层置为当前层，在命令行中输入"H"命令，按"Enter"键确认，弹出"图案填充创建"选项卡，单击"图案"右侧的下三角按钮，弹出图案填充的图案选项，选择"DOLMIT"图案为填充图案，如图 6-61 所示。

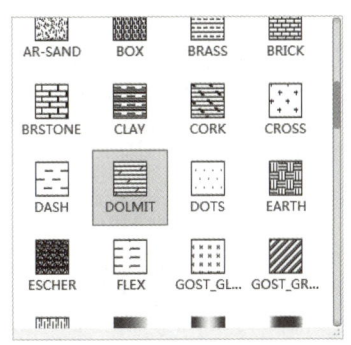

图 6-61 选择填充图案

第3步 将角度设置为"90°"，比例设置为"20"，在需要填充的区域单击，填充完毕后，单击"关闭图案填充创建"按钮，结果如图 6-62 所示。

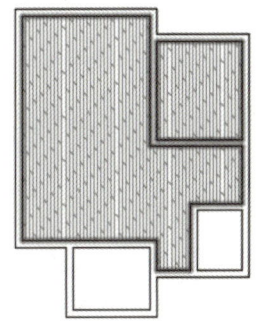

图 6-62 图案填充

第4步 重复第 2～3 步，选择"ANSI37"为填充图案，填充角度为"45°"，填充比例为"75"，结果如图 6-63 所示。

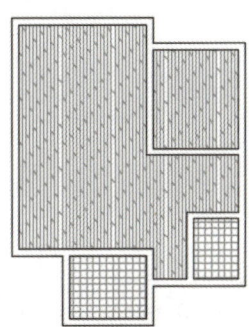

图 6-63 图案填充

疑难解析

1. 轻松填充个性化图案

除了 AutoCAD 软件自带的填充图案，用户还可以通过自定义".pat"文件，并将其放置到 AutoCAD 安装路径下的"Support"文件夹中，便可以将其作为填充图案进行填充，如图 6-64 所示。

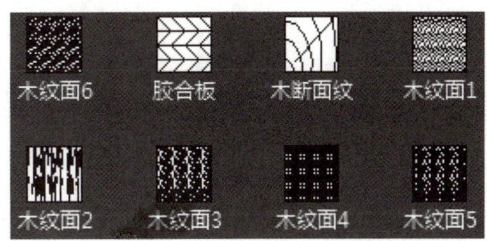

图 6-64 自定义填充图案

· 129 ·

2. 巧用多线绘制同心五角星

使用多线命令可以轻松绘制同心五角星。

第1步 打开随书配套资源中的"素材\CH06\同心五角星.dwg"文件，如图 6-65 所示。

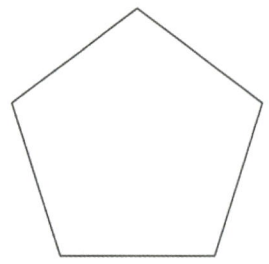

图 6-65 素材文件

第2步 选择"绘图"→"多线"菜单命令，在绘图区域依次捕捉点 1～5 绘制闭合多线图形，如图 6-66 所示。

图 6-66 绘制闭合多线

第3步 删除正五边形，将多线图形分解，修剪多余线段，结果如图 6-67 所示。

图 6-67 同心五角星

绘制图 6-68 所示图形，并计算出阴影部分的面积。

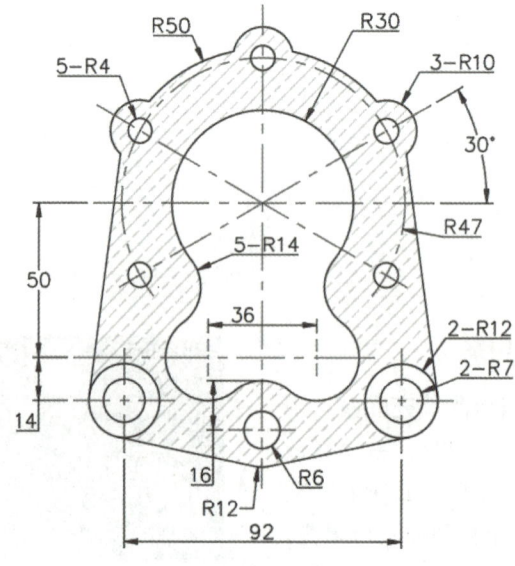

图 6-68 本章练习结果图形

第 7 章

图块

内容简介

图块是一组图形实体的总称,在图形中需要插入某些特殊符号时会经常用到该功能。在应用过程中,CAD 图块将作为一个独立的、完整的对象来操作,在图块中各部分图形可以拥有各自的图层、线型、颜色等特征。用户可以根据需要按指定比例和角度将图块插入到指定位置。

内容要点

- 创建内部块和全局块
- 插入块
- 创建和编辑带属性的块
- 图块管理

案例效果

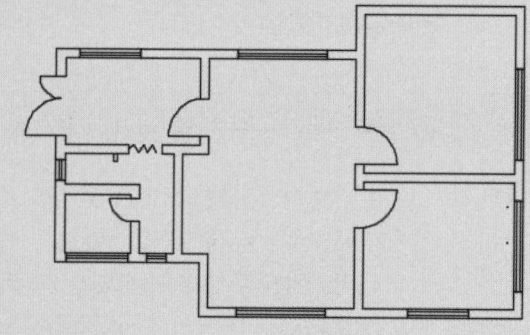
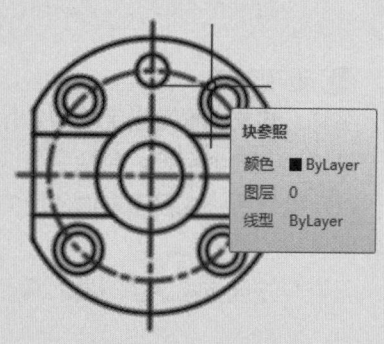

7.1 创建内部块和全局块

图块分为内部块和全局块（即写块），顾名思义，内部块只能在当前图形中使用，不能使用到其他图形中。全局块不仅能在当前图形中使用，也可以使用到其他图形中。

7.1.1 创建内部块

下面将对内部块的创建进行详细介绍。

▶ **执行方式**

- 命令行：BLOCK/B。
- 菜单栏：选择菜单栏中的"绘图"→"块"→"创建"命令。
- 功能区：单击"默认"选项卡"块"面板中的"创建"按钮，或单击"插入"选项卡"块定义"面板中的"创建块"按钮。

▶ **操作步骤**

执行上述操作后会打开"块定义"对话框，如图 7-1 所示。

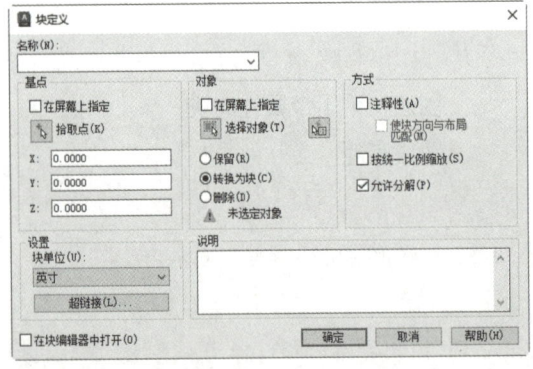

图 7-1 "块定义"对话框

▶ **选项说明**

名称：该文本框可指定块的名称。名称最多可以包含 255 个字符，包括字母、数字、空格，以及操作系统或程序未作他用的任何特殊字符。

基点：该区域指定块的插入基点，默认值是 (0,0,0)。用户可以选中"在屏幕上指定"复选框，也可单击"拾取点"按钮，在绘图区单击指定。

对象：该区域指定新块中要包含的对象，以及创建块之后如何处理这些对象。例如，是保留还是删除选定的对象，或者是将它们转换成块实例。

保留：选择该项，图块创建完成后，原图形仍保留原来的属性。

转换为块：选择该项，图块创建完成后，原图形将转换成图块的形式存在。

删除：选择该项，图块创建完成后，原图形将自动删除。

方式：该区域指定块的方式。在该区域中可指定块参照是否可以被分解和是否阻止块参照不按统一比例缩放。

允许分解：选择该项，当创建的图块插入到图形后，可以通过"分解"命令进行分解，如果没选择该选项，则创建的图块插入到图形后，不能通过"分解"命令进行分解。

设置：该区域指定块的设置。在该区域中可指定块参照插入单位等。

◇ **练一练——创建婴儿车图块**

素材文件：素材 \CH07\ 婴儿车 .dwg
结果文件：结果 \CH07\ 婴儿车 .dwg

利用创建内部块命令创建婴儿车内部块。

第 7 章 图块

操作步骤：

第1步 打开随书配套资源中的"素材\CH07\婴儿车.dwg"文件，如图7-2所示。

图 7-2 "婴儿车"素材文件

第2步 在命令行中输入"B"命令，按"Enter"键确认，在弹出的"块定义"对话框中单击"选择对象"前的按钮，在绘图区域中选择如图7-3所示的图形对象作为组成块的对象。

图 7-3 选取"婴儿车"图形

第3步 按"Enter"键确认，返回"块定义"对话框，单击"拾取点"按钮，在绘图区域中选择如图7-4所示的圆心作为基点。

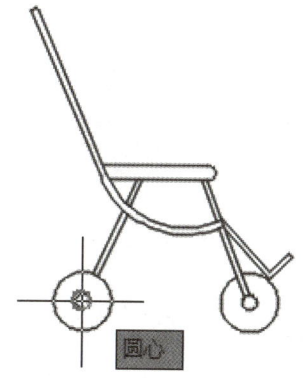

图 7-4 单击"拾取点"

第4步 返回到"块定义"对话框，输入名称"婴儿车"，单击"确定"按钮完成操作，如图7-5所示。

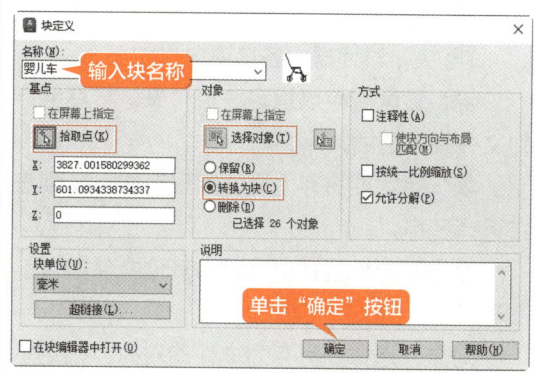

图 7-5 创建"婴儿车"内部块

> **提示**
>
> 通过"Ctrl+C"组合键复制和"Ctrl+V"组合键粘贴命令，将A图中的对象复制到B图中，则复制的对象在B图中将以"图块"的形式存在。

7.1.2 创建全局块（写块）

全局块（写块）就是将选定对象保存到指定的图形文件或将块转换为指定的图形文件。

执行方式

- 命令行：WBLOCK/W。
- 功能区：单击"插入"选项卡"块定义"面板中的"写块"按钮。

操作步骤

执行上述操作后会打开"写块"对话框，如图7-6所示。

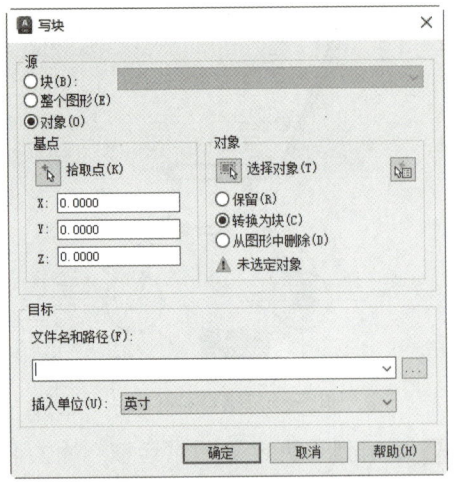

图 7-6 "写块"对话框

选项说明

"写块"对话框中各选项含义如下。

源：该区域可以指定块和对象，将其另存为文件并指定插入点。

块：指定要另存为文件的现有块。从列表中选择名称。

整个图形：选择要另存为其他文件的当前图形。

对象：选择要另存为文件的对象。指定基点并选择下面的对象。

基点：该区域可以指定块的基点。默认值是 (0,0,0)。

拾取点：暂时关闭对话框以使用户能在当前图形中拾取插入基点。

X：指定基点的 X 坐标值。

Y：指定基点的 Y 坐标值。

Z：指定基点的 Z 坐标值。

对象：该区域可以设置用于创建块的对象上的块创建的效果。

选择对象：临时关闭该对话框以便可以选择一个或多个对象以保存至文件。

快速选择：打开"快速选择"对话框，从中可以过滤选择集。

保留：将选定对象另存为文件后，在当前图形中仍保留它们。

转换为块：将选定对象另存为文件后，在当前图形中将它们转换为块。

从图形中删除：将选定对象另存为文件后，从当前图形中删除它们。

选定的对象：指示选定对象的数目。

目标：该区域可以指定文件的新名称和新位置以及插入块时所用的测量单位。

文件名和路径：指定文件名和保存块或对象的路径。

插入单位：指定从 DesignCenter ™（设计中心）拖动新文件或将其作为块插入到使用不同单位的图形中时用于自动缩放的单位值。

◇ 练一练——创建环岛行驶标识图块

素材文件：素材\CH07\环岛行驶标识.dwg

结果文件：结果\CH07\环岛行驶标识.dwg

利用创建全局块命令创建环岛行驶标识外部块。

操作步骤：

第1步 打开随书配套资源中的"素材\CH07\环岛行驶标识.dwg"文件，如图 7-7 所示。

图 7-7 素材文件

第2步 在命令行中输入"W"命令后按"Enter"键，在弹出的"写块"对话框中单击"选择对象"前的按钮，在绘图区选择对象，如图 7-8 所示，按"Enter"键确认。

第3步 单击"拾取点"按钮，在绘图区选择如图 7-9 所示的中点作为插入基点。

第 7 章 图块

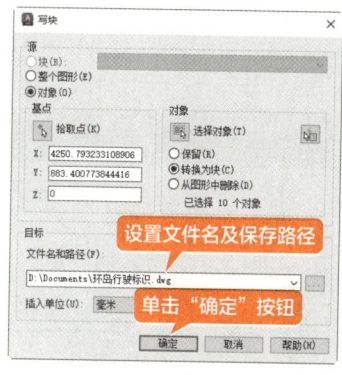

图 7-8　选择图形对象　　图 7-9　指定插入基点

第4步 在"文件名和路径"栏中可以设置保存路径，设置完成后单击"确定"按钮，如图 7-10 所示。

图 7-10　创建外部块

7.2 插入块

下面将重点介绍图块的插入，在插入图块的过程中主要会运用到"块选项板"。

执行方式

- 命令行：INSERT/I。
- 菜单栏：选择菜单栏中的"插入"→"块选项板"命令。
- 功能区：单击"默认"选项卡"块"面板中的"插入"按钮或单击"插入"选项卡"块"面板中的"插入"按钮。

操作步骤

执行上述操作后会打开"块选项板"，如图 7-11 所示。

选项说明

当前图形：是将当前图形中已有的图块插入到图形中，这种块类似于 7.1.1 节所介绍的内部块。

最近使用的项目：可以将最近使用过的块插入到图形中，最近使用过的块可以是内部块，也可以是其他图形中的块。

收藏夹：需要有 Autodesk 账户与云存储，可以将账户与云存储中的块插入到图形中。

库：可以直接浏览一个文件夹下面的多张图纸，浏览记录在"库"页面的下拉列表中。

◇ 练一练——插入窗户图块

素材文件：素材 \CH07\ 插入图块 .dwg
结果文件：结果 \CH07\ 插入图块 .dwg
利用插入图块命令为墙体插入窗户图块。
操作步骤：

第1步 打开随书配套资源中的"素材\CH07\插入图块.dwg"文件，如图 7-12 所示。

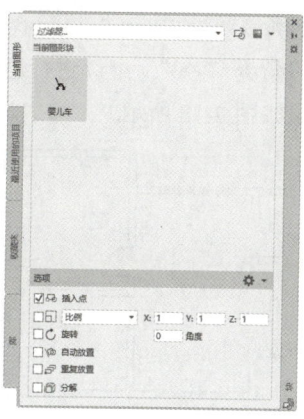

图 7-11　块选项板

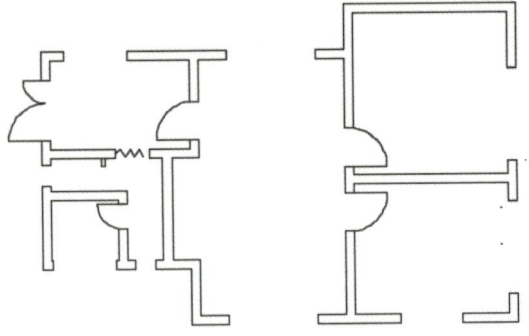

图 7-12　素材文件

第 2 步　在命令行中输入 "I" 命令后按 "Enter" 键，在弹出的"块选项板"中单击"当前图形"选项卡，选择"窗户"图块，将比例设置为 "X：1.4，Y：1，Z：1"，如图 7-13 所示。

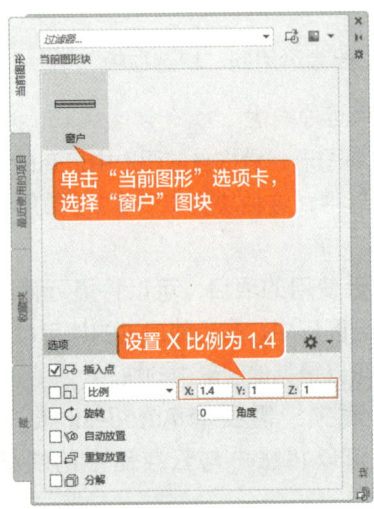

图 7-13　"插入"选项板

第 3 步　在绘图区域中捕捉如图 7-14 所示的端点作为基点。

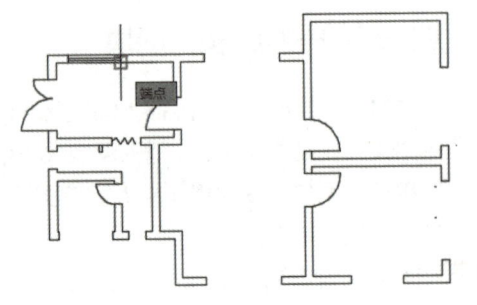

图 7-14　捕捉插入基点

第 4 步　窗户图块插入结果如图 7-15 所示。

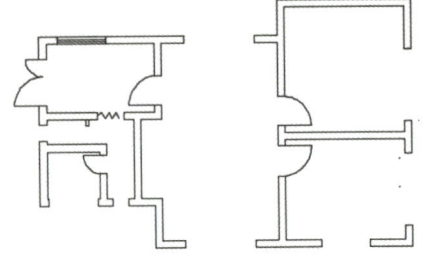

图 7-15　图块插入结果

第 5 步　重复第 2～4 步的操作，参数设置相同，窗户图块插入结果如图 7-16 所示。

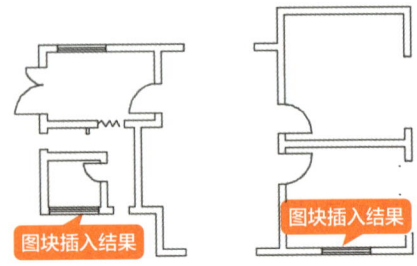

图 7-16　图块插入结果

第 6 步　将比例设置为 "X：2，Y：1，Z：1"，继续进行窗户图块的插入，结果如图 7-17 所示。

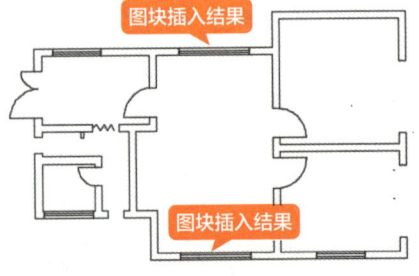

图 7-17　图块插入结果

第 7 步　将比例设置为 "X：2，Y：1，Z：1"，旋转角度设置为 "-90"，继续进行窗户图块的插入，结果如图 7-18 所示。

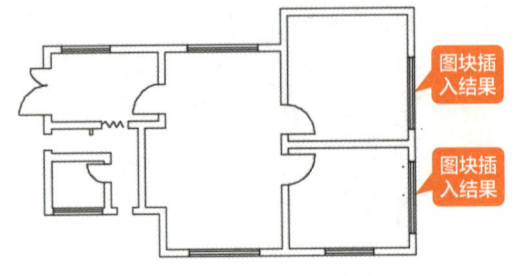

图 7-18　图块插入结果

第 7 章 图块

第8步 将比例设置为"X：0.45，Y：1，Z：1"，旋转角度设置为"0"，继续进行窗户图块的插入，结果如图 7-19 所示。

第9步 将比例设置为"X：0.45，Y：1，Z：1"，旋转角度设置为"-90"，继续进行窗户图块的插入，结果如图 7-20 所示。

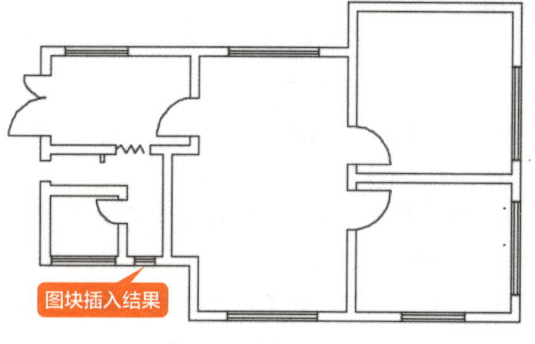

图 7-19　图块插入结果

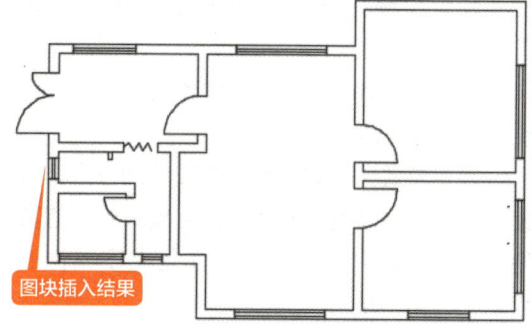

图 7-20　图块插入结果

7.3 创建和编辑带属性的块

要创建带属性的块，首先要创建包含属性特征的属性定义。属性特征主要包括标记（标识属性的名称）、插入块时显示的提示、值的信息、文字格式、块中的位置和所有可选模式（不可见、常数、验证、预设、锁定位置和多行）。

7.3.1　定义属性

属性是所创建的包含在块定义中的对象，属性可以存储数据，如部件号、产品名等。

- 执行方式
  - 命令行：ATTDEF/ATT。
  - 菜单栏：选择菜单栏中的"绘图"→"块"→"定义属性"命令。
  - 功能区：单击"插入"选项卡"块定义"面板中的"定义属性"按钮。

- 操作步骤
  执行上述操作后会打开"属性定义"对话框，如图 7-21 所示。

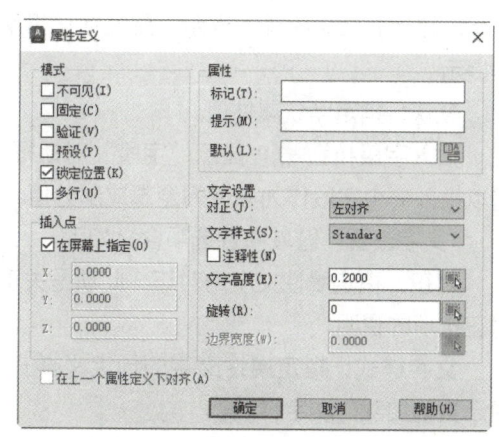

图 7-21　"属性定义"对话框

- 选项说明
  "模式"区域中各选项含义如下。

不可见：指定插入块时不显示或打印其属性值。

固定：在插入块时赋予属性固定值。

验证：插入块时提示验证属性值是否正确。

预设：插入包含预设属性值的块时，将属性设置为默认值。

锁定位置：锁定块参照中属性的位置。解锁后，属性可以相对于使用夹点编辑的块的其他部分移动，并且可以调整多行文字属性的大小。

多行：指定属性值可以包含多行文字。选定此项后，可以指定属性的边界宽度。

"插入点"区域中各选项含义如下。

在屏幕上指定：关闭对话框后将显示"起点"提示，使用定点设备来指定属性相对于其他对象的位置。

X：指定属性插入点的 X 坐标

Y：指定属性插入点的 Y 坐标

Z：指定属性插入点的 Z 坐标

"属性"区域中各选项含义如下。

标记：标识图形中每次出现的属性，使用任何字符组合（空格除外）输入属性标记，小写字母会自动转换为大写字母。

提示：指定在插入包含该属性定义的块时显示的提示。如果不输入提示，属性标记将用作提示。

默认：指定默认属性值。

插入字段按钮 : 显示"字段"对话框，可以插入一个字段作为属性的全部或部分值。

"文字设置"区域中各选项含义如下。

对正：指定属性文字的对正。此项是关于对正选项的说明。

文字样式：指定属性文字的预定义样式。显示当前加载的文字样式。

注释性：指定属性为注释性。如果块是注释性的，则属性将与块的方向相匹配。单击信息图标可以了解有关注释性对象的详细信息。

文字高度：指定属性文字的高度。此高度为从原点到指定位置的测量值。如果选择有固定高度的文字样式，或者在"对正"下拉列表中选择了"对齐"或"高度"选项，则此项不可用。

旋转：指定属性文字的旋转角度。此旋转角度为从原点到指定位置的测量值。如果在"对正"下拉列表中选择了"对齐"或"调整"选项，则"旋转"选项不可用。

边界宽度：换行前需指定多行文字属性中文字行的最大长度。值 0.000 表示对文字行的长度没有限制。此选项不适用于单行文字属性。

在上一个属性定义下对齐：将属性标记直接置于之前定义的属性的下面。如果之前没有创建属性定义，则此选项不可用。

◇ 练一练——创建带属性的块

素材文件：素材\CH07\粗糙度.dwg
结果文件：结果\CH07\粗糙度.dwg

利用"属性定义"对话框创建带属性的块。

操作步骤：

1. 定义属性

第1步 打开随书配套资源中的"素材\CH07\粗糙度.dwg"文件，如图 7-22 所示。

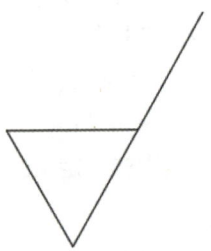

图 7-22　素材文件

第2步 在命令行中输入"ATT"命令后按"Enter"键，弹出"属性定义"对话框。在"属性"区中的"标记"文本框中输入"粗糙度"，"提示"文本框中输入"请输入粗糙度的值"，默认值设置为"3.2"。在"文字设置"

区的"对正"方式选择"居中","文字高度"文本框中输入"1.5",如图7-23所示。

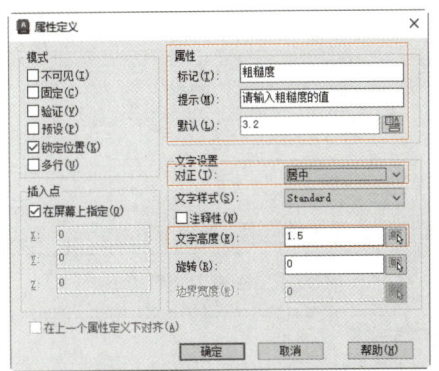

图7-23 "属性定义"对话框

第3步 单击"确定"按钮,在绘图区域中单击指定起点,结果如图7-24所示。

图7-24 定义属性

2. 创建块

第1步 在命令行中输入"B"命令后按"Enter"键,弹出"块定义"对话框,单击"选择对象"按钮,并在绘图区域中选择如图7-25所示的图形对象作为组成块的对象。

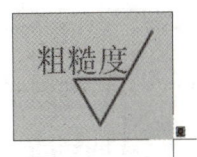

图7-25 选择对象

第2步 按"Enter"键确认,单击"拾取点"前的按钮,在绘图区域中单击指定插入基点,如图7-26所示。

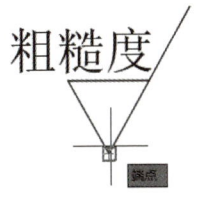

图7-26 指定插入基点

第3步 返回"块定义"对话框,将块名称指定为"粗糙度",单击"确定"按钮,在弹出的"编辑属性"对话框中输入参数值"1.6",如图7-27所示。

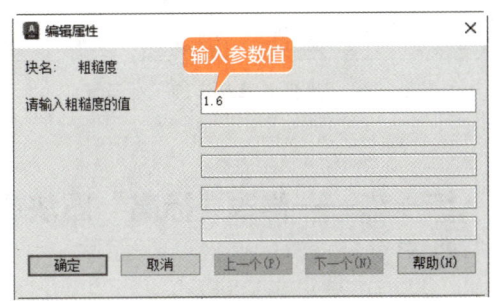

图7-27 编辑属性

第4步 单击"确定"按钮,结果如图7-28所示。

图7-28 创建结果

7.3.2 修改属性定义

下面将对修改单个属性的方法进行介绍。

📄 执行方式

- 命令行:EATTEDIT。
- 菜单栏:选择菜单栏中的"修改"→"对象"→"属性"→"单个"命令。
- 功能区:单击"默认"选项卡"块"面板中的"编辑单个属性"按钮,或者单击"插入"选项卡"块"面板中的"编辑单个属性"按钮。

操作步骤

执行上述操作后命令行会进行如下提示。

```
命令： _EATTEDIT
选择块：
```

在绘图区域中选择相应的块对象后，弹出"增强属性编辑器"对话框，如图7-29所示。

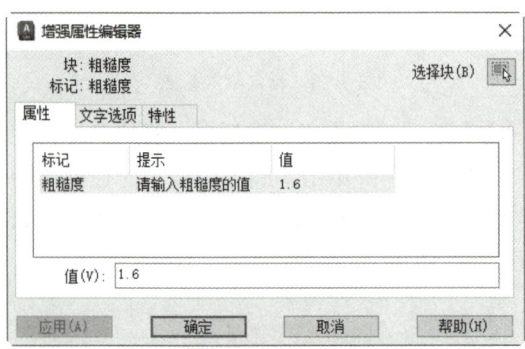

图 7-29 "增强属性编辑器"对话框

◇ **练一练——修改"标高"图块属性定义**

素材文件：素材\CH07\标高.dwg
结果文件：结果\CH07\标高.dwg

下面将利用单个属性编辑命令对块的属性进行修改。

操作步骤：

第1步 打开随书配套资源中的"素材\CH07\标高.dwg"文件，如图7-30所示。

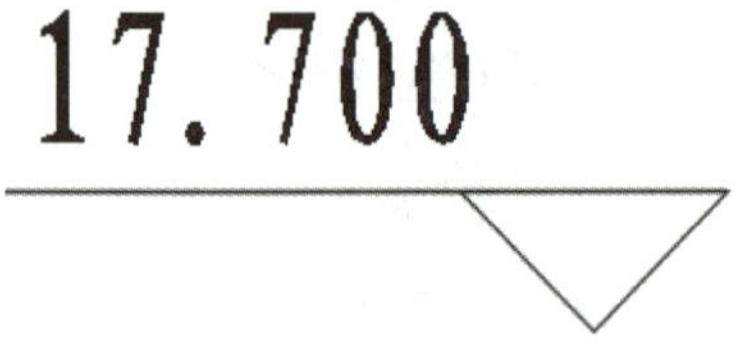

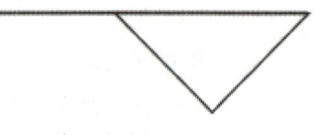

图 7-30 素材文件

第2步 在命令行输入"EATTEDIT"，按"Enter"键确认，在弹出的"增强属性编辑器"对话框中将"值"参数修改为"25.300"，如图7-31所示。

第3步 选中"文字选项"选项卡，修改"高度"参数为"200"，如图7-32所示。

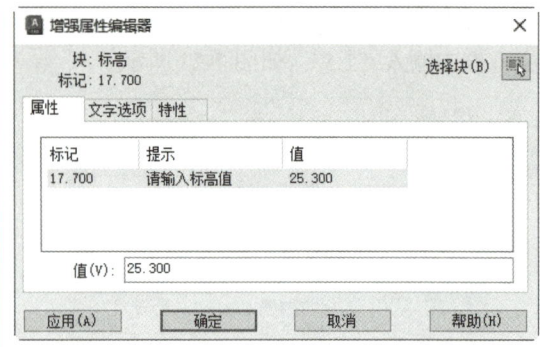

图 7-31 设置"值"参数

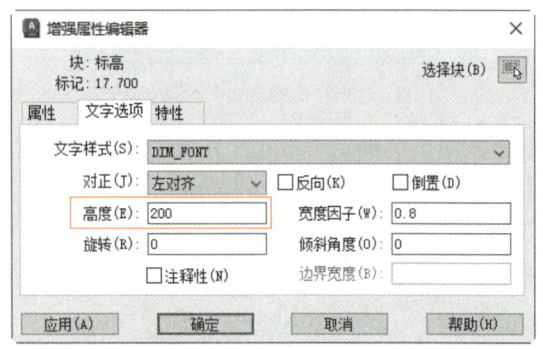

图 7-32 设置文字高度

第4步 选择"特性"选项卡，修改"颜色"为"红色"，如图7-33所示。

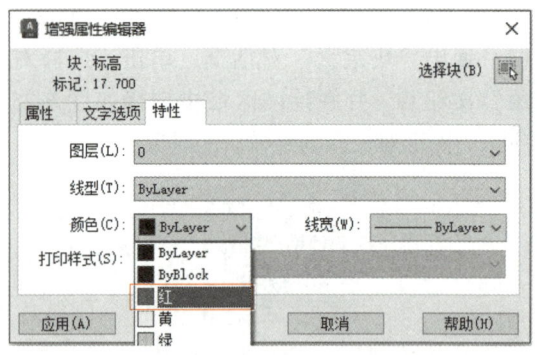

图 7-33 设置文字颜色

第5步 单击"确定"按钮，结果如图7-34所示。

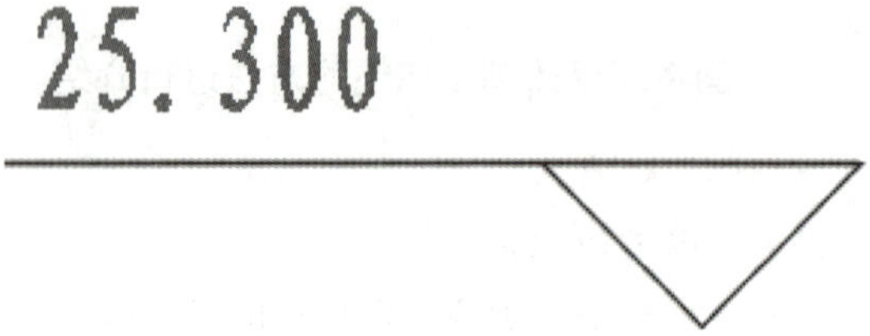

25.300

图 7-34 修改结果

第 7 章 图块

7.4 图块管理

在 AutoCAD 中较为常见的图块管理操作包括分解块、编辑已定义的块以及对已定义的块进行重定义等，下面将分别对相关内容进行详细介绍。

7.4.1 分解块

块是以复合对象的形式存在的，可以利用"分解"命令对图块进行分解。

执行方式
- 命令行：EXPLODE/X。
- 菜单栏：选择菜单栏中的"修改"→"分解"命令。
- 功能区：单击"默认"选项卡"修改"面板中的"分解"按钮 。

操作步骤
执行上述操作后命令行会进行如下提示。

```
命令：_EXPLODE
选择对象：
```

在绘图区域中选择相应的对象后，按"Enter"键确认，即可将该对象成功分解。

◇ **练一练——分解毛巾架图块**

素材文件：素材 \CH07\ 毛巾架 .dwg
结果文件：结果 \CH07\ 毛巾架 .dwg

下面将利用分解命令对毛巾架图块进行分解操作。

操作步骤：

第1步 打开随书配套资源中的"素材\CH07\毛巾架.dwg"文件，如图 7-35 所示。

第2步 在绘图区域中将鼠标放到图形对象上面，该图形对象当前以块的形式存在，如图 7-36 所示。

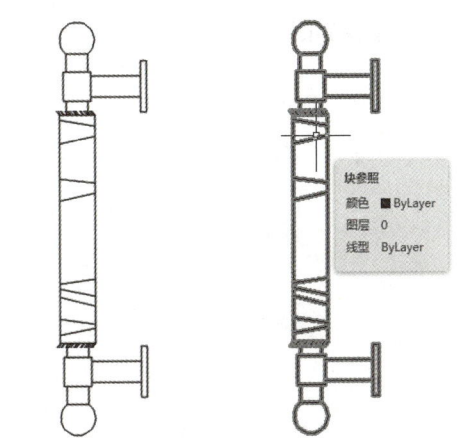

图 7-35 素材文件　　图 7-36 图形以块的形式存在

第3步 在命令行中输入"X"（分解）命令后按"Enter"键，在绘图区域中选择图形对象，如图 7-37 所示。

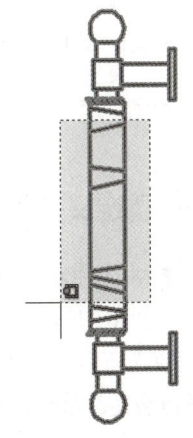

图 7-37 选择图形对象

第4步 按"Enter"键以确认分解，在绘图区域中选择如图 7-38 所示的部分图形对象。

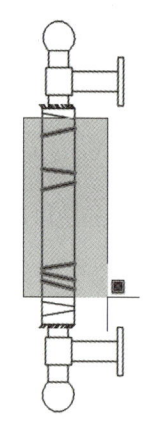

图 7-38 选择部分图形对象

第 5 步 分解结果如图 7-39 所示。

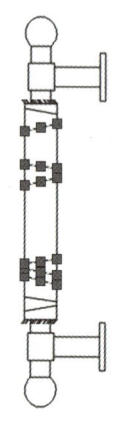

图 7-39 图形分解结果

> 提示
>
> 插入的图块要想能分解，在创建图块时必须在"块定义"对话框上勾选"允许分解"复选框。

◇ **练一练——重定义"单开门"图块**

素材文件：素材 \CH07\ 单开门 .dwg
结果文件：结果 \CH07\ 单开门 .dwg

对于已定义的块，用户可以根据需要对已经存在的图块进行重定义操作。

操作步骤：

第 1 步 打开随书配套资源中的"素材\CH07\单开门.dwg"文件，如图 7-40 所示。

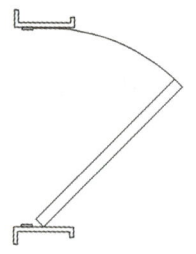

图 7-40 素材文件

第 2 步 在命令行中输入"X"命令后按"Enter"键，然后将"单开门"图块分解，如图 7-41 所示。

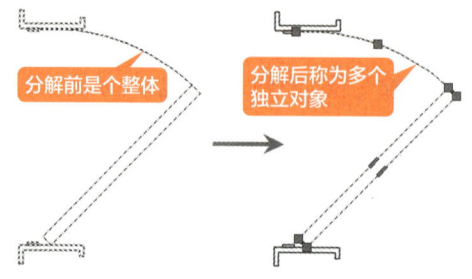

图 7-41 分解图块

第 3 步 选中"单开门"的门框，然后按"Delete"键将其删除，结果如图 7-42 所示。

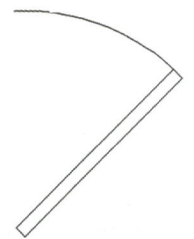

图 7-42 删除门框

第 4 步 在命令行中输入"B"命令，按"Enter"键确认。在弹出的"块定义"对话框中选择名称为"单开门"的图块，如图 7-43 所示。

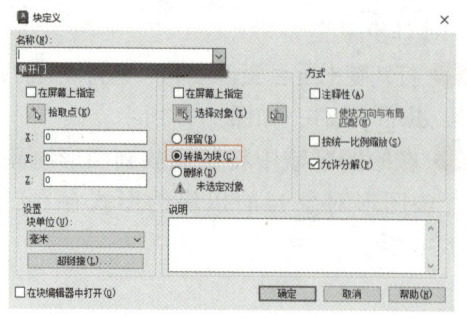

图 7-43 选中新块的名字

第 7 章
图块

第5步 单击"选择对象"按钮,选择如图7-44所示的对象。

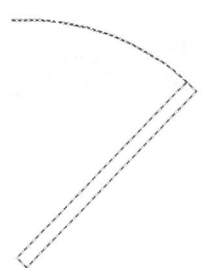

图 7-44 选择对象

第6步 按"Enter"键结束选择,回到"块定义"对话框后,单击"拾取点"按钮,选中如图7-45所示的端点为拾取点。

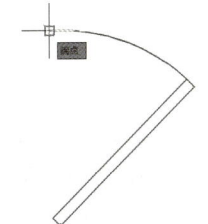

图 7-45 指定插入基点

第7步 按"Enter"键结束选择,回到"块定义"对话框后单击"确定"按钮,弹出"块-重定义块"询问对话框,如图7-46所示。

图 7-46 "块-重定义块"询问对话框

第8步 单击"重定义",完成操作,结果如图7-47所示。

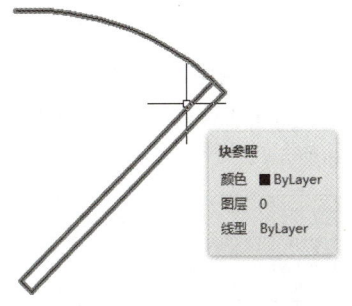

图 7-47 块重定义后的结果

7.4.2 块编辑器

块编辑器包含一个特殊的编写区域,在该区域中,可以像在绘图区域中一样绘制和编辑几何图形。

执行方式

- 命令行:BEDIT/BE。
- 菜单栏:选择菜单栏中的"工具"→"块编辑器"命令。
- 功能区:单击"默认"选项卡"块"面板中的"编辑"按钮,或者单击"插入"选项卡"块定义"面板中的"块编辑器"按钮。

操作步骤

执行上述操作后会打开"编辑块定义"对话框,如图7-48所示。

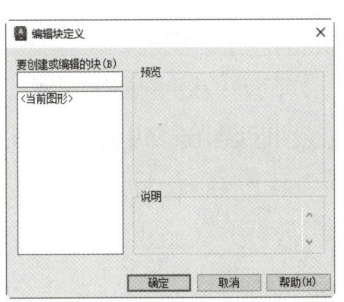

图 7-48 "编辑块定义"对话框

◇ **练一练——编辑"落料模型"图块**

素材文件:素材\CH07\落料模型.dwg
结果文件:结果\CH07\落料模型.dwg

下面将对已定义的图块进行相关编辑操作。

操作步骤：

第1步 打开随书配套资源中的"素材\CH07\落料模型.dwg"文件，如图7-49所示。

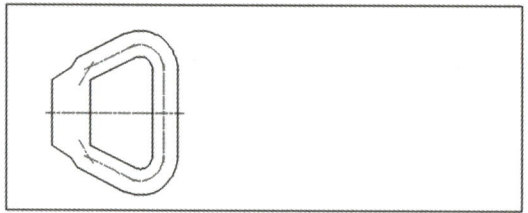

图7-49　素材文件

第2步 在命令行输入"BE"按"Enter"键确认，在弹出的"编辑块定义"对话框中选择"落料模型"图块对象，单击"确定"按钮，如图7-50所示。

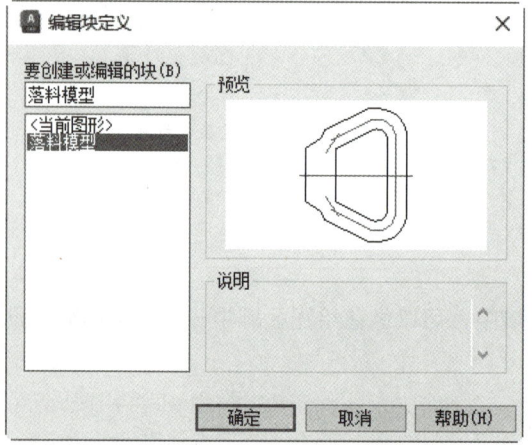

图7-50　选择要编辑的图块

第3步 在绘图区域中选择中心线图形，将其删除后如图7-51所示。

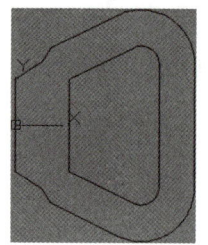

图7-51　删除中心线

第4步 在"块编辑器"选项卡的"打开/保存"面板上单击"保存块"按钮，然后单击"关闭块编辑器"按钮，关闭"块编辑器"选项卡，结果如图7-52所示。

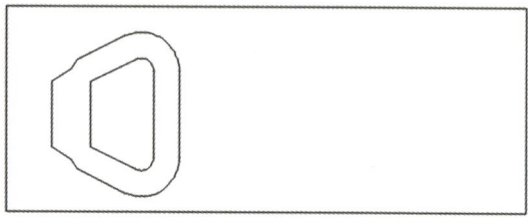

图7-52　编辑结果

第5步 在命令行中输入"I"命令后按"Enter"键，在弹出的"块选项板"中单击"当前图形"选项卡，选择"落料模型"图块，图块的插入点可以任意指定，结果如图7-53所示。

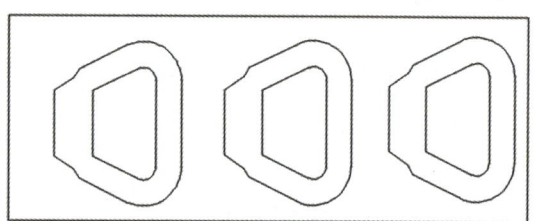

图7-53　插入编辑后的块

7.5　实例——创建并插入带属性的"标高"图块

本实例将介绍如何创建和插入带属性的"标高"图块，从而实现建筑制图中标高符号的调用和插入。通过该实例的练习，熟悉附着属性和插入块的方法。

1. 创建带属性的块

第1步 打开随书配套资源中的"素材\CH07\创建并插入'标高'图块.dwg"文件，如图7-54所示。

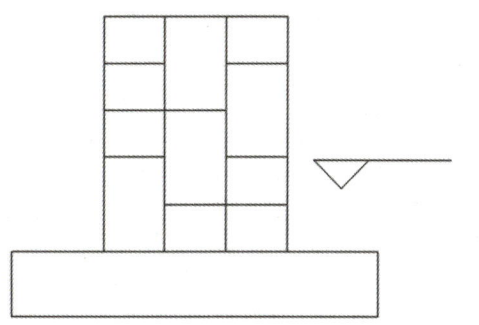

图7-54 素材文件

第2步 在命令行中输入"ATT"命令后按"Enter"键，弹出"属性定义"对话框，进行如图7-55所示的设置。

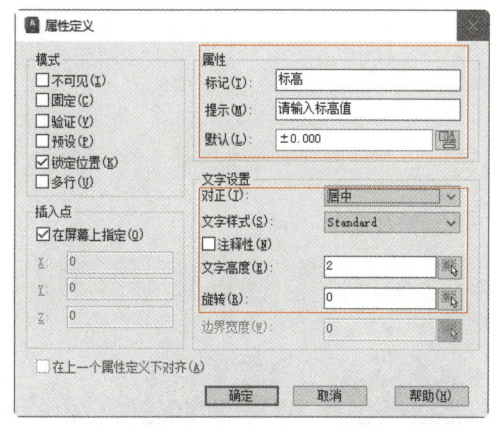

图7-55 "属性定义"对话框

第3步 单击"确定"按钮后，在绘图区域将"标高"符号的横线端点作为"标高"文字的插入点，单击鼠标确认，结果如图7-56所示。

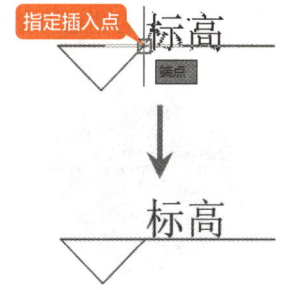

图7-56 指定插入点

第4步 在命令行中输入"B"命令后按"Enter"键，弹出"块定义"对话框，输入名称为"标高符号"，如图7-57所示。

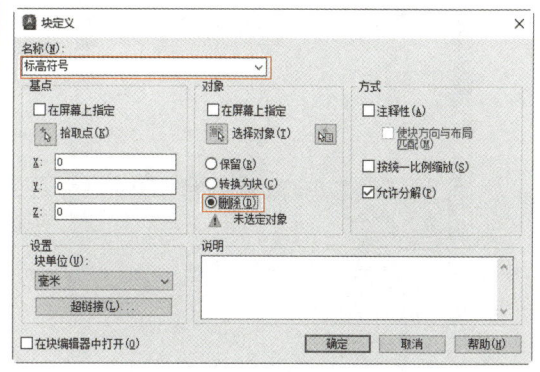

图7-57 "块定义"对话框

第5步 单击"选择对象"前的按钮，在绘图区域选择对象，按"Enter"键确认，如图7-58所示。

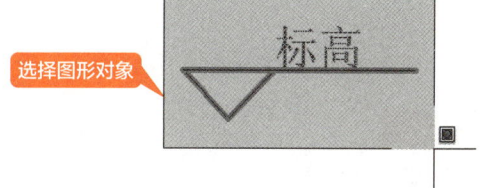

图7-58 选择对象

第6步 单击"拾取点"前的按钮，在绘图区域选择如图7-59所示的端点作为插入时的基点。返回"块定义"对话框，单击"确定"按钮即可。

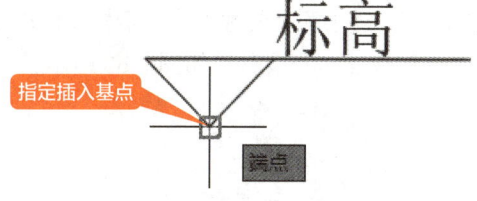

图7-59 指定插入基点

2. 插入块

第1步 在命令行中输入"I"命令后按"Enter"键，在弹出的"块选项板"中单击"当前图形"选项卡，选择"标高符号"图块，如图7-60所示。

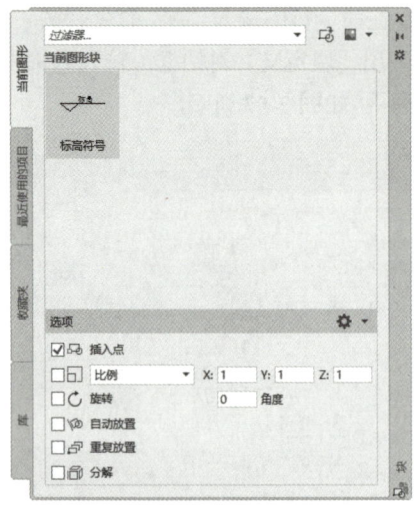

图 7-60 选择"标高符号"图块

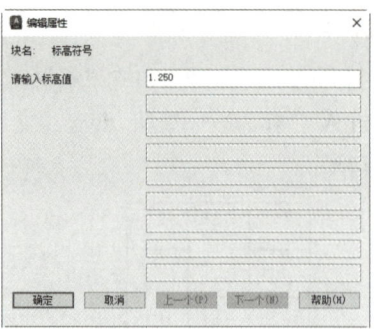

图 7-61 设定标高值

第 2 步 在图中指点插入的位置，然后在弹出的"编辑属性"对话框中将标高值设置为"1.250"，如图 7-61 所示。

第 3 步 单击"确定"按钮后，结果如图 7-62 所示。

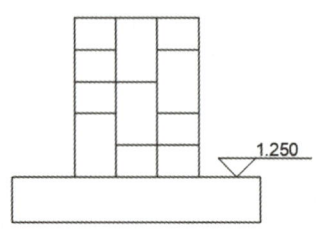

图 7-62 "标高"图块插入结果

1. 图块的快速创建方法

利用"剪贴板"功能可以快速创建图块，方法如下。

第 1 步 打开随书配套资源中的"素材\CH07\快速创建图块 .dwg"文件，如图 7-63 所示。

图 7-63 非图块文件

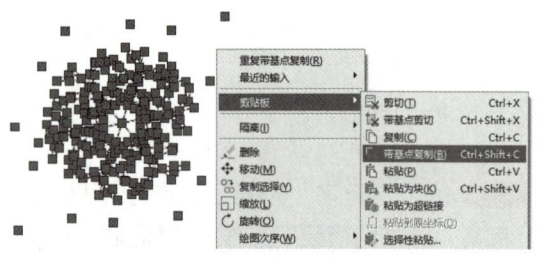

图 7-64 选择"复制"命令

第 2 步 选择全部图形对象，单击鼠标右键，在弹出的快捷菜单中选择"剪贴板"→"带基点复制"命令，如图 7-64 所示。

第 3 步 捕捉图 7-65 所示的端点为基点。

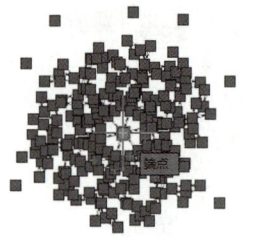

图 7-65 选择基点

第 7 章
图块

第4步 在绘图区域的空白位置处单击鼠标右键,在弹出的快捷菜单中选择"剪贴板"→"粘贴为块"命令,如图7-66所示。

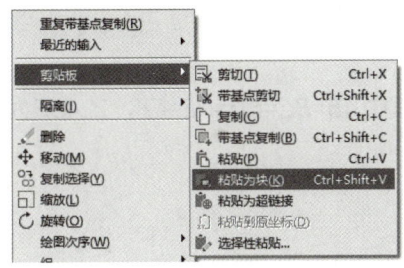

图 7-66 选择"粘贴为块"命令

第5步 根据命令行提示指定插入点后,即可得到图块对象,如图7-67所示。

图 7-67 得到图块对象

2. 完美分解无法分解的图块

在创建图块时如果没有勾选"允许分解"复选框,则得到的图块将无法正常分解,可以通过下面的方法对该类图块进行分解操作。

第1步 打开随书配套资源中的"素材\CH07\无法分解的图块.dwg"文件,如图7-68所示。

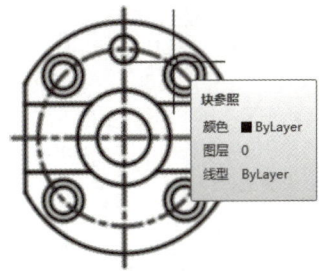

图 7-68 素材文件

第2步 在命令行输入"X"并按"Enter"键调用"分解"命令,对该绘图区域中的图块对象进行分解,命令行提示"无法分解",如图7-69所示。

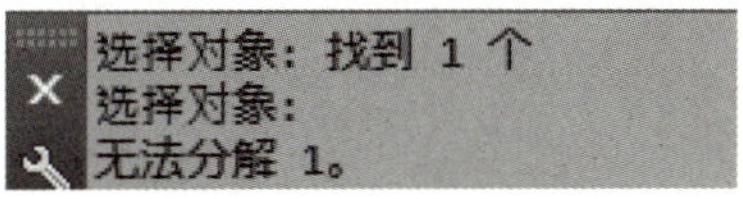

图 7-69 无法分解该图块

第3步 选择"修改"→"对象"→"块说明"菜单命令,弹出"块定义"对话框,在"名称"下拉列表框中选择"机械",勾选"允许分解"复选框,单击"确定"按钮,如图7-70所示。

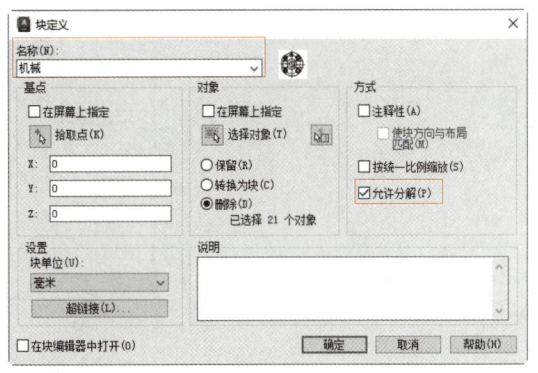

图 7-70 "块定义"对话框

第4步 在"块-重新定义块"对话框中选择"重新定义块"选项,如图7-71所示。

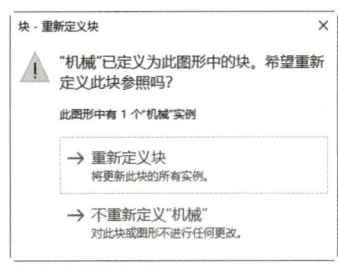

图 7-71 "块-重新定义块"对话框

第5步 再次调用"分解"命令,对重新定义的图块对象进行分解,分解结果如图7-72所示。

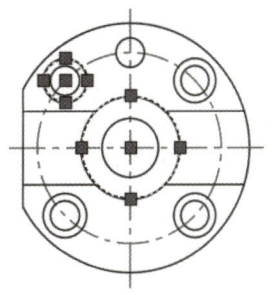

图 7-72 分解结果

绘制图7-73所示的图形,并计算出圆H的半径。其中$AB=BC=CD=DE=EF$,$\angle AGF$为直角,圆H与相邻的三条直线段相切。

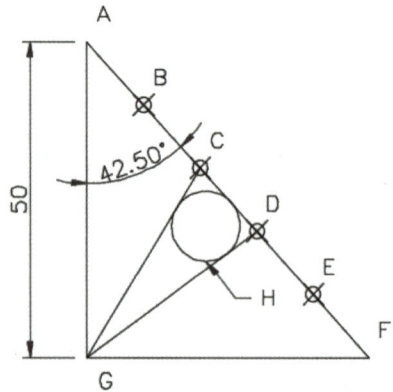

图7-73　本章练习结果图形

第 8 章
尺寸标注

内容简介

没有尺寸标注的图形被称为哑图,各大行业已经极少采用。需要注意的是零件的大小取决于图纸所标注的尺寸,并不以实际绘图尺寸作为依据。因此,图纸中的尺寸标注可以看作是数字化信息的表达。

内容要点

- 尺寸标注的规则和组成
- 尺寸标注样式管理器
- 尺寸标注
- 尺寸公差和形位公差标注
- 多重引线标注

案例效果

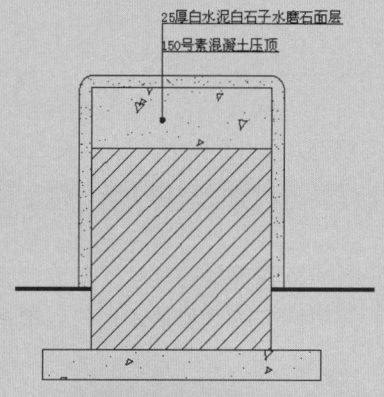
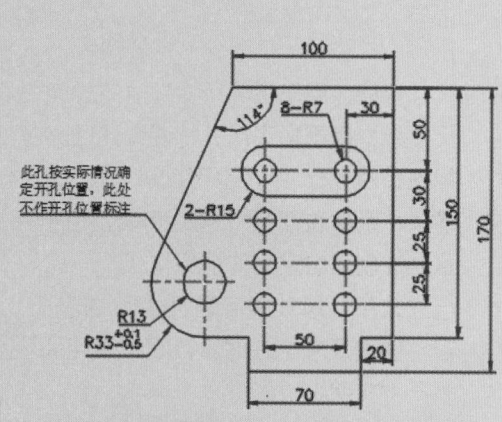

8.1 尺寸标注的规则和组成

绘制图形的根本目的是反映对象的形状，而图形中各个对象的大小和相互位置只有经过尺寸标注才能表现出来。AutoCAD 提供了一套完整的尺寸标注命令，用户使用它们足以完成图纸中要求的尺寸标注。

8.1.1 尺寸标注的规则

在 AutoCAD 中，对绘制的图形进行尺寸标注时应当遵循以下规则。

（1）对象的真实大小应以图样上所标注的尺寸数值为依据，与图形的大小及绘图的准确度无关。

（2）图形中的尺寸以毫米（mm）为单位时，不需要标注计量单位的代号或名称。如果采用其他的单位，则必须注明相应计量单位的代号或名称。

（3）图形中所标注的尺寸应为该图形所表示的对象的最后完工尺寸，否则应另加说明。

（4）对象的每一个尺寸一般只标注一次。

8.1.2 尺寸标注的组成

在工程绘图中，一个完整的尺寸标注一般由尺寸线、尺寸界限、尺寸箭头和尺寸文字等 4 部分组成，如图 8-1 所示。

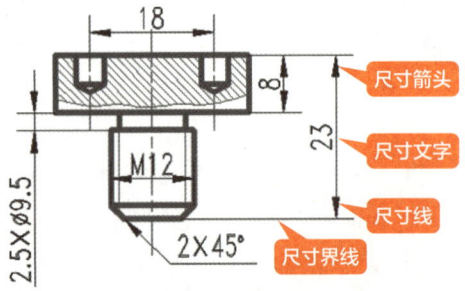

图 8-1　尺寸标注的组成

- 尺寸界线：用于指明所要标注的长度或角度的起始位置和结束位置。
- 尺寸线：用于指定尺寸标注的范围。在 AutoCAD 中，尺寸线可以是一条直线（如线性标注和对齐标注），也可以是一段圆弧（如角度标注）。
- 箭头：箭头位于尺寸线的两端，用于指定尺寸的界限。系统提供了多种箭头样式，并且允许创建自定义的箭头样式。
- 尺寸文字：尺寸文字是尺寸标注的核心，用于表明标注对象的尺寸、角度或旁注等内容。创建尺寸标注时，既可以使用系统自动计算出的实际测量值，也可以根据需要输入尺寸文字。

8.2 尺寸标注样式管理器

尺寸标注样式用于控制尺寸标注的外观，如箭头的样式、文字的位置及尺寸界线的长度等。通过设置尺寸标注，可以确保所绘图纸中的尺寸标注符合行业或项目标准。

▶ **执行方式**

- 命令行：DIMSTYLE/D。
- 菜单栏：选择菜单栏中的"格式"→"标注样式"命令或选择菜单栏中的"标注"→"标注样式"命令。
- 功能区：单击"默认"选项卡"注释"面板中的"标注样式"按钮，或者单击"注释"选项卡"标注"面板右下角的。

▶ **操作步骤**

执行上述操作后会打开"标注样式管理器"对话框，如图 8-2 所示。

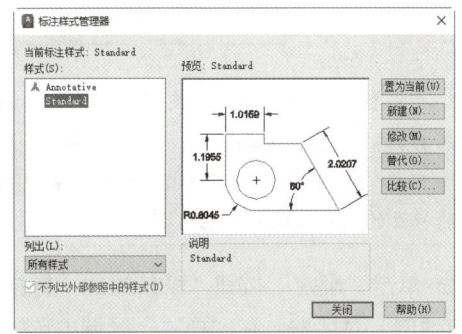

图 8-2 "标注样式管理器"对话框

▶ **选项说明**

"标注样式管理器"对话框中各选项含义如下。

样式：列出了当前所有创建的标注样式，其中：Annotative、Standard 是 AutoCAD 2024 固有的两种标注样式。

置为当前：样式列表中选择一项，然后单击该按钮，将会以选择的样式为当前样式进行标注。

新建：单击该按钮，弹出"创建新标注样式"对话框。输入新样式名称后，单击"继续"按钮，弹出"新建标注样式"对话框。

修改：单击该按钮，将弹出"修改标注样式"对话框，该对话框的内容与新建对话框的内容相同，区别在于一个是重新创建一个标注样式，一个是在原有基础上进行修改。

替代：单击该按钮，将弹出"替代当前样式"对话框，可以设定标注样式的临时替代值。对话框选项与"修改标注样式"对话框中的选项相同。

比较：单击该按钮，将显示"比较标注样式"对话框，从中可以比较两个标注样式或列出一个样式的所有特性。

◇ **练一练——创建建筑标注样式**

素材文件：素材\CH08\创建建筑标注样式.dwg

结果文件：结果\CH08\创建建筑标注样式.dwg

利用标注样式命令创建建筑标注样式。

操作步骤：

第1步 打开随书配套资源中的"素材\CH08\创建建筑标注样式.dwg"文件，如图 8-3 所示。

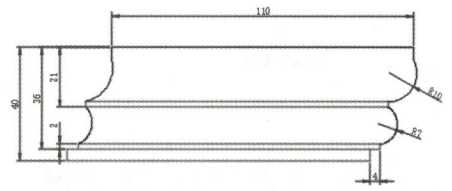

图 8-3 素材文件

第2步 在命令行中输入"D"并按"Enter"键，弹出"标注样式管理器"对话框，在弹出的"标注样式管理器"对话框中单击"新建"按钮,弹出"创建新标注样式"对话框,将新样式名指定为"建筑标注样式",如图8-4所示。

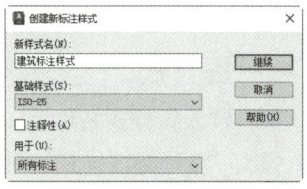

图8-4 输入新样式名

第3步 单击"继续"按钮,弹出"新建标注样式:建筑标注样式"对话框,选择"符号和箭头"选项卡,单击箭头下拉列表,选择"建筑标记",如图8-5所示。

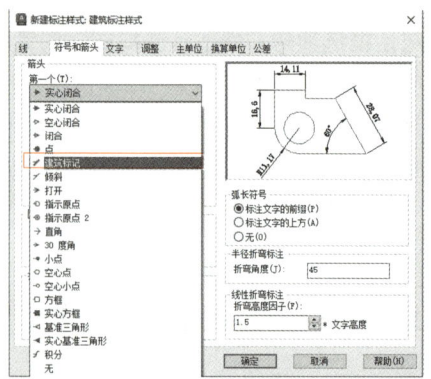

图8-5 设置箭头

第4步 选择"文字"选项卡,将"垂直"文字位置改为"居中",如图8-6所示。

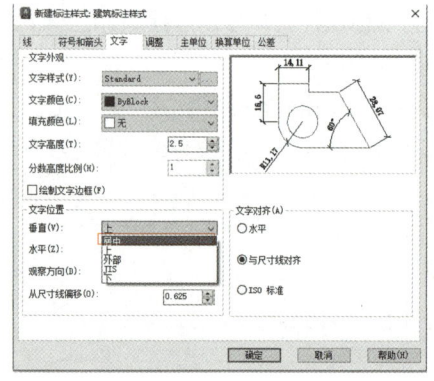

图8-6 设置文字位置

第5步 将文字的对齐方式设置为"水平",如图8-7所示。

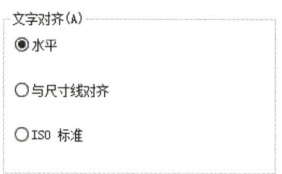

图8-7 设置文字对齐方式

第6步 选择"调整"选项卡,选择"使用全局比例",并将值设置为"1.5",如图8-8所示。

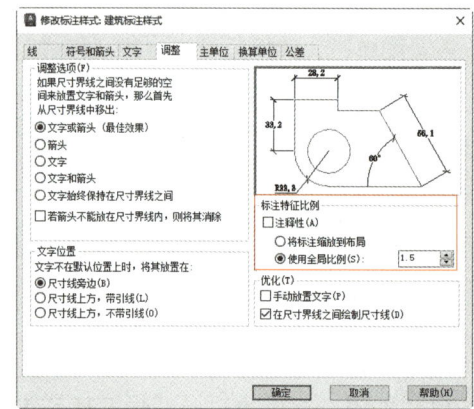

图8-8 设置全局比例

> **提示**
>
> "调整"选项卡中的"使用全局比例"用于将标注的尺寸放大或缩小,而"主单位"选项卡中的"测量单位比例→比例因子"则是用于将标注的尺寸数值放大或缩小。

第7步 单击"确定"按钮,系统返回"标注样式管理器"对话框。在"样式"区域中选择标注样式"建筑标注样式",并单击"置为当前"按钮,如图8-9所示。

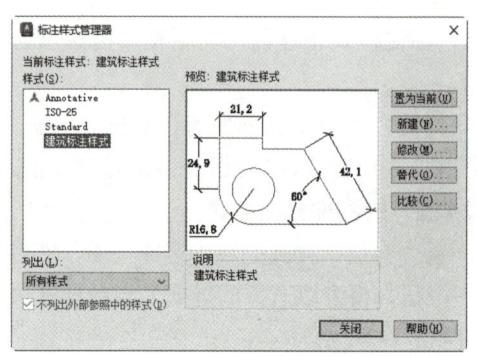

图8-9 将新建的标注样式置为当前

第8步 将"标注样式管理器"对话框关闭后，选择图中所有的尺寸标注，如图8-10所示。

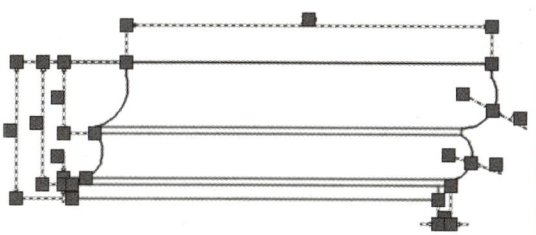

图8-10 选择尺寸标注

第9步 在命令行中输入"PR"并按"Enter"键，在弹出的"特性"选项板上，将标注样式改为"建筑标注样式"，如图8-11所示。

图8-11 "特性"选项板

第10步 标注样式修改后，结果如图8-12所示。

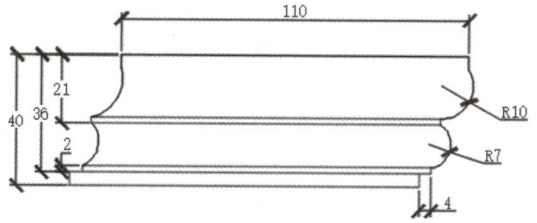

图8-12 选择尺寸标注

| 提示 |

标注样式更改后，尺寸不变，主要有两个原因：一是未将修改后的标注样式"置为当前"；二是标注尺寸不是新的标注样式上的尺寸。

8.3 尺寸标注

尺寸标注的类型众多，包括线性标注、对齐标注、半径标注、直径标注、角度标注、基线标注、连续标注等类型，如图8-13所示。

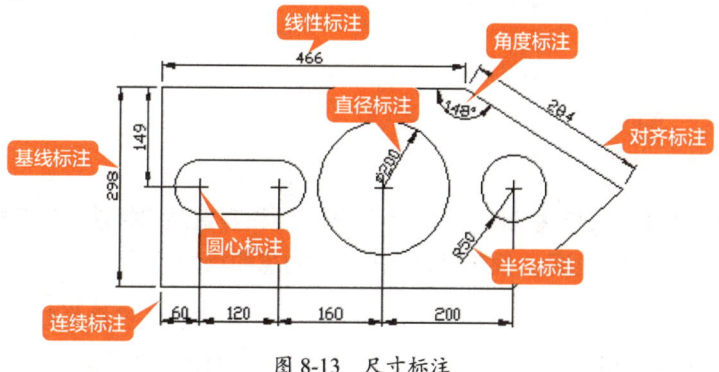

图8-13 尺寸标注

8.3.1 线性标注

下面将对线性标注的创建进行详细介绍。

📄 **执行方式**

- 命令行：DIMLINEAR/DLI。
- 菜单栏：选择菜单栏中的"标注"→"线性"命令。
- 功能区：单击"默认"选项卡"注释"面板中的"线性"按钮┣┫，或者单击"注释"选项卡"标注"面板中的"标注"下拉列表，选择按钮┣┫。

📄 **操作步骤**

执行上述操作后，命令行会进行如下提示。

命令：DIMLINEAR
指定第一个尺寸界线原点或 <选择对象>:

选择了两个尺寸界线的原点之后命令行会进行如下提示。

指定尺寸线位置或[多行文字(M)/文字(T)/角度(A)/水平(H)/垂直(V)/旋转(R)]:

◇ **练一练——创建线性标注对象**

素材文件：素材\CH08\线性标注.dwg
结果文件：结果\CH08\线性标注.dwg
利用线性标注命令创建线性标注对象。
操作步骤：

第1步 打开随书配套资源中的"素材\CH08\线性标注.dwg"文件，如图 8-14 所示。

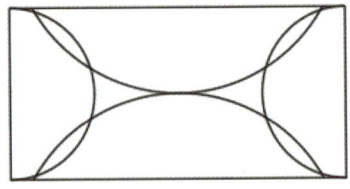

图 8-14 素材文件

第2步 单击"默认"选项卡"注释"面板中的"线性"按钮┣┫，在绘图区域中分别捕捉矩形的端点作为线性标注的尺寸界线的原点，拖动鼠标在适当的位置处单击指定尺寸线的位置，结果如图 8-15 所示。

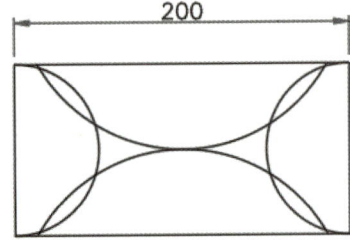

图 8-15 线性标注

第3步 重复第 2 步的操作，对矩形的另外一条边进行线性标注，结果如图 8-16 所示。

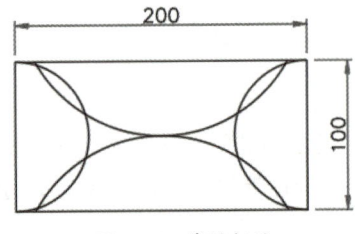

图 8-16 线性标注

8.3.2 对齐标注

对齐标注命令主要用来标注斜线，也可用于水平线和竖直线的标注。对齐标注的方法以及命令行提示与线性标注基本相同，只是所适合的标注对象和场合不同。

📄 **执行方式**

- 命令行：DIMALIGNED/DAL。
- 菜单栏：选择菜单栏中的"标注"→"对齐"命令。

- 功能区：单击"默认"选项卡"注释"面板中的"对齐"按钮，或者单击"注释"选项卡"标注"面板中的"标注"下拉列表，选择按钮。

操作步骤
执行上述操作后，命令行会进行如下提示。

命令：_DIMALIGNED
指定第一个尺寸界线原点或 <选择对象>：

◇ 练一练——创建对齐标注对象

素材文件：素材\CH08\对齐标注.dwg
结果文件：结果\CH08\对齐标注.dwg
利用对齐标注命令创建对齐标注对象。
操作步骤：

第1步 打开随书配套资源中的"素材\CH08\对齐标注.dwg"文件，如图8-17所示。

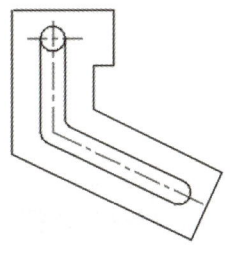

图 8-17　素材文件

第2步 单击"默认"选项卡"注释"面板中的"对齐"按钮，在绘图区域中分别捕捉图形的端点作为对齐标注的尺寸界线的原点，拖动鼠标在适当的位置处单击指定尺寸线的位置，结果如图8-18所示。

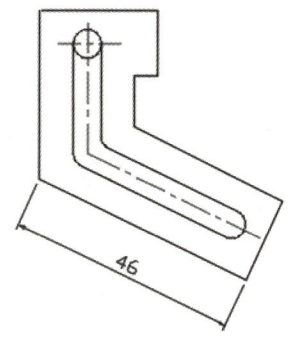

图 8-18　对齐标注

第3步 重复第2步的操作，对图形的另外两条边进行对齐标注，结果如图8-19所示。

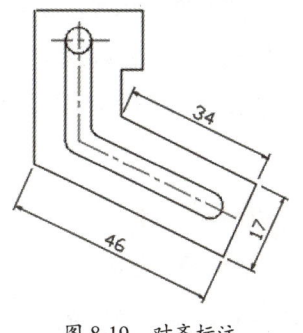

图 8-19　对齐标注

8.3.3 半径标注

半径尺寸常用于标注圆弧和圆角。在标注时，AutoCAD将自动在标注文字前添加半径符号"R"。

执行方式
- 命令行：DIMRADIUS/DRA。
- 菜单栏：选择菜单栏中的"标注"→"半径"命令。
- 功能区：单击"默认"选项卡"注释"面板中的"半径"按钮，或者单击"注释"选项卡"标注"面板中的"标注"下拉列表，选择按钮。

操作步骤
执行上述操作后，命令行会进行如下提示。

命令：_DIMRADIUS
选择圆弧或圆：

◇ 练一练——创建半径标注对象

素材文件：素材\CH08\半径直径标注.dwg

结果文件：结果\CH08\半径直径标注.dwg

利用半径标注命令创建半径标注对象。

操作步骤：

第1步 打开随书配套资源中的"素材\CH08\半径直径标注.dwg"文件，如图8-20所示。

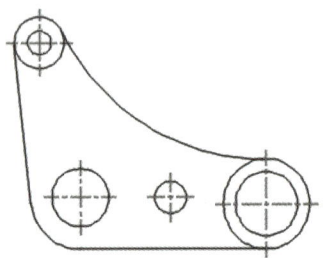

图8-20 素材文件

第2步 单击"默认"选项卡"注释"面板中的"半径"按钮，在绘图区域中选择上端圆弧作为需要标注的对象，拖动鼠标在适当的位置处单击指定尺寸线的位置，结果如图8-21所示。

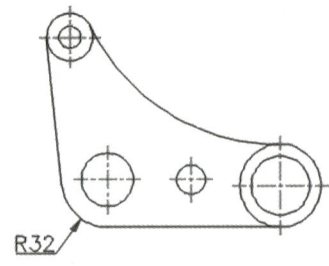

图8-21 半径标注

第3步 重复第2步的操作，继续半径标注，结果如图8-22所示。

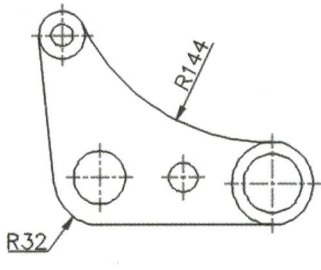

图8-22 半径标注

8.3.4 直径标注

直径尺寸常用于标注圆的大小。在标注时，AutoCAD将自动在标注文字前添加直径符号"φ"。

📄 执行方式

- 命令行：DIMDIAMETER/DDI。
- 菜单栏：选择菜单栏中的"标注"→"直径"命令。
- 功能区：单击"默认"选项卡"注释"面板中的"直径"按钮；或者单击"注释"选项卡"标注"面板中的"标注"下拉列表，选择按钮。

📄 操作步骤

执行上述操作后，命令行会进行如下提示。

命令：DIMDIAMETER
选择圆弧或圆：

◇ 练一练——创建直径标注对象

素材文件：素材\CH08\半径直径标注.dwg

结果文件：结果\CH08\半径直径标注.dwg

利用直径标注命令创建直径标注对象。

操作步骤：

第1步 继续上一节的案例进行直径标注，单击"默认"选项卡"注释"面板中的"直径"按钮，在绘图区域中选择圆形作为需要标注的对象，拖动鼠标在适当的位置处单击指定尺寸线的位置，结果如图8-23所示。

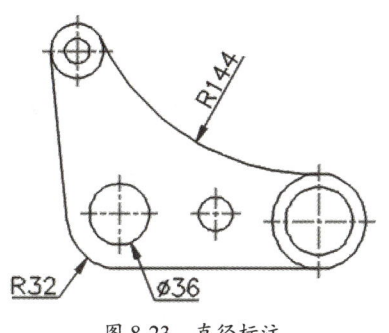

图 8-23 直径标注

第 2 步 重复第 1 步的操作，继续直径标注，结果如图 8-24 所示。

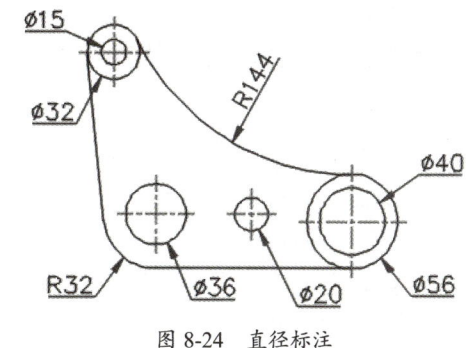

图 8-24 直径标注

8.3.5 角度标注

角度尺寸标注用于标注两条直线之间的夹角、三点之间的角度以及圆弧的角度。

📖 执行方式

- 命令行：DIMANGULAR/DAN。
- 菜单栏：选择菜单栏中的"标注"→"角度"命令。
- 功能区：单击"默认"选项卡"注释"面板中的"角度"按钮△；或者单击"注释"选项卡"标注"面板中的"标注"下拉列表，选择按钮△。

📖 操作步骤

执行上述操作后，命令行会进行如下提示。

命令：DIMANGULAR
选择圆弧、圆、直线或 <指定顶点>：

◇ **练一练——创建角度标注对象**

素材文件：素材 \CH08\ 角度标注 .dwg
结果文件：结果 \CH08\ 角度标注 .dwg
利用角度标注命令创建角度标注对象。
操作步骤：

第 1 步 打开随书配套资源中的"素材\CH08\角度标注.dwg"文件，如图 8-25 所示。

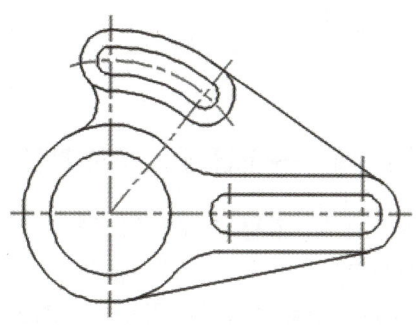

图 8-25 素材文件

第 2 步 单击"默认"选项卡"注释"面板中的"角度"按钮△，在绘图区域中分别捕捉两条中心线作为角度标注的两条边界，拖动鼠标在适当的位置处单击指定尺寸线的位置，结果如图 8-26 所示。

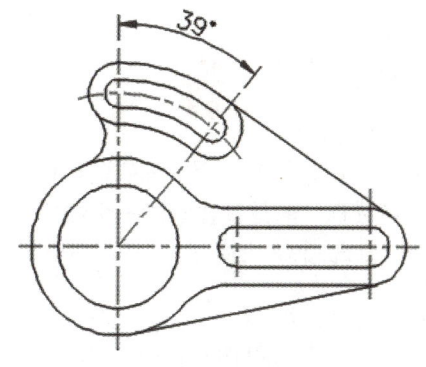

图 8-26 角度标注

8.3.6 弧长标注

弧长标注用于测量圆弧或多段线圆弧上的距离。弧长标注的尺寸界线可以正交或径向，在标注文字的上方或前面将显示圆弧符号。

执行方式

- 命令行：DIMARC/DAR。
- 菜单栏：选择菜单栏中的"标注"→"弧长"命令。
- 功能区：单击"默认"选项卡"注释"面板中的"弧长"按钮；或者单击"注释"选项卡"标注"面板中的"标注"下拉列表，选择按钮。

操作步骤

执行上述操作后，命令行会进行如下提示。

```
命令：DIMARC
选择弧线段或多段线圆弧段：
```

◇ **练一练——创建弧长标注对象**

素材文件：素材\CH08\弧长标注.dwg
结果文件：结果\CH08\弧长标注.dwg
利用弧长标注命令创建弧长标注对象。
操作步骤：

第1步 打开随书配套资源中的"素材\CH08\弧长标注.dwg"文件，如图8-27所示。

第2步 单击"默认"选项卡"注释"面板中的"弧长"按钮，在绘图区域中选择如图8-28所示的圆弧作为标注对象。

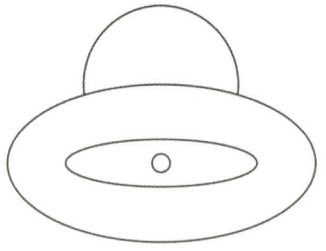

图 8-27 素材文件

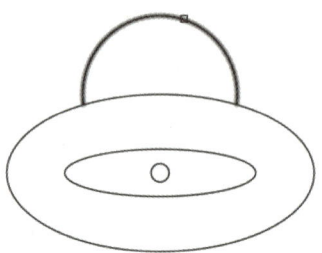

图 8-28 选择圆弧对象

第3步 在绘图区域中拖动鼠标单击指定尺寸线的位置，结果如图8-29所示。

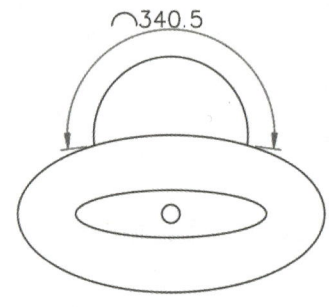

图 8-29 弧长标注

8.3.7 基线标注

基线标注是从上一个标注或选定标注的基线处创建线性标注、角度标注或坐标标注，因此在创建基线标注前首先要创建一个线性标注、角度标注或坐标标注。可以通过"标注样式管理器"和"基线间距"（DIMDLI系统变量）设定基线标注之间的默认间距。

执行方式

- 命令行：DIMBASELINE/DBA。
- 菜单栏：选择菜单栏中的"标注"→"基线"命令。

- 功能区：单击"注释"选项卡"标注"面板中的"基线"按钮。

操作步骤
执行上述操作后，命令行会进行如下提示。

```
命令： DIMBASELINE
选择基准标注：
```

◇ **练一练——创建基线标注对象**

素材文件：素材\CH08\基线标注.dwg
结果文件：结果\CH08\基线标注.dwg
利用基线标注命令创建基线标注对象。
操作步骤：

第1步 打开随书配套资源中的"素材\CH08\基线标注.dwg"文件，如图8-30所示。

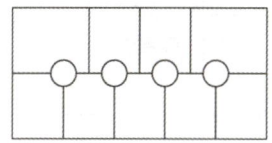

图8-30 素材文件

第2步 单击"注释"选项卡"标注"面板中的"线性"按钮，在绘图区域中创建一个线性标注对象，如图8-31所示。

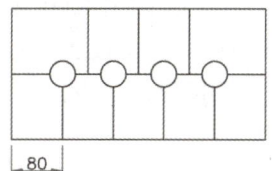

图8-31 线性标注

第3步 在命令行输入"DIMDLI"，按"Enter"键确认，将其新值指定为"40"，按"Enter"键确认。单击"注释"选项卡"标注"面板中的"基线"按钮，系统自动将前面创建的距离值为"80"的线性标注作为基线标注的基准，如图8-32所示。

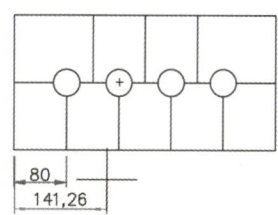

图8-32 基线标注

第4步 在绘图区域中拖动鼠标捕捉如图8-33所示端点作为第二条尺寸界线的原点。

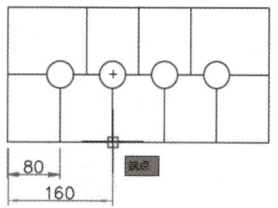

图8-33 基线标注

第5步 继续在绘图区域中拖动鼠标，捕捉相应端点分别作为第二条尺寸界线的原点，按两次"Enter"键结束"基线标注"命令，结果如图8-34所示。

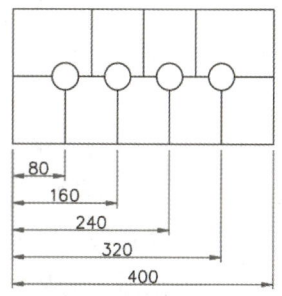

图8-34 基线标注

8.3.8 连续标注

同基线标注一样，创建连续标注前首先要创建一个线性标注、角度标注或坐标标注。连续标注自动在创建的上一个线性标注、角度标注或坐标标注后继续创建其他标注，或者从选定的尺寸界线继续创建其他标注，系统将自动排列尺寸线。

执行方式

- 命令行：DIMCONTINUE/DCO。
- 菜单栏：选择菜单栏中的"标注"→"连续"命令。
- 功能区：单击"注释"选项卡"标注"面板中的"连续"按钮 ⊢⊣。

操作步骤

执行上述操作后，命令行会进行如下提示。

```
命令： DIMCONTINUE
选择连续标注：
```

◇ **练一练——创建连续标注对象**

素材文件：素材\CH08\连续标注.dwg
结果文件：结果\CH08\连续标注.dwg
利用连续标注命令创建连续标注对象。
操作步骤：

第1步 打开随书配套资源中的"素材\CH08\连续标注.dwg"文件，如图8-35所示。

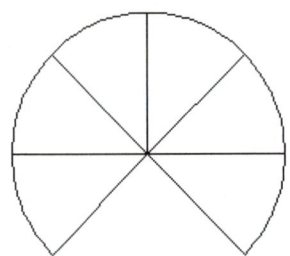

图8-35 素材文件

第2步 单击"注释"选项卡"标注"面板中的"角度"按钮，在绘图区域中创建一个角度标注对象，结果如图8-36所示。

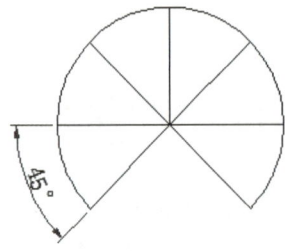

图8-36 创建角度标注

第3步 单击"注释"选项卡"标注"面板中的"连续"按钮 ⊢⊣，绘图区域显示如图8-37所示。

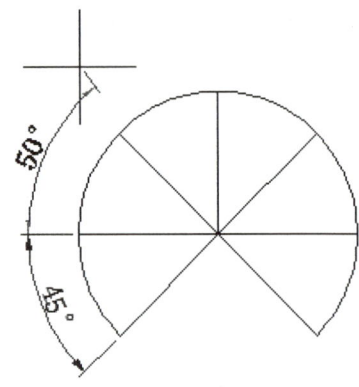

图8-37 连续标注

第4步 在绘图区域中拖动鼠标捕捉如图8-38所示端点作为第二条尺寸界线的原点。

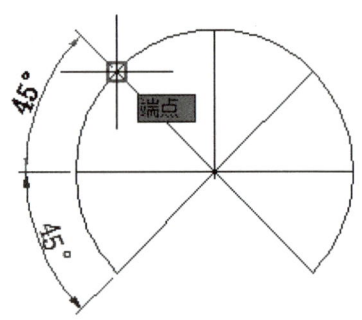

图8-38 捕捉端点

第5步 继续在绘图区域中捕捉相应端点作为后续连续标注的尺寸界线的原点，最后按两次"Enter"键结束该标注命令，结果如图8-39所示。

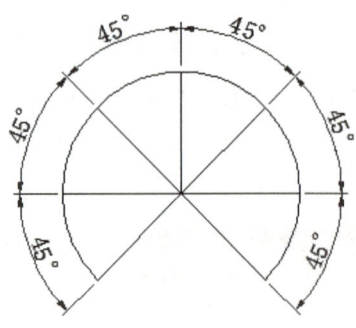

图8-39 连续标注

8.3.9 折弯标注

折弯标注用于测量选定对象的半径，并显示前面带有一个半径符号的标注文字，可以在任意合适的位置指定尺寸线的原点。当圆弧或圆的中心位于布局之外并且无法在其实际位置显示时，创建折弯半径标注，可以在更方便的位置指定标注的原点。

执行方式

- 命令行：DIMJOGGED/DJO。
- 菜单栏：选择菜单栏中的"标注"→"折弯"命令。
- 功能区：单击"默认"选项卡"注释"面板中的"折弯"按钮；或者单击"注释"选项卡"标注"面板中的"标注"下拉列表，选择按钮。

操作步骤

执行上述操作后，命令行会进行如下提示。

```
命令：_DIMJOGGED
选择圆弧或圆：
```

练一练——创建折弯标注对象

素材文件：素材\CH08\折弯标注.dwg
结果文件：结果\CH08\折弯标注.dwg
利用折弯标注命令创建折弯标注对象。
操作步骤：

第1步 打开随书配套资源中的"素材\CH08\折弯标注.dwg"文件，如图8-40所示。

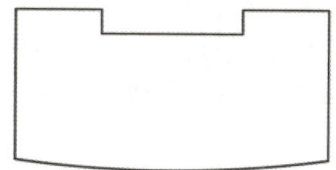

图8-40 素材文件

第2步 单击"默认"选项卡"注释"面板中的"折弯"按钮，在绘图区域中选择如图8-41所示的圆弧作为标注对象。

第3步 在绘图区域中拖动鼠标，单击指定图示中心位置，如图8-42所示。

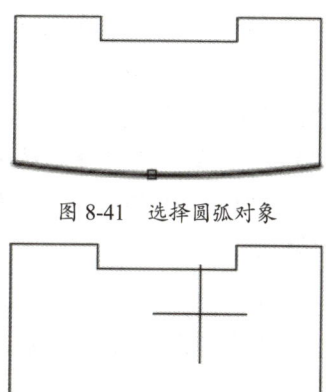

图8-41 选择圆弧对象

图8-42 指定图示中心位置

第4步 在绘图区域中拖动鼠标，单击指定尺寸线的位置，如图8-43所示。

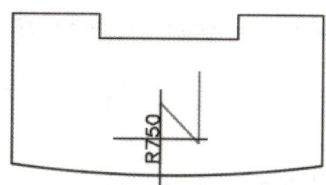

图8-43 指定尺寸线位置

第5步 在绘图区域中拖动鼠标，单击指定折弯位置，如图8-44所示。

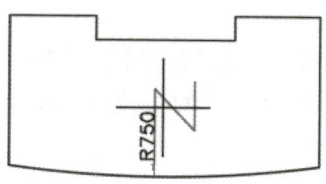

图8-44 指定折弯位置

第6步 结果如图8-45所示。

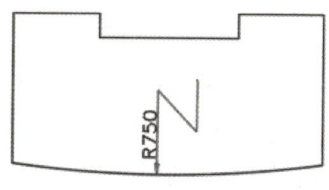

图8-45 折弯标注

8.3.10 折弯线性标注

在线性标注或对齐标注中添加或删除折弯线。标注中的折弯线表示所标注的对象中的折断，标注值表示实际距离，而不是图形中测量的距离。

📋 **执行方式**

- 命令行：DIMJOGLINE/DJL。
- 菜单栏：选择菜单栏中的"标注"→"折弯线性"命令。
- 功能区：单击"注释"选项卡"标注"面板中的"标注，折弯标注"按钮 ⌇。

📋 **操作步骤**

执行上述操作后，命令行会进行如下提示。

```
命令：_DIMJOGLINE
选择要添加折弯的标注或 [删除(R)]:
```

◇ **练一练——创建折弯线性标注对象**

素材文件：素材\CH08\折弯线性标注.dwg
结果文件：结果\CH08\折弯线性标注.dwg

利用折弯线性标注命令创建折弯线性标注对象。

操作步骤：

第1步 打开随书配套资源中的"素材\CH08\折弯线性标注.dwg"文件，如图8-46所示。

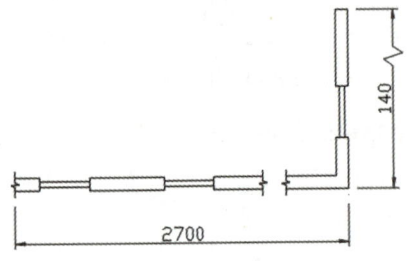

图8-46 素材文件

第2步 单击"注释"选项卡"标注"面板中的"标注，折弯标注"按钮 ⌇，在绘图区域中选择长度为"2700"的标注对象为需要添加折弯的对象，单击指定折弯位置，如图8-47所示。

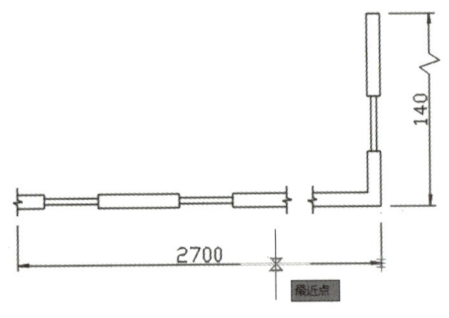

图8-47 指定折弯位置

第3步 结果如图8-48所示。

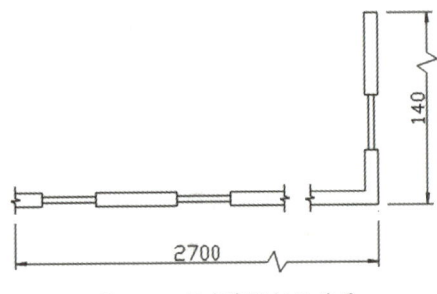

图8-48 折弯线性标注结果

第4步 重复调用"折弯线性"命令，命令行提示如下。

```
命令：_DIMJOGLINE
选择要添加折弯的标注或 [删除(R)]:R
```

第5步 单击选择长度为"140"的标注对象，删除折弯线性标注后结果如图8-49所示。

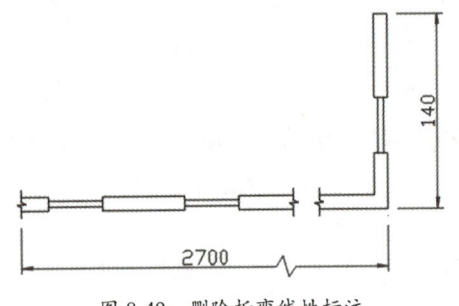

图8-49 删除折弯线性标注

8.3.11 坐标标注

下面将对坐标标注的创建方法进行介绍。

执行方式

- 命令行：DIMORDINATE/DOR。
- 菜单栏：选择菜单栏中的"标注"→"坐标"命令。
- 功能区：单击"默认"选项卡"注释"面板中的"坐标"按钮，或者单击"注释"选项卡"标注"面板中的"坐标"按钮。

操作步骤

执行上述操作后，命令行会进行如下提示。

```
命令：_DIMORDINATE
指定点坐标：
```

指定点坐标之后，命令行会进行如下提示。

```
指定引线端点或 [X 基准(X)/Y 基准(Y)/多行文字(M)/文字(T)/角度(A)]：
```

◇ 练一练——创建坐标标注对象

素材文件：素材\CH08\坐标标注.dwg
结果文件：结果\CH08\坐标标注.dwg
利用坐标标注命令创建坐标标注对象。
操作步骤：

第1步 打开随书配套资源中的"素材\CH08\坐标标注.dwg"文件，如图 8-50 所示。

第2步 在命令行中输入"USC"，将坐标系移动到合适的位置，如图 8-51 所示。

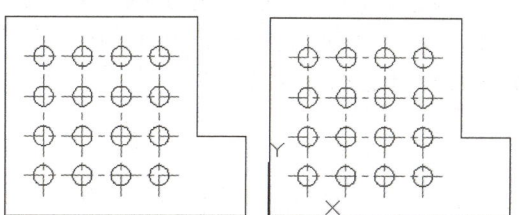

图 8-50 素材文件　　图 8-51 移动坐标系

第3步 单击"默认"选项卡"注释"面板中的"坐标"按钮，在绘图区域中以端点作为坐标的原点，如图 8-52 所示。

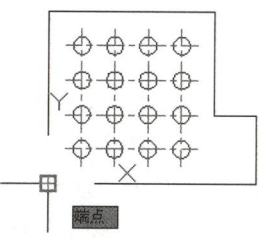

图 8-52 指定坐标标注原点

第4步 拖动鼠标指定引线端点位置，如图 8-53 所示。

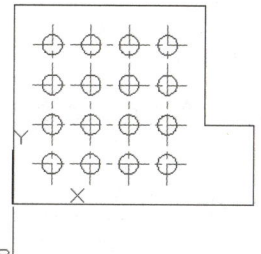

图 8-53 指定引线端点

第5步 按"Enter"键确定，标出其他的坐标标注，如图 8-54 所示。

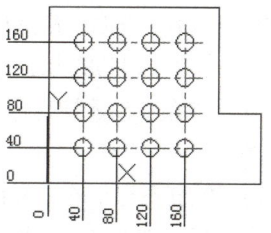

图 8-54 坐标标注

第6步 在命令行中输入"USC"，将坐标系移动到合适的位置，结果如图 8-55 所示。

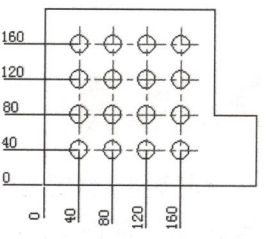

图 8-55 坐标标注

8.3.12 快速标注

为了提高标注尺寸的速度，AutoCAD 提供了"快速标注"命令。启用"快速标注"命令后，一次选择多个图形对象，AutoCAD 将自动完成标注操作。

📋 **执行方式**
- 命令行：QDIM。
- 菜单栏：选择菜单栏中的"标注"→"快速标注"命令。
- 功能区：单击"注释"选项卡"标注"面板中的"快速"按钮 。

📋 **操作步骤**

执行上述操作后，命令行会进行如下提示。

```
命令：_QDIM
关联标注优先级 = 端点
选择要标注的几何图形：
```

选择标注对象之后，命令行会进行如下提示。

```
指定尺寸线位置或 [连续(C)/并列(S)/
基线(B)/坐标(O)/半径(R)/直径(D)/基
准点(P)/编辑(E)/设置(T)] <连续>：
```

◇ **练一练——创建快速标注对象**

素材文件：素材 \CH08\ 快速标注 .dwg
结果文件：结果 \CH08\ 快速标注 .dwg
利用快速标注命令创建快速标注对象。
操作步骤：

第1步 打开随书配套资源中的"素材\CH08\快速标注 .dwg"文件，如图 8-56 所示。

第2步 单击"注释"选项卡"标注"面板中的"快速"按钮 ，在绘图区域中选择如图 8-57 所示的部分区域作为标注对象，按"Enter"键确认。

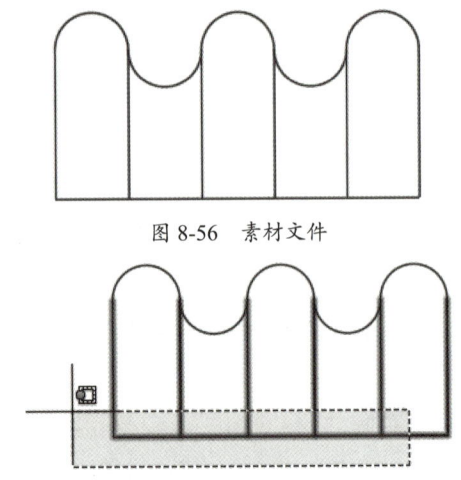

图 8-56 素材文件

图 8-57 选择标注对象

第3步 在绘图区域中拖动鼠标，单击指定尺寸线的位置，结果如图 8-58 所示。

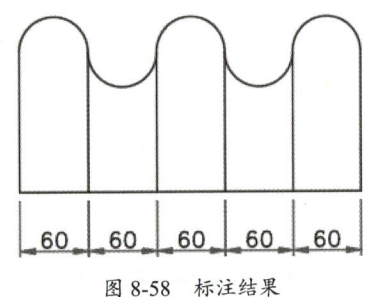

图 8-58 标注结果

💡 **提示**

快速标注不是万能的，它的使用受很大限制。只有当图形非常适合使用快速标注的时候，快速标注才能显示出它的优势。

8.3.13 检验标注

检验标注指定需要零件制造商检查其度量的频率，以及允许的公差。选择检验标注值，通过"特性"选项板的"其他"部分可以对检验标注值进行修改。

执行方式

- 命令行：DIMINSPECT。
- 菜单栏：选择菜单栏中的"标注"→"检验"命令。
- 功能区：单击"注释"选项卡"标注"面板中的"检验"按钮。

操作步骤

执行上述操作后会打开"检验标注"对话框，如图 8-59 所示。

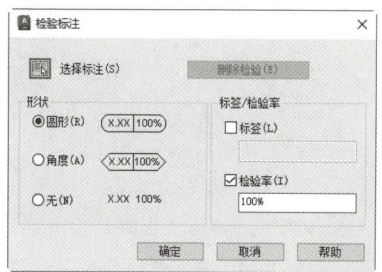

图 8-59 "检验标注"对话框

◇ **练一练——创建检验标注对象**

素材文件：素材\CH08\检验标注.dwg
结果文件：结果\CH08\检验标注.dwg
利用检验标注命令创建检验标注对象。
操作步骤：

第1步 打开随书配套资源中的"素材\CH08\检验标注.dwg"文件，如图 8-60 所示。

第2步 单击"注释"选项卡"标注"面板中的"检验"按钮，在弹出的"检验标注"对话框中设置"形状"为"角度"，"检验率"为"100%"，单击"选择标注"按钮，选择需要创建检验标注的尺寸对象，如图 8-61 所示。

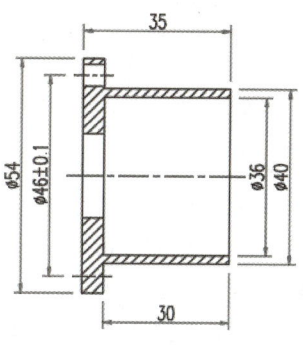

图 8-60 素材文件

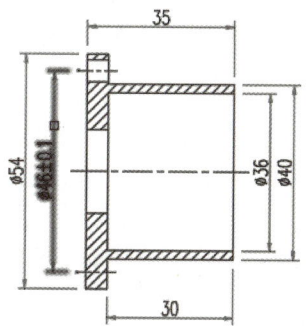

图 8-61 选择尺寸对象

第3步 按"Enter"键返回"检验标注"对话框，单击"确定"按钮，结果如图 8-62 所示。

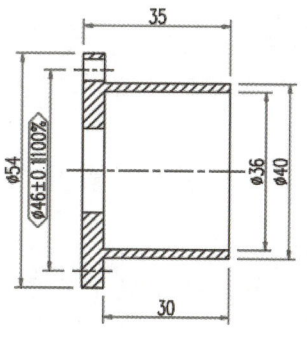

图 8-62 检验标注

8.4 多重引线标注

引线对象包含一条引线和一条说明。多重引线对象可以包含多条引线，每条引线可以包含一条或多条线段，因此，一条说明可以指向图形中的多个对象。

8.4.1 多重引线样式

下面将对多重引线样式的设置方法进行详细介绍。

🔴 **执行方式**

- 命令行：MLEADERSTYLE/MLS。
- 菜单栏：选择菜单栏中的"格式"→"多重引线样式"命令。
- 功能区：单击"默认"选项卡"注释"面板中的"多重引线样式"按钮 ，或者单击"注释"选项卡"引线"面板右下角的 符号。

🔴 **操作步骤**

执行上述操作后会打开"多重引线样式管理器"对话框，如图 8-63 所示。

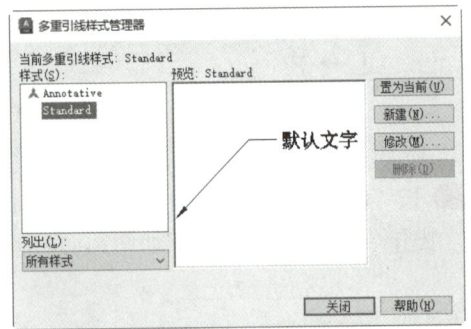

图 8-63 "多重引线样式管理器"对话框

◇ **练一练——设置多重引线样式**

素材文件：无

结果文件：结果\CH08\多重引线样式.dwg

利用多重引线样式命令创建多个多重引线样式。

操作步骤：

第1步 新建一个 AutoCAD 文件，选择"格式"→"多重引线样式"菜单命令，在弹出的"多重引线样式管理器"对话框中单击"新建"按钮，在"新样式名"中输入"样式 1"，如图 8-64 所示。

第2步 单击"继续"按钮，在弹出的"修改多重引线样式：样式 1"对话框中选择"引线格式"选项卡，将"箭头"栏目中的"符号"改为"小点"，"大小"设置为"25"，其他不变，如图 8-65 所示。

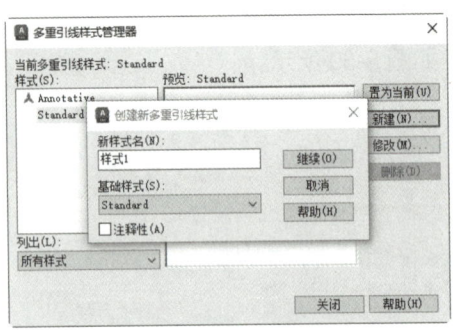

图 8-64 输入新样式名

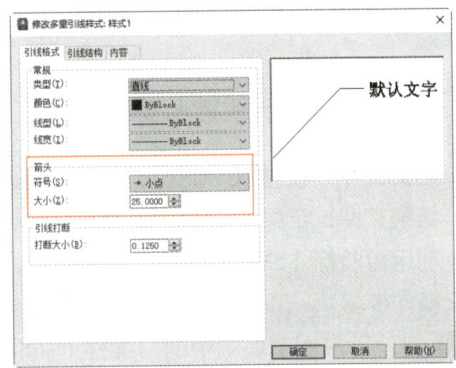

图 8-65 设置参数

第3步 单击"引线结构"选项卡，将"自动包含基线"选项的"√"去掉，其他设置不变，如图 8-66 所示。

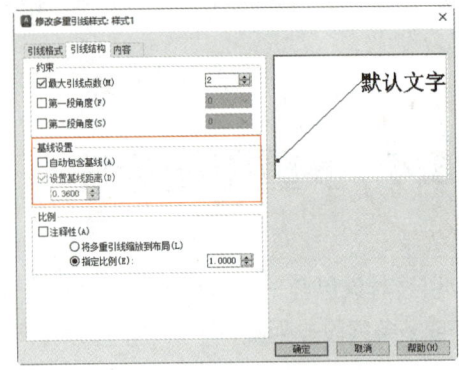

图 8-66 设置参数

第4步 单击"内容"选项卡,将"文字高度"设置为"25",选择"最后一行加下划线",将"基线间隙"设置为"0",其他设置不变,如图8-67所示。

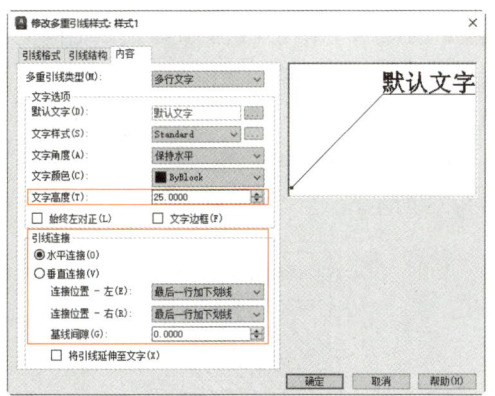

图8-67 设置参数

第5步 单击"确定"按钮,返回"多重引线样式管理器"对话框,单击"新建"按钮,以"样式1"为基础创建"样式2",如图8-68所示。

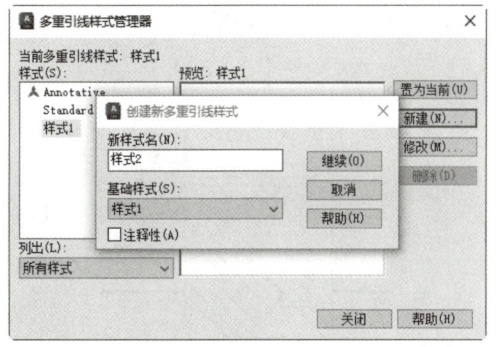

图8-68 输入新样式名

第6步 单击"继续"按钮,在弹出的对话框中单击"内容"选项卡,将"多重引线类型"设置为"块","源块"设置为"圆","比例"设置为"5",如图8-69所示。

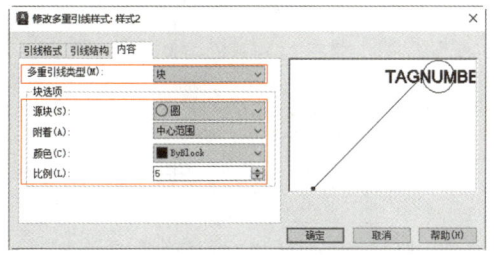

图8-69 设置参数

第7步 单击"确定"按钮,返回"多重引线样式管理器"对话框,单击"新建"按钮,以"样式2"为基础创建"样式3",如图8-70所示。

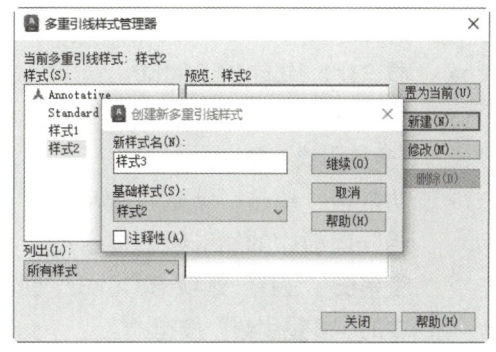

图8-70 输入新样式名

第8步 单击"继续"按钮,在弹出的对话框中单击"引线格式"选项卡,将引线"类型"改为"无",其他设置不变。单击"确定"按钮并关闭"多重引线样式管理器"对话框,如图8-71所示。

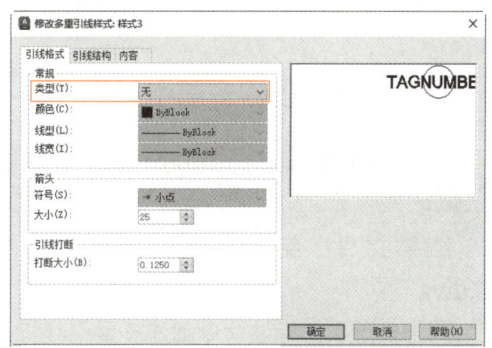

图8-71 设置参数

| 提示 |

当多重引线类型为"多行文字"时,下面会出现"文字选项"和"引线连接"等。"文字选项"区域主要控制多重引线文字的外观;"引线连接"主要控制多重引线的引线连接设置,它可以是水平连接,也可以是垂直连接。

当多重引线类型为"块"时,下面会出现"块选项",它主要是控制多重引线对象中块内容的特性,包括源块、附着、颜色和比例。

8.4.2 创建多重引线

"多重引线"可以从图形中的任意点或部件创建多重引线并在绘制时控制其外观。多重引线可先创建箭头，也可先创建尾部或内容。

执行方式

- 命令行：MLEADER/MLD。
- 菜单栏：选择菜单栏中的"标注"→"多重引线"命令。
- 功能区：单击"默认"选项卡"注释"面板中的"引线"按钮，或者单击"注释"选项卡"引线"面板中的"多重引线"按钮。

操作步骤

执行上述操作后，命令行会进行如下提示。

```
命令：_MLEADER
指定文字的第一个角点或 [预输入文字
(T)/选择多行文字(M)/引线箭头优先
(H)/引线基线优先(L)/选项(O)]
```

◇ **练一练——创建多重引线标注**

素材文件：素材\CH08\多重引线标注.dwg

结果文件：结果\CH08\多重引线标注.dwg

利用多重引线标注命令创建多重引线标注对象。

操作步骤：

第1步 打开随书配套资源中的"素材\CH08\多重引线标注.dwg"文件，如图8-72所示。

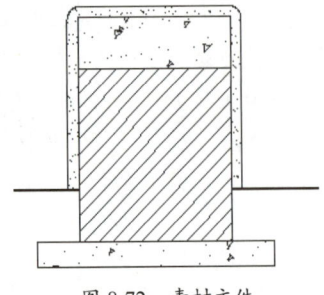

图8-72 素材文件

第2步 创建一个和8.4.1节中样式1相同的多重引线样式，将其置为当前。单击"默认"选项卡"注释"面板中的"引线"按钮，在需要创建标注的位置单击，指定箭头位置，如图8-73所示。

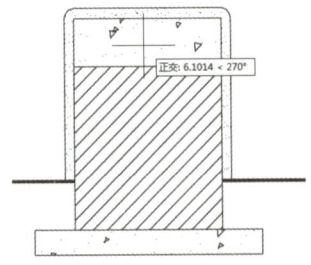

图8-73 指定箭头位置

第3步 拖动鼠标，在合适的位置单击，作为引线基线位置，如图8-74所示。

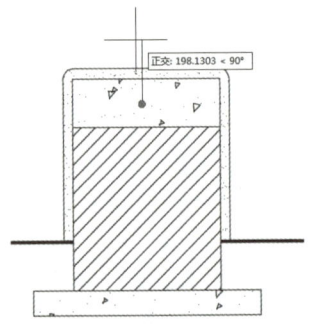

图8-74 指定引线基线位置

第4步 在弹出的文字输入框中输入相应的文字，如图8-75所示。

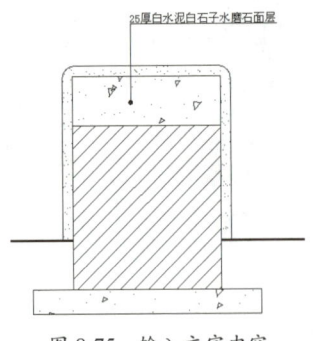

图8-75 输入文字内容

第5步 重复上步操作,选择上步选择的"引线箭头"位置,在合适的高度指定引线基线的位置,然后输入文字,结果如图 8-76 所示。

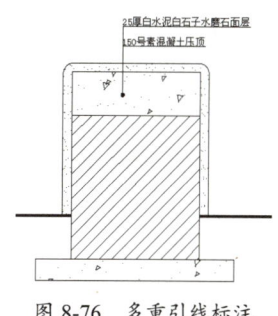

图 8-76　多重引线标注

8.4.3　多重引线的编辑

多重引线的编辑主要包括对齐多重引线、合并多重引线、添加多重引线和删除多重引线。

1. 对齐引线

执行方式

- 命令行:MLEADERALIGN/MLA。
- 功能区:单击"默认"选项卡"注释"面板中的"对齐"按钮,或者单击"注释"选项卡"引线"面板中的"对齐"按钮。

2. 合并引线

执行方式

- 命令行:MLEADERCOLLECT/MLC。
- 功能区:单击"默认"选项卡"注释"面板中的"合并"按钮,或者单击"注释"选项卡"引线"面板中的"合并"按钮。

3. 添加引线

执行方式

- 命令行:MLEADEREDIT/MLE。
- 功能区:单击"默认"选项卡"注释"面板中的"添加引线"按钮,或者单击"注释"选项卡"引线"面板中的"添加引线"按钮。

4. 删除引线

执行方式

- 命令行:AIMLEADEREDITREMOVE。
- 功能区:单击"默认"选项卡"注释"面板中的"删除引线"按钮,或者单击"注释"选项卡"引线"面板中的"删除引线"按钮。

◇ **练一练——编辑多重引线对象**

素材文件:素材\CH08\编辑多重引线.dwg

结果文件:结果\CH08\编辑多重引线.dwg

利用多重引线编辑命令编辑多重引线标注对象。

操作步骤:

1. 创建多重引线

第1步 打开随书配套资源中的"素材\CH08\编辑多重引线.dwg"文件,如图 8-77 所示。

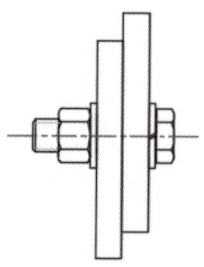

图 8-77　素材文件

第2步 参照 8.4.1 节中"样式 2"创建一个多

重引线样式，多重引线样式名称设置为"装配"，单击"引线结构"选项卡，将"自动包含基线"距离设置为12，其他设置不变，如图 8-78 所示。

图 8-78　设置参数

第3步 单击"默认"选项卡"注释"面板中的"引线"按钮，在需要创建标注的位置单击，指定箭头的位置，如图 8-79 所示。

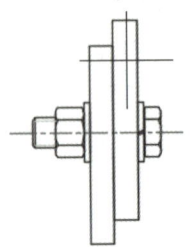

图 8-79　指定箭头位置

第4步 拖动鼠标，在合适的位置单击，作为引线基线位置，如图 8-80 所示。

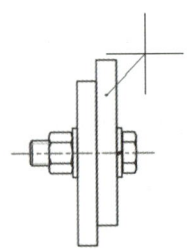

图 8-80　指定引线基线位置

第5步 在弹出的"编辑属性"对话框中输入标记编号"1"，如图 8-81 所示。

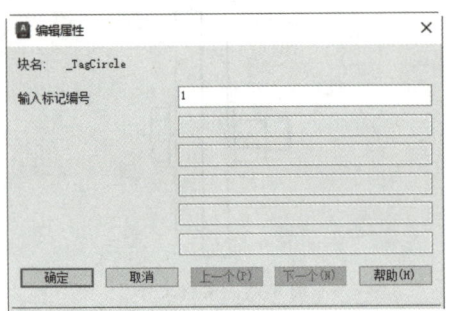

图 8-81　输入标记编号

第6步 单击"确定"按钮后，结果如图 8-82 所示。

第7步 重复多重引线标注，结果如图 8-83 所示。

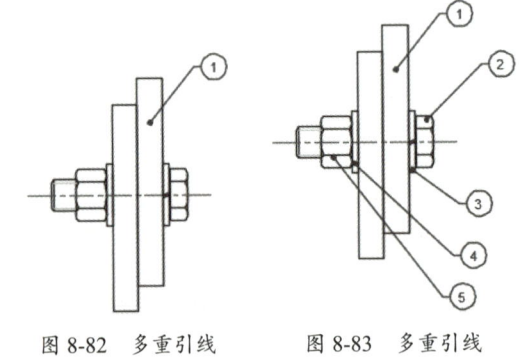

图 8-82　多重引线　　　图 8-83　多重引线

2. 编辑多重引线

第1步 单击"默认"选项卡"注释"面板中的"对齐"按钮，选择所有多重引线，如图 8-84 所示。

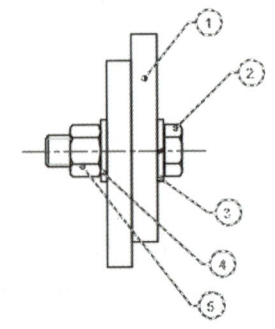

图 8-84　选择多重引线

第2步 捕捉多重引线2，将其他多重引线与其对齐，如图 8-85 所示。

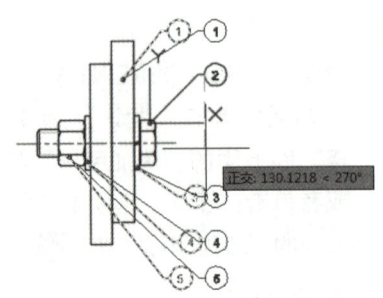

图 8-85　捕捉多重引线

第3步 对齐后结果如图 8-86 所示。

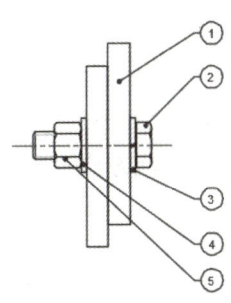

图 8-86　对齐结果

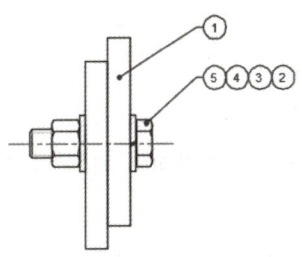

图 8-89　合并结果

第4步　单击"默认"选项卡"注释"面板中的"合并"按钮，选择多重引线 2～5，如图 8-87 所示。

第7步　单击"默认"选项卡"注释"面板中的"添加引线"按钮，选择多重引线 1 并拖动鼠标指定添加的位置，如图 8-90 所示。

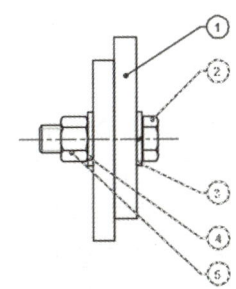

图 8-87　选择多重引线

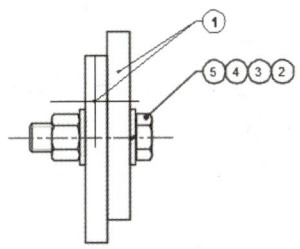

图 8-90　指定添加位置

第5步　选择后拖动鼠标，指定合并后的多重引线的位置，如图 8-88 所示。

第8步　添加完成后结果如图 8-91 所示。

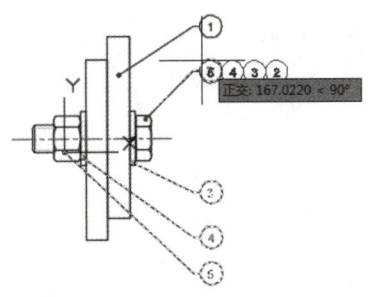

图 8-88　指定多重引线位置

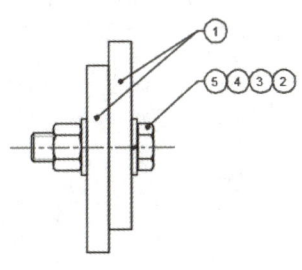

图 8-91　添加结果

第6步　合并后如图 8-89 所示。

> **提示**
>
> 为了便于指定点和引线的位置，在创建多重引线时可以关闭对象捕捉和正交模式。

8.5　尺寸公差和形位公差标注

公差有三种，即尺寸公差、形状公差和位置公差，形状公差和位置公差统称为形位公差。

8.5.1 标注尺寸公差

AutoCAD 中，创建尺寸公差的方法通常有 3 种，即通过标注样式创建尺寸公差、通过文字形式创建尺寸公差和通过特性选项板创建尺寸公差。特性选项板的调用方法如下。

📋 **执行方式**

- 命令行：PROPERTIES/PR。
- 菜单栏：选择菜单栏中的"修改"→"特性"命令。
- 功能区：单击"默认"选项卡"特性"面板右下角的 ↘ 按钮。

📋 **操作步骤**

执行上述操作后会打开"特性"选项板，如图 8-92 所示。

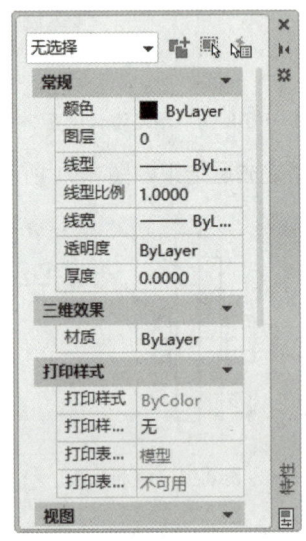

图 8-92 "特性"选项板

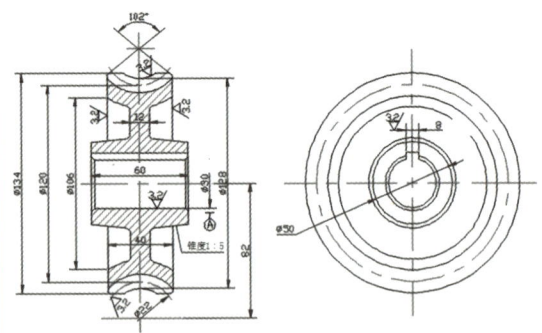

图 8-93 素材文件

第 2 步 在命令行输入"D"并按"Enter"键，弹出"标注样式管理器"对话框，选中"尺寸公差样式"样式，单击"替代"按钮，弹出"替代当前样式：尺寸公差样式"对话框。单击"公差"选项卡，公差的"方式"设置为"极限偏差"，"上偏差"值设置为"0.2"，"下偏差"值设置为"0"，如图 8-94 所示。

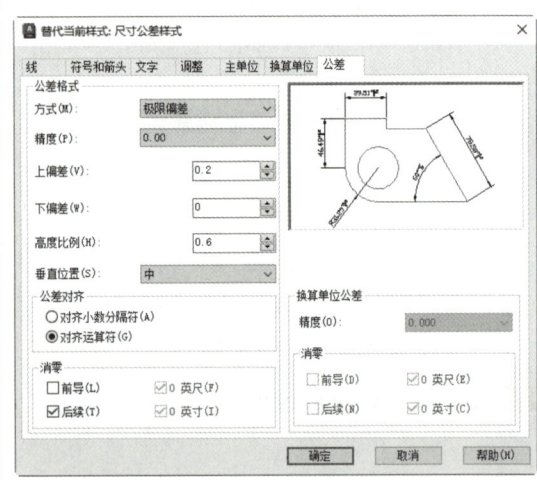

图 8-94 "替代当前样式：尺寸公差样式"对话框

◇ **练一练——创建尺寸公差对象**

素材文件：素材 \CH08\ 公差标注 .dwg
结果文件：结果 \CH08\ 公差标注 .dwg
利用多种方式创建尺寸公差对象。
操作步骤：

1. 通过标注样式创建尺寸公差

第 1 步 打开随书配套资源中的"素材 \CH08\ 公差标注 .dwg"文件，如图 8-93 所示。

第 3 步 设置完成后单击"确定"按钮，关闭"标注样式管理器"对话框。单击"默认"选项卡"注释"面板中的"线性"按钮 ⊢，对图形进行线性标注，结果如图 8-95 所示。

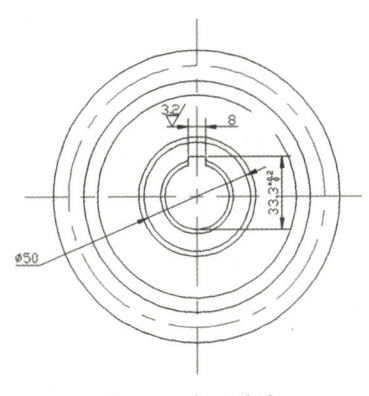

图 8-95 标注结果

> **提示**
>
> 标注样式中的公差一旦设定，在标注其他尺寸时也会被加上设置的公差。因此，为了避免其他再标注的尺寸受影响，在要添加公差的尺寸标注完成后，及时切换其他标注样式为当前样式。

2. 通过文字形式创建尺寸公差

在命令行输入"D"并按"Enter"键，弹出"标注样式管理器"对话框，选中"尺寸公差样式"样式，单击"置为当前"按钮，将"尺寸公差样式"置为当前标注样式。

第1步 双击标注为"φ30"的尺寸线，使其进入编辑状态，如图 8-96 所示。

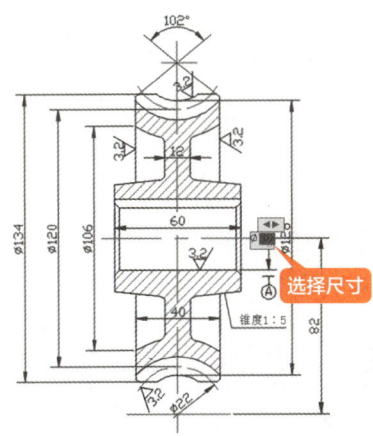

图 8-96 双击选择标注

第2步 在标注的尺寸后面输入"+0.02^0"，如图 8-97 所示。

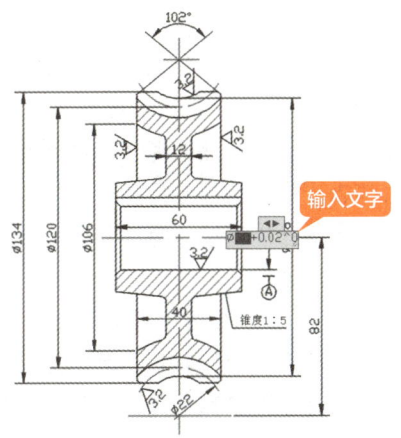

图 8-97 编辑标注

第3步 选中刚输入的文字，单击"文字编辑器"选项卡"格式"面板中的按钮，如图 8-98 所示。

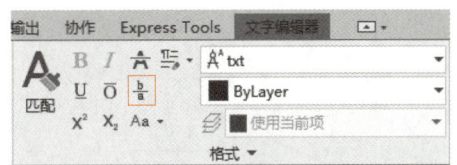

图 8-98 文字编辑器

第4步 上面输入的文字会自动变成尺寸公差形式，退出文字编辑器后，结果如图 8-99 所示。

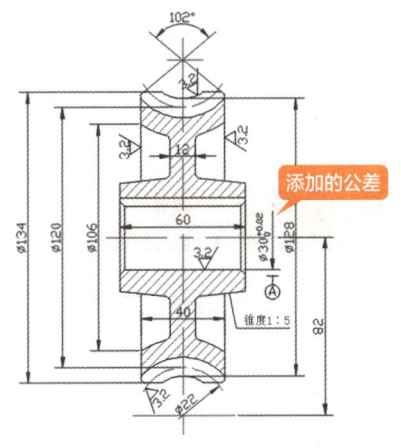

图 8-99 编辑结果

3. 通过特性选项板创建尺寸公差

标注样式创建公差死板又烦琐，每次创建的公差只能用于一个公差的标注。当不需要标注尺寸公差或公差大小不同时，就需要更换标注样式。

通过文字创建尺寸公差比标注样式创建公差更便捷，但是这种方式创建的公差在 CAD 软件中会破坏尺寸标注的特性，使创建公差后的尺寸失去了原来的部分特性，比如用这种方式创建的公差不能通过"特性匹配"命令将该公差匹配给其他尺寸。

使用"特性选项板"来创建公差，不但方便且易于修改，可通过"特性匹配"命令将创建的公差匹配给其他需要创建相同公差的尺寸。

第1步 单击标注为"8"的尺寸线，使其进入编辑状态，如图 8-100 所示。

"对称"形式，并将公差大小设置为"0.02"，如图 8-101 所示。

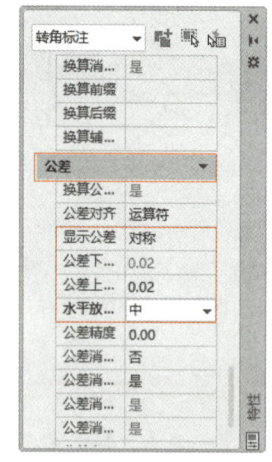

图 8-101　编辑标注

第3步 完成公差设置后，结果如图 8-102 所示。

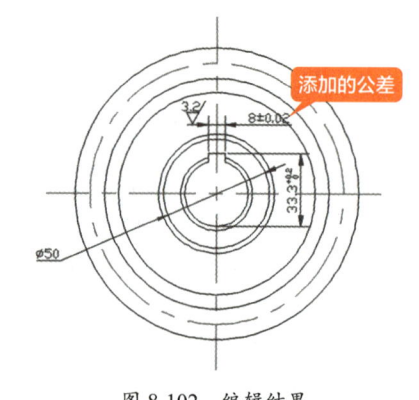

图 8-102　编辑结果

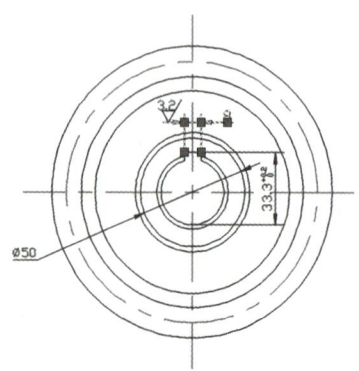

图 8-100　单击选择标注

第2步 在命令行输入"PR"并按"Enter"键，在弹出的"特性"选项板上，将公差设置为

8.5.2　标注形位公差

下面对形位公差的创建方法进行介绍。

- **执行方式**
  - 命令行：TOLERANCE/TOL。
  - 菜单栏：选择菜单栏中的"标注"→"公差"命令。
  - 功能区：单击"注释"选项卡"标注"面板中的"公差"按钮 。

- **操作步骤**

执行上述操作后会打开"形位公差"对话框，如图 8-103 所示。

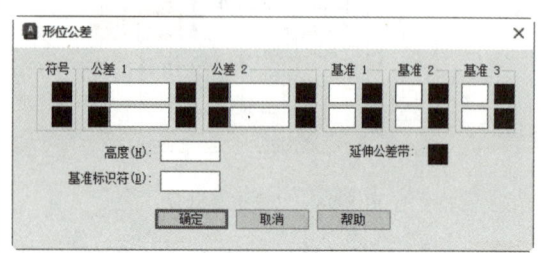

图 8-103　"形位公差"对话框

第 8 章 尺寸标注

◇ 练一练——创建形位公差对象

利用形位公差命令创建形位公差对象。

操作步骤：

第1步 继续 8.5.1 节的案例，单击"注释"选项卡"标注"面板中的"公差"按钮，弹出"形位公差"对话框，单击"符号"下方的，弹出"特征符号"选择框，如图 8-104 所示。

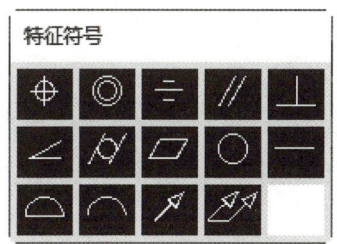

图 8-104 "特征符号"选择框

第2步 选择"圆跳动"符号，输入"公差 1"的值为"0.04"，并设置"基准 1"为"A"，如图 8-105 所示。

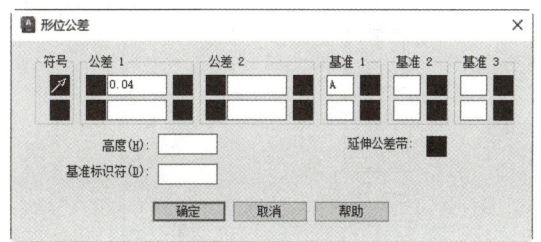

图 8-105 参数设置

第3步 单击"确定"按钮，在绘图区域中单击指定公差位置，结果如图 8-106 所示。

第4步 单击"默认"选项卡"注释"面板中的"引线"按钮，在绘图区域中创建多重引线，将形位公差指向相应的尺寸标注，结果如图 8-107 所示。

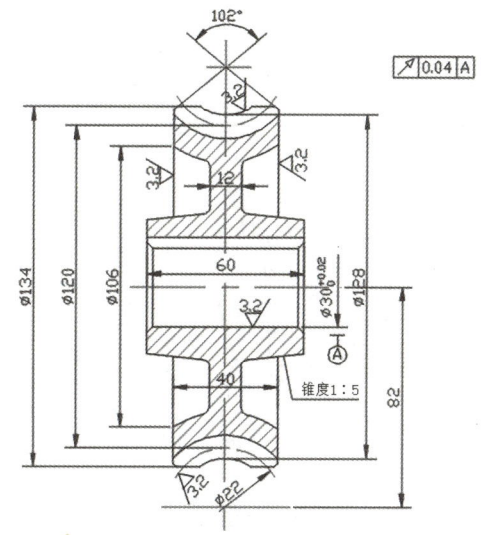

图 8-106 指定公差位置

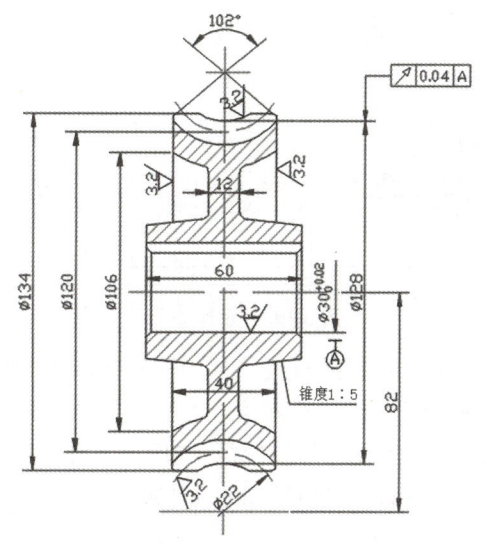

图 8-107 创建多重引线

8.6 实例——标注机械图形

阶梯轴是机械设计中常见的零件，本例通过线性标注、基线标注、连续标注、直径标注、半径标注、公差标注、形位公差标注等给阶梯轴添加标注。

1. 给阶梯轴添加尺寸标注

第1步 打开随书配套资源中的"素材\CH08\给阶梯轴添加标注.dwg"文件，如图8-108所示。

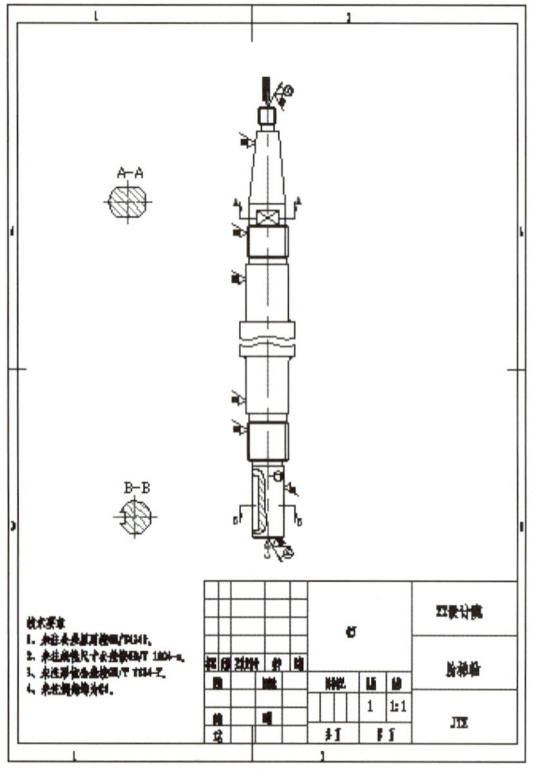

图 8-108 素材文件

第2步 在命令行输入"D"并按"Enter"键，在弹出的"标注样式管理器"对话框上单击"修改"按钮，单击"线"选项卡，将"基线间距"修改为"20"，如图8-109所示。

图 8-109 设置参数

第3步 单击"默认"选项卡"注释"面板中的"线性"按钮，捕捉轴的两个端点为尺寸界

线原点，在合适的位置放置尺寸线，结果如图 8-110 所示。

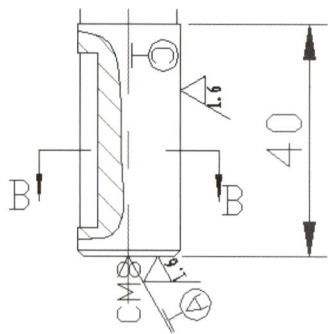

图 8-110 线性标注

第4步 单击"注释"选项卡"标注"面板中的"基线"按钮，创建基线标注，结果如图 8-111 所示。

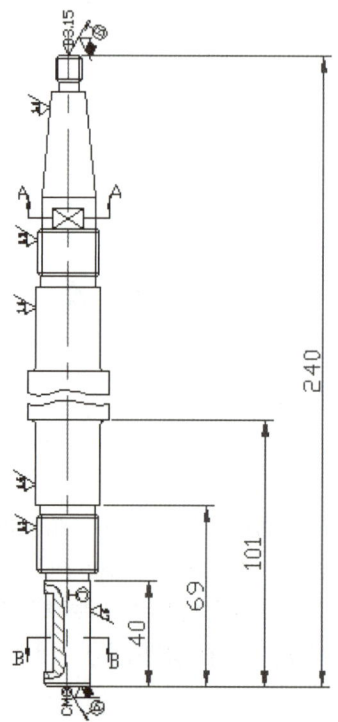

图 8-111 基线标注

第5步 单击"注释"选项卡"标注"面板中的"连续"按钮，输入"S"选择连续标注的第一条尺寸线，创建连续标注，结果如图 8-112 所示。

第 8 章
尺寸标注

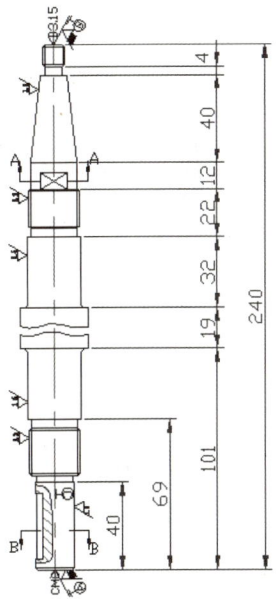

图 8-112 连续标注

第6步 在命令行输入"MULTIPLE"按"Enter"键，输入"DLI"，标注退刀槽和轴的直径，如图 8-113 所示。

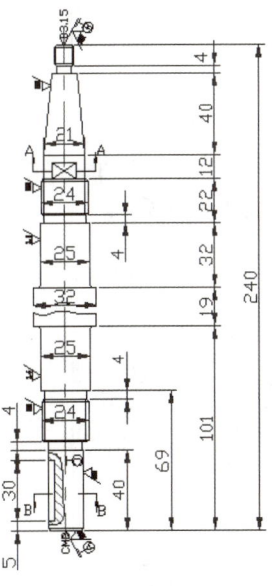

图 8-113 线性标注

> **提示**
> "MULTIPLE"命令是连续执行命令，输入该命令后，再输入要连续执行的命令，可以重复该操作，直至按"Esc"键退出。

第7步 双击标注为"25"的尺寸，在弹出的"文字编辑器"选项卡下"插入"面板中选择"符号"按钮，插入直径符号和正负号，输入公差值，结果如图 8-114 所示。

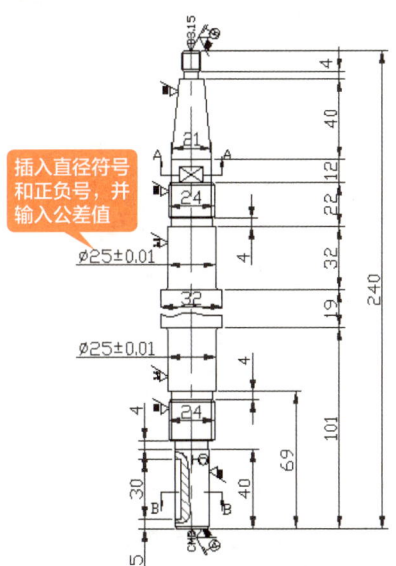

图 8-114 尺寸编辑

第8步 重复第 7 步，修改退刀槽和螺纹标注等，结果如图 8-115 所示。

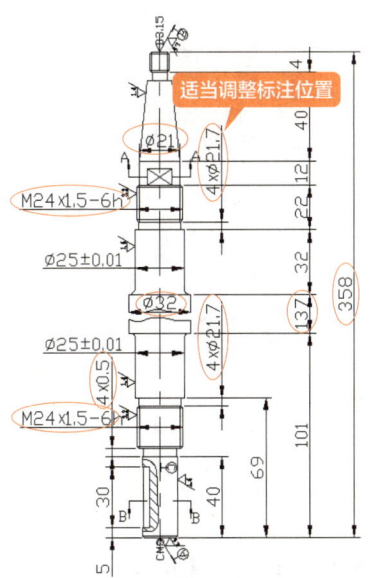

图 8-115 尺寸编辑

第9步 单击"注释"选项卡"标注"面板中的"打断"按钮，对相互干涉的尺寸进行打断，如图 8-116 所示。

所示。

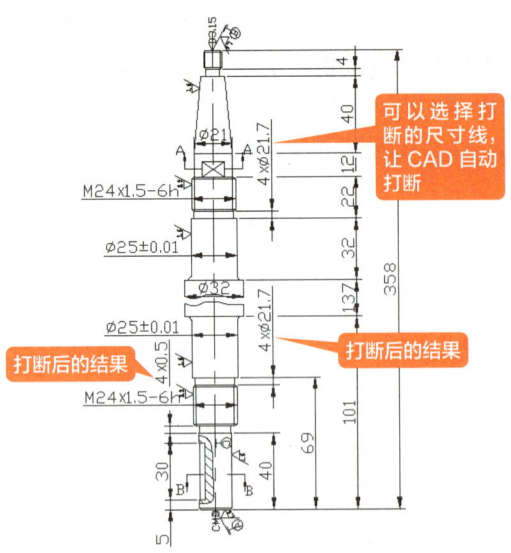

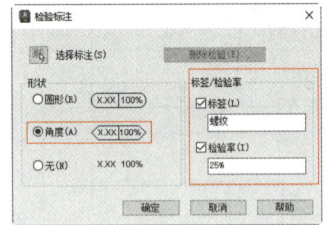

图 8-118 "检验标注"对话框

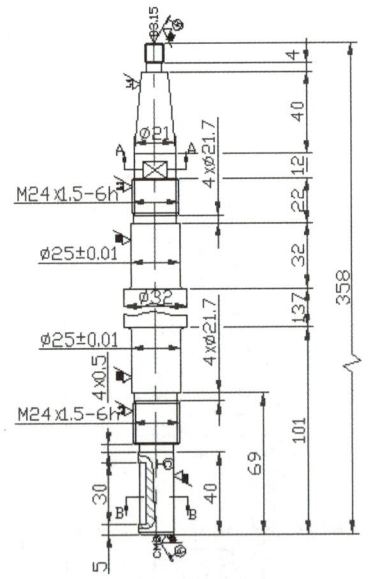

图 8-116 尺寸打断

第10步 单击"注释"选项卡"标注"面板中的"标注，折弯标注"按钮，给标注为"358"的尺寸线添加折弯线性标注，结果如图 8-117 所示。

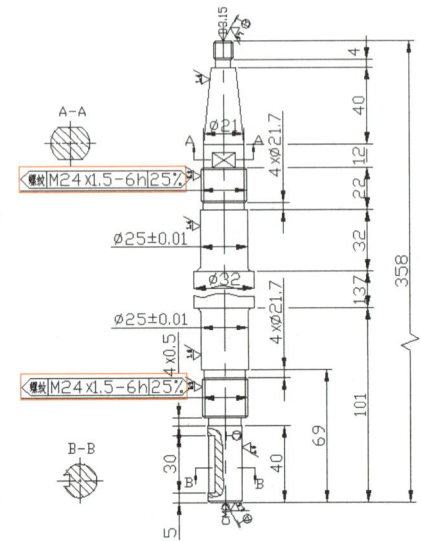

图 8-119 选择标注

第3步 重复第 1～2 步，继续给阶梯轴添加检验标注，如图 8-120 所示。

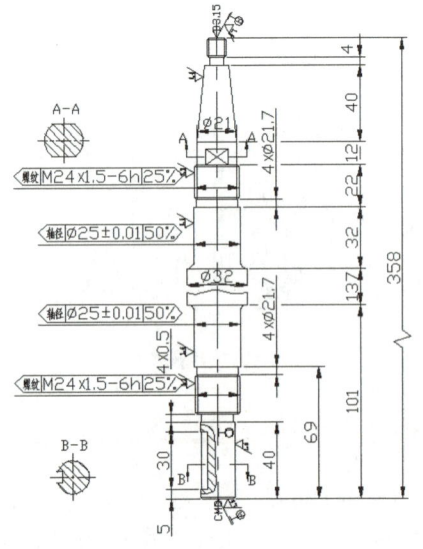

图 8-117 折弯线性标注

2. 添加检验标注和多重引线标注

第1步 单击"注释"选项卡"标注"面板中的"检验"按钮，弹出"检验标注"对话框，如图 8-118 所示。

第2步 选择两个螺纹标注，结果如图 8-119

图 8-120 检验标注

第4步 单击"默认"选项卡"注释"面板中的"半径"按钮，给圆角添加半径标注，如图 8-121 所示。

第7步 在命令行输入"UCS"，将坐标系绕 Z 轴旋转 90°，旋转后的坐标如图 8-124 所示。

第8步 单击"注释"选项卡"标注"面板中的"公差"按钮，结果如图 8-125 所示。

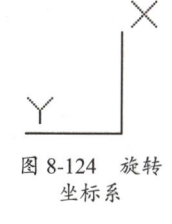

图 8-124 旋转坐标系

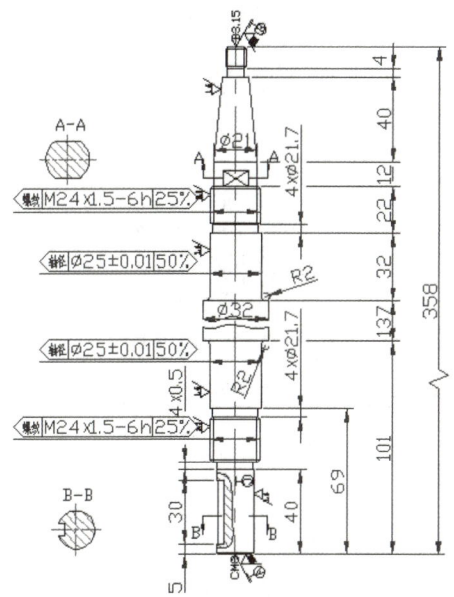

图 8-121 半径标注

第5步 选择"格式"→"多重引线样式"菜单命令，单击"修改"按钮，在弹出的"修改多重引线样式：Standard"对话框中，单击"引线结构"选项卡，取消勾选"设置基线距离"复选框，如图 8-122 所示。

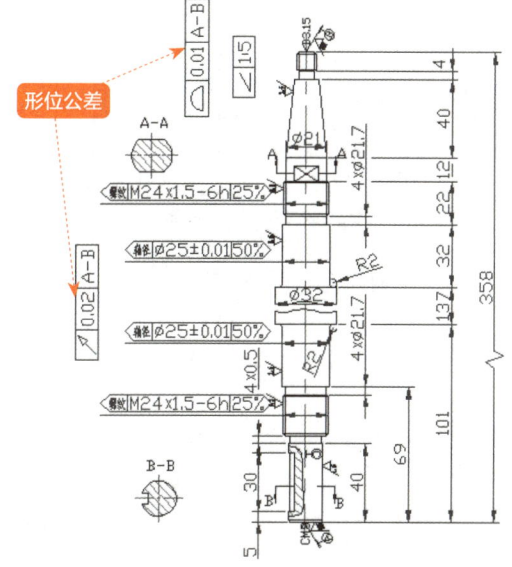

图 8-125 形位公差

第9步 在命令行输入"MULTIPLE"按"Enter"键，在命令行输入"MLD"按"Enter"键，创建多重引线，如图 8-126 所示。

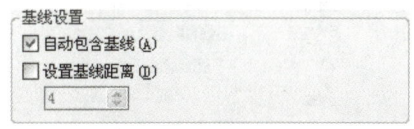

图 8-122 参数设置

第6步 单击"内容"选项卡，将"多重引线类型"设置为"无"，单击"确定"按钮，将修改后的多重引线样式置为当前，如图 8-123 所示。

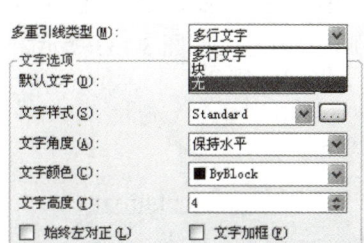

图 8-123 参数设置

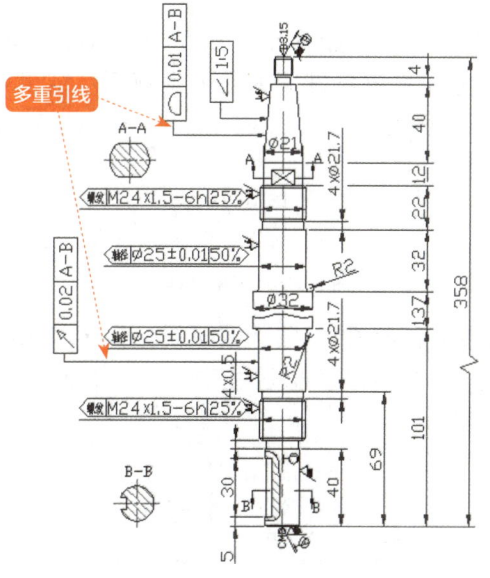

图 8-126 多重引线

第10步 在命令行输入"UCS"按"Enter"键，将坐标系绕Z轴旋转180°，在命令行输入"MLD"按"Enter"键，创建一条多重引线，结果如图8-127所示。

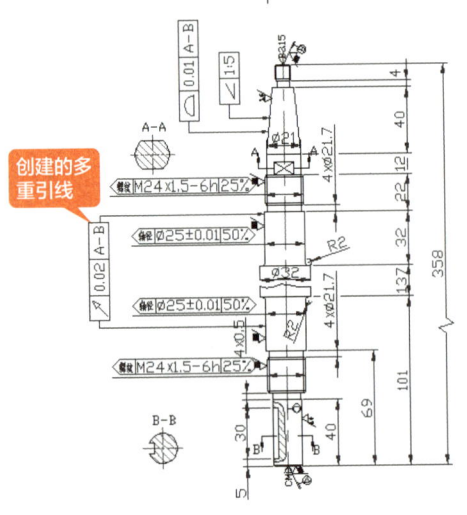

图8-127 多重引线

> **提示**
>
> 在第7步和第10步中，只有坐标系旋转后创建的形位公差和多重引线标注才可以一次到位，标注成竖直方向的。

3. 给断面图添加标注

第1步 在命令行输入"UCS"按"Enter"键，将坐标系重新设置为世界坐标系，结果如图8-128所示。

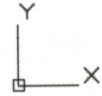

图8-128 调整坐标系

第2步 在命令行输入"DLI"并按"Enter"键，为断面图添加线性标注，结果如图8-129所示。

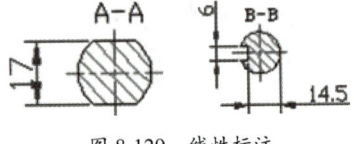

图8-129 线性标注

第3步 选择标注为14.5的尺寸，在命令行输入"PR"并按"Enter"键确认，在弹出的"特性选项板"上进行如图8-130所示的设置。

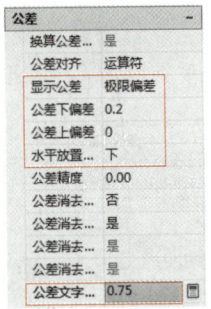

图8-130 特性选项板

第4步 关闭"特性选项板"后结果如图8-131所示。

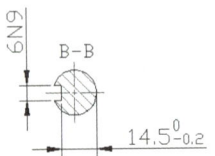

图8-131 标注编辑结果

第5步 在命令行输入"D"并按"Enter"键确认，在弹出的"标注管理器"对话框上单击"替代"按钮，然后选择"公差"选项卡，进行如图8-132所示的设置。

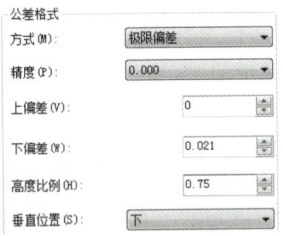

图8-132 参数设置

第6步 将替代样式设置为当前样式，在命令行输入"DDI"按"Enter"键，选择键槽断面图的圆弧进行标注，如图8-133所示。

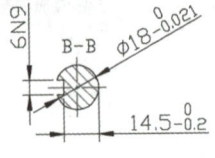

图8-133 直径标注

第 8 章
尺寸标注

第7步 在命令行输入"UCS"并按"Enter"键确认,将坐标系绕 Z 轴旋转 90°,旋转后的坐标如图 8-134 所示。

第8步 在命令行输入"TOL"并按"Enter"键确认,在弹出的"形位公差"输入框中进行如图 8-135 所示的设置。

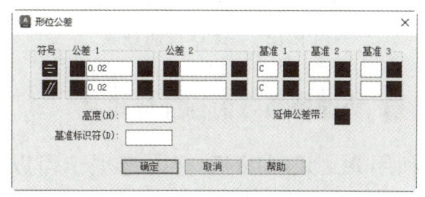

图 8-134 调整坐标系

图 8-135 参数设置

第9步 单击"确定"按钮,将创建的形位公差放到合适的位置,如图 8-136 所示。

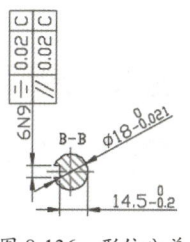

图 8-136 形位公差

第10步 所有尺寸标注完成后,将坐标系重新设置为世界坐标系,最终结果如图 8-137 所示。

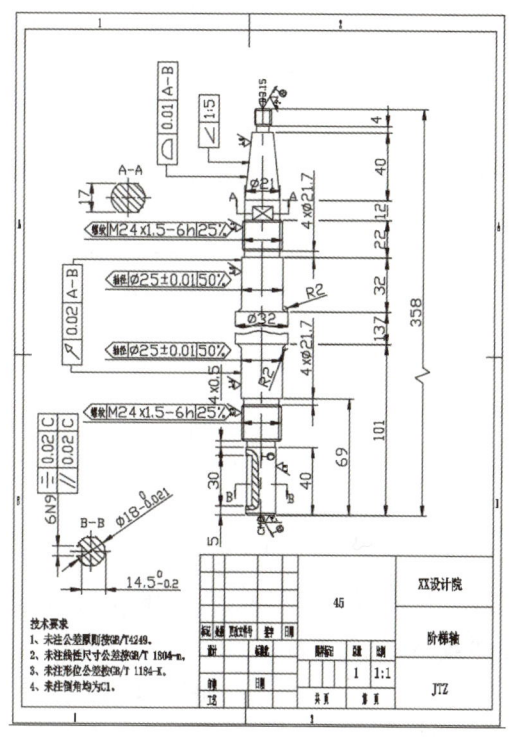

图 8-137 标注结果

疑难解析

1. 对齐标注的水平竖直标注与线性标注的区别

对齐标注也可以标注水平或竖直直线,但是当标注完成后,再重新调节标注位置时,往往得不到想要的结果。因此,在标注水平或竖直尺寸时最好用线性标注。

第1步 打开"素材 \CH08\ 用对齐标注标注水平竖直线"文件,如图 8-138 所示。

第2步 单击"默认"选项卡"注释"面板中的"对齐"按钮,然后分别捕捉两个端点,拖拽鼠标在合适的位置,单击放置对齐标注线,结果如图 8-139 所示。

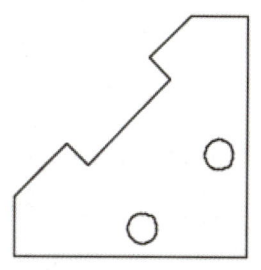

图 8-138 素材文件

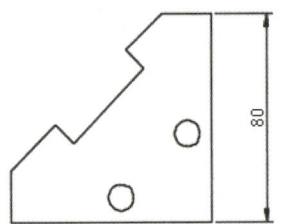

图 8-139　竖直对齐标注

第3步 重复对齐标注，对水平直线进行标注，结果如图 8-140 所示。

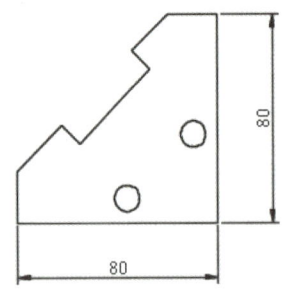

图 8-140　水平对齐标注

第4步 选中竖直标注，然后单击图 8-141 所示的夹点。

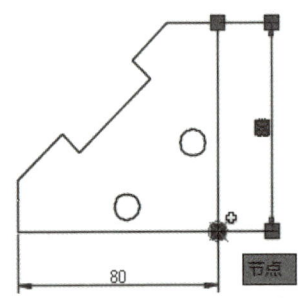

图 8-141　选择夹点

第5步 向右拖拽鼠标调整标注位置，可以看到标注尺寸发生变化，如图 8-142 所示。

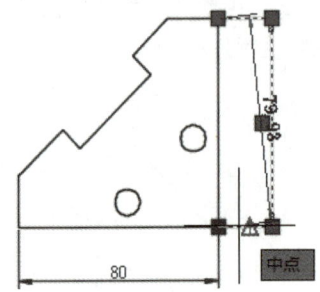

图 8-142　调整对齐标注

第6步 在合适的位置单击确定新的标注位置，结果如图 8-143 所示。

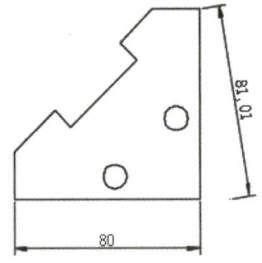

图 8-143　调整后的结果

2. 快速切换当前标注样式

利用 AutoCAD 的功能区选项卡可以实现快速切换当前标注样式，具体操作步骤如下。

第1步 打开随书配套资源中的"素材\CH08\切换当前标注样式.dwg"文件，单击"默认"选项卡的"注释"面板，可以发现当前标注样式为"ISO-25"，如图 8-144 所示。

图 8-144　当前标注样式

第2步 单击"标注样式"下拉按钮，选择"DIM"，如图 8-145 所示。

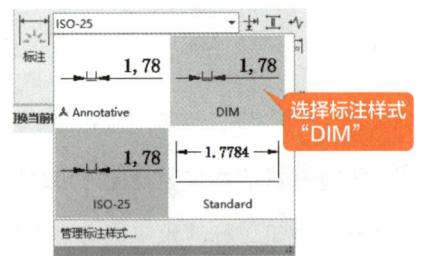

图 8-145　切换标注样式

第3步 当前标注样式已经切换为"DIM"，如图 8-146 所示。

图 8-146　切换后的当前样式

第 8 章
尺寸标注

对图 8-147 所示图形进行尺寸标注，标注结果如图 8-148 所示。

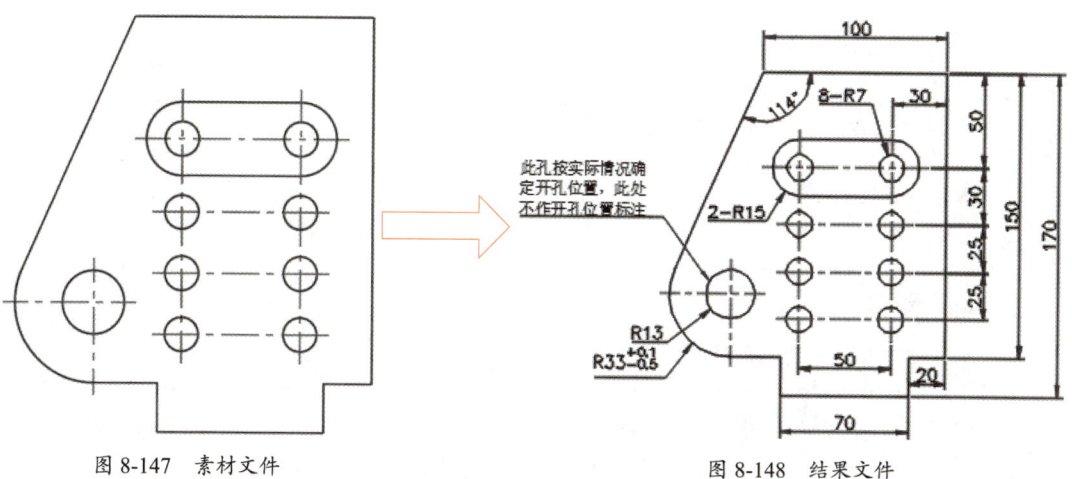

图 8-147　素材文件　　　　　　　　　　图 8-148　结果文件

第 9 章
智能标注和编辑标注

🔘 内容简介

智能标注(dim)命令可以实现在同一命令任务中创建多种类型的标注。智能标注(dim)命令支持的标注类型包括垂直标注、水平标注、对齐标注、旋转的线性标注、角度标注、半径标注、直径标注、折弯半径标注、弧长标注、基线标注和连续标注。

标注对象创建完成后可以根据需要对其进行编辑操作,以满足工程图纸的实际标注需求。本章介绍如何编辑图形对象的各种标注。

🔘 内容要点

- 智能标注
- 编辑标注

🔘 案例效果

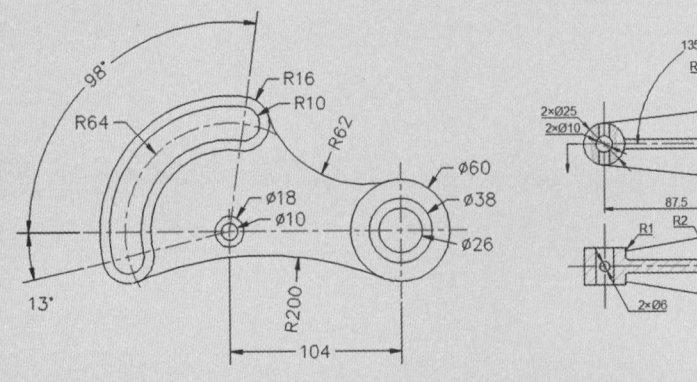

第 9 章 智能标注和编辑标注

9.1 智能标注——dim 命令

dim 命令可以理解为智能标注，几乎一个命令就可以搞定日常的标注，非常实用。

调用 dim 命令后，将光标悬停在标注对象上时，将自动预览要使用的合适标注类型。选择对象、线或点进行标注，然后单击绘图区域中的任意位置绘制标注。

执行方式
- 命令行：DIM。
- 功能区：单击"默认"选项卡"注释"面板中的"标注"按钮，或者单击"注释"选项卡"标注"面板中的"标注"按钮。

操作步骤
执行上述操作后，命令行会进行如下提示。

```
命令：_DIM
选择对象或指定第一个尺寸界线原点或[角度(A)/基线(B)/连续(C)/坐标(O)/对齐(G)/分发(D)/图层(L)/放弃(U)]：
```

选项说明
命令行中各选项含义如下。

选择对象：自动为所选对象选择合适的标注类型，并显示与该标注类型相对应的提示。

圆弧：默认显示半径标注；圆：默认显示直径标注；直线：默认为线性标注。

第一个尺寸界线原点：选择两个点时创建线性标注。

角度：创建一个角度标注来显示三个点或两条直线之间的角度（同 DIMANGULAR 命令）。

基线：从上一个或选定标准的第一条界线创建线性、角度或坐标标注（同 DIMBASELINE 命令）。

连续：从选定标注的第二条尺寸界线创建线性、角度或坐标标注（同 DIMCONTINUE 命令）。

坐标：创建坐标标注（同 DIMORDINATE 命令），相比坐标标注，可以调用一次命令进行多个标注。

对齐：将多个平行、同心或同基准标注对齐到选定的基准标注。

分发：指定可用于分发一组选定的孤立线性标注或坐标标注的方法，有相等和偏移两个选项。
- 相等：均匀分发所有选定的标注，此方法要求至少有三条标注线。
- 偏移：按指定的偏移距离分发所有选定的标注。

图层：为指定的图层指定新标注，以替代当前图层。该选项在创建复杂图形时尤为有用，选定标注图层后即可标注，不需要在标注图层和绘图图层之间来回切换。

放弃：反转上一个标注操作。

◇ 练一练——使用智能标注功能标注图形对象

素材文件：素材\CH09\智能标注.dwg
结果文件：结果\CH09\智能标注.dwg
利用智能标注功能标注图形对象。
操作步骤：

第1步 打开随书配套资源中的"素材\CH09\智能标注.dwg"文件，如图 9-1 所示。

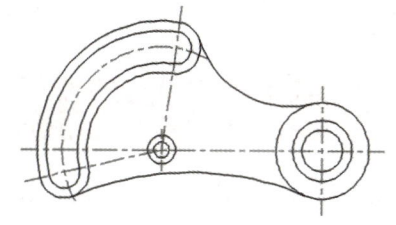

图 9-1 素材文件

第 2 步 单击"默认"选项卡→"注释"面板→"标注"按钮，捕捉相应端点创建线性标注对象，如图 9-2 所示。

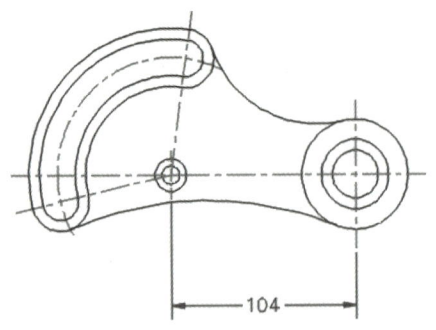

图 9-2 创建线性标注

第 3 步 选择相应圆形创建直径标注对象，结果如图 9-3 所示。

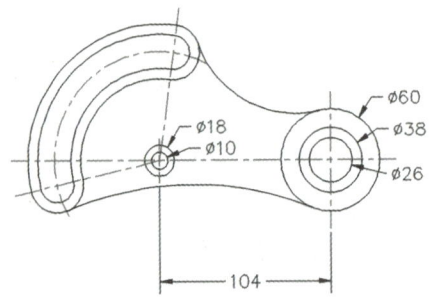

图 9-3 标注直径

第 4 步 选择相应圆弧创建半径标注对象，结果如图 9-4 所示。

第 5 步 在命令行输入"A"按"Enter"键确认，分别选择相应直线段创建角度标注对象，结果如图 9-5 所示。

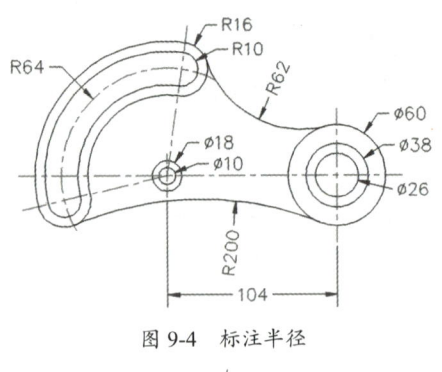

图 9-4 标注半径

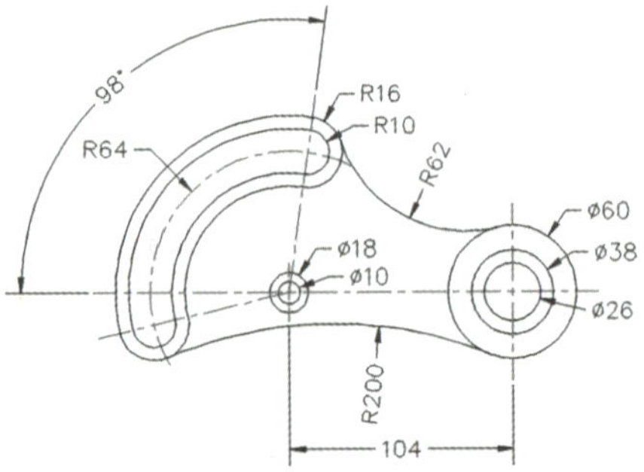

图 9-5 标注角度

第 6 步 重复第 5 步创建角度标注，按"Enter"键，退出 dim 命令，结果如图 9-6 所示。

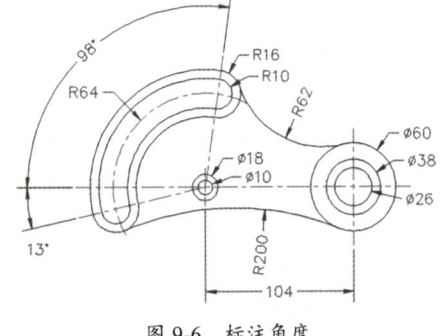

图 9-6 标注角度

9.2 编辑标注

标注对象创建完成后可以根据需要对其进行编辑操作，以满足工程图纸的实际标注需求。

9.2.1 DIMEDIT（DED）编辑标注

DIMEDIT（DED）命令主要用于编辑标注文字和尺寸界线，可以旋转、修改或恢复标注文字、更改尺寸界线的倾斜角等。

第 9 章 智能标注和编辑标注

📄 **执行方式**

- 命令行：DIMEDIT/DED。

📄 **操作步骤**

执行上述操作后，命令行会进行如下提示。

```
命令：_DIMEDIT
输入标注编辑类型 [默认(H)/新建(N)/
旋转(R)/倾斜(O)] <默认>：
```

◇ **练一练——编辑标注对象**

素材文件：素材\CH09\编辑标注.dwg
结果文件：结果\CH09\编辑标注.dwg

利用编辑标注命令对标注对象进行编辑操作。

操作步骤：

第1步 打开随书配套资源中的"素材\CH09\编辑标注.dwg"文件，如图 9-7 所示。

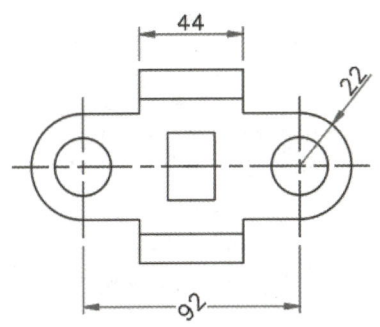

图 9-7 素材文件

第2步 在命令行输入"DED"，按"Enter"键确认，在命令提示下输入"H"，按"Enter"键，在绘图区域中选择如图 9-8 所示的标注对象作为编辑对象。

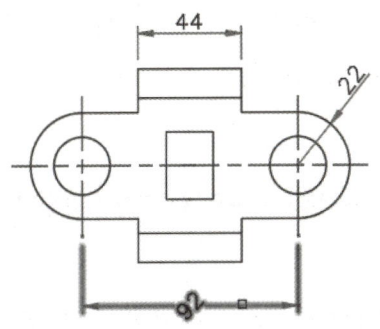

图 9-8 选择标注对象

第3步 按"Enter"键确认，结果如图 9-9 所示。

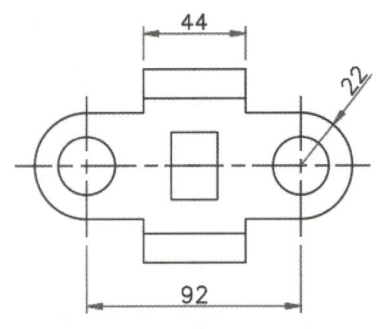

图 9-9 编辑结果

第4步 在命令行输入"DED"，按"Enter"键确认，在命令行提示下输入"O"，按"Enter"键，在绘图区域中选择如图 9-10 所示的标注对象作为编辑对象。

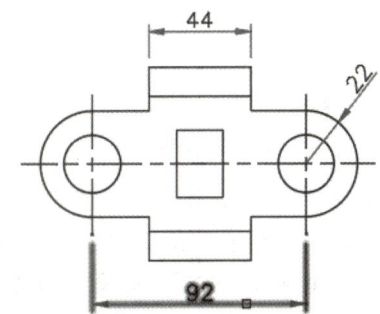

图 9-10 选择标注对象

第5步 按"Enter"键确认，在命令行提示下设置倾斜角度为"60"，结果如图 9-11 所示。

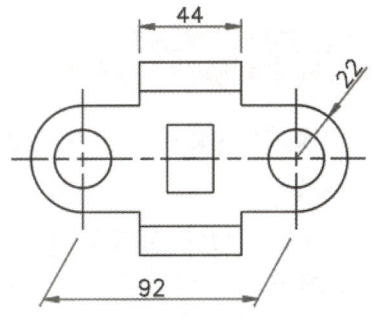

图 9-11 编辑结果

第6步 在命令行输入"DED"，按"Enter"键确认，在命令行提示下输入"R"，按"Enter"键，继续在命令行提示下设置标注文字的角度为"30"，在绘图区域中选择图 9-12 所示的标注对象。

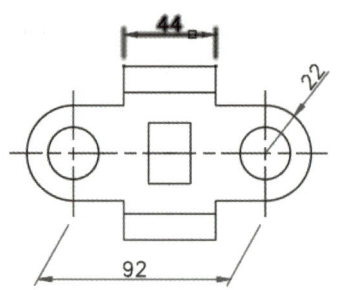

图 9-12 选择标注对象

第7步 按"Enter"键确认，结果如图 9-13 所示。

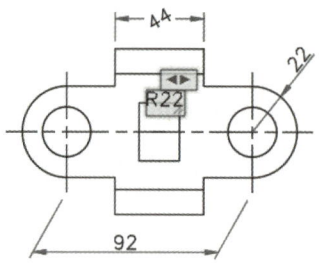

图 9-14 输入文字内容

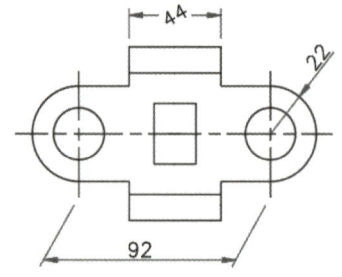

图 9-13 编辑结果

第8步 在命令行输入"DED"，按"Enter"键确认，在命令行提示下输入"N"，按"Enter"键，在输入框输入"R22"，如图 9-14 所示。

第9步 在"文字编辑器"选项卡中单击"关闭文字编辑器"按钮，在绘图区域中选择如图 9-15 所示的标注对象作为编辑对象。

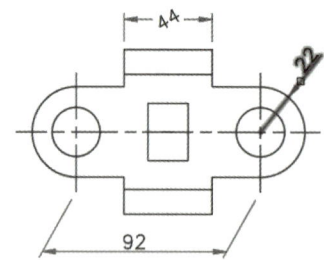

图 9-15 选择标注对象

第10步 按"Enter"键确认，结果如图 9-16 所示。

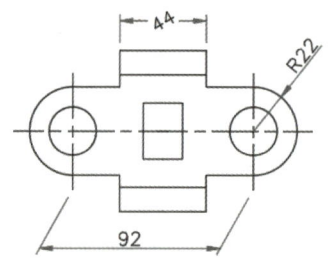

图 9-16 编辑结果

9.2.2 文字对齐方式

移动和旋转标注文字，并重新定位尺寸线。

执行方式

- 命令行：DIMTEDIT/DIMTED。
- 菜单栏：选择菜单栏中的"标注"→"对齐文字"命令，然后选择一种文字对齐方式。
- 功能区：单击"注释"选项卡"标注"面板的下拉按钮 ▼，然后选择一种文字对齐方式。

操作步骤

执行上述操作后，命令行会进行如下提示。

```
命令：_DIMTEDIT
选择标注：
```

◇ **练一练——对标注对象进行文字对齐**

素材文件：素材\CH09\文字对齐.dwg

第 9 章
智能标注和编辑标注

结果文件：结果\CH09\文字对齐.dwg

利用对齐文字命令对标注对象进行编辑操作。

操作步骤：

第1步 打开随书配套资源中的"素材\CH09\文字对齐.dwg"文件，如图9-17所示。

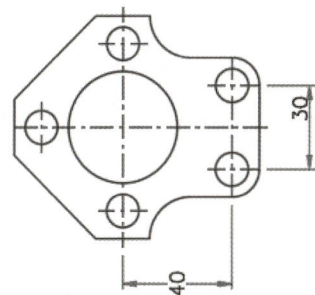

图9-17 素材文件

第2步 选择"标注"→"对齐文字"→"角度"菜单命令，在绘图区域中选择如图9-18所示的标注对象作为编辑对象。

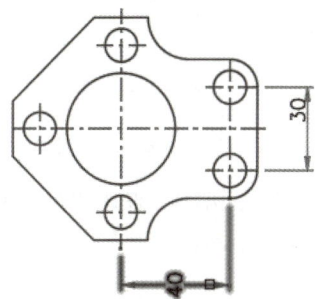

图9-18 选择标注对象

第3步 在命令行提示下设置文字角度为"0"，结果如图9-19所示。

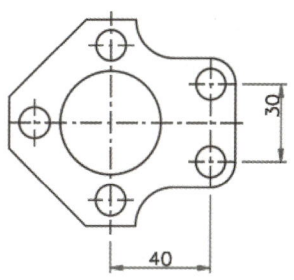

图9-19 编辑结果

第4步 选择"标注"→"对齐文字"→"居中"菜单命令，在绘图区域中选择如图9-20所示的标注对象作为编辑对象。

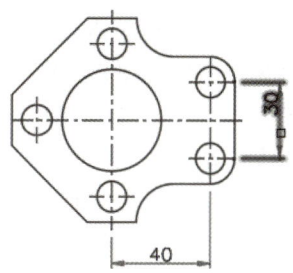

图9-20 选择标注对象

第5步 结果如图9-21所示。

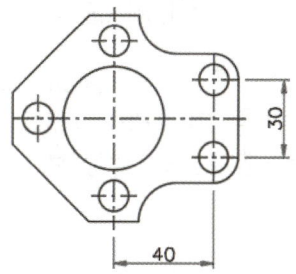

图9-21 编辑结果

9.2.3 调整标注间距

调整线性标注或角度标注之间的间距。平行尺寸线之间的间距将设为相等，也可以通过设定间距值"0"使一系列线性标注或角度标注的尺寸线齐平。间距仅适用于平行的线性标注或共用一个顶点的角度标注。

执行方式

- 命令行：DIMSPACE。
- 菜单栏：选择菜单栏中的"标注"→"标注间距"命令。
- 功能区：单击"注释"选项卡"标注"面板中的"调整间距"按钮。

操作步骤

执行上述操作后，命令行会进行如下提示。

命令：_DIMSPACE
选择基准标注：

选择基准标注及要产生间距的标注之后，命令行会进行如下提示。

输入值或 [自动(A)] <自动>：

选项说明

命令行中各选项含义如下。

输入值：将间距值应用于从基准标注中选择的标注。例如，如果输入值 0.5000，则所有选定标注将以 0.5000 的距离隔开。可以使用间距值 0（零），将选定的线性标注和角度标注的标注线末端对齐。

自动：基于在选定基准标注的标注样式中指定的文字高度自动计算间距。所得的间距值是标注文字高度的两倍。

◇ 练一练——调整标注间距

素材文件：素材\CH09\调整标注间距.dwg
结果文件：结果\CH09\调整标注间距.dwg
利用标注间距命令对标注对象进行编辑操作。

操作步骤：

第1步 打开随书配套资源中的"素材\CH09\调整标注间距.dwg"文件，如图 9-22 所示。

第2步 单击"注释"选项卡"标注"面板中的"调整间距"按钮，在绘图区域中选择如图 9-23 所示的线性标注对象作为基准标注。

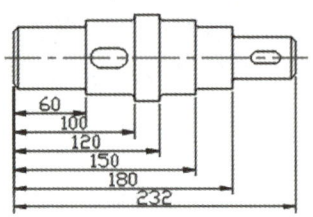

图 9-22 素材文件

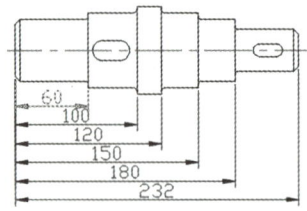

图 9-23 选择标注对象

第3步 在绘图区域中将其余线性标注对象全部选择，作为要产生间距的标注对象，如图 9-24 所示。

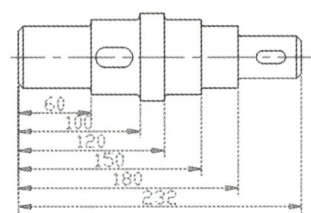

图 9-24 选择标注对象

第4步 在命令行提示输入间距值时，输入"25"，结果如图 9-25 所示。

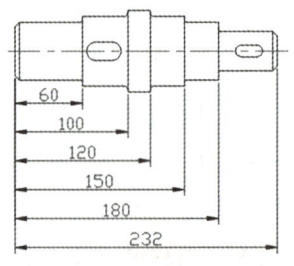

图 9-25 编辑结果

9.2.4 标注打断处理

在标注和尺寸界线与其他对象的相交处，打断或恢复标注和尺寸界线。

执行方式

- 命令行：DIMBREAK。
- 菜单栏：选择菜单栏中的"标注"→"标注打断"命令。

第 9 章
智能标注和编辑标注

- 功能区：单击"注释"选项卡"标注"面板中的"打断"按钮。

操作步骤

执行上述操作后，命令行会进行如下提示。

命令：_DIMBREAK
选择要添加/删除折断的标注或 [多个(M)]：

选择标注对象之后，命令行会进行如下提示。

选择要折断标注的对象或 [自动(A)/手动(M)/删除(R)] <自动>：

选项说明

命令行中各选项含义如下。

自动（A）：自动将折断标注放置在与选定标注相交的对象的所有交点处。修改标注或相交对象时，会自动更新使用此选项创建的所有折断标注。在具有任何折断标注的标注上方绘制新对象后，在交点处不会沿标注对象自动应用任何新的折断标注。要添加新的折断标注，必须再次运用此命令。

手动（M）：手动放置折断标注。为折断位置指定标注或尺寸界线上的两点。如果修改标注或相交对象，则不会更新使用此选项创建的任何折断标注。使用此选项，一次仅可以放置一个手动折断标注。

删除（R）：从选定的标注中删除所有折断标注。

◇ 练一练——对标注进行打断处理

素材文件：素材\CH09\标注打断.dwg
结果文件：结果\CH09\标注打断.dwg

利用标注打断命令对标注对象进行编辑操作。

操作步骤：

第1步 打开随书配套资源中的"素材\CH09\标注打断.dwg"文件，如图9-26所示。

第2步 单击"注释"选项卡→"标注"面板→"打断"按钮，在绘图区域中选择如图所示的线性标注对象作为需要添加打断标注的对象，如图9-27所示。

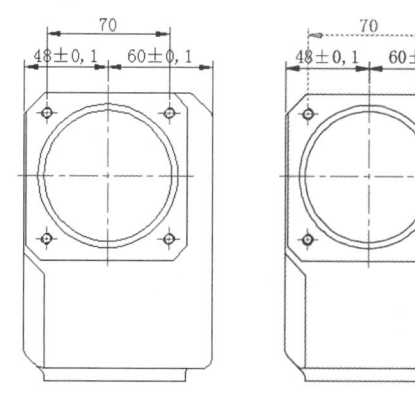

图9-26 素材文件　　图9-27 选择要打断的标注

第3步 在命令行中输入"M"并按"Enter"键确认，然后在绘图区域中捕捉第一个打断点，如图9-28所示。

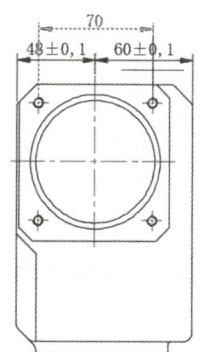

图9-28 捕捉打断的第一点

第4步 在绘图区域中拖动鼠标捕捉第二个打断点，如图9-29所示。

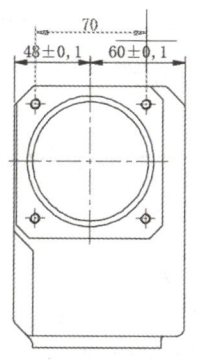

图9-29 捕捉打断的第二点

第5步 打断后结果如图9-30所示。

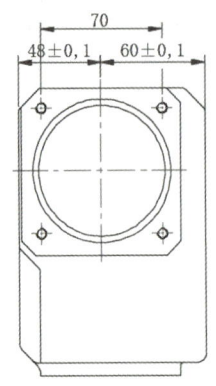

图9-30 第一个打断结果

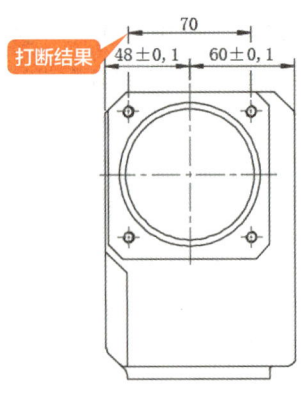

图9-31 第二个打断结果

第6步 重复"标注打断"命令，继续对绘图区域中的线性标注对象进行"手动"打断处理，结果如图9-31所示。

| 提示 |

为了便于打断点的选择，在打断时可以关闭对象捕捉。

9.2.5 使用夹点编辑标注

在AutoCAD中，标注对象同直线、多段线等图形对象一样，可以使用夹点功能进行编辑。

📖 执行方式

- 选择标注对象，然后将鼠标放置到夹点上，即可弹出夹点编辑快捷菜单。选择不同的夹点，会弹出不同快捷菜单供用户选择编辑命令，如图9-32所示。

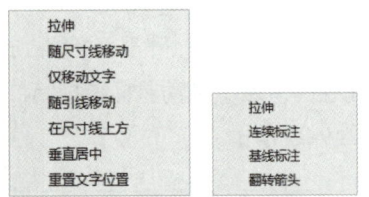

图9-32 夹点、编辑快捷菜单

◇ 练一练——使用夹点功能编辑标注对象

素材文件：素材\CH09\夹点编辑.dwg
结果文件：结果\CH09\夹点编辑.dwg
利用夹点编辑功能编辑标注对象。

操作步骤：

第1步 打开随书配套资源中的"素材\CH09\夹点编辑.dwg"文件，如图9-33所示。

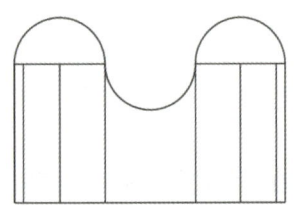

图9-33 素材文件

第2步 单击"默认"选项卡"注释"面板中的"线性"按钮，捕捉相应端点，创建线性标注对象，如图9-34所示。

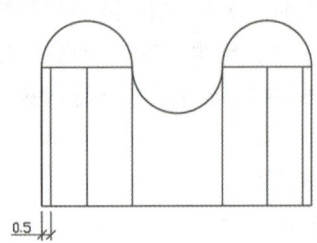

图9-34 创建线性标注

第 9 章
智能标注和编辑标注

第3步 选择标注对象，将光标移至图9-35所示夹点上面，选择"随引线移动"选项。

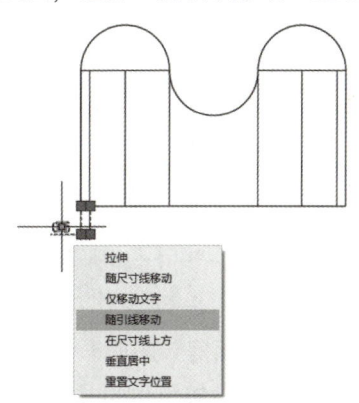

图 9-35 选择夹点编辑

第4步 适当调整文字位置，如下图9-36所示。

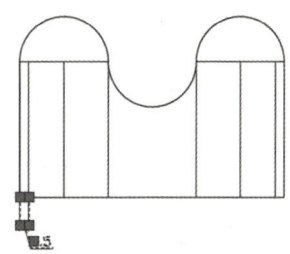

图 9-36 调整文字的位置

第5步 将光标移至图9-37所示夹点上面，选择"连续标注"选项。

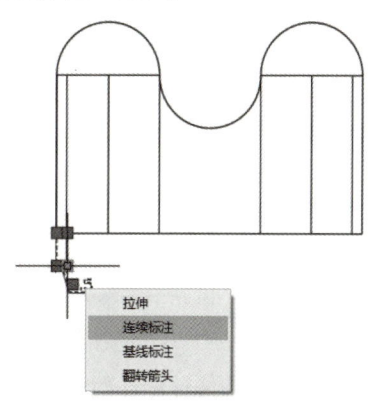

图 9-37 选择夹点编辑

第6步 分别捕捉相应端点创建尺寸标注对象，按两次"Esc"键退出标注操作，并取消标注对象的选择状态，结果如图9-38所示。

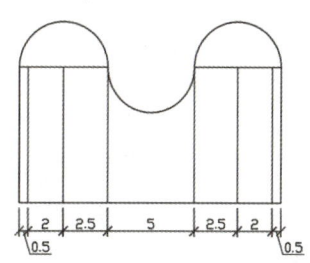

图 9-38 编辑后的结果

9.3 实例——给弯头图形添加标注

下面将利用智能标注功能为弯头图形添加标注对象，同时还将为其进行编辑操作。

第1步 打开随书配套资源中的"素材\CH09\弯头.dwg"文件，如图9-39所示。

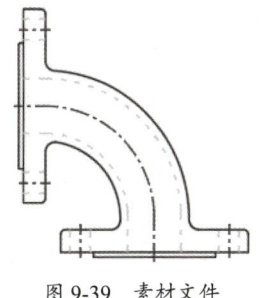

图 9-39 素材文件

第2步 在命令行中输入"DIM"，按"Enter"键确认，在绘图区域中将光标移至如图9-40所示位置处单击。

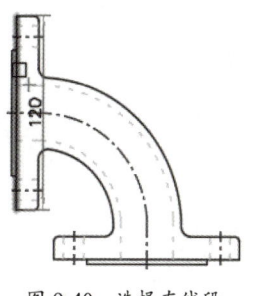

图 9-40 选择直线段

· 193 ·

第3步 拖动鼠标单击指定尺寸线的位置，如图9-41所示。

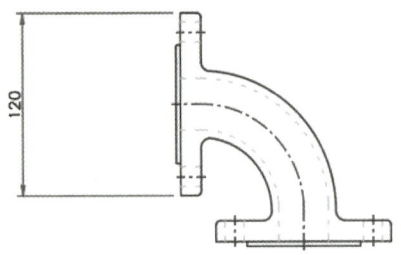

图9-41 指定尺寸线位置

第4步 继续进行其他线性标注对象的创建，如图9-42所示。

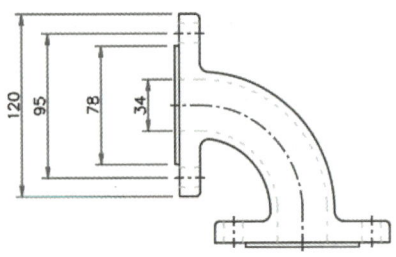

图9-42 线性标注对象

第5步 在绘图区域中，将光标移至如图9-43所示位置处单击。

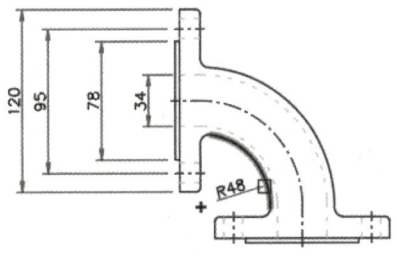

图9-43 选择圆弧图形

第6步 拖动鼠标单击指定尺寸线的位置，按"Enter"键结束"DIM"命令，如图9-44所示。

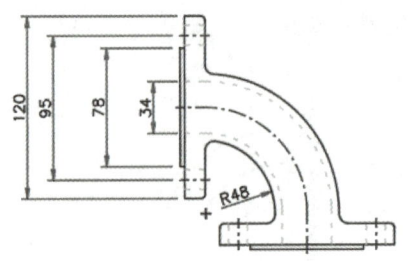

图9-44 半径标注

第7步 双击"120"的标注尺寸，在尺寸数值前面输入"%%C"添加直径符号，如图9-45所示。

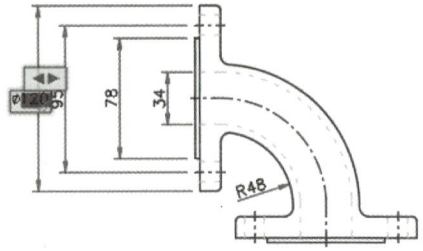

图9-45 添加直径符号

第8步 在"文字编辑器"选项卡中单击"关闭文字编辑器"按钮，如图9-46所示。

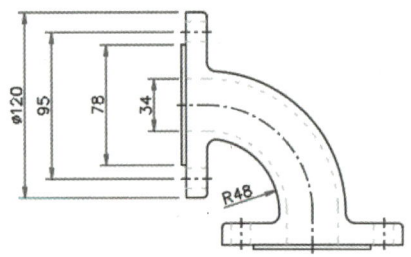

图9-46 直径符号添加结果

第9步 继续对其他尺寸进行直径符号的添加，按"Enter"键结束该命令，如图9-47所示。

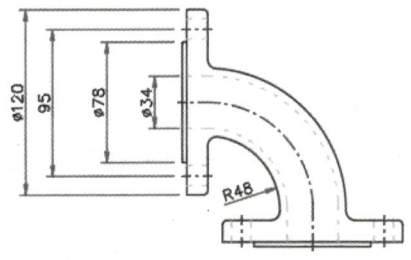

图9-47 直径符号添加结果

第10步 单击"注释"选项卡"标注"面板中的"调整间距"按钮，在绘图区域中选择如图9-48所示的线性标注对象作为基准标注。

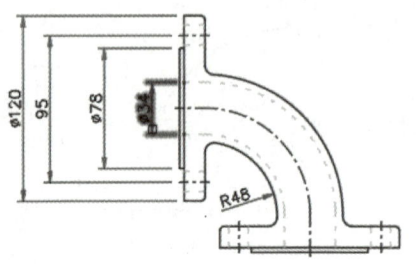

图9-48 选择线性标注对象

第11步 在绘图区域中将其余线性标注对象全部选择,以作为要产生间距的标注对象,如图9-49所示。

第12步 按"Enter"键确认,在命令提示下再次按"Enter"键接受"自动"选项,结果如图9-50所示。

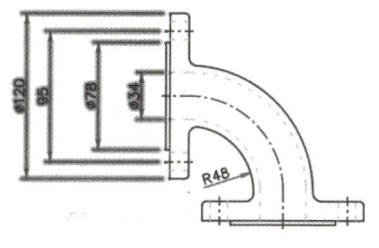

图9-49 选择线性标注对象

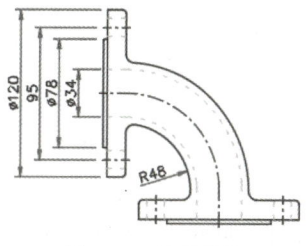

图9-50 编辑结果

1. 编辑标注关联性

标注可以是关联的、无关联的或分解的。关联标注根据所测量的几何对象的变化而进行调整。当系统变量"DIMASSOC"设置为"2"时,将创建关联标注;当系统变量"DIMASSOC"设置为"1"时,将创建非关联标注;当系统变量"DIMASSOC"设置为"0"时,将创建分解的标注。

标注创建完成后,还可以通过"DIMREASSOCIATE"命令对其关联性进行编辑。

下面以编辑线性标注对象为例,对标注关联性的编辑过程进行详细介绍,具体操作步骤如下。

第1步 打开随书配套资源中的"素材\CH09\编辑关联性.dwg"文件,如图9-51所示。

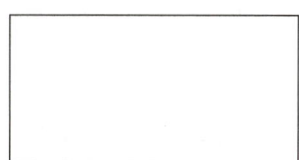

图9-51 素材文件

第2步 在命令行中将系统变量"DIMASSOC"的新值设置为"1",命令行提示如下。

```
命令:_DIMASSOC
输入 DIMASSOC 的新值 <2>:1
↙
```

第3步 单击"注释"选项卡"标注"面板中的"线性"按钮,对矩形的长边进行标注,如图9-52所示。

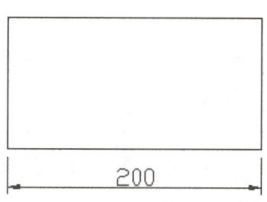

图9-52 线性标注

第4步 在绘图区域中选择矩形对象,如图9-53所示。

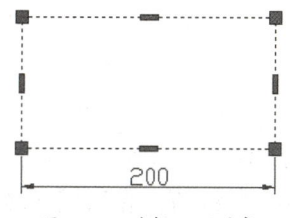

图9-53 选择矩形对象

第5步 在绘图区域中单击选择如图 9-54 所示的矩形夹点。

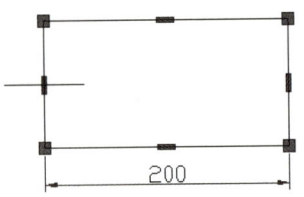

图 9-54 选择夹点

第6步 在绘图区域中水平向右拖动鼠标并单击指定夹点的新位置，如图 9-55 所示。

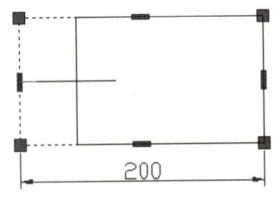

图 9-55 指定夹点新位置

第7步 按"Esc"键取消对矩形的选择，结果如图 9-56 所示。

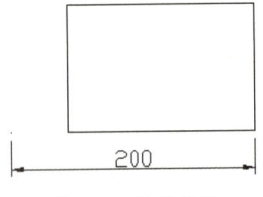

图 9-56 编辑结果

> **提示**
>
> 从上图可以看出，当前所创建的线性标注与矩形对象为非关联状态。

第8步 利用线性标注命令对矩形的短边进行标注，结果如图 9-57 所示。

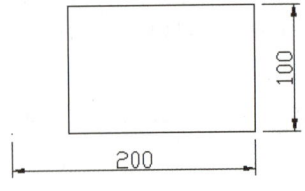

图 9-57 线性标注

第9步 单击"注释"选项卡"标注"面板中的"重新关联"按钮，在绘图区域中选择如图 9-58 所示的标注对象作为编辑对象。

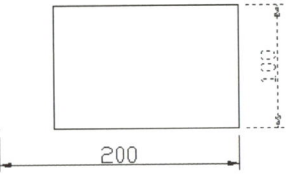

图 9-58 选择标注对象

第10步 按"Enter"键确认后，在绘图区域中捕捉如图 9-59 所示的端点作为第一个尺寸界线原点。

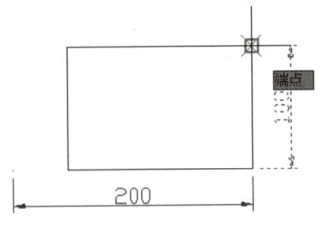

图 9-59 捕捉端点

第11步 在绘图区域中拖动鼠标并捕捉如图 9-60 所示端点作为第二个尺寸界线原点。

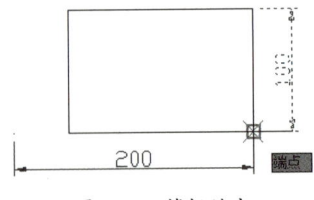

图 9-60 捕捉端点

第12步 结果如图 9-61 所示。

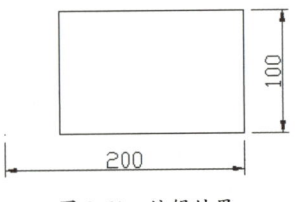

图 9-61 编辑结果

第13步 在绘图区域中选择矩形对象，如图 9-62 所示。

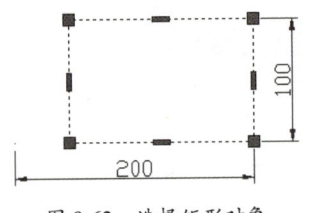

图 9-62 选择矩形对象

第 9 章
智能标注和编辑标注

第 14 步 在绘图区域中单击选择如图 9-63 所示的矩形夹点。

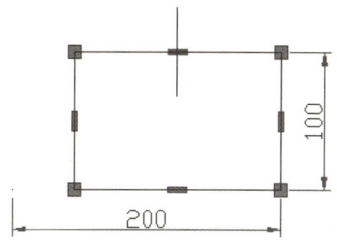

图 9-63 选择夹点

第 15 步 在绘图区域中垂直向下拖动鼠标并单击指定夹点的新位置，如图 9-64 所示。

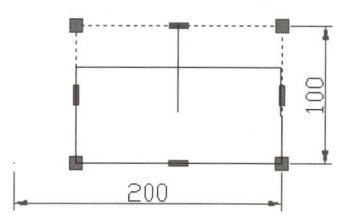

图 9-64 指定夹点新位置

第 16 步 按 "Esc" 键取消对矩形的选择，结果如图 9-65 所示。

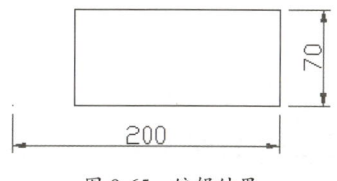

图 9-65 编辑结果

> **提示**
>
> 从上图可以看出，编辑后的线性标注与矩形对象为关联状态。

2. 仅移动标注对象的文字部分

在标注过程中，尤其是当标注比较紧凑时，CAD 会根据设置自行放置文字的位置，但有些放置未必美观，未必符合绘图者的要求，这时候用户可以通过 "仅移动文字" 来调节文字的位置。

第 1 步 打开随书配套资源中的 "素材\CH09\仅移动标注文字 .dwg" 文件，如图 9-66 所示。

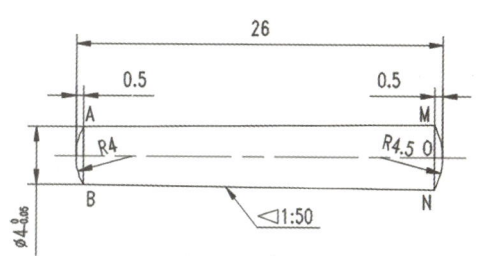

图 9-66 素材文件

第 2 步 单击选中要移动文字的标注，将鼠标放置到文字旁边的夹点上，如图 9-67 所示。

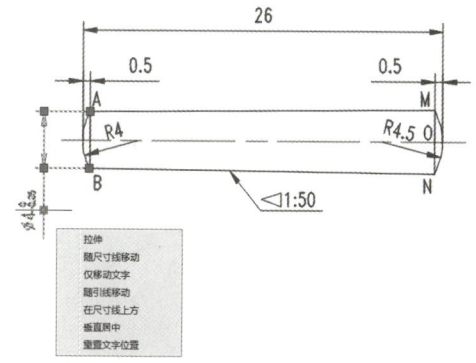

图 9-67 将鼠标放在夹点上

第 3 步 在弹出的快捷菜单上选择 "仅移动文字" 选项，拖动鼠标将文字放置到合适的位置，如图 9-68 所示。

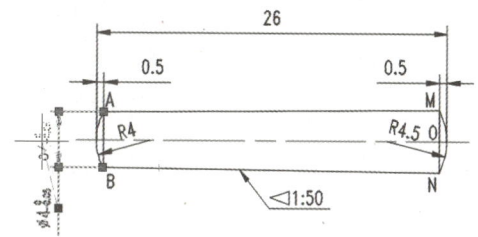

图 9-68 选择 "仅移动文字" 选项

第 4 步 按 "Esc" 键，结果如图 9-69 所示。

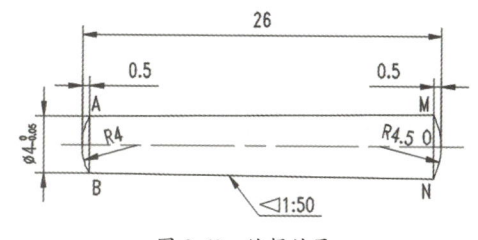

图 9-69 编辑结果

给图 9-70 添加尺寸标注,标注结果如图 9-71 所示。

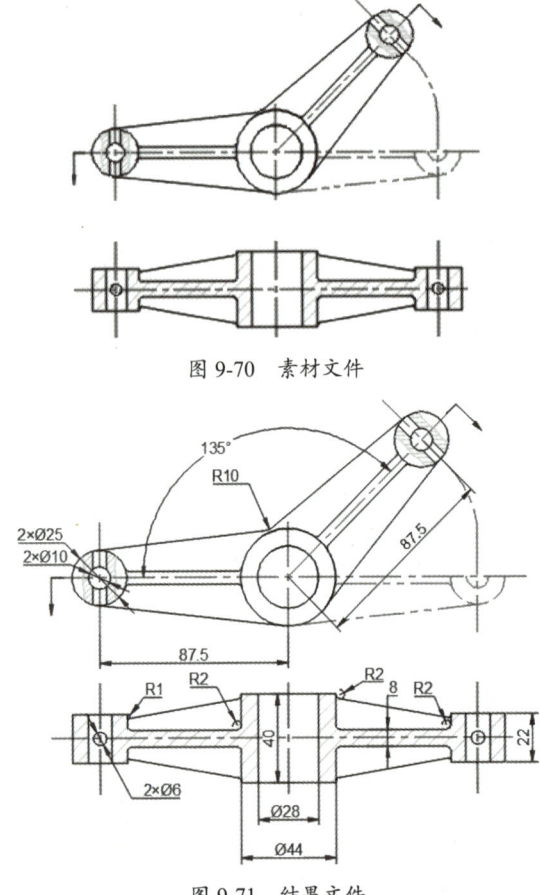

图 9-70　素材文件

图 9-71　结果文件

第 10 章

文字和表格

内容简介

绘图时需要对图形进行文本标注和说明。AutoCAD 提供了强大的文字和表格功能，可以帮助用户创建文字和表格，从而标注图样的非图信息，使设计和施工人员对图形一目了然。

内容要点

- 创建文字样式
- 输入与编辑单行文字
- 输入与编辑多行文字
- 创建表格

案例效果

20××上半年财务状况表		
收入（元）	支出（元）	时间
3000	900	1月
4500	1200	2月
4300	1000	3月
3800	950	4月
5200	1150	5月
4500	1400	6月
上半年总收入25300元，总支出6600元，结余18700元		

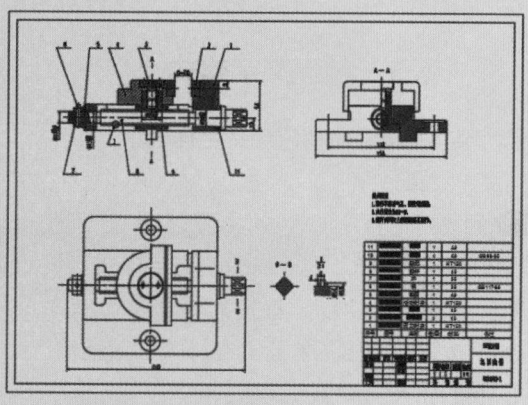

10.1 创建文字样式

创建文字样式是进行文字注释的首要任务。在 AutoCAD 中，文字样式用于控制图形中所使用文字的字体、宽度和高度等参数。在一幅图形中可定义多种文字样式以适应工作的需要。比如，在一幅完整的图纸中，需要定义说明性文字的样式、标注文字的样式和标题文字的样式等。在创建文字注释和尺寸标注时，AutoCAD 通常使用当前的文字样式。也可以根据具体要求重新设置文字样式或创建新的样式。

执行方式

- 命令行：STYLE/ST。
- 菜单栏：选择菜单栏中的"格式"→"文字样式"命令。
- 功能区：单击"默认"选项卡"注释"面板中的"文字样式"按钮 A。

操作步骤

执行上述操作后会打开"文字样式"对话框，如图 10-1 所示。

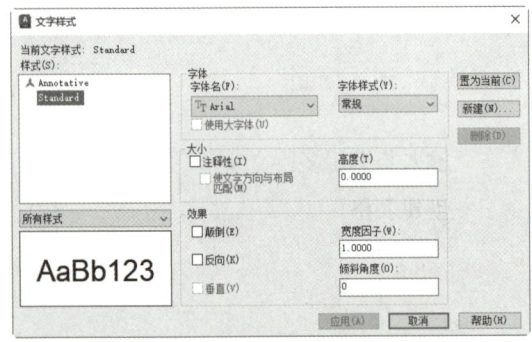

图 10-1 "文字样式"对话框

◇ 练一练——创建文字样式

利用文字样式命令创建文字样式。

操作步骤：

第1步 新建一个 AutoCAD 文件，单击"默认"选项卡"注释"面板中的"文字样式"按钮 A，在弹出的"文字样式"对话框中单击"新建"按钮，弹出"新建文字样式"对话框，如图 10-2 所示。

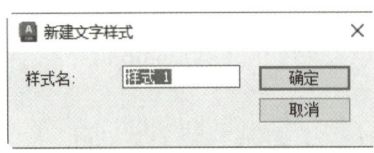

图 10-2 "新建文字样式"对话框

第2步 单击"确定"按钮后返回"文字样式"对话框，在"样式"栏下多了一个新样式名称"样式 1"，如图 10-3 所示。

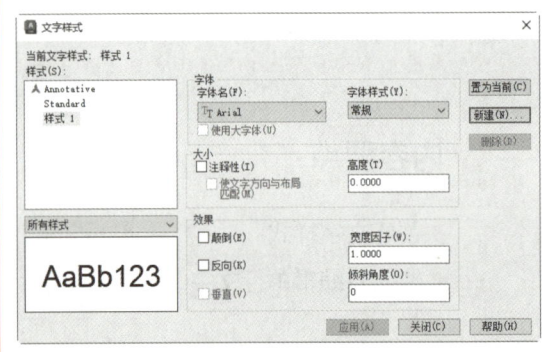

图 10-3 "文字样式"对话框

第3步 选中"样式 1"，单击"字体名"下拉列表，选择"仿宋"，如图 10-4 所示。

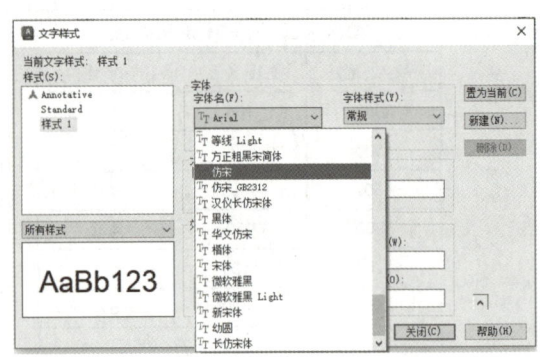

图 10-4 选择字体

第 4 步 在"倾斜角度"一栏中输入"15",单击"应用"按钮,如图 10-5 所示。

第 5 步 单击"置为当前"按钮,把"样式1"设置为当前样式。

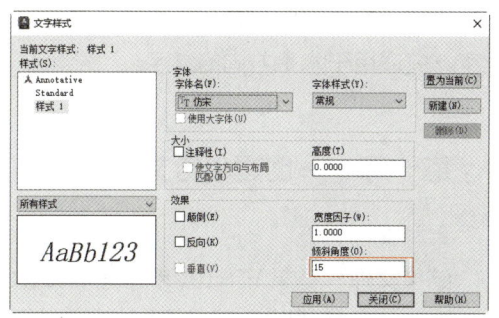

图 10-5 设置倾斜角度

> **提示**
>
> 设置文字样式时,一旦设置了文字高度,那么在接下来的文字输入中或在创建表格时,不再提示输入文字高度,而是直接默认使用设置的文字高度,这也是在很多情况下输入的文字高度不可更改的原因所在。

10.2 输入与编辑单行文字

在创建文字注释和尺寸标注时,可以使用单行文字命令创建一行或多行文字,在创建多行文字的时候,通过按"Enter"键来结束每一行。其中,每行文字都是独立的对象,可对其进行重定位、调整格式或进行其他修改。

10.2.1 单行文字

下面将对单行文字的创建进行详细介绍。

- **执行方式**
  - 命令行:TEXT/DT。
  - 菜单栏:选择菜单栏中的"绘图"→"文字"→"单行文字"命令。
  - 功能区:单击"默认"选项卡"注释"面板中的"单行文字"按钮**A**,或者单击"注释"选项卡"文字"面板中的"单行文字"按钮**A**。

- **操作步骤**

执行上述操作后,命令行会进行如下提示。

```
命令:_TEXT
当前文字样式:"STANDARD"  文字高度:2.5000  注释性:否  对正:左
指定文字的起点 或 [对正(J)/样式(S)]:
```

输入"J"按"Enter"键之后,命令行会进行如下提示。

```
输入选项 [左(L)/居中(C)/右(R)/对齐(A)/中间(M)/布满(F)/左上(TL)/中上(TC)/右上(TR)/左中(ML)/正中(MC)/右中(MR)/左下(BL)/中下(BC)/右下(BR)]:
```

选项说明

命令行中各选项含义如下。

对正（J）：控制文字的对正方式。

样式（S）：指定文字样式。

左（L）：在由用户给出的点指定的基线上左对正文字。

居中（C）：从基线的水平中心对齐文字，此基线是由用户给出的点指定的。

右（R）：在由用户给出的点指定的基线上右对正文字。

对齐（A）：通过指定基线端点来指定文字的高度和方向。

中间（M）：文字在基线的水平中点和指定高度的垂直中点上对齐。

布满（F）：指定文字按照由两点定义的方向和一个高度值布满一个区域。只适用于水平方向的文字。

左上（TL）：在指定为文字顶点的点上左对正文字。只适用于水平方向的文字。

中上（TC）：以指定为文字顶点的点居中对正文字。只适用于水平方向的文字。

右上（TR）：以指定为文字顶点的点上右对正文字。只适用于水平方向的文字。

左中（ML）：在指定为文字中间点的点上靠左对正文字。只适用于水平方向的文字。

正中（MC）：在文字的中央水平和垂直居中对正文字。只适用于水平方向的文字。

右中（MR）：在指定为文字中间点的点上靠右对正文字。只适用于水平方向的文字。

左下（BL）：以指定为基线的点靠左对正文字。只适用于水平方向的文字。

中下（BC）：以指定为基线的点居中对正文字。只适用于水平方向的文字。

右下（BR）：以指定为基线的点靠右对正文字。只适用于水平方向的文字。

◇ **练一练——创建单行文字对象**

素材文件：无

结果文件：结果 \CH10\ 单行文字 .dwg

在上一节的"样式1"基础上创建单行文字对象。

操作步骤：

第1步 单击"默认"选项卡"注释"面板中的"单行文字"按钮 **A**，在命令行提示下输入文字的对正参数"J"，按"Enter"键确认。在命令行中输入文字的对其方式"L"后，按"Enter"键确认，在绘图区域单击指定文字的左对齐点，如图 10-6 所示。

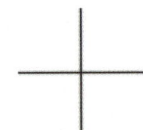

图 10-6　指定文字起点

第2步 在命令行中设置文字的高度为"70"，旋转角度为"0"，在绘图区域中输入文字内容"中文版 AutoCAD 从入门到精通"后，按两次"Enter"键结束命令，结果如图 10-7 所示。

中文版AutoCAD从入门到精通

图 10-7　单行文字对象

10.2.2 编辑单行文字

下面将对编辑单行文字的方法进行详细介绍。

◇ **执行方式**

- 命令行：TEXTEDIT/DDEDIT/ED。
- 菜单栏：选择菜单栏中的"修改"→"对象"→"文字"→"编辑"命令。

第 10 章 文字和表格

- 选择文字对象，在绘图区域中鼠标右击，在快捷菜单中选择"编辑"命令。
- 在绘图区域双击文字对象。

操作步骤

执行上述操作后，命令行会进行如下提示。

```
命令：_TEXTEDIT
当前设置：编辑模式 = MULTIPLE
选择注释对象或 [放弃(U)/模式(M)]：
```

◇ **练一练——编辑单行文字对象**

利用单行文字编辑命令编辑上节创建的文字。

操作步骤：

第1步 双击文字，使文字进入编辑状态，如图 10-8 所示。

图 10-8　双击文字对象

第2步 将"中文版"改为"新手学"，按"Enter"键确认，结果如图 10-9 所示。

新手学AutoCAD从入门到精通

图 10-9　修改文字对象

10.3　输入与编辑多行文字

多行文字又称为段落文字，这是一种更易于管理的文字对象，可以由两行以上的文字组成，而且各行文字都是作为一个整体处理。

10.3.1　多行文字

下面将对创建多行文字的方法进行详细介绍。

执行方式

- 命令行：MTEXT/T。
- 菜单栏：选择菜单栏中的"绘图"→"文字"→"多行文字"命令。
- 功能区：单击"默认"选项卡"注释"面板中的"多行文字"按钮 **A**，或者单击"注释"选项卡"文字"面板中的"多行文字"按钮 **A**。

操作步骤

执行上述操作后，命令行会进行如下提示。

```
命令：MTEXT
当前文字样式："STANDARD"　文字高度：
2.5　注释性：否
指定第一角点：
```

◇ **练一练——创建多行文字对象**

素材文件：无
结果文件：结果\CH10\多行文字.dwg
利用多行文字命令创建多行文字对象。
操作步骤：

第1步 新建一个 AutoCAD 文件，单击"默认"选项卡"注释"面板中的"多行文字"按钮 **A**，在绘图区域单击指定第一角点，然后拖动鼠标单击指定对角点，如图 10-10 所示。

图 10-10 指定文本输入区域

第2步 指定输入区域后，AutoCAD 自动弹出"文字编辑器"窗口，如图 10-11 所示。

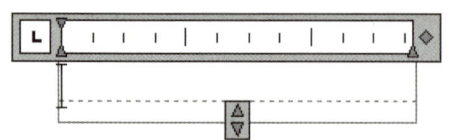

图 10-11 "文字编辑器"窗口

第3步 输入文字的内容，然后选中文字，将文字大小改为"5"，如图 10-12 所示。

图 10-12 指定文字大小

第4步 单击"关闭文字编辑器"按钮 ✓，结果如图 10-13 所示。

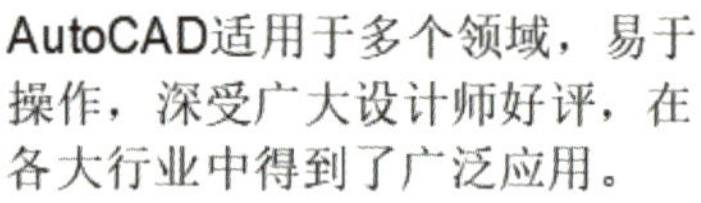

> AutoCAD 适用于多个领域，易于操作，深受广大设计师好评，在各大行业中得到了广泛应用。

图 10-13 多行文字对象

10.3.2 编辑多行文字

在 AutoCAD 中调用编辑多行文字命令的方法通常有四种，除了下面介绍的一种方法，其余三种方法均与编辑单行文字的命令调用方法相同。

🔘 **执行方式**

- 选择文字对象，在绘图区域中鼠标右击，然后在快捷菜单中选择"编辑多行文字"命令。如图 10-14 所示。

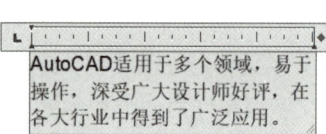

图 10-15 "文字编辑器"窗口

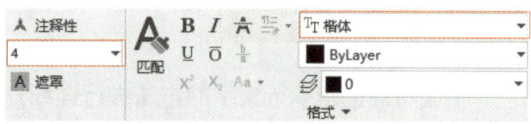

图 10-16 设置字号及字体

第3步 选中"AutoCAD"，将文字大小改为"4"，然后单击"颜色"下拉列表，选择"红色"，如图 10-17 所示。

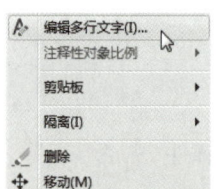

图 10-14 选择"编辑多行文字"命令

◇ **练一练——编辑多行文字对象**

利用多行文字编辑命令编辑上节创建的多行文字对象。

操作步骤：

第1步 双击文字，弹出"文字编辑器"窗口，如图 10-15 所示。

第2步 选中除"AutoCAD"外的所有文字，将文字大小改为"4"，字体类型选为"楷体"，如图 10-16 所示。

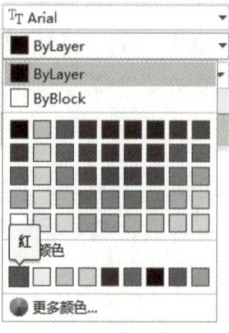

图 10-17 选择颜色

第 10 章
文字和表格

第 4 步 修改完成后，单击"关闭文字编辑器"按钮，结果如图 10-18 所示。

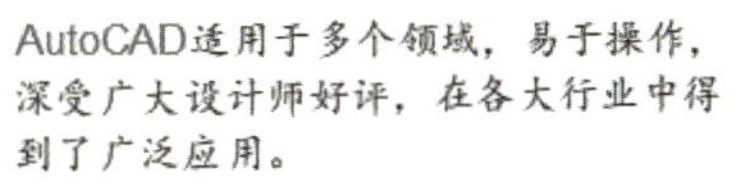

AutoCAD适用于多个领域，易于操作，深受广大设计师好评，在各大行业中得到了广泛应用。

图 10-18　多行文字编辑结果

10.4 创建表格

表格是在行和列中包含数据的对象，可以从空表格或表格样式创建表格对象。

表格使用行和列以一种简洁清晰的形式提供信息，常用于一些组件的图形中。表格样式用于控制一个表格的外观，保证标准的字体、颜色、文本、高度和行距。用户可以使用默认的表格样式，也可以根据需要自定义表格样式。

10.4.1 创建表格样式

在创建新的表格样式时，可以指定一个起始表格。起始表格是图形中用作设置新表格样式的样例表格。一旦选定表格，用户即可指定要从此表格复制到表格样式的结构和内容。

执行方式
- 命令行：TABLESTYLE/TS。
- 菜单栏：选择菜单栏中的"格式"→"表格样式"命令。
- 功能区：单击"默认"选项卡"注释"面板中的"表格样式"按钮，或者单击"注释"选项卡"表格"面板右下角的按钮。

操作步骤

执行上述操作后会打开"表格样式"对话框，如图 10-19 所示。

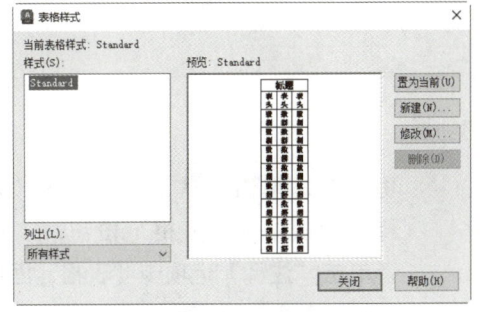

图 10-19　"表格样式"对话框

练一练——创建表格样式

利用表格样式命令创建表格样式。

操作步骤：

第 1 步 新建一个 AutoCAD 文件，单击"默认"选项卡"注释"面板中的"表格样式"按钮，在弹出的"表格样式"对话框中单击"新建"按钮，弹出"创建新的表格样式"对话框，输入新表格样式的名称为"财务状况表"，如图 10-20 所示。

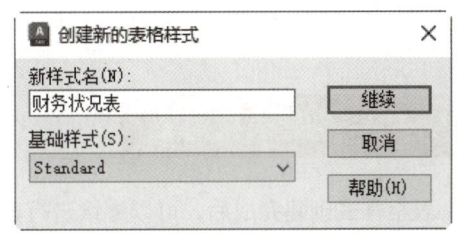

图 10-20　指定新样式名

第 2 步 单击"继续"按钮，弹出"新建表格样式：财务状况表"对话框，如图 10-21 所示。

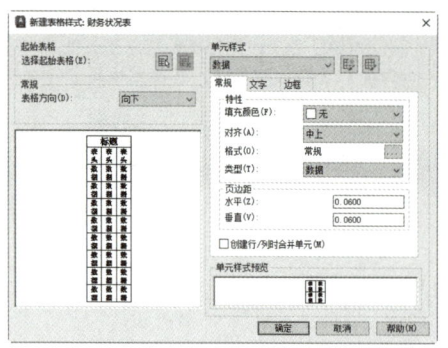

图 10-21 "新建表格样式：财务状况表"对话框

第3步 选择"常规"选项卡，然后单击显示表格中的"单元样式"下拉列表，分别选择"标题""表头""数据"，将它们的水平和垂直页边距都设置为"1.5"，如图 10-22 所示。

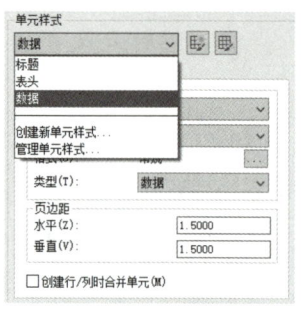

图 10-22 设置页边距

第4步 选择"文字"选项卡，分别将"标题"文字高度设置为"2.5"，"表头"和"数据"文字高度设置为"2"，如图 10-23 所示。

第5步 单击"文字样式"按钮，在弹出的"文字样式"对话框中将字体设置为"楷体"，单击"应用"后关闭"文字样式"对话框，如图 10-24 所示。

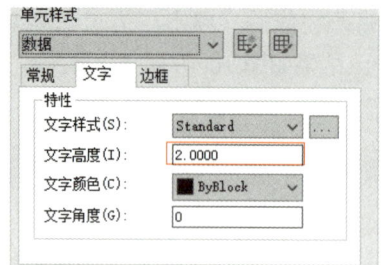

图 10-23 设置文字高度

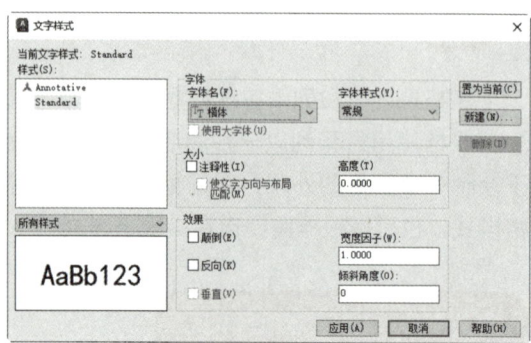

图 10-24 修改文字样式

第6步 回到"新建表格样式"对话框后，单击"确定"按钮，然后单击"置为当前"，将"财务状况表"样式置为当前，如图 10-25 所示。

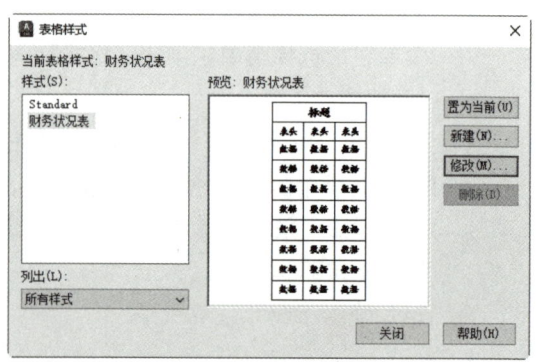

图 10-25 完成表格样式设置

10.4.2 创建表格对象

表格样式创建完成后，可以继续进行表格对象的创建。

执行方式

- 命令行：TABLE。
- 菜单栏：选择菜单栏中的"绘图"→"表格"命令。
- 功能区：单击"默认"选项卡"注释"面板中的"表格"按钮，或者单击"注释"选项卡"表格"面板中的"表格"按钮。

第 10 章 文字和表格

操作步骤

执行上述操作后会打开"插入表格"对话框,如图 10-26 所示。

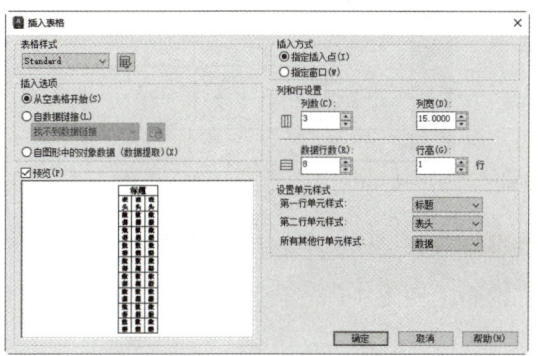

图 10-26 "插入表格"对话框

◇ 练一练——创建表格对象

素材文件:无
结果文件:结果\CH10\创建表格.dwg

在上一节的"财务状况表"基础上创建表格。

操作步骤:

第1步 单击"默认"选项卡"注释"面板中的"表格"按钮,在弹出的"插入表格"对话框中设置表格列数为 3,列宽为 15,行数为 6,行高为 1,如图 10-27 所示。

图 10-27 设置行数和列数

第2步 单击"确定"按钮。在绘图区域单击确定表格插入点后,弹出"文字编辑器"窗口,输入表格的标题"20×× 上半年财务状况表",如图 10-28 所示。

	A	B	C
1	20×× 上半年财务状况表		
2			
3			
4			
5			
6			
7			
8			

图 10-28 输入标题内容

第3步 按"↑、↓、←、→"键,继续输入其他单元格的内容,结果如图 10-29 所示。

20×× 上半年财务状况表		
收入	支出	时间
3000	900	1月
4500	1200	2月
4300	1000	3月
3800	950	4月
5200	1150	5月
4500	1400	6月

图 10-29 输入文字内容

| 提示 |

表格的列和行与表格样式中设置的页边距、文字高度之间的关系如下:

最小列宽 =2×水平页边距+文字高度
最小行高 =2×垂直页边距+4/3×文字高度

当设置的列宽大于最小列宽时,按指定的列宽创建表格;当小于最小列宽时则按最小列宽创建表格。行高必须为最小行高的整数倍。创建完成后可以通过"特性"面板调整列宽和行高,但均不能小于对应的最小值。

10.4.3 编辑表格

表格创建完成后,用户可以单击该表格上的任意网格线以选中该表格,通过使用"属性"选项卡或夹点来修改该表格,如图 10-30 所示。

图 10-30　编辑表格

◇ 练一练——编辑表格对象

利用编辑表格命令编辑上一节创建的表格对象。

操作步骤：

1. 修改列宽和编辑文字

第1步　单击表格任意网格线，选中当前表格，单击选择如图 10-31 所示的夹点。

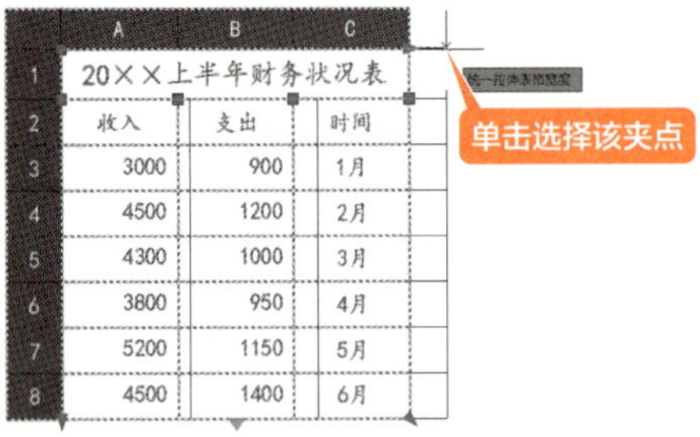

图 10-31　选择夹点

第2步　向右拖动鼠标，当命令行提示指定位置时输入"15"，按"Esc"键取消对当前表格的选择，结果如图 10-32 所示。

图 10-32　调整表格大小

第3步　双击标题行并选中标题文字，如图 10-33 所示。

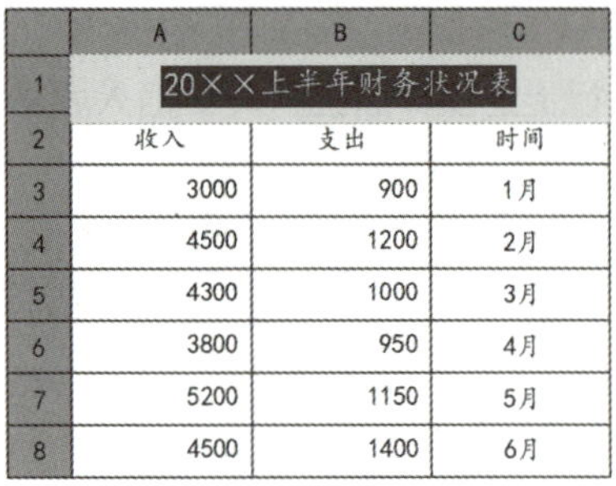

图 10-33　选中标题文字

第4步　在弹出的"文字编辑器"选项卡的"格式"面板中，单击加粗按钮，如图 10-34 所示。

图 10-34　加粗标题文字

第5步　单击"关闭文字编辑器"按钮✓，结果如图 10-35 所示。

图 10-35　编辑后的结果

2. 修改对齐方式和添加表格

第1步　在表格空白处单击，拖动鼠标选择要修改对齐方式的区域，如图 10-36 所示的夹点。

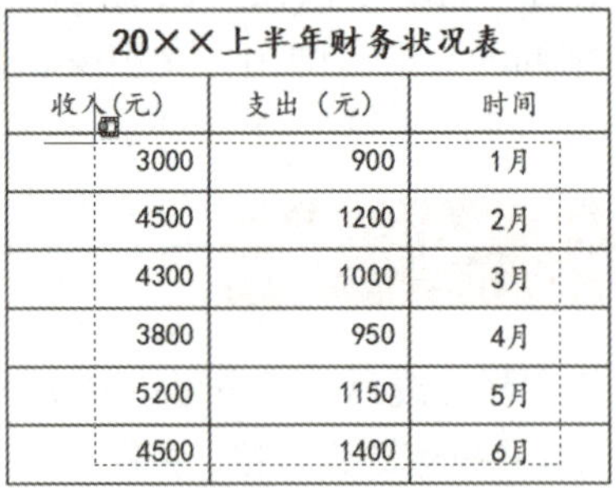

图 10-36　选择表格

第 10 章 文字和表格

第2步 在弹出的"表格单元"选项板的"单元样式"面板上单击"对齐"下拉按钮,选择"正中",如图10-37所示。

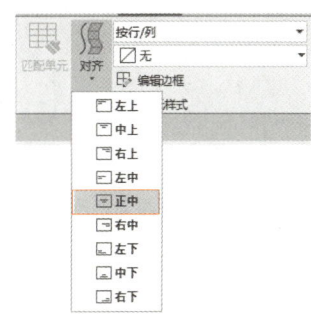

图 10-37 选择对齐方式

第3步 "正中"对齐后,结果如图10-38所示。

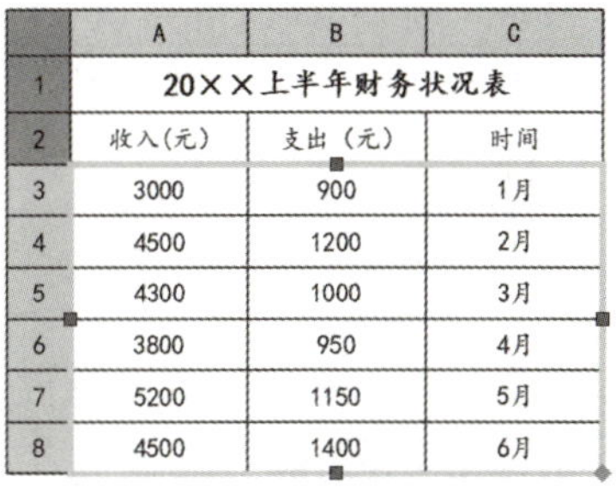

图 10-38 "正中"对齐

第4步 重复第1步,选择表格的最下方的一行,然后单击"表格单元"选项板"行"面板上的"从下方插入"按钮,如图10-39所示。

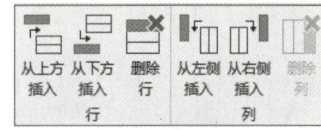

图 10-39 插入行

第5步 在下方插入行后如图10-40所示。

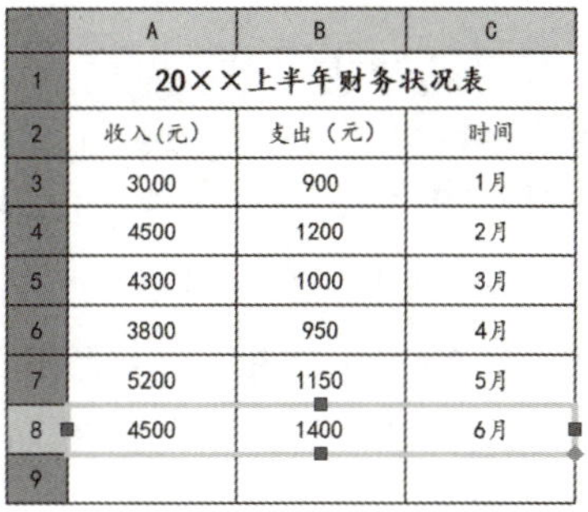

图 10-40 插入行结果

第6步 选择刚插入的行,如图10-41所示。

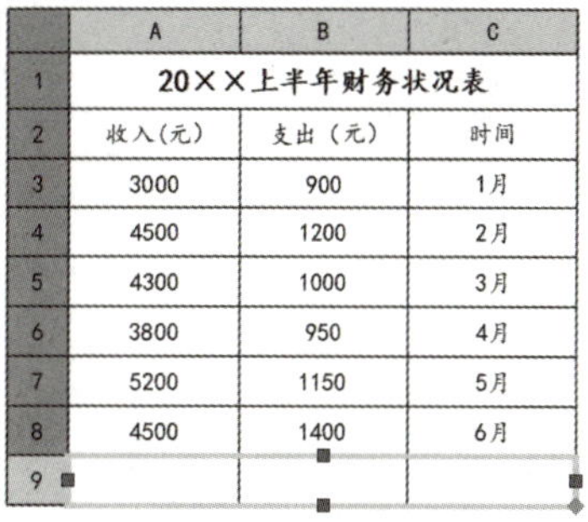

图 10-41 选择插入的行

第7步 单击"表格单元"选项板"合并"面板上的"合并单元"下拉按钮,选择"按行合并",如图10-42所示。

第8步 按行合并后结果如图10-43所示。

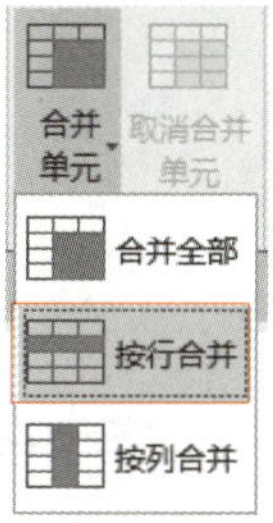

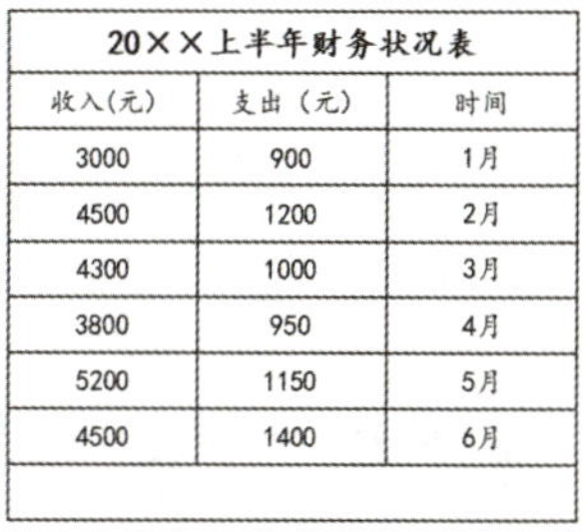

图 10-42 选择合并方式   图 10-43 合并结果

3. 添加和更改数据类型

第1步 双击合并后的单元格,输入如图10-44所示的文字。

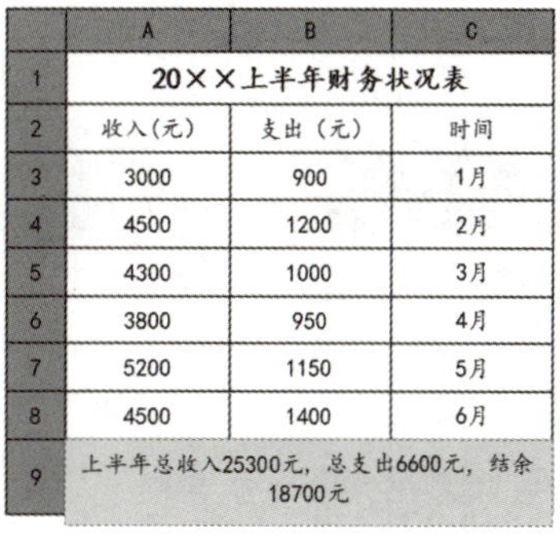

图 10-44 输入文字

第2步 输入后选中文字,然后单击"文字编辑器"选项板"格式"面板上的"斜体"按钮,单击"段落"面板的"对正"下拉按钮,选择"左中"对正方式,如图10-45所示。

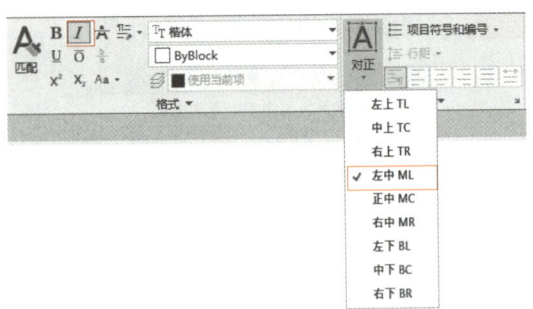

图 10-45 更改文字格式和对正样式

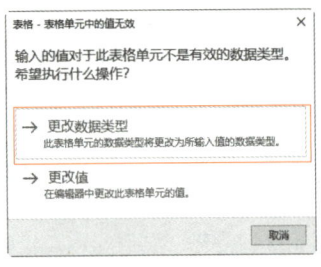

图 10-46 更改数据类型

第3步 单击"关闭文字编辑器"按钮 ✓，弹出如图 10-46 所示的提示框，选择"更改数据类型"。

第4步 结果如图 10-47 所示。

20××上半年财务状况表		
收入（元）	支出（元）	时间
3000	900	1月
4500	1200	2月
4300	1000	3月
3800	950	4月
5200	1150	5月
4500	1400	6月
上半年总收入25300元，总支出6600元，结余18700元		

图 10-47 表格编辑最终结果

10.5 实例——创建明细栏并添加文字说明

本实例是一张机械图，可以通过表格命令创建明细栏，通过多行文字命令添加文字说明，下面介绍具体操作方法。

第1步 打开随书配套资源中的"素材\CH10\机械图.dwg"文件，如图 10-48 所示。

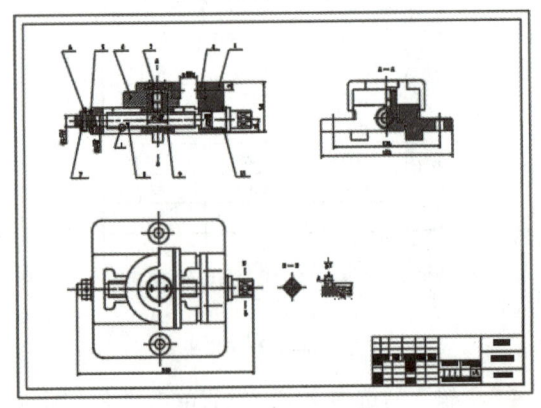

图 10-48 素材文件

第2步 单击"默认"选项卡"注释"面板中的"表格"按钮 ，弹出"插入表格"对话框，设置列数为"6"，行数为"10"，如图 10-49 所示。

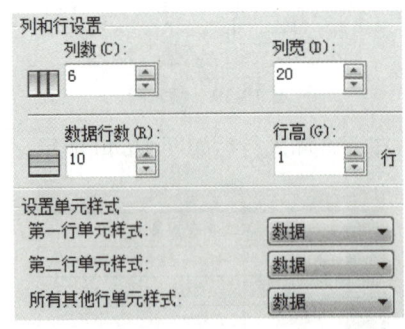

图 10-49 设置表格参数

第3步 单击"确定"按钮，在绘图区单击指定插入点，按"Esc"键取消文本输入，如图 10-50 所示。

第 10 章
文字和表格

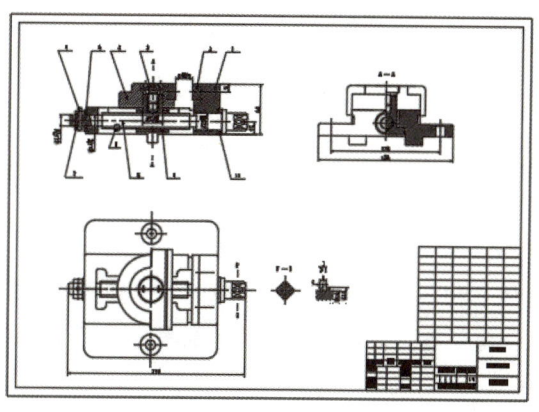

图 10-50 插入表格

第 4 步 选择刚插入的表格，进行适当的调整，如图 10-51 所示。

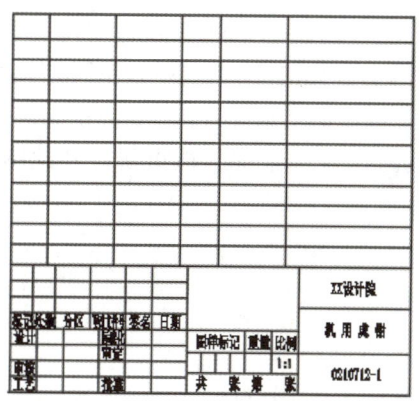

图 10-51 调整表格

第 5 步 选中所有单元格，右键单击，在弹出的列表中选择"对齐"→"正中"菜单命令，如图 10-52 所示。

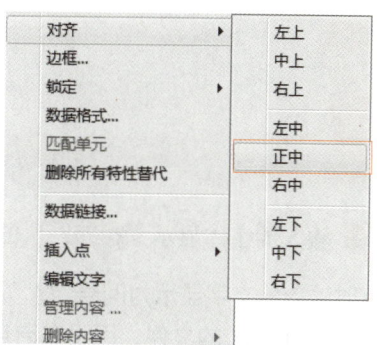

图 10-52 设置对齐方式

第 6 步 双击单元格，输入文字内容，如图 10-53 所示。

11	0210712-5	垫圈	1	A3	
10	0210712-9	螺钉	4	A3	GB68-85
9	0210712-5	螺母	1	HT150	
8	0210712-9	螺杆	1	45	
7	0210712-8	环	1	35	
6	0210712-7	销	1	35	GB117-86
5	0210712-6	垫圈	1	A3	
4	0210712-5	活动钳身	1	HT150	
3	0210712-4	螺钉	1	45	
2	0210712-3	钳口板	2	45	
1	0210712-2	固定钳身	1	HT150	
序号	图号	名称	数量	材料	备注

图 10-53 输入文字内容

第 7 步 单击"默认"选项卡"注释"面板中的"多行文字"按钮A，文字高度设置为"5"，创建多行文字对象，如图 10-54 所示。

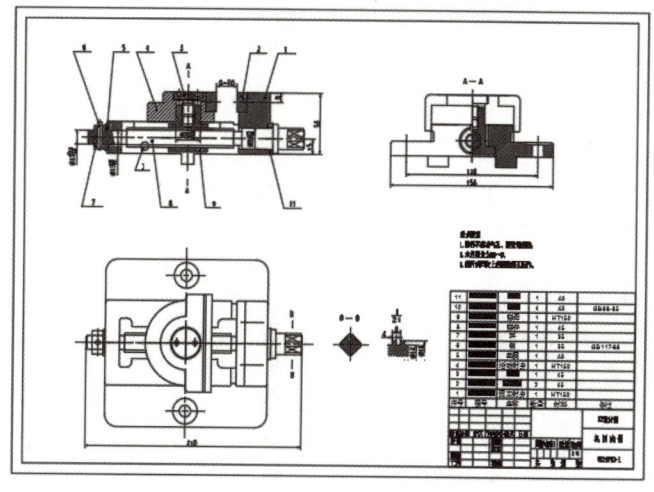

图 10-54 创建多行文字

1. 输入的字体显示"？？？"的解决方法

有时输入的文字显示为问号"？",这是由字体名和字体样式不统一造成的。一种情况是指定了字体名为 SHX 的文件,而没有启用"使用大字体"复选框;另一种情况是启用了"使用大字体"复选框,却没有为其指定一个正确的字体样式。

所谓"大字体"就是指定亚洲语言的大字体文件。只有在"字体名"中指定了 SHX 文件,才能"使用大字体",并且只有 SHX 文件可以创建"大字体"。

2. 轻松替换原文件中不存在的字体

在用 CAD 打开别人的图形时,经常会遇到提示原文中找不到该字体的情况,那么这时候该怎么办呢？下面就以用"hztxt.shx"替换"hzst.shx"来介绍如何替换原文中找不到的字体。

第1步 找到 AutoCAD 字体文件夹 (fonts),把里面的 hztxt.shx 复制一份。

第2步 重新命名为 hzst.shx,然后把 hzst.shx 放到 fonts 文件夹里面,再重新打开此图就可以了。

创建图 10-55 所示的"材料明细栏"。

材料名称	数量	规格	备注
内芯材	1	2440× 1220mm	E1级中密度板
面材	3		天然胡桃木皮
铰链	6		
导轨	2		
油漆	1		清漆

图 10-55　材料明细栏

第 11 章

查询

◉ 内容简介

AutoCAD 中包含许多辅助绘图功能供用户进行调用，其中查询就是应用较广的辅助功能。本章将对查询工具的使用进行详细介绍。

◉ 内容要点

- 查询对象信息

◉ 案例效果

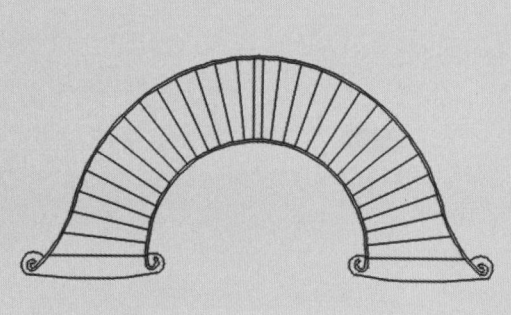

11.1 查询对象信息

在 AutoCAD 中，查询命令包含众多的功能，比如查询两点之间的距离、面积、体积、质量、半径等。利用 AutoCAD 的各种查询功能，既可以辅助绘制图形，也可以对图形的各种状态进行查询。

11.1.1 查询距离

查询距离命令用于测量两点之间的距离和角度。

🔸 **执行方式**

- 命令行：DIST/DI。
- 菜单栏：选择菜单栏中的"工具"→"查询"→"距离"命令。
- 功能区：单击"默认"选项卡"实用工具"面板中的"距离"按钮 。

🔸 **操作步骤**

执行上述操作后，命令行会进行如下提示。

```
命令：_MEASUREGEOM
输入选项 [距离(D)/半径(R)/角度(A)/
面积(AR)/体积(V) /快速(Q)/模式(M)/
退出(X)] <距离>：_DISTANCE
指定第一点：
```

◇ **重点——查询对象距离信息**

素材文件：素材\CH11\距离查询.dwg
结果文件：无
利用距离查询命令查询对象距离信息。
操作步骤：

第1步 打开随书配套资源中的"素材\CH11\距离查询.dwg"文件，如图 11-1 所示。

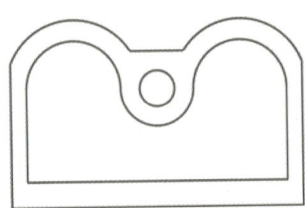

图 11-1 素材文件

第2步 单击"默认"选项卡"实用工具"面板中的"距离"按钮 ，在绘图区域单击指定第一点，如图 11-2 所示。

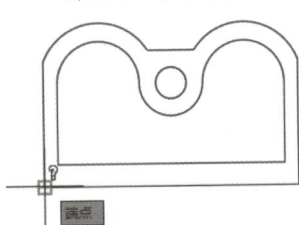

图 11-2 捕捉端点

第3步 在绘图区域单击指定第二点，如图 11-3 所示。

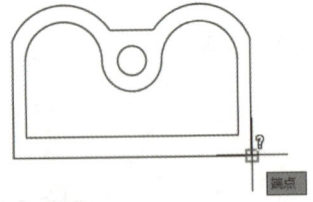

图 11-3 捕捉端点

第4步 在命令行中显示查询结果。

```
距离 = 199.4868，XY 平面中的倾角 =
0，  与 XY 平面的夹角 = 0
X 增量 = 199.4868，  Y 增量 =
0.0000，  Z 增量 = 0.0000
```

11.1.2 查询半径

查询半径命令用于测量指定圆弧、圆或多段线圆弧的半径和直径。

执行方式

- 命令行：MEASUREGEOM/MEA，在命令行提示下选择"R"选项。
- 菜单栏：选择菜单栏中的"工具"→"查询"→"半径"命令。
- 功能区：单击"默认"选项卡"实用工具"面板中的"半径"按钮。

操作步骤

执行上述操作后，命令行会进行如下提示。

```
命令：_MEASUREGEOM
输入选项 [距离(D)/半径(R)/角度(A)/
面积(AR)/体积(V) /快速(Q)/模式(M)/
退出(X)] <距离>：_RADIUS
选择圆弧或圆：
```

◇ 重点——查询对象半径信息

素材文件：素材\CH11\半径查询.dwg
结果文件：无

利用半径查询命令查询对象半径及直径信息。

操作步骤：

第1步 打开随书配套资源中的"素材\CH11\半径查询.dwg"文件，如图11-4所示。

图11-4 素材文件

第2步 单击"默认"选项卡"实用工具"面板中的"半径"按钮，在绘图区域单击选择要查询的对象，如图11-5所示。

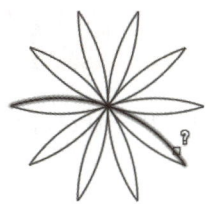

图11-5 选择圆弧

第3步 在命令行中显示圆弧的半径和直径大小。

```
半径 = 10    直径 = 20
```

11.1.3 查询角度

查询角度命令用于测量与选定的圆弧、圆、多段线线段和线对象关联的角度。

执行方式

- 命令行：MEASUREGEOM/MEA，在命令行提示下选择"A"选项。
- 菜单栏：选择菜单栏中的"工具"→"查询"→"角度"命令。
- 功能区：单击"默认"选项卡"实用工具"面板中的"角度"按钮。

操作步骤

执行上述操作后，命令行会进行如下提示。

```
命令：_MEASUREGEOM
输入选项 [距离(D)/半径(R)/角度(A)/
面积(AR)/体积(V) /快速(Q)/模式(M)/
退出(X)] <距离>：_ANGLE
选择圆弧、圆、直线或 <指定顶点>：
```

◇ 重点——查询对象角度信息

素材文件：素材\CH11\角度查询.dwg
结果文件：无

利用角度查询命令查询对象角度信息。

操作步骤：

第1步 打开随书配套资源中的"素材\CH11\角度查询.dwg"文件，如图11-6所示。

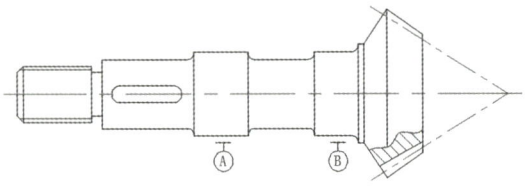

图11-6 素材文件

第2步 单击"默认"选项卡"实用工具"面板中的"角度"按钮，在绘图区域单击选择需要查询角度的起始边，如图11-7所示。

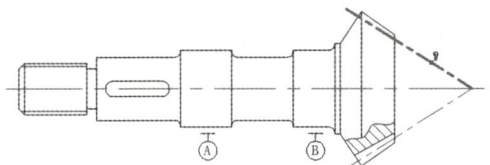

图11-7 选择直线段

第3步 在绘图区域单击选择需要查询角度的另一条边，如图11-8所示。

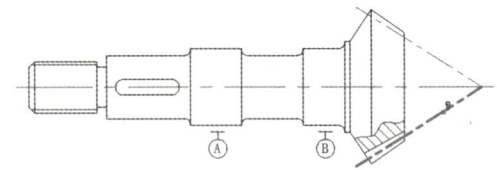

图11-8 选择直线段

第4步 在命令行中显示角度的大小。

角度 = 63D14'42"

11.1.4 查询面积和周长

查询面积命令用于计算对象或所定义区域的面积和周长。

执行方式

- 命令行：AREA/AA。
- 菜单栏：选择菜单栏中的"工具"→"查询"→"面积"命令。
- 功能区：单击"默认"选项卡"实用工具"面板中的"面积"按钮。

操作步骤

执行上述操作后，命令行会进行如下提示。

```
命令：_MEASUREGEOM
输入选项 [距离(D)/半径(R)/角度(A)/
面积(AR)/体积(V) /快速(Q)/模式(M)/
退出(X)] <距离>：_AREA
指定第一个角点或 [对象(O)/增加面积
(A)/减少面积(S)/退出(X)] <对象>：
```

◇ 重点——查询对象面积和周长信息

素材文件：素材\CH11\面积周长查询.dwg

结果文件：无

利用面积查询命令查询对象面积和周长信息。

操作步骤：

第1步 打开随书配套资源中的"素材\CH11\面积周长查询.dwg"文件，如图11-9所示。

第2步 单击"默认"选项卡"实用工具"面板中的"面积"按钮，在命令行提示下输入选项"O"按"Enter"键，在绘图区域选择需要查询面积的图形对象，如图11-10所示。

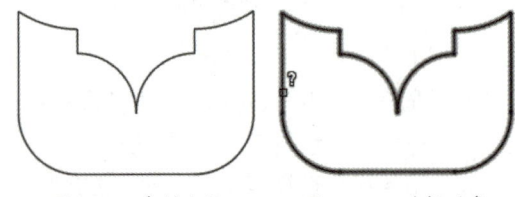

图11-9 素材文件　　图11-10 选择对象

第3步 在命令行中显示查询结果。

区域 = 5082.3575，修剪的区域 = 0.0000 ，周长 = 364.7136

第 11 章 查询

11.1.5 查询体积

查询体积命令用于测量对象或定义区域的体积。

执行方式

- 命令行：MEASUREGEOM/MEA，在命令行提示下选择"V"选项。
- 菜单栏：选择菜单栏中的"工具"→"查询"→"体积"命令。
- 功能区：单击"默认"选项卡"实用工具"面板中的"体积"按钮。

操作步骤

执行上述操作后，命令行会进行如下提示。

```
命令：_MEASUREGEOM
输入选项 [距离(D)/半径(R)/角度(A)/
面积(AR)/体积(V)/快速(Q)/模式(M)/
退出(X)] <距离>：_VOLUME
指定第一个角点或 [对象(O)/增加体积
(A)/减去体积(S)/退出(X)] <对象>：
```

◇ **练一练——查询对象体积信息**

素材文件：素材\CH11\体积查询.dwg
结果文件：无
利用体积查询命令查询对象体积信息。
操作步骤：

第1步 打开随书配套资源中的"素材\CH11\体积查询.dwg"文件，如图11-11所示。

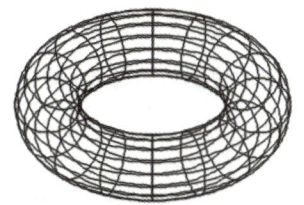

图 11-11 素材文件

第2步 单击"默认"选项卡"实用工具"面板中的"体积"按钮，在命令行提示下输入选项"O"按"Enter"键，在绘图区域选择需要查询面积的图形对象，如图 11-12 所示。

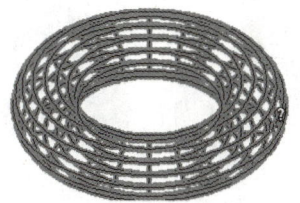

图 11-12 选择对象

第3步 在命令行中显示查询结果。

```
体积 = 2.7229
```

提示

如果测量的对象是个平面图，则在选择好底面之后，还需要指定一个高度才能测量出体积。

11.1.6 查询质量特性

查询面域/质量特性命令用于计算和显示选定面域或三维实体的质量特性。

执行方式

- 命令行：MASSPROP。
- 菜单栏：选择菜单栏中的"工具"→"查询"→"面域/质量特性"命令。

操作步骤

执行上述操作后，命令行会进行如下提示。

```
命令：_MASSPROP
选择对象：
```

◇ **练一练——查询对象质量特性**

素材文件：素材\CH11\质量特性查询.dwg

结果文件：无

利用面域/质量特性查询命令查询对象质量特性信息。

操作步骤：

第1步 打开随书配套资源中的"素材\CH11\质量特性查询.dwg"文件，如图11-13所示。

第2步 选择"工具"→"查询"→"面域/质量特性"菜单命令，在绘图区域选择需要查询的图形对象，如图11-14所示。

第3步 按"Enter"键确认后弹出查询结果，如图11-15所示。

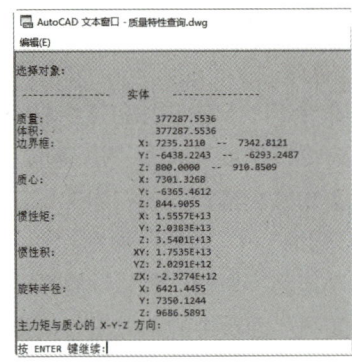

图11-15 查询结果

第4步 按"Enter"键继续分析，当命令行提示"是否将分析结果写入文件？"时，选择"否"。

> **提示**
> 测量的质量是以密度为"$1g/cm^3$"的形式显示的，所以测量后应根据结果乘以实际的密度才能得到真正的质量。

图11-13 素材文件

图11-14 选择对象

11.1.7 查询对象列表

查询列表命令用来显示任何对象的当前特性，如图层、颜色、样式等。此外，根据选定的对象不同，该命令还将给出相关的附加信息。

📄 **执行方式**

- 命令行：LIST/LI/LS。
- 菜单栏：选择菜单栏中的"工具"→"查询"→"列表"命令。

📄 **操作步骤**

执行上述操作后，命令行会进行如下提示。

```
命令：_LIST
选择对象：
```

◇ **练一练——查询对象列表信息**

素材文件：素材\CH11\对象列表查询.dwg

结果文件：无

利用列表查询命令查询对象列表信息。

操作步骤：

第1步 打开随书配套资源中的"素材\CH11\对象列表查询.dwg"文件，如图11-16所示。

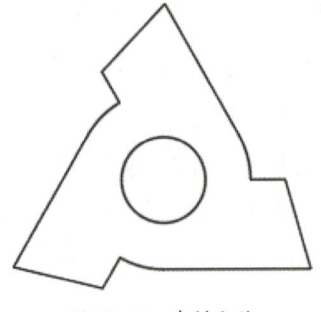

图11-16 素材文件

第 11 章 查询

第 2 步 选择"工具"→"查询"→"列表"菜单命令，在绘图区域将图形对象全部选择，如图 11-17 所示。

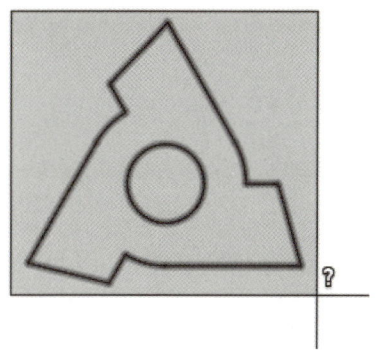

图 11-17 选择图形对象

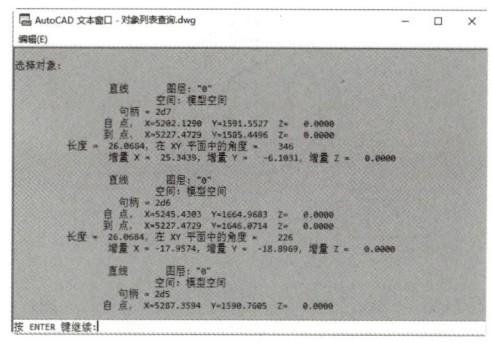

图 11-18 AutoCAD 文本窗口

第 3 步 按"Enter"键确认，弹出"AutoCAD 文本窗口"，在该窗口中可显示结果，如图 11-18 所示。

第 4 步 按"Enter"键可继续查询，结果如图 11-19 所示。

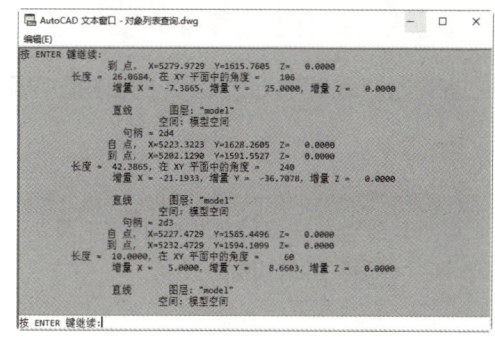

图 11-19 AutoCAD 文本窗口

11.1.8 查询点坐标

查询点坐标命令用于显示指定位置的 UCS 坐标值。ID 列出了指定点的 X、Y 和 Z 值，并将指定点的坐标存储为最后一点。可以通过在要求输入点的下一个提示中输入 @ 来引用最后一点。

执行方式

- 命令行：ID。
- 菜单栏：选择菜单栏中的"工具"→"查询"→"点坐标"命令。
- 功能区：单击"默认"选项卡"实用工具"面板中的"点坐标"按钮。

操作步骤

执行上述操作后，命令行会进行如下提示。

```
命令：_ID
指定点：
```

◇ **重点——查询点坐标信息**

素材文件：素材\CH11\点坐标查询.dwg

结果文件：无

利用查询点坐标命令查询对象点坐标信息。

操作步骤：

第 1 步 打开随书配套资源中的"素材\CH11\点坐标查询.dwg"文件，如图 11-20 所示。

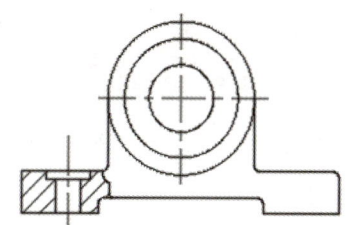

图 11-20 素材文件

第 2 步 选择"工具"→"查询"→"点坐标"菜单命令，捕捉如图 11-21 所示的圆心点。

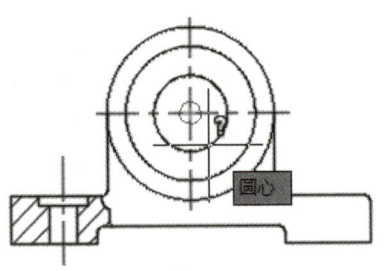

图 11-21 捕捉圆心点

第3步 在命令行中显示出查询结果。

```
指定点：X = 169.1898    Y = 225.0438    Z = 0.0000
```

11.1.9 查询图纸绘制时间

查询时间命令可以显示图形的日期和时间统计信息。

- **执行方式**
  - 命令行：TIME。
  - 菜单栏：选择菜单栏中的"工具"→"查询"→"时间"命令。

◇ **练一练——查询图纸绘制时间相关信息**

素材文件：素材\CH11\时间查询.dwg
结果文件：无
利用查询时间命令查询图纸绘制时间相关信息。
操作步骤：

第1步 打开随书配套资源中的"素材\CH11\时间查询.dwg"文件，如图 11-22 所示。

图 11-22 素材文件

第2步 选择"工具"→"查询"→"时间"菜单命令，弹出"AutoCAD 文本窗口"，以显示时间查询，如图 11-23 所示。

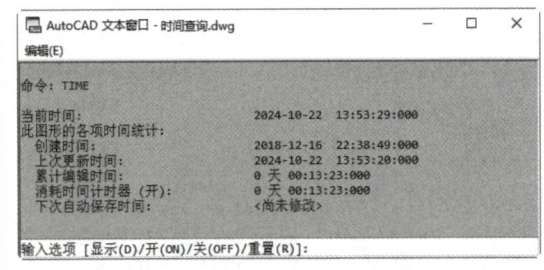

图 11-23 AutoCAD 文本窗口

11.1.10 查询图纸状态

查询状态命令可以显示图形的统计信息、模式和范围。

- **执行方式**
  - 命令行：STATUS。
  - 菜单栏：选择菜单栏中的"工具"→"查询"→"状态"命令

◇ **练一练——查询图纸状态相关信息**

素材文件：素材\CH11\状态查询.dwg
结果文件：无
利用查询状态命令查询图纸状态相关信息。

操作步骤：

第1步 打开随书配套资源中的"素材\CH11\状态查询.dwg"文件，如图11-24所示。

第2步 选择"工具"→"查询"→"状态"菜单命令，弹出"AutoCAD 文本窗口"，以显示查询结果，如图11-25所示。

图11-24 素材文件

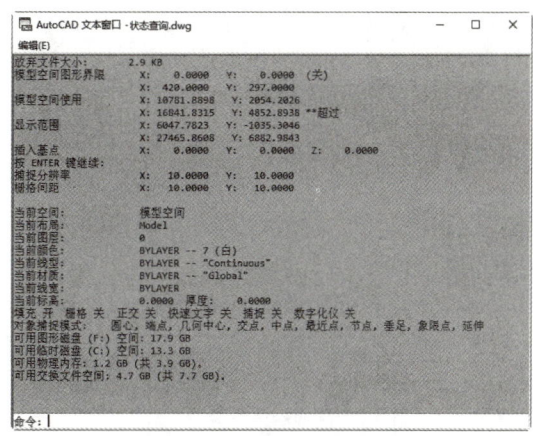

图11-25 AutoCAD 文本窗口

11.2 实例——查询卧室对象属性

本案例通过查看门窗开洞的大小、房间的使用面积以及铺装面积，回顾本章所讲的查询命令。

1. 查询门窗的开洞大小

第1步 打开随书配套资源中的"素材\CH11\查询卧室对象属性.dwg"文件，如图11-26所示。

图11-26 素材文件

第2步 在命令行中输入"DI"命令后按"Enter"键，然后指定门洞的第一点，如图11-27所示。

第3步 指定门洞的第二点，如图11-28所示。

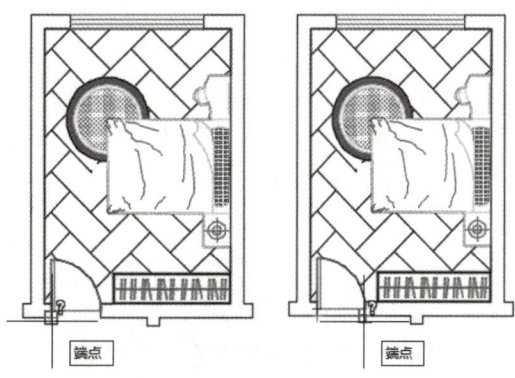

图11-27 指定第一点　　图11-28 指定第二点

第4步 门洞尺寸显示结果如下。

```
距离 = 900.0000，XY 平面中的倾角 = 0，与 XY 平面的夹角 = 0
X 增量 = 900.0000，Y 增量 = 0.0000，Z 增量 = 0.0000
```

第5步 重复第2～4步，测量窗洞的尺寸显示如下。

距离 = 2400.0000，XY 平面中的倾角 = 0，与 XY 平面的夹角 = 0
X 增量 = 2400.0000， Y 增量 = 0.0000，Z 增量 = 0.0000

2. 查询卧室面积和图中显示的铺装面积

第1步 在命令行中输入"AA"命令后按"Enter"键，然后根据命令行提示依次选择图 11-29 所示的阴影部分的四个角点。

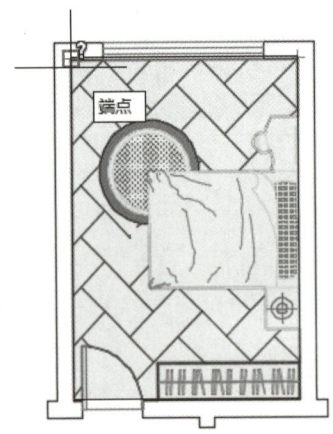

图 11-29　指定角点

第2步 卧室的面积和周长显示结果如下。

区域 = 16329600.0000，周长 = 16440.0000

第3步 在命令行中输入"AA"命令后按"Enter"键，当命令行提示选择第一个角点时，按"Enter"键接受默认选项＜对象＞，然后在图中选择需要测量的铺装面积对象，如图 11-30 所示。

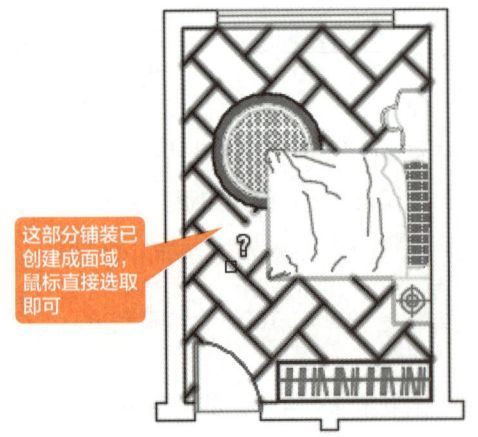

图 11-30　选择测量对象

第4步 图中显示的铺装面积和周长结果如下。

区域 = 9073120.0559，周长 = 24502.4412

3. 列表查询床的信息

第1步 在命令行中输入"LI"命令后按"Enter"键，然后根据命令行提示选择床，如图 11-31 所示。

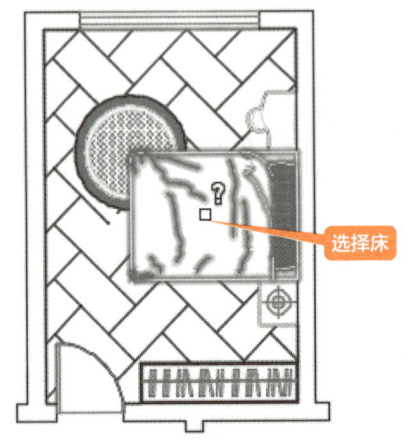

图 11-31　选择查询对象

第2步 按"Enter"键结束对象选择后，显示列表信息如图 11-32 所示。

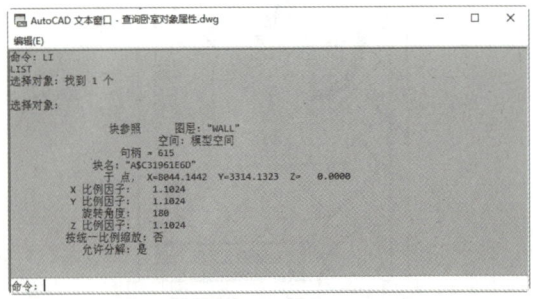

图 11-32　显示列表信息

第 11 章 查询

1. LIST 和 DBLIST 命令的差异

除 LIST 命令外，AutoCAD 还提供了一个 DBLIST 命令。该命令和 LIST 命令的区别在于，LIST 命令根据提示选择对象进行查询，列表只显示选择的对象的信息，而 DBLIST 则不用选择直接列表显示整个图形的信息。

第1步 打开随书配套资源中的"素材\CH11\LIST 与 DBLIST.dwg"文件，如图 11-33 所示。

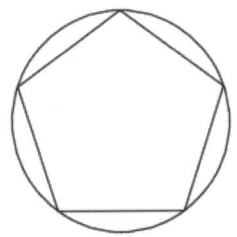

图 11-33 素材文件

第2步 在命令行输入"LI"命令，按"Enter"键确认，在绘图区域中选择圆形对象，如图 11-34 所示。

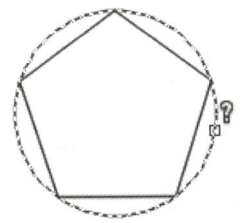

图 11-34 选择圆形对象

第3步 按"Enter"键确认，查询结果如图 11-35 所示。

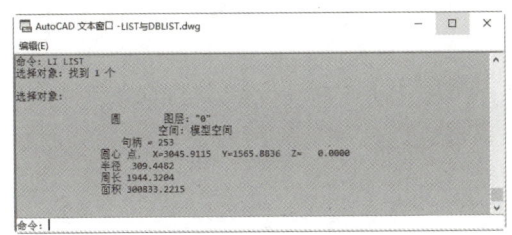

图 11-35 查询结果

第4步 在命令行输入"DBLIST"命令，按"Enter"键确认，命令行中显示查询结果如图 11-36 所示。

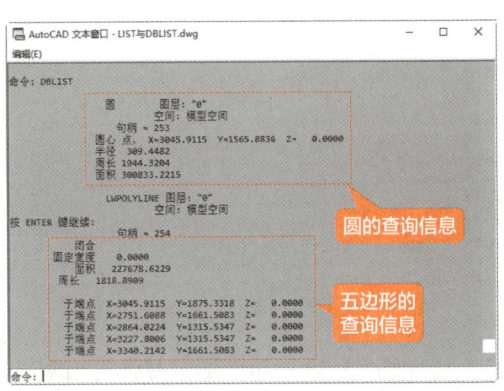

图 11-36 查询结果

2. 核查和修复

为了便于设计和绘图，AutoCAD 还提供了其他辅助功能，如修复图形数据和核查等。

核查：使用核查命令可检查图形的完整性并更正某些错误。在文件损坏后，可以通过使用该命令查找并更正错误，以修复部分或全部数据。

利用核查命令检查图像的具体操作步骤如下。

第1步 选择"文件"→"图形实用工具"→"核查"菜单命令。

第2步 执行命令后，命令行提示如下。

是否更正检测到的任何错误？[是(Y)/否(N)] <N>：

第3步 在命令行中输入参数"Y"，按"Enter"键确认，以更正检测到的错误。

修复：使用修复命令可以修复损坏的图形。当文件损坏后，可以通过使用该命令查找并更正错误，以修复部分或全部数据。

利用修复命令检查图像的具体操作步骤如下。

第1步 选择"文件"→"图形实用工具"→"修复"菜单命令。

第2步 弹出"选择文件"对话框，从中选择要修复的文件。

第3步 单击"打开"按钮后，系统自动进行修复，修复完成后弹出修复结果，如图11-37所示。

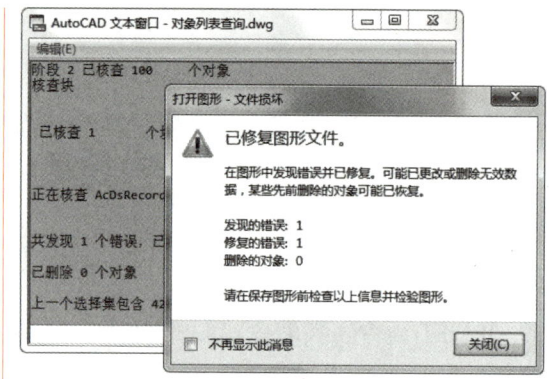

图 11-37 修复结果

绘制图11-38所示图形，并计算出阴影部分的面积。

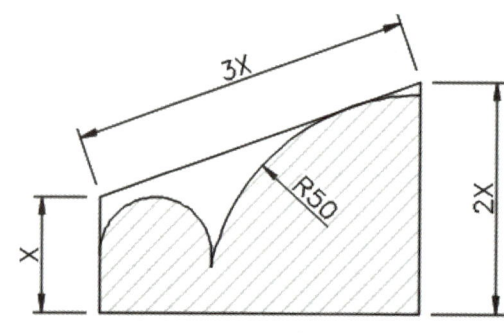

图 11-38 本章练习

提示

R50 的圆心在 2X 边与底边的交点处；小圆和 X 边、R50 以及底边相切。

第 3 篇 三维建模篇

第 12 章
三维建模基础

内容简介

相对于二维 XY 平面视图，三维视图多了一个维度，不仅有 XY 平面，还有 ZX 平面和 YZ 平面。因此，三维视图相对于二维视图更加直观。可以通过三维空间和视觉样式的切换，从不同角度观察图形。

内容要点

- 三维建模空间与三维视图
- 视觉样式
- 坐标系

案例效果

第 12 章 三维建模基础

12.1 三维建模空间与三维视图

三维图形是在三维建模空间下完成的，因此在创建三维图形之前，首先应该将绘图空间切换到三维建模模式。

视图是指从不同角度观察三维模型，对于复杂的图形可以通过切换视图样式来从多个角度全面观察图形。

12.1.1 三维建模空间

关于切换工作空间的方法，除了本书 1.2.8 节介绍的三种方法，还有以下方法。

📄 **执行方式**

- 命令行：WSCURRENT，在命令行提示下输入"三维建模"。

📄 **操作步骤**

切换到三维建模空间后，可以看到三维建模空间是由快速访问工具栏、菜单栏、选项卡、控制面板、绘图区和状态栏组成的集合。用户可以在专门的、面向任务的绘图环境中工作。三维建模空间如图 12-1 所示。

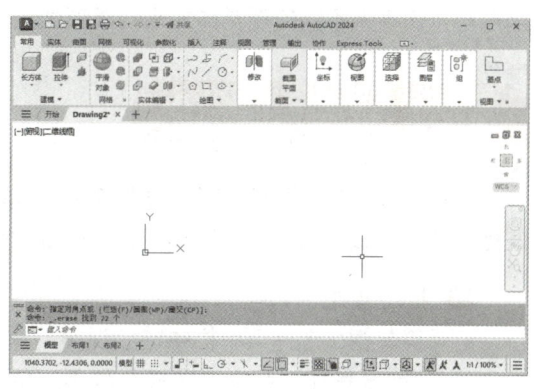

图 12-1 三维建模空间

12.1.2 三维视图

三维视图可分为标准正交视图和等轴测视图。

标准正交视图：俯视、仰视、主视、左视、右视和后视。

等轴测视图：SW（西南）等轴测、SE（东南）等轴测、NE（东北）等轴测和 NW（西北）等轴测。

📄 **执行方式**

- 菜单栏：选择菜单栏中的"视图"→"三维视图"命令，选择一种适当的视图。
- 功能区：单击"常用"选项卡"视图"面板中的"三维导航"下拉按钮，选择一种适当的视图；或者单击"可视化"选项卡"视图"面板，选择一种适当的视图。
- 单击绘图窗口左上角的视图控件，选择一种适当的视图。

📄 **选项说明**

不同视图下显示的效果也不相同。例如，同一个齿轮在"西南等轴测"视图下效果如图 12-2 所示，而在"东南等轴测"视图下的效果如图 12-3 所示。

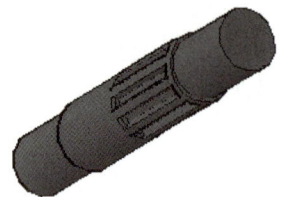

图 12-2　西南等轴测

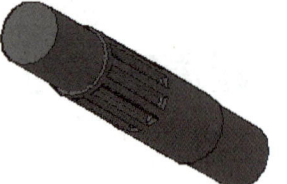

图 12-3　东南等轴测

12.2　视觉样式

视觉样式用于观察三维实体模型在不同视觉下的效果，AutoCAD 程序提供了 10 种视觉样式，用户可以切换到不同的视觉样式来观察模型。

12.2.1　视觉样式的分类

AutoCAD 中的视觉样式有 10 种类型：二维线框、概念、隐藏、真实、着色、带边缘着色、灰度、勾画、线框和 X 射线，程序默认的视觉样式为二维线框。

📌 **执行方式**

- 菜单栏：选择菜单栏中的"视图"→"视觉样式"命令，选择一种适当的视觉样式。
- 功能区：单击"常用"选项卡"视图"面板中的"视觉样式"下拉按钮，选择一种适当的视觉样式，或者单击"可视化"选项卡"视觉样式"面板中的"视觉样式"下拉按钮，选择一种适当的视觉样式。
- 单击绘图窗口左上角的视图控件，选择一种适当的视觉样式。

📌 **选项说明**

各视觉样式含义如下。

二维线框：二维线框视觉样式显示是通过使用直线和曲线表示对象边界的显示方法。光栅、OLE 对象、线型和线宽均可见，如图 12-4 所示。

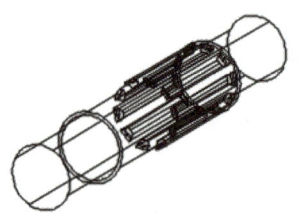

图 12-4　二维线框

线框：线框是通过使用直线和曲线边界来显示对象的方法。它与二维线框的主要区别在于，线型、线宽、光栅和 OLE 对象都是不可见的，如图 12-5 所示。

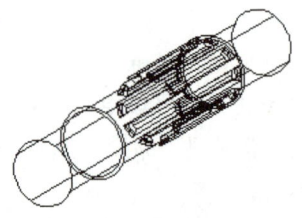

图 12-5　线框

隐藏（消隐）：隐藏（消隐）是用三维线框表示的对象，并且将不可见的线条隐藏起来，如图 12-6 所示。

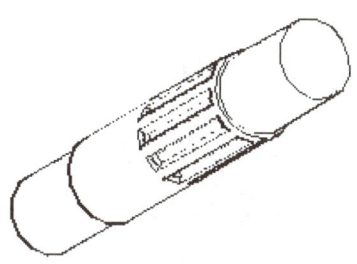

图 12-6 消隐

真实：真实是将对象边缘平滑化，显示已附着到对象的材质，如图 12-7 所示。

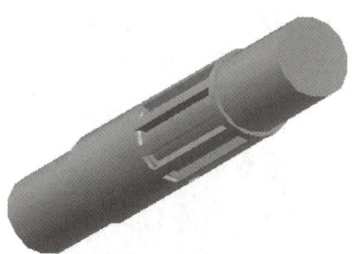

图 12-7 真实

概念：概念是使用平滑着色和古氏面样式显示对象的方法，它是一种冷色和暖色之间的过渡，而不是从深色到浅色的过渡。虽然效果缺乏真实感，但是可以更加方便地查看模型的细节，如图 12-8 所示。

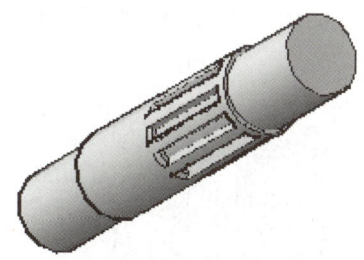

图 12-8 概念

着色：使用平滑着色显示对象，如图 12-9 所示。

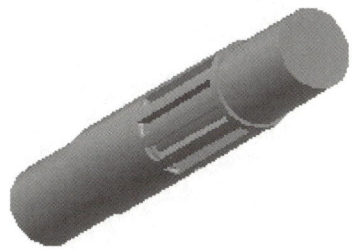

图 12-9 着色

带边缘着色：使用平滑着色和可见边显示对象，如图 12-10 所示。

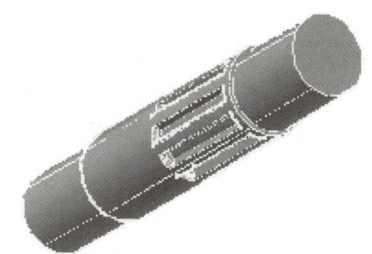

图 12-10 带边缘着色

灰度：使用平滑着色和单色灰度显示对象，如图 12-11 所示。

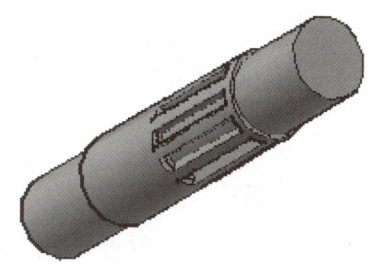

图 12-11 灰度

勾画：使用线延伸和抖动边修改器显示手绘效果的对象，如图 12-12 所示。

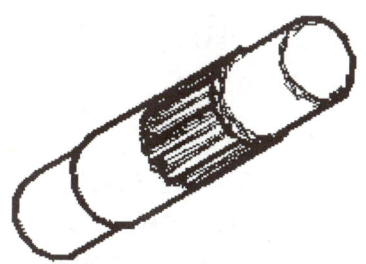

图 12-12 勾画

X 射线：以局部透明度显示对象，如图 12-13 所示。

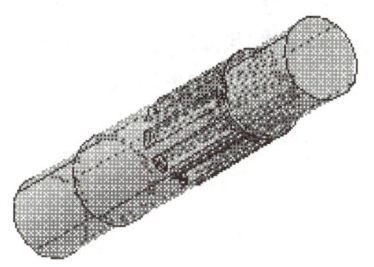

图 12-13 X 射线

◇ 练一练——在不同视觉样式下对三维模型进行观察

素材文件：素材\CH12\视觉样式.dwg
结果文件：结果\CH12\视觉样式.dwg
利用不同视觉样式对三维模型进行观察。
操作步骤：

第1步 打开随书配套资源中的"素材\CH12\视觉样式.dwg"文件，如图12-14所示。

第2步 选择"视图"→"视觉样式"→"消隐"菜单命令，结果如图12-15所示。

第3步 选择"视图"→"视觉样式"→"概念"菜单命令，结果如图12-16所示。

图 12-16　概念视觉样式

第4步 选择"视图"→"视觉样式"→"X射线"菜单命令，结果如图12-17所示。

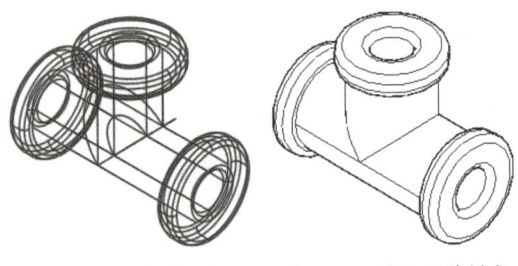

图 12-14　素材文件　　图 12-15　消隐视觉样式

图 12-17　X射线视觉样式

12.2.2 视觉样式管理器

视觉样式管理器用于管理视觉样式，对所选视觉样式的面、环境、边等特性进行自定义设置。

○ 执行方式

- 在AutoCAD中，视觉样式管理器的调用方法和视觉样式的调用方法（见12.2.1节）相同，在弹出的视觉样式下拉列表中选择"视觉样式管理器"选项即可。

○ 操作步骤

执行上述操作后会打开"视觉样式管理器"选项板，如图12-18所示。

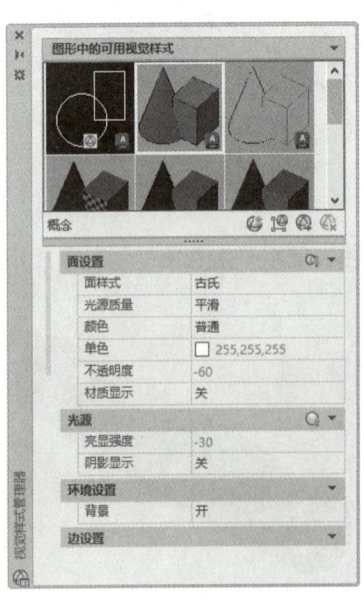

图 12-18　"视觉样式管理器"选项板

第 12 章 三维建模基础

选项说明

"视觉样式管理器"选项板中各选项含义如下。

工具栏：用户可通过工具栏创建或删除视觉样式，将选定的视觉样式应用于当前视口，或者将选定的视觉样式输出到工具选项板，如图 12-19 所示。

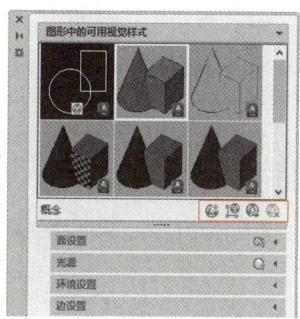

图 12-19　工具栏

面设置：用于控制三维模型的面在视口中的外观，如图 12-20 所示。

光源和环境设置："光源"特性面板中，"亮显强度"选项可以控制亮显在无材质的面上的大小和阴影的显示方式。"环境设置"特性面板用于控制背景的显示方式，如图 12-21 所示。

图 12-20　面设置

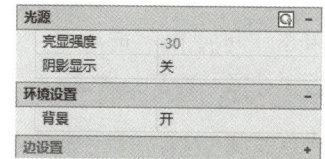

图 12-21　光源和环境设置

边设置：用于控制边的显示方式，如图 12-22 所示。

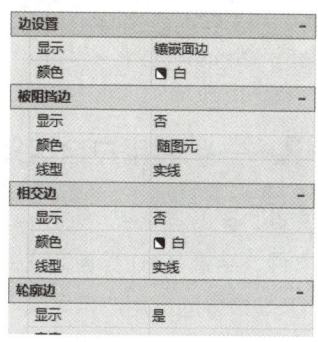

图 12-22　边设置

12.3　坐标系

AutoCAD 系统为用户提供了一个绝对的坐标系，即世界坐标系（WCS）。通常，AutoCAD 构造新图形时将自动使用 WCS。虽然 WCS 不可更改，但可以从任意角度、任意方向来观察或旋转图形。

相对于世界坐标系 WCS，用户可根据需要创建无限多的坐标系，这些坐标系称为用户坐标系（UCS，User Coordinate System）。用户使用 UCS 命令来对用户坐标系进行定义、保存、恢复和移动等一系列操作。

12.3.1　创建 UCS（用户坐标系）

在 AutoCAD 中，用户可以根据工作需要定义 UCS。

执行方式

- 命令行：UCS。
- 菜单栏：选择菜单栏中的"工具"→"新建 UCS"命令，选择一种定义方式。
- 功能区：单击"常用"选项卡"坐标"面板，选择一种定义方式，或者单击"可视化"选项卡"坐标"面板，选择一种定义方式。

操作步骤

执行上述操作后，命令行会进行如下提示。

```
命令：_UCS
当前 UCS 名称：*世界*
指定 UCS 的原点或 [面(F)/命名(NA)/对象(OB)/上一个(P)/视图(V)/世界(W)/X/Y/Z/Z 轴(ZA)] <世界>：
```

◇ **练一练——创建用户自定义 UCS**

素材文件：无
结果文件：结果\CH12\自定义 UCS.dwg
利用 UCS 命令创建用户自定义 UCS。
操作步骤：

第1步 新建一个 AutoCAD 文件，在命令行输入"UCS"，按"Enter"键确认。在绘图区域中单击指定 UCS 原点的位置，如图 12-23 所示。

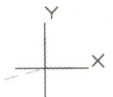

图 12-23　指定 UCS 原点

第2步 在绘图区域中向左水平拖动鼠标并单击，以指定 X 轴上的点，如图 12-24 所示。

图 12-24　指定点

第3步 在绘图区域中向下垂直拖动鼠标并单击，以指定 Y 轴上的点，如图 12-25 所示。

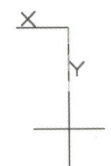

图 12-25　指定点

第4步 结果如图 12-26 所示。

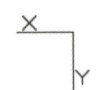

图 12-26　创建结果

12.3.2　重命名 UCS（用户坐标系）

下面将对重命名 UCS 的方法进行详细介绍。

执行方式

- 命令行：UCSMAN/UC。
- 菜单栏：选择菜单栏中的"工具"→"命名 UCS"命令。
- 功能区：单击"常用"选项卡"坐标"面板中的"UCS，命名 UCS"按钮，或单击"可视化"选项卡"坐标"面板中的"UCS，命名 UCS"按钮。

操作步骤

执行上述操作后会打开"UCS"对话框，如图 12-27 所示。

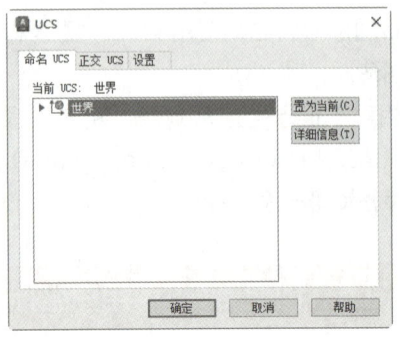

图 12-27　"UCS"对话框

第 12 章 三维建模基础

◇ 练一练——对用户自定义 UCS 进行重命名操作

素材文件：素材 \CH12\ 重命名 UCS.dwg
结果文件：结果 \CH12\ 重命名 UCS.dwg
利用 UCS 对话框对用户自定义的 UCS 重命名。

操作步骤：

第1步 打开随书配套资源中的"素材 \CH12\ 重命名 UCS.dwg"文件，如图 12-28 所示。

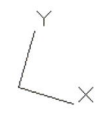

图 12-28　素材文件

第2步 选择"工具"→"命名 UCS"菜单命令，弹出"UCS"对话框，如图 12-29 所示。

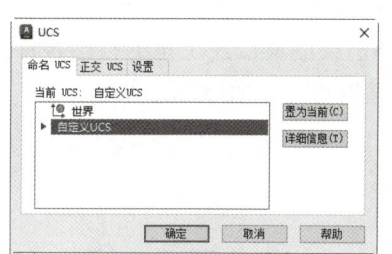

图 12-29　"UCS"对话框

第3步 在"自定义 UCS"上单击右键，在弹出的快捷菜单中选择"重命名"命令，如图 12-30 所示。

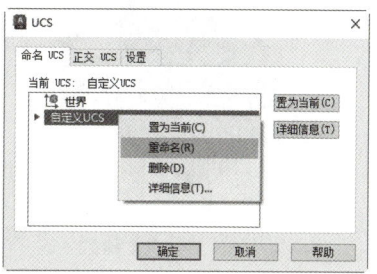

图 12-30　选择"重命名"

第4步 输入新的名称"工作 UCS"，单击"确定"按钮完成操作，如图 12-31 所示。

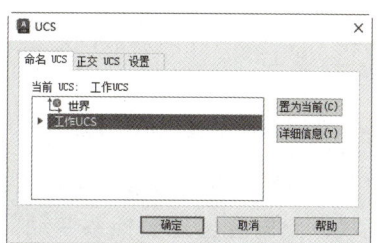

图 12-31　重命名结果

12.4 实例——对沙发模型进行观察

下面将以不同的视觉样式及不同的视图显示方式对三维模型进行观察，具体操作步骤如下。

第1步 打开随书配套资源中的"素材 \CH12\双人沙发 .dwg"文件，如图 12-32 所示。

图 12-32　素材文件

第2步 选择"视图"→"视觉样式"→"真实"菜单命令，结果如图 12-33 所示。

图 12-33　真实视觉样式

第3步 选择"视图"→"三维视图"→"西南等轴测"菜单命令，结果如图12-34所示。

第4步 选择"视图"→"三维视图"→"西北等轴测"菜单命令，结果如图12-35所示。

图12-34　西南等轴测

图12-35　西北等轴测

1. 坐标系自动变化的原因

在三维绘图中经常需要在各种视图之间进行切换，此时会出现坐标系变动的情况，如图12-36所示，是在"西南等轴测"下的视图。

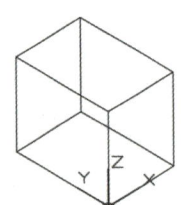

图12-36　西南等轴测

当把视图切换到"前视"视图，再切换回"西南等轴测"时，发现坐标系发生了变化，如图12-37所示。

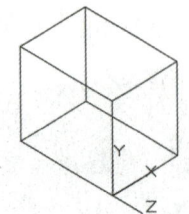

图12-37　坐标系发生变化

出现这种情况是因为"恢复正交"设定的问题。当设定为"是"时，就会出现坐标变动，当设定为"否"时，则可避免。

单击绘图窗口左上角的视图控件，选择"视图管理器"，如图12-38所示。

图12-38　选择"视图管理器"

在弹出的"视图管理器"对话框中，将"预设视图"中的任何一个视图的"恢复正交"改为"否"即可，如图12-39所示。

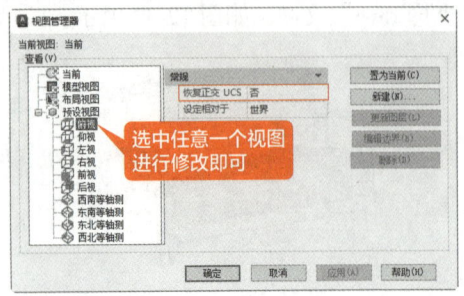

图12-39　参数设置

第 12 章
三维建模基础

2. 多方向同时观察模型

可以将当前页面同时显示多个视口，以实现多方向同时观察模型的目的。选择"视图"→"视口"→"四个视口"菜单命令，分别为每个视口指定不同的观察方向，如图 12-40 所示。

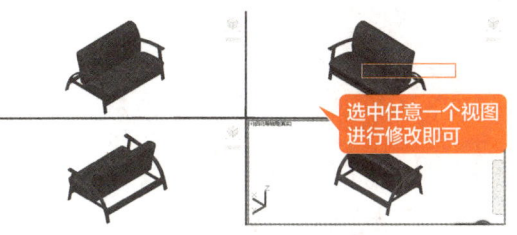

图 12-40　多方向同时观察模型

改变图 12-41 中三维模型的视觉样式，并分别从不同视图进行观察。

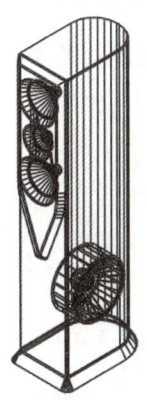

图 12-41　素材文件

思路及方法：

第1步 利用视觉样式命令，将三维模型分别设置为"消隐""概念""真实"，如图 12-42 所示。

第2步 利用三维视图命令，将三维模型视图分别切换为"东南等轴测""西北等轴测""东北等轴测"，如图 12-43 所示。

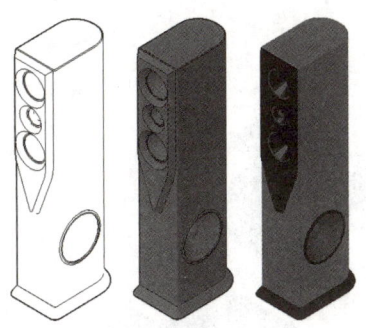

图 12-42　消隐、概念、真实视觉样式

图 12-43　东南等轴测、西北等轴测、东北等轴测视图

· 235 ·

第 13 章

三维建模

◐ 内容简介

在三维界面内,除了可以绘制简单的三维图形,还可以绘制三维曲面和三维实体。例如,可以直接绘制长方体、球体和圆柱体等基本实体,也可以通过二维图形的拉伸、旋转等命令生成实体。

◐ 内容要点

- 三维实体建模
- 三维曲面建模
- 由二维图形创建三维图形

◐ 案例效果

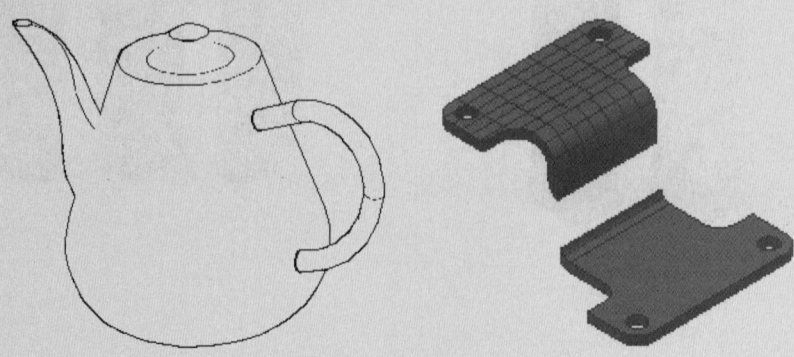

第 13 章 三维建模

13.1 三维实体建模

实体是能够完整表达对象几何形状和物体特性的空间模型。与线框和网格相比，实体的信息最完整，也最容易构造和编辑。

13.1.1 长方体建模

长方体作为最基本的几何形体，其应用非常广泛。在系统默认设置下，长方体的底面总是与当前坐标系的 XY 面平行。

执行方式
- 命令行：BOX。
- 菜单栏：选择菜单栏中的"绘图"→"建模"→"长方体"命令。
- 功能区：单击"常用"选项卡"建模"面板中的"长方体"按钮，或者单击"实体"选项卡"图元"面板中的"长方体"按钮。

操作步骤

执行上述操作后，命令行会进行如下提示。

```
命令：_BOX
指定第一个角点或 [中心(C)]：
```

◇ **练一练——创建长方体几何模型**

利用长方体命令创建长方体几何模型。

提示

本章案例，如不做特殊说明，新建文件均是"三维建模空间""西南等轴测"视图，视觉样式采用"线框"样式。

操作步骤：

第1步 新建一个"dwg"文件，然后单击"常用"选项卡"建模"面板中的"长方体"按钮。

第2步 在绘图区域中任意单击一点作为长方体的第一个角点。

第3步 在命令行提示下输入"@200,150,70"作为长方体的另一个角点，按"Enter"键确认后，结果如图 13-1 所示。

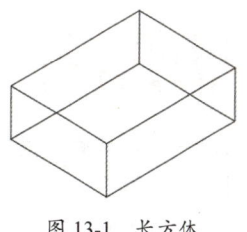

图 13-1 长方体

13.1.2 圆柱体建模

圆柱体是一个具有高度特征的圆形实体。创建圆柱体时，首先需要指定圆柱体的底面圆心，然后指定底面圆的半径，最后指定圆柱体的高度即可。

执行方式

- 命令行：CYLINDER/CYL。
- 菜单栏：选择菜单栏中的"绘图"→"建模"→"圆柱体"命令。
- 功能区：单击"常用"选项卡"建模"面板中的"圆柱体"按钮，或者单击"实体"选项卡"图元"面板中的"圆柱体"按钮。

操作步骤

执行上述操作后，命令行会进行如下提示。

```
命令：CYLINDER
指定底面的中心点或 [三点(3P)/两点(2P)/切点、切点、半径(T)/椭圆(E)]：
```

练一练——创建圆柱体几何模型

利用圆柱体命令创建圆柱体几何模型。

操作步骤：

第1步 新建一个"dwg"文件，然后单击"常用"选项卡"建模"面板中的"圆柱体"按钮。

第2步 在绘图区域中任意单击一点作为圆柱体的底面中心点。

第3步 在命令行提示下输入"300"作为圆柱体的底面半径，按"Enter"键确认后如图13-2所示。

第4步 在命令行提示下输入"900"作为圆柱体的高度，按"Enter"键确认后，结果如图13-3所示。

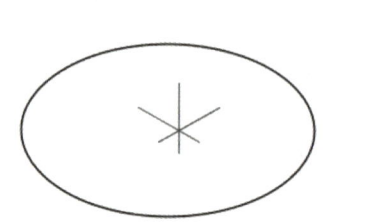

图13-2 指定底面半径　　图13-3 圆柱体

> **提示**
>
> 系统变量ISOLINES控制显示效果，变量值越大，显示的越精细。图13-3所示是变量值为4（系统默认值）时，圆柱体的显示效果；图13-4所示是变量值为32时，圆柱体的显示效果。

在命令行输入"isolines"，将值设置为32，然后输入"re"并按空格键确认，图形重新生成后的结果

图13-4　isolines=32时的圆柱体

13.1.3　圆锥体建模

圆锥体可以看作是具有一定斜度的圆柱体变化而来的三维实体。如果底面半径和顶面半径的值相同，则创建的将是一个圆柱体；如果底面半径或顶面半径其中一项为0，则创建的将是一个圆锥体；如果底面半径和顶面半径是两个不同的值，则创建一个圆台体。

执行方式

- 命令行：CONE。
- 菜单栏：选择菜单栏中的"绘图"→"建模"→"圆锥体"命令。
- 功能区：单击"常用"选项卡"建模"面板中的"圆锥体"按钮，或者单击"实体"选项卡"图元"面板中的"圆锥体"按钮。

操作步骤

执行上述操作后，命令行会进行如下提示。

```
命令：_CONE
指定底面的中心点或 [三点(3P)/两点(2P)/切点、切点、半径(T)/椭圆(E)]：
```

练一练——创建圆锥体几何模型

利用圆锥体命令创建圆锥体几何模型。

操作步骤：

第1步 新建一个".dwg"文件，然后单击"常用"选项卡"建模"面板中的"圆锥体"按钮 。

第2步 在绘图区域中任意单击一点作为圆锥体的底面中心点。

第3步 在命令行提示下输入"300"作为圆锥体的底面半径，按"Enter"键确认后如图13-5所示。

第4步 在命令行提示下输入"900"作为圆锥体的高度，按"Enter"键确认后，结果如图13-6所示。

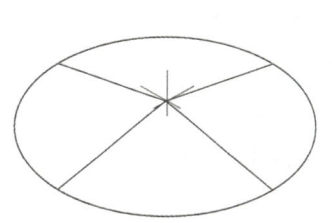

图 13-5 指定底面半径　　图 13-6 圆锥体

13.1.4 球体建模

创建球体时首先需要指定球体的中心点，然后指定球体的半径即可创建球体。

执行方式

- 命令行：SPHERE。
- 菜单栏：选择菜单栏中的"绘图"→"建模"→"球体"命令。
- 功能区：单击"常用"选项卡"建模"面板中的"球体"按钮 ，或者单击"实体"选项卡"图元"面板中的"球体"按钮 。

操作步骤

执行上述操作后，命令行会进行如下提示。

```
命令：_SPHERE
指定中心点或 [三点(3P)/两点(2P)/切点、切点、半径(T)]：
```

练一练——创建球体几何模型

利用球体命令创建球体几何模型。

操作步骤：

第1步 新建一个".dwg"文件，单击"常用"选项卡"建模"面板中的"球体"按钮 。

第2步 在绘图区域中任意单击一点作为球体的中心点。

第3步 在命令行提示下输入"50"作为球体的半径，按"Enter"键确认后，结果如图13-7所示。

图 13-7 球体

13.1.5 棱锥体建模

棱锥体是由多个棱锥面构成的实体，棱锥体的侧面数最少为3个，最多为32个。如果底面半径和顶面半径的值相同，则创建的将是一个棱柱体；如果底面半径或顶面半径其中一项为0，则创建的将是一个棱锥体；如果底面半径和顶面半径是两个不同的值，则创建一个棱台体。

执行方式

- 命令行：PYRAMID/PYR。
- 菜单栏：选择菜单栏中的"绘图"→"建模"→"棱锥体"命令。
- 功能区：单击"常用"选项卡"建模"面板中的"棱锥体"按钮，或者单击"实体"选项卡"图元"面板中的"棱锥体"按钮。

操作步骤

执行上述操作后，命令行会进行如下提示。

```
命令：_PYRAMID
4 个侧面  外切
指定底面的中心点或 [边(E)/侧面(S)]:
```

◇ 练一练——创建棱锥体几何模型

利用棱锥体命令创建棱锥体几何模型。
操作步骤：

第1步 新建一个"dwg"文件，单击"常用"选项卡"建模"面板中的"棱锥体"按钮。

第2步 在绘图区域中任意单击一点作为棱锥体的底面中心点。

第3步 在命令行提示下输入"20"作为棱锥体的底面半径，按"Enter"键确认后如图13-8所示。

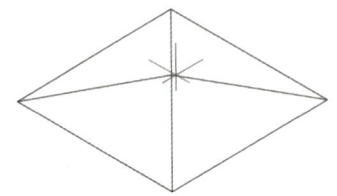

图 13-8 指定底面半径

第4步 在命令行提示下输入"70"作为棱锥体的高度，按"Enter"键确认后，结果如图13-9所示。

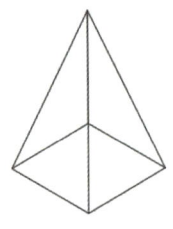

图 13-9 棱锥体

13.1.6 楔体建模

楔体是指底面为矩形或正方形，横截面为直角三角形的实体。楔体的建模方法与长方体相同，先指定底面参数，然后设置高度（楔体的高度与Z轴平行）。

执行方式

- 命令行：WEDGE/WE。
- 菜单栏：选择菜单栏中的"绘图"→"建模"→"楔体"命令。
- 功能区：单击"常用"选项卡"建模"面板中的"楔体"按钮，或者单击"实体"选项卡"图元"面板中的"楔体"按钮。

操作步骤

执行上述操作后，命令行会进行如下提示。

```
命令：_WEDGE
指定第一个角点或 [中心(C)]:
```

◇ 练一练——创建楔体几何模型

利用楔体命令创建楔体几何模型。
操作步骤：

第1步 新建一个"dwg"文件，单击"常用"选项卡"建模"面板中的"楔体"按钮。

第2步 在绘图区域中任意单击一点作为楔体的第一个角点。

第 13 章 三维建模

第 3 步 在命令行提示下输入"@300,200,150"作为楔体的对角点,按"Enter"键确认后,结果如图 13-10 所示。

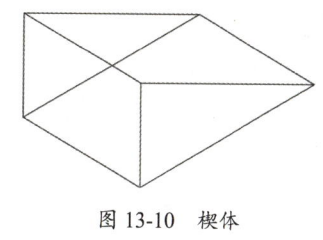

图 13-10 楔体

13.1.7 圆环体建模

圆环体具有两个半径值,一个值定义圆管,另一个值定义从圆环体的圆心到圆管圆心之间的距离。默认情况下,圆环体的创建将以 *XY* 平面为基准创建圆环,且被该平面平分。

执行方式

- 命令行:TORUS/TOR。
- 菜单栏:选择菜单栏中的"绘图"→"建模"→"圆环体"命令。
- 功能区:单击"常用"选项卡"建模"面板中的"圆环体"按钮◎,或者单击"实体"选项卡"图元"面板中的"圆环体"按钮◎。

操作步骤

执行上述操作后,命令行会进行如下提示。

```
命令:_TORUS
指定中心点或 [三点(3P)/两点(2P)/切点、切点、半径(T)]:
```

第 2 步 在绘图区域中任意单击一点作为圆环体的中心点。

第 3 步 在命令行提示下输入"60"作为圆环体的半径,按"Enter"键确认后如图 13-11 所示。

图 13-11 指定半径

第 4 步 在命令行提示下输入"5"作为圆管半径,按"Enter"键确认后,结果如图 13-12 所示。

图 13-12 圆环体

◇ 练一练——创建圆环体几何模型

利用圆环体命令创建圆环体几何模型。
操作步骤:
第 1 步 新建一个"dwg"文件,单击"常用"选项卡"建模"面板中的"圆环体"按钮◎。

13.1.8 多段体建模

多段体可以创建具有固定高度和宽度的三维墙状实体,三维多段体的建模方法与多段线的方法一样,只需要简单地在平面视图上从点到点的绘制即可。

执行方式

- 命令行：POLYSOLID。
- 菜单栏：选择菜单栏中的"绘图"→"建模"→"多段体"命令。
- 功能区：单击"常用"选项卡"建模"面板中的"多段体"按钮，或者单击"实体"选项卡"图元"面板中的"多段体"按钮。

操作步骤

执行上述操作后，命令行会进行如下提示。

```
命令：_POLYSOLID
高度 = 80.0000，宽度 = 5.0000，对正 = 居中
指定起点或 [对象(O)/高度(H)/宽度(W)/对正(J)] <对象>：
```

◇ **练一练——创建多段体几何模型**

利用多段体命令创建多段体几何模型。

操作步骤：

第1步 新建一个"dwg"文件，单击"常用"选项卡"建模"面板中的"多段体"按钮。

第2步 在绘图区域中任意单击一点作为多段体的起点。

第3步 在命令行提示下输入"@0,300"作为多段体的下一个点，按"Enter"键确认后，结果如图 13-13 所示。

图 13-13 指定点

第4步 在命令行提示下输入"@300,0"作为多段体的下一个点，按"Enter"键确认后，结果如图 13-14 所示。

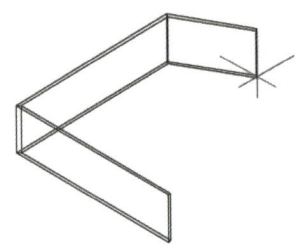

图 13-14 指定点

第5步 在命令行提示下输入"@0,-300"作为多段体的下一个点，按"Enter"键确认后，结果如图 13-15 所示。

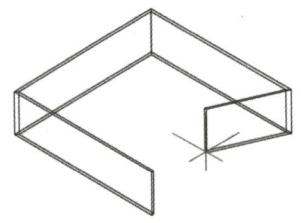

图 13-15 指定点

第6步 在命令行提示下输入"@-260,0"，按两次"Enter"键结束该命令，结果如图 13-16 所示。

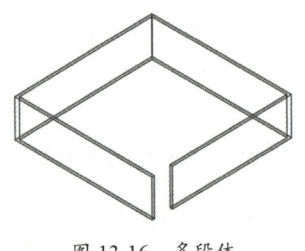

图 13-16 多段体

13.2 三维曲面建模

曲面模型主要定义了三维模型的边和表面的相关信息，它可以解决三维模型的消隐、着色、渲染和计算表面等问题。

13.2.1 长方体表面建模

下面将对长方体表面建模的方法进行介绍。

📄 **执行方式**

- 命令行：MESH，在命令行提示下调用"B"选项。
- 菜单栏：选择菜单栏中的"绘图"→"建模"→"网格"→"图元"→"长方体"命令。
- 功能区：单击"网格"选项卡"图元"面板中的"网格长方体"按钮。

📄 **操作步骤**

执行上述操作后，命令行会进行如下提示。

```
命令：_MESH
当前平滑度设置为：0
输入选项 [长方体(B)/圆锥体(C)/圆柱体(CY)/棱锥体(P)/球体(S)/楔体(W)/圆环体(T)/设置(SE)] <长方体>：_B
指定第一个角点或 [中心(C)]：
```

◇ **练一练——创建长方体曲面模型**

利用网格长方体命令创建长方体曲面模型。

操作步骤：

第1步 新建一个"dwg"文件，然后单击"网格"选项卡"图元"面板中的"网格长方体"按钮。

第2步 在绘图区域中任意单击一点作为长方体表面的第一个角点

第3步 在命令行提示下输入"@300,400,100"作为长方体表面的另一个角点，按"Enter"键确认后，结果如图13-17所示。

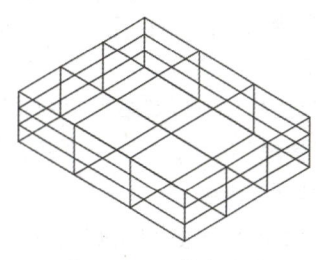

图 13-17　网格长方体

13.2.2 圆锥体表面建模

下面将对圆锥体表面建模的方法进行介绍。

📄 **执行方式**

- 命令行：MESH，在命令行提示下调用"C"选项。
- 菜单栏：选择菜单栏中的"绘图"→"建模"→"网格"→"图元"→"圆锥体"命令。
- 功能区：单击"网格"选项卡"图元"面板中的"网格圆锥体"按钮。

📄 **操作步骤**

执行上述操作后，命令行会进行如下提示。

```
命令：_MESH
当前平滑度设置为：0
输入选项 [长方体(B)/圆锥体(C)/圆柱体(CY)/棱锥体(P)/球体(S)/楔体(W)/圆环体(T)/设置(SE)] <圆柱体>：C
指定底面的中心点或 [三点(3P)/两点(2P)/切点、切点、半径(T)/椭圆(E)]：
```

◇ **练一练——创建圆锥体曲面模型**

利用网格圆锥体命令创建圆锥体曲面模型。

操作步骤：

第1步 新建一个"dwg"文件，然后单击"网格"选项卡"图元"面板中的"网格圆锥体"按钮 。

第2步 在绘图区域中任意单击一点作为圆锥体表面的底面中心点。

第3步 在命令行提示下输入"30"作为圆锥体表面的底面半径，按"Enter"键确认后如图 13-18 所示。

第4步 在命令行提示下输入"60"作为圆锥体表面的高度，按"Enter"键确认后，结果如图 13-19 所示。

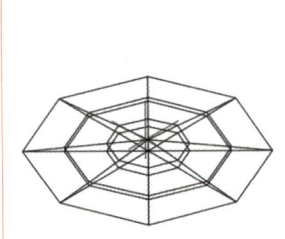
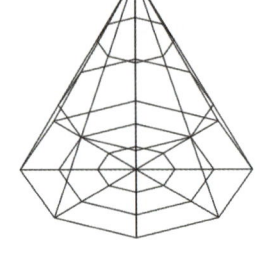

图 13-18 指定底面半径　　图 13-19 网格圆锥体

13.2.3 圆柱体表面建模

下面将对圆柱体表面建模的方法进行介绍。

执行方式

- 命令行：MESH，在命令行提示下调用"CY"选项。
- 菜单栏：选择菜单栏中的"绘图"→"建模"→"网格"→"图元"→"圆柱体"命令。
- 功能区：单击"网格"选项卡"图元"面板中的"网格圆柱体"按钮 。

操作步骤

执行上述操作后，命令行会进行如下提示。

```
命令：_MESH
当前平滑度设置为：0
输入选项 [长方体(B)/圆锥体(C)/圆柱体(CY)/棱锥体(P)/球体(S)/楔体(W)/圆环体(T)/设置(SE)] <长方体>：CY
指定底面的中心点或 [三点(3P)/两点(2P)/切点、切点、半径(T)/椭圆(E)]：
```

◇ **练一练——创建圆柱体曲面模型**

利用网格圆柱体命令创建圆柱体曲面模型。

操作步骤：

第1步 新建一个"dwg"文件，然后单击"网格"选项卡"图元"面板中的"网格圆柱体"按钮 。

第2步 在绘图区域中任意单击一点作为圆柱体表面的底面中心点。

第3步 在命令行提示下输入"20"作为圆柱体表面的底面半径，按"Enter"键确认后，结果如图 13-20 所示。

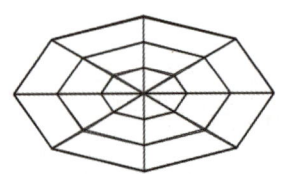

图 13-20 指定底面半径

第4步 在命令行提示下输入"120"作为圆柱体表面的高度，按"Enter"键确认后，结果如图 13-21 所示。

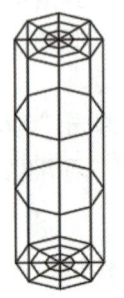

图 13-21 网格圆柱体

13.2.4 棱锥体表面建模

下面将对棱锥体表面建模的方法进行介绍。

📄 执行方式

- 命令行：MESH，在命令行提示下调用"P"选项。
- 菜单栏：选择菜单栏中的"绘图"→"建模"→"网格"→"图元"→"棱锥体"命令。
- 功能区：单击"网格"选项卡"图元"面板中的"网格棱锥体"按钮 。

📄 操作步骤

执行上述操作后，命令行会进行如下提示。

```
命令： MESH
当前平滑度设置为： 0
输入选项 [长方体(B)/圆锥体(C)/圆柱体(CY)/棱锥体(P)/球体(S)/楔体(W)/圆环体(T)/设置(SE)] <楔体>: P
4 个侧面  外切
指定底面的中心点或 [边(E)/侧面(S)]:
```

◇ **练一练——创建棱锥体曲面模型**

利用网格棱锥体命令创建棱锥体曲面模型。

操作步骤：

第1步 新建一个"dwg"文件，然后单击"网格"选项卡"图元"面板中的"网格棱锥体"按钮 。

第2步 在绘图区域中任意单击一点作为棱锥体表面的底面中心点。

第3步 在命令行提示下输入"30"作为棱锥体表面的底面半径，按"Enter"键后如图 13-22 所示。

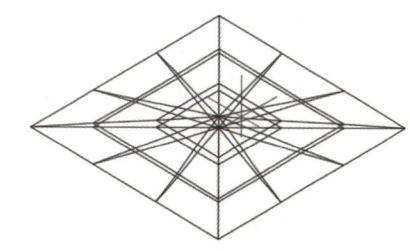

图 13-22 指定底面半径

第4步 在命令行提示下输入"120"作为棱锥体表面的高度，按"Enter"键后，结果如图 13-23 所示。

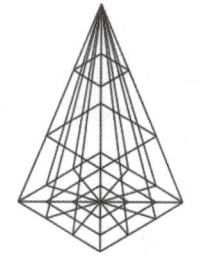

图 13-23 网格棱锥体

13.2.5 球体表面建模

下面将对球体表面建模的方法进行介绍。

📄 执行方式

- 命令行：MESH，在命令行提示下调用"S"选项。
- 菜单栏：选择菜单栏中的"绘图"→"建模"→"网格"→"图元"→"球体"命令。
- 功能区：单击"网格"选项卡"图元"面板中的"网格球体"按钮 。

📄 操作步骤

执行上述操作后，命令行会进行如下提示。

```
命令：_MESH
当前平滑度设置为：0
输入选项 [长方体(B)/圆锥体(C)/圆柱
体(CY)/棱锥体(P)/球体(S)/楔体(W)/
圆环体(T)/设置(SE)] <圆锥体>: S
指定中心点或 [三点(3P)/两点(2P)/切
点、切点、半径(T)]：
```

◇ **练一练——创建球体曲面模型**

利用网格球体命令创建球体曲面模型。

操作步骤：

第1步 新建一个"dwg"文件，然后单击"网格"选项卡"图元"面板中的"网格球体"按钮。

第2步 在绘图区域中任意单击一点作为球体表面的中心点。

第3步 在命令行提示下输入"50"作为球体表面的半径，按"Enter"键确认后，结果如图13-24所示。

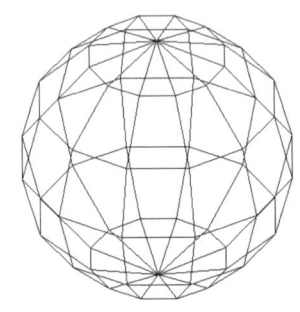

图 13-24　网格球体

13.2.6　楔体表面建模

下面将对楔体表面建模的方法进行介绍。

📋 **执行方式**

- 命令行：MESH，在命令行提示下调用"W"选项。
- 菜单栏：选择菜单栏中的"绘图"→"建模"→"网格"→"图元"→"楔体"命令。
- 功能区：单击"网格"选项卡"图元"面板中的"网格楔体"按钮。

📋 **操作步骤**

执行上述操作后，命令行会进行如下提示。

```
命令：_MESH
当前平滑度设置为：0
输入选项 [长方体(B)/圆锥体(C)/圆柱
体(CY)/棱锥体(P)/球体(S)/楔体(W)/
圆环体(T)/设置(SE)] <球体>: W
指定第一个角点或 [中心(C)]：
```

◇ **练一练——创建楔体曲面模型**

利用网格楔体命令创建楔体曲面模型。

操作步骤：

第1步 新建一个"dwg"文件，然后单击"网格"选项卡"图元"面板中的"网格楔体"按钮。

第2步 在绘图区域中任意单击一点作为楔体表面的第一个角点。

第3步 在命令行提示下输入"@60,40,30"作为楔体表面的另一个角点，按"Enter"键确认后，结果如图13-25所示。

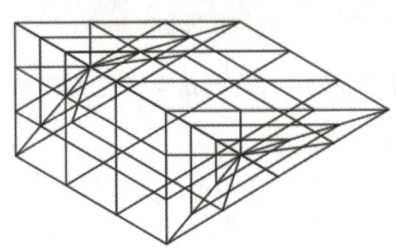

图 13-25　网格楔体

13.2.7 圆环体表面建模

下面将对圆环体表面建模的方法进行介绍。

执行方式

- 命令行：MESH，在命令行提示下调用"T"选项。
- 菜单栏：选择菜单栏中的"绘图"→"建模"→"网格"→"图元"→"圆环体"命令。
- 功能区：单击"网格"选项卡"图元"面板中的"网格圆环体"按钮。

操作步骤

执行上述操作后，命令行会进行如下提示。

```
命令：_MESH
当前平滑度设置为：0
输入选项 [长方体(B)/圆锥体(C)/圆柱体(CY)/棱锥体(P)/球体(S)/楔体(W)/圆环体(T)/设置(SE)] <棱锥体>：T
指定中心点或 [三点(3P)/两点(2P)/切点、切点、半径(T)]：
```

◇ **练一练——创建圆环体曲面模型**

利用网格圆环体命令创建圆环体曲面模型。

操作步骤：

第1步 新建一个"dwg"文件，然后单击"网格"选项卡"图元"面板中的"网格圆环体"按钮。

第2步 在绘图区域中任意单击一点作为圆环体表面的中心点。

第3步 在命令行提示下输入"30"作为圆环体表面的半径，按"Enter"键确认后，结果如图 13-26 所示。

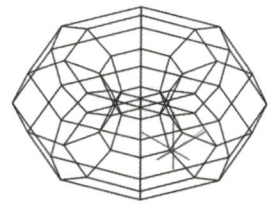

图 13-26 指定表面半径

第4步 在命令行提示下输入"3"作为圆环体表面的圆管半径，按"Enter"键确认后，结果如图 13-27 所示。

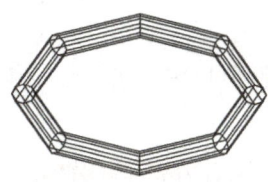

图 13-27 网格圆环体

13.2.8 旋转曲面建模

旋转曲面是由一条轨迹线围绕指定的轴线旋转生成的曲面模型。网格的密度由系统变量 SURFTAB1 和 SURFTAB2 决定，两个系统变量的默认值为 6。

执行方式

- 命令行：REVSURF。
- 菜单栏：选择菜单栏中的"绘图"→"建模"→"网格"→"旋转网格"命令。
- 功能区：单击"网格"选项卡"图元"面板中的"建模，网格，旋转曲面"按钮。

操作步骤

执行上述操作后，命令行会进行如下提示。

```
命令：REVSURF
当前线框密度：SURFTAB1=6
SURFTAB2=6
选择要旋转的对象：
```

◇ **练一练——创建旋转曲面模型**

素材文件：素材\CH13\旋转网格.dwg
结果文件：结果\CH13\旋转网格.dwg
利用旋转网格命令创建旋转曲面模型。
操作步骤：

第1步 打开随书配套资源中的"素材\CH13\旋转网格.dwg"文件，如图13-28所示。

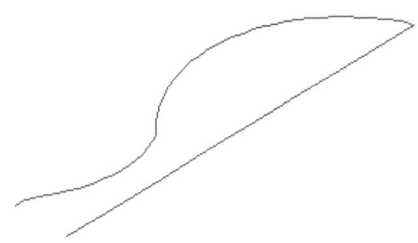

图13-28 素材文件

第2步 单击"网格"选项卡"图元"面板中的"建模，网格，旋转曲面"按钮，在绘图区域中单击选择需要旋转的对象，如图13-29所示。

第3步 在绘图区域中单击中心线作为旋转轴，如图13-30所示。

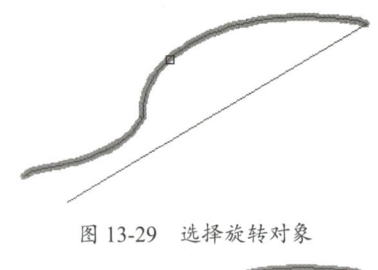

图13-29 选择旋转对象

图13-30 选择旋转轴

第4步 在命令行中输入起点角度"0"，按"Enter"键确认。

第5步 输入旋转角度"360"，按"Enter"键确认，结果如图13-31所示。

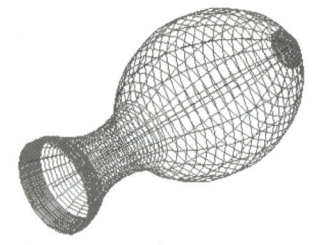

图13-31 旋转网格

13.2.9 边界曲面建模

边界曲面是在指定的4个首尾相连的曲线边界之间形成的一个指定密度的三维网格。网格的密度由系统变量SURFTAB1和SURFTAB2决定，两个系统变量的默认值为6。

执行方式

- 命令行：EDGESURF。
- 菜单栏：选择菜单栏中的"绘图"→"建模"→"网格"→"边界网格"命令。
- 功能区：单击"网格"选项卡"图元"面板中的"建模，网格，边界曲面"按钮。

操作步骤

执行上述操作后，命令行会进行如下提示。

```
命令：_EDGESURF
当前线框密度：SURFTAB1=6
SURFTAB2=6
选择用作曲面边界的对象 1:
```

练一练——创建边界曲面模型

素材文件：素材 \CH13\ 边界网格 .dwg
结果文件：结果 \CH13\ 边界网格 .dwg
利用边界网格命令创建边界曲面模型。
操作步骤：

第1步 打开随书配套资源中的"素材\CH13\边界网格.dwg"文件，如图 13-32 所示。

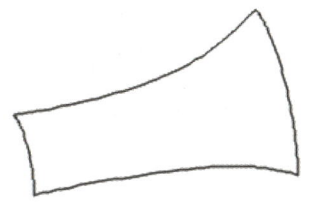

图 13-32　素材文件

第2步 单击"网格"选项卡"图元"面板中的"建模，网格，边界曲面"按钮。

第3步 在绘图区域中依次单击选择四条曲线用作曲面的四条边界，结果如图 13-33 所示。

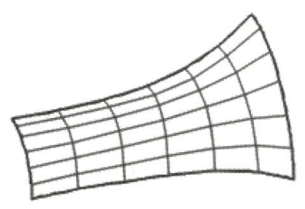

图 13-33　边界网格

> **提示**
> 边界 1 和边界 2 的选择顺序决定了 SURFTAB1 和 SURFTAB2 的方向。

13.2.10　直纹曲面建模

直纹曲面是由若干条直线连接两条曲线时，在曲线之间形成的曲面建模。网格的密度由系统变量 SURFTAB1 决定，默认值为 6。

执行方式

- 命令行：RULESURF。
- 菜单栏：选择菜单栏中的"绘图"→"建模"→"网格"→"直纹网格"命令。
- 功能区：单击"网格"选项卡"图元"面板中的"建模，网格，直纹曲面"按钮。

操作步骤

执行上述操作后，命令行会进行如下提示。

```
命令: _RULESURF
当前线框密度: SURFTAB1=6
选择第一条定义曲线:
```

练一练——创建直纹曲面模型

素材文件：素材 \CH13\ 直纹网格 .dwg
结果文件：结果 \CH13\ 直纹网格 .dwg
利用直纹网格命令创建直纹曲面模型。
操作步骤：

第1步 打开随书配套资源中的"素材\CH13\直纹网格.dwg"文件，如图 13-34 所示。

第2步 单击"网格"选项卡"图元"面板中的"建模，网格，直纹曲面"按钮，在绘图区域中单击选择第一条定义曲线，如图 13-35 所示。

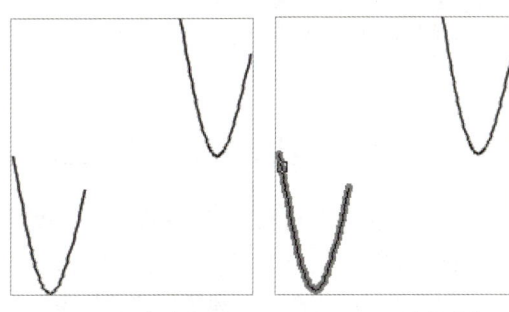

图 13-34　素材文件　　图 13-35　选择对象

第3步 在绘图区域中单击选择第二条定义曲线，如图13-36所示。

第4步 结果如图13-37所示。

> **提示**
>
> 直纹曲面的生成结果与选择位置有关，如果第二条定义曲线选择如图13-38所示，则生成结果为13-39所示图形。

图13-36　选择对象　　图13-37　直纹网格

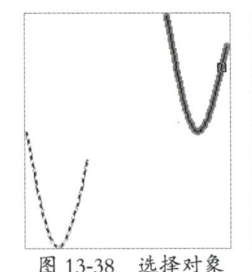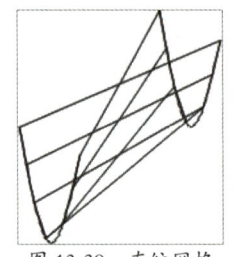

图13-38　选择对象　　图13-39　直纹网格

13.2.11　平移曲面建模

平移曲面是由一条轮廓曲线沿着一条指定方向的矢量直线拉伸而形成的曲面模型。网格的密度由系统变量 SURFTAB1 决定，默认值为 6。

执行方式

- 命令行：TABSURF。
- 菜单栏：选择菜单栏中的"绘图"→"建模"→"网格"→"平移网格"命令。
- 功能区：单击"网格"选项卡"图元"面板中的"建模，网格，平移曲面"按钮 。

操作步骤

执行上述操作后，命令行会进行如下提示。

```
命令：_TABSURF
当前线框密度：SURFTAB1=6
选择用作轮廓曲线的对象：
```

◇ **练一练——创建平移曲面模型**

素材文件：素材\CH13\平移网格.dwg
结果文件：结果\CH13\平移网格.dwg
利用平移网格命令创建平移曲面模型。

操作步骤：

第1步 打开随书配套资源中的"素材\CH13\平移网格.dwg"文件，如图13-40所示。

图13-40　素材文件

第2步 单击"网格"选项卡"图元"面板中的"建模，网格，平移曲面"按钮 ，在绘图区域中单击选择用作轮廓曲线的对象，如图13-41所示。

图13-41　选择对象

第 13 章
三维建模

第3步 在绘图区域中单击选择用作方向矢量的直线对象,如图13-42所示。

图 13-42 选择对象

第4步 结果如图13-43所示。

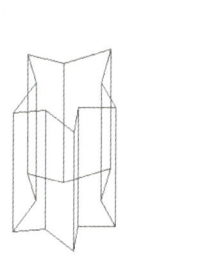

图 13-43 平移网格

> **提示**
>
> 平移曲面的生成方向与选择的方向矢量位置有关,如果选择如图13-44所示的位置,则生成方向如图13-45所示。
>
>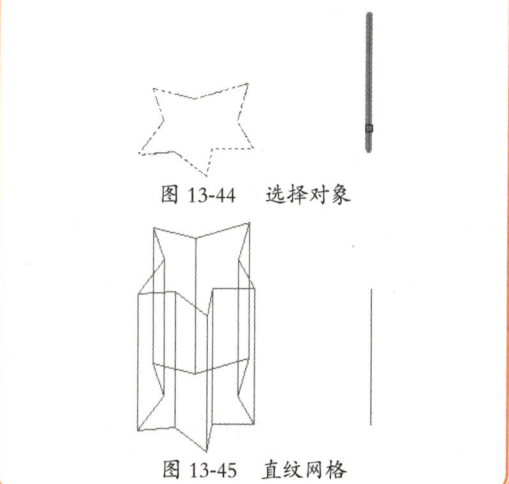
>
> 图 13-44 选择对象
>
> 图 13-45 直纹网格

13.3 由二维图形创建三维图形

在AutoCAD中,不仅可以直接利用系统本身的模块创建基本三维图形,还可以利用编辑命令将二维图形生成三维图形,以便创建更为复杂的三维模型。

13.3.1 拉伸成型

拉伸成型较为常用的方式有两种,即按一定的高度将二维图形拉伸成三维图形,这样生成的三维对象在高度形态上较为规则,通常不会有弯曲角度或弧度出现;还有一种方式为按路径拉伸,这种拉伸方式可以将二维图形沿指定的路径生成三维对象,相对而言较为复杂且允许沿弧度路径进行拉伸。

执行方式
- 命令行:EXTRUDE/ EXT。
- 菜单栏:选择菜单栏中的"绘图"→"建模"→"拉伸"命令。
- 功能区:单击"常用"选项卡"建模"面板中的"拉伸"按钮,或者单击"实体"选项卡"实体"面板中的"拉伸"按钮,或者单击"曲面"选项卡"创建"面板中的"拉伸"按钮。

操作步骤

执行上述操作后,命令行会进行如下提示。

```
命令：_EXTRUDE
当前线框密度： ISOLINES=4，闭合轮廓
创建模式 = 实体
选择要拉伸的对象或 [模式(MO)]：MO
闭合轮廓创建模式 [实体(SO)/曲面
(SU)] <实体>：SO
选择要拉伸的对象或 [模式(MO)]：
```

◆ 选项说明

当命令行提示选择拉伸对象时，输入"mo"，可以切换拉伸后生成的对象是实体还是曲面。后面介绍的旋转、扫掠、放样也可以通过修改模式来决定生成的对象是实体还是曲面。

◇ 练一练——通过拉伸创建实体模型

1. 通过高度拉伸实体

素材文件：素材 \CH13\ 茶几 .dwg
结果文件：结果 \CH13\ 茶几 .dwg
利用高度拉伸方式创建茶几表面。
操作步骤：

第1步 打开随书配套资源中的"素材\CH13\茶几.dwg"文件，如图13-46所示。

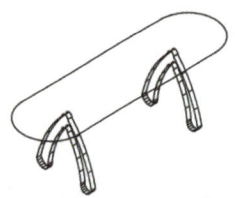

图 13-46 素材文件

第2步 单击"常用"选项卡"建模"面板中的"拉伸"按钮。
第3步 在绘图区域中选择需要拉伸的对象，按"Enter"键确认，如图13-47所示。

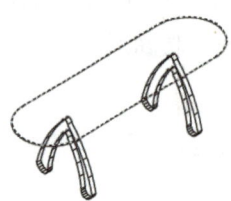

图 13-47 选择对象

第4步 在命令行提示下输入拉伸高度值"-3"，按"Enter"键确认，结果如图13-48所示。

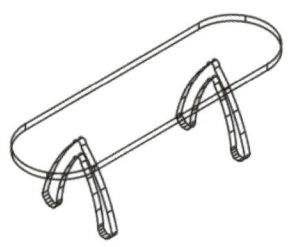

图 13-48 拉伸结果

第5步 单击"可视化"选项卡"视觉样式"面板中的"视觉样式"下拉按钮，选择"隐藏"，结果如图13-49所示。

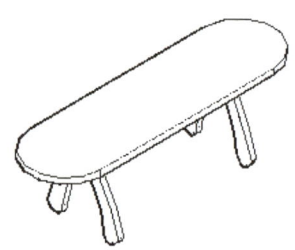

图 13-49 更改视觉样式

2. 通过路径拉伸实体

素材文件：素材 \CH13\ 路径拉伸 .dwg
结果文件：结果 \CH13\ 路径拉伸 .dwg
利用路径拉伸方式创建实体拉伸模型。
操作步骤：

第1步 打开随书配套资源中的"素材\CH13\路径拉伸.dwg"文件，如图13-50所示。

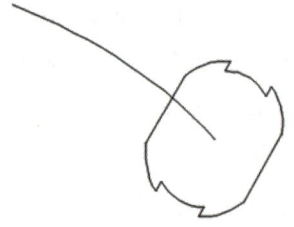

图 13-50 素材文件

第2步 单击"常用"选项卡"建模"面板中的"拉伸"按钮。
第3步 在绘图区域中选择圆形作为需要拉伸的对象，按"Enter"键确认，如图13-51所示。

第 13 章
三维建模

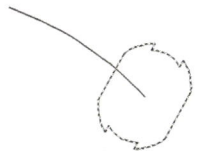

图 13-51　选择对象

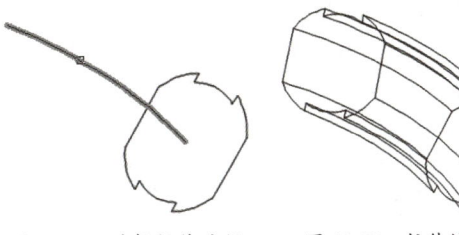

第5步 结果如图 13-53 所示。

第4步 在命令行提示下输入"P",按"Enter"键确认,然后选择圆弧为拉伸路径,如图 13-52 所示。

图 13-52　选择拉伸路径　　图 13-53　拉伸结果

13.3.2　放样成型

放样命令用于在横截面之间的空间内绘制实体或曲面。使用放样命令时,至少必须指定两个横截面。放样命令通常用于变截面实体的绘制。

📄 **执行方式**

- 命令行:LOFT。
- 菜单栏:选择菜单栏中的"绘图"→"建模"→"放样"命令。
- 功能区:单击"常用"选项卡"建模"面板中的"放样"按钮 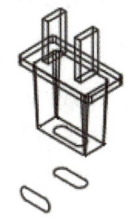,或者单击"实体"选项卡"实体"面板中的"放样"按钮,或者单击"曲面"选项卡"创建"面板中的"放样"按钮。

📄 **操作步骤**

执行上述操作后,命令行会进行如下提示。

```
命令:_LOFT
当前线框密度: ISOLINES=4,闭合轮廓
创建模式 = 实体
按放样次序选择横截面或 [点(PO)/合并
多条边(J)/模式(MO)]:MO
闭合轮廓创建模式 [实体(SO)/曲面
(SU)] <实体>:SO
按放样次序选择横截面或 [点(PO)/合并
多条边(J)/模式(MO)]:
```

◇ **练一练——通过放样创建实体模型**

素材文件:素材\CH13\电源线插头.dwg
结果文件:结果\CH13\电源线插头.dwg
利用放样成型方式创建插头的电源线。

操作步骤:

第1步 打开随书配套资源中的"素材\CH13\电源线插头.dwg"文件,如图 13-54 所示。

图 13-54　素材文件

第2步 单击"常用"选项卡"建模"面板中的"放样"按钮。

第3步 在绘图区域中单击选择第一个横截面,如图 13-55 所示。

图 13-55　选择第一个横截面

第4步 在绘图区域中依次单击其余的三个横截面，如图13-56所示。

第5步 按两次"Enter"键结束该命令，结果如图13-57所示。

第6步 单击"可视化"选项卡"视觉样式"面板中的"视觉样式"下拉按钮，选择"概念"，结果如图13-58所示。

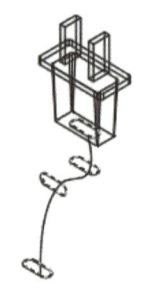
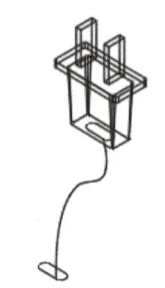
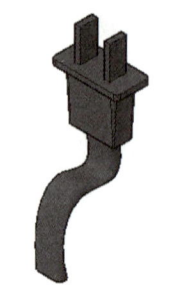

图13-56 选择对象　　图13-57 放样结果　　图13-58 更改视觉样式

13.3.3 旋转成型

用于旋转的二维图形可以是多边形、圆、椭圆、封闭多段线、封闭样条曲线、圆环以及封闭区域，旋转过程中可以控制旋转角度，即旋转生成的实体可以是闭合的也可以是开放的。

● **执行方式**

- 命令行：REVOLVE/ REV。
- 菜单栏：选择菜单栏中的"绘图"→"建模"→"旋转"命令。
- 功能区：单击"常用"选项卡"建模"面板中的"旋转"按钮，或者单击"实体"选项卡"实体"面板中的"旋转"按钮，或者单击"曲面"选项卡"创建"面板中的"旋转"按钮。

● **操作步骤**

执行上述操作后，命令行会进行如下提示。

```
命令: _REVOLVE
当前线框密度: ISOLINES=4，闭合轮廓
创建模式 = 实体
选择要旋转的对象或 [模式(MO)]: _MO
闭合轮廓创建模式 [实体(SO)/曲面
(SU)] <实体>: _SO
选择要旋转的对象或 [模式(MO)]:
```

◆ **练一练——通过旋转创建实体模型**

素材文件：素材\CH13\旋转成型.dwg

结果文件：结果\CH13\旋转成型.dwg

利用旋转成型方式创建实体旋转模型。

操作步骤：

第1步 打开随书配套资源中的"素材\CH13\旋转成型.dwg"文件，如图13-59所示。

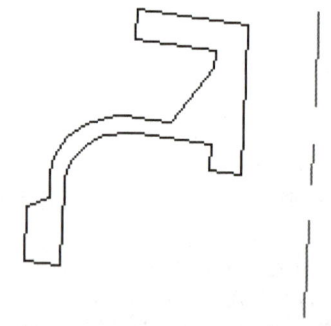

图13-59 素材文件

第2步 单击"常用"选项卡"建模"面板中的"旋转"按钮。

第3步 在绘图区域中选择需要旋转的对象，按"Enter"键确认，如图13-60所示。

第4步 在命令行提示下输入"O"，按"Enter"键确认，在绘图区域中选择直线段作为旋转轴，如图13-61所示。

第 13 章 三维建模

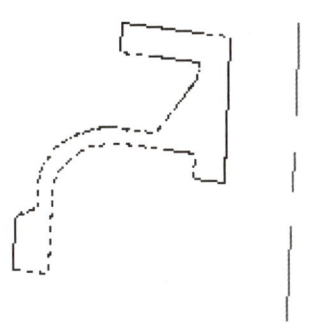

图 13-60 选择旋转对象

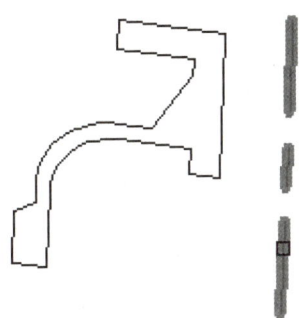

图 13-61 选择旋转轴

第 5 步 在命令行提示下输入旋转角度"180"，按"Enter"键确认，结果如图 13-62 所示。

图 13-62 旋转结果

> **提示**
>
> 旋转时如果旋转的方向不是想要的，可以通过在命令行输入"R"进行反转。
>
> 指定旋转角度或 [起点角度 (ST) / 反转 (R) / 表达式 (EX)] <360>: R

13.3.4 扫掠成型

扫掠命令可以用来生成实体或曲面。当扫掠的对象是闭合图形时，扫掠的结果是实体；当扫掠的对象是开放图形时，扫掠的结果是曲面。

📄 执行方式

- 命令行：SWEEP。
- 菜单栏：选择菜单栏中的"绘图"→"建模"→"扫掠"命令。
- 功能区：单击"常用"选项卡"建模"面板中的"扫掠"按钮，或者单击"实体"选项卡"实体"面板中的"扫掠"按钮，或者单击"曲面"选项卡"创建"面板中的"扫掠"按钮。

📄 操作步骤

执行上述操作后，命令行会进行如下提示。

```
命令：_SWEEP
当前线框密度：ISOLINES=4，闭合轮廓
创建模式 = 实体
选择要扫掠的对象或 [模式(MO)]：_MO
```

闭合轮廓创建模式 [实体(SO) / 曲面(SU)] <实体>: _SO
选择要扫掠的对象或 [模式(MO)]:

◇ 练一练——通过扫掠创建实体模型

素材文件：素材\CH13\茶壶.dwg
结果文件：结果\CH13\茶壶.dwg
利用扫掠成型方式创建茶壶柄。
操作步骤：

第 1 步 打开随书配套资源中的"素材\CH13\茶壶.dwg"文件，如图 13-63 所示。

第 2 步 单击"常用"选项卡"建模"面板中的"扫掠"按钮。

第 3 步 在绘图区域中选择圆形作为需要扫掠的对象，按"Enter"键确认，如图 13-64 所示。

图 13-63　素材文件

图 13-65　选择扫掠路径

第 5 步　结果如图 13-66 所示。

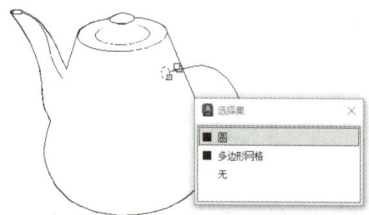

图 13-64　选择扫掠对象

第 4 步　在绘图区域中单击选择曲线作为扫掠路径，如图 13-65 所示。

图 13-66　扫掠结果

13.4　实例——创建烟感报警器模型

在绘制烟感报警器模型的过程中，主要会应用到圆柱体、矩形、旋转成型、移动、多段线、扫掠成型、环形阵列和视觉样式等命令。

烟感报警器模型的具体操作步骤如下。

第 1 步　新建一个"dwg"文件，并将系统变量 ISOLINES 设置为"16"。

第 2 步　单击"常用"选项卡"建模"面板中的"圆柱体"按钮，当命令行提示输入底面中心点时，输入"0，0，10"，然后设定底面半径为"50"，高度为"20"，结果如图 13-67 所示。

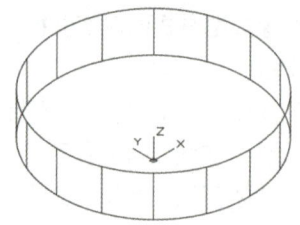

图 13-67　绘制圆柱体

第 3 步　单击"常用"选项卡"坐标"面板中的"绕 X 轴旋转坐标系"按钮，将 UCS 绕 X 轴旋转 90°，如图 13-68 所示。

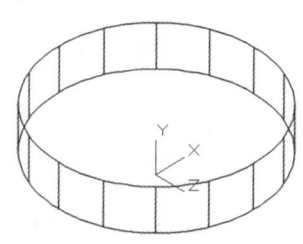

图 13-68　UCS 绕 X 轴旋转 90°

第 4 步　单击"常用"选项卡"绘图"面板中的"矩形"按钮，矩形第一个角点指定为"-47，30"，矩形另一个角点指定为"@5，5"，结果如图 13-69 所示。

第 5 步　单击"常用"选项卡"建模"面板中的"旋转"按钮，将第 4 步绘制的矩形作为需要旋转的对象，Y 轴作为旋转轴，旋转角度指定为"360",结果如图 13-70 所示。

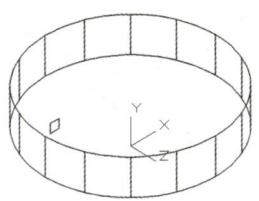
图 13-69 绘制矩形

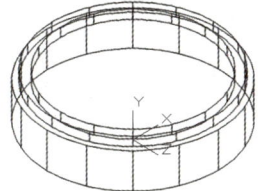
图 13-70 旋转成型

第6步 将 UCS 设置为世界坐标系。单击"常用"选项卡"绘图"面板中的"圆心,半径"按钮,以原点作为圆心,绘制半径为"47"的圆,再以"0,0,10"为圆心,绘制半径为"50"的圆,结果如图 13-71 所示。

第7步 单击"常用"选项卡"建模"面板中的"放样"按钮,选择两个圆形作为放样的横截面,结果如图 13-72 所示。

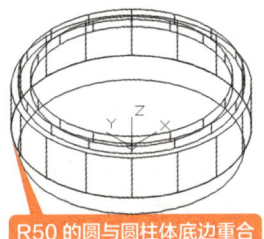
R50 的圆与圆柱体底边重合
图 13-71 绘制圆

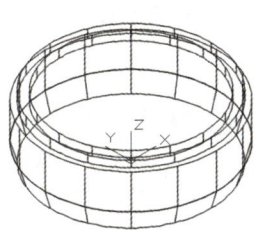
图 13-72 放样成型

第8步 将 UCS 绕 X 轴旋转 90°,单击"常用"选项卡"绘图"面板中的"多段线"按钮,根据命令行提示,进行如下操作。

```
命令: _PLINE
指定起点: -45,0
当前线宽为 0.0000
指定下一点或 [圆弧(A)/半宽(H)/长度
(L)/放弃(U)/宽度(W)]: @0,-3
指定下一点或 [圆弧(A)/闭合(C)/半宽
(H)/长度(L)/放弃(U)/宽度(W)]:
@3,-10
指定下一点或 [圆弧(A)/闭合(C)/半宽
(H)/长度(L)/放弃(U)/宽度(W)]:
@0,-3
指定下一点或 [圆弧(A)/闭合(C)/半宽
(H)/长度(L)/放弃(U)/宽度(W)]: ✓
```

结果如图 13-73 所示。

第9步 将 UCS 设置为世界坐标系,单击"常用"选项卡"绘图"面板中的"矩形"按钮,矩形第一个角点指定为"-46,-2.5",矩形另一个角点指定为"@2,5",结果如图 13-74 所示。

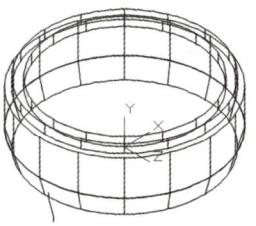
图 13-73 绘制多段线

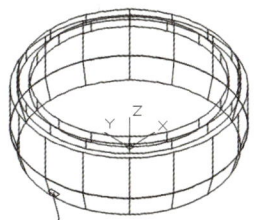
图 13-74 绘制矩形

第10步 单击"常用"选项卡"建模"面板中的"扫掠"按钮,选择第9步绘制的矩形作为需要扫掠的对象,选择第8步绘制的多段线作为扫掠路径,结果如图 13-75 所示。

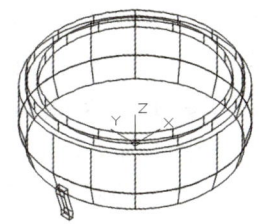
图 13-75 扫掠成型

第11步 单击"常用"选项卡"修改"面板中的"环形阵列"按钮,选择第10步扫掠得到的对象作为阵列的对象,阵列中心点指定为原点,参数设置如图 13-76 所示。

项目数	4	行数	1
介于	90	介于	7.5000
填充	360	总计	7.5000
项目		行	

图 13-76 环形阵列设置

第12步 单击"关闭阵列"按钮,结果如图 13-77 所示。

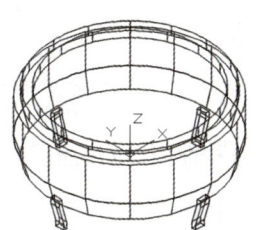
图 13-77 阵列结果

第13步 单击"常用"选项卡"建模"面板中的"圆柱体"按钮，设置"0, 0, -16"为底面中心点，设定底面半径为"43"，高度为"-2"，结果如图13-78所示。

第14步 选择"视图"→"视觉样式"→"概念"菜单命令，结果如图13-79所示。

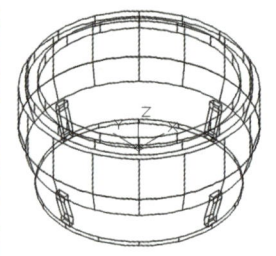

图13-78　绘制圆柱体　　图13-79　"概念"视觉样式

1. 橄榄球体和苹果造型的快速绘制

圆环体命令除了能创建出普通的圆环体，还能创建出苹果形状和橄榄球形状的实体。如果圆环体的半径为负值而圆管的半径大于圆环的绝对值（如-5和10），则得到一个橄榄球状的实体。如果圆环体半径为正值且小于圆管半径，则可以创建一个苹果样的实体。

操作步骤：

第1步 新建一个AutoCAD文件，调用圆环体命令，指定圆环体的中心后，输入圆环体半径为"-4"，圆管半径为"9"，结果如图13-80所示。

第2步 重复调用圆环体命令，指定圆环体中心后，输入圆环体半径为"4"，圆管半径为"9"，结果如图13-81所示。

图13-80　橄榄球体　　图13-81　苹果造型

2. 实体和曲面之间的相互转换

实体转换曲面命令可以将下列对象转换成曲面：利用SOLID命令创建的二维实体；面域；具有厚度的零线宽的多段线，并且没有生成封闭的图形；具有厚度的直线和圆弧。

曲面转换实体命令则可以将具有厚度的宽度均匀的多段线、宽度为0的闭合多段线和圆转换成实体。

- 执行方式
  - 命令行：CONVTOSURFACE/CONVTOSLID
  - 菜单栏：选择菜单栏中的"修改"→"三维操作"→"转换为实体/转换为曲面"命令
  - 功能区：单击"常用"选项卡"实体编辑"面板中的"转换为实体/转换为曲面"按钮 / ，或者单击"网格"选项卡"转换网格"面板中的"转换为实体/转换为曲面"按钮 / 。

◇ **练一练——实体和曲面间的相互转换**

素材文件：素材\CH13\实体和曲面间的相互转换.dwg

结果文件：结果\CH13\实体和曲面间的相互转换.dwg

利用实体和曲面之间的相互转换改变视觉样式。

操作步骤：

第1步 打开随书配套资源中的"素材\CH13\实体和曲面间的相互转换.dwg"文件，如图 13-82 所示。

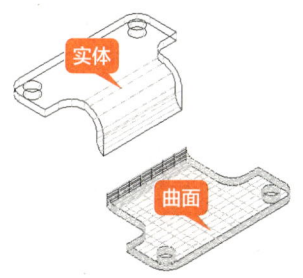

图 13-82 素材文件

第2步 单击"常用"选项卡"实体编辑"面板中的"转换为曲面"按钮，然后选择上侧图形，将它转换为曲面，结果如图 13-83 所示。

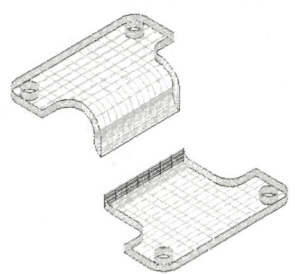

图 13-83 实体转换为曲面

第3步 单击"常用"选项卡"实体编辑"面板中的"转换为实体"按钮，然后选择下侧图形，将它转换为实体，结果如图 13-84 所示。

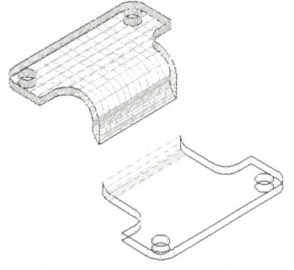

图 13-84 曲面转换为实体

第4步 选择"视图"→"视觉样式"→"真实"菜单命令，结果如图 13-85 所示。

图 13-85 切换视觉样式

绘制图 13-86 所示图形，并计算出阴影部分的面积。图形中各圆弧半径均相等，相邻圆弧之间为相切关系。

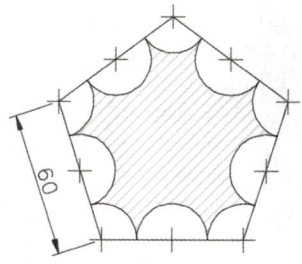

图 13-86 计算阴影面积

第 14 章
编辑三维模型

📃 内容简介

在绘图时,用户可以对图形进行三维图形编辑。三维图形编辑就是对图形对象进行阵列、镜像、旋转、对齐以及对模型的边、面等修改操作的过程。AutoCAD 提供了强大的三维图形编辑功能,可以帮助用户合理地构造和组织图形。

💬 内容要点

- 三维实体边编辑
- 三维实体面编辑
- 三维实体体编辑
- 布尔运算和干涉检查
- 三维图形的操作

⭐ 案例效果

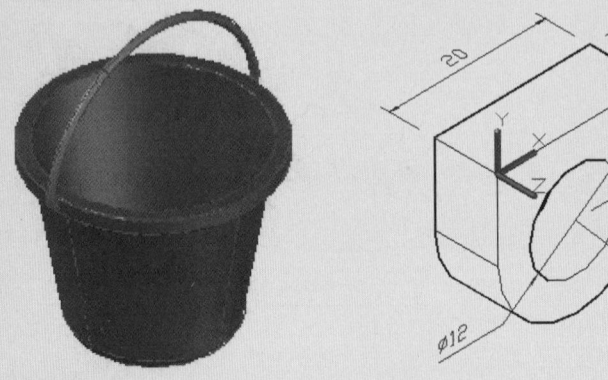

第 14 章
编辑三维模型

14.1 布尔运算和干涉检查

布尔运算就是对多个面域和三维实体进行并集、差集和交集运算。
干涉检查是指把实体保留下来,并用两个实体的交集生成一个新的实体。

14.1.1 并集运算

并集运算可以在图形中选择两个或两个以上的三维实体,系统将自动处理实体相交的部分,并保留不相交部分合并为新的组合体。

执行方式
- 命令行:UNION/UNI。
- 菜单栏:选择菜单栏中的"修改"→"实体编辑"→"并集"命令。
- 功能区:单击"常用"选项卡"实体编辑"面板中的"实体,并集"按钮 ,或者单击"实体"选项卡"布尔值"面板中的"并集"按钮。

操作步骤
执行上述操作后,命令行会进行如下提示。

```
命令:_UNION
选择对象:
```

◇ **练一练——对三维模型进行并集运算**

素材文件:素材\CH14\并集运算.dwg
结果文件:结果\CH14\并集运算.dwg
利用并集命令创建并集运算对象。
操作步骤:
第1步 打开随书配套资源中的"素材\CH14\并集运算.dwg"文件,如图 14-1 所示。

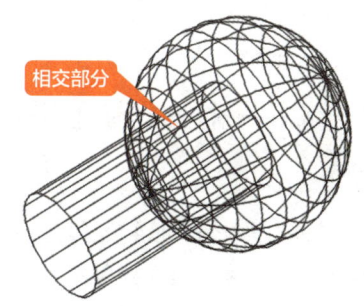

图 14-1 素材文件

第2步 单击"常用"选项卡"实体编辑"面板中的"实体,并集"按钮。

第3步 选择圆柱体和球体作为并集运算的对象,按"Enter"键确认,结果如图 14-2 所示。

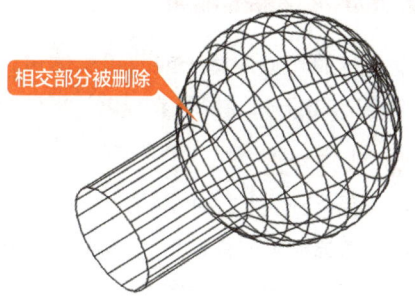

图 14-2 并集运算

14.1.2 差集运算

差集运算可以通过从另一个对象减去一个重叠面域或三维实体来创建新对象。

执行方式

- 命令行：SUBTRACT/SU。
- 菜单栏：选择菜单栏中的"修改"→"实体编辑"→"差集"命令。
- 功能区：单击"常用"选项卡"实体编辑"面板中的"实体，差集"按钮，或者单击"实体"选项卡"布尔值"面板中的"差集"按钮。

操作步骤

执行上述操作后，命令行会进行如下提示。

```
命令： SUBTRACT
选择要从中减去的实体、曲面和面域...
选择对象：
```

◇ **练一练——对三维模型进行差集运算**

素材文件：素材 \CH14\ 差集运算 .dwg
结果文件：结果 \CH14\ 差集运算 .dwg
利用差集命令创建差集运算对象。
操作步骤：

第1步 打开随书配套资源中的"素材\CH14\差集运算.dwg"文件，如图 14-3 所示。

图 14-3 素材文件

第2步 单击"常用"选项卡"实体编辑"面板中的"实体，差集"按钮。

第3步 选择圆柱体按"Enter"键确认，然后选择圆环体按"Enter"键确认，结果如图 14-4 所示。

图 14-4 差集运算

14.1.3 交集运算

交集运算可以对两个或两组实体进行相交运算。当对多个实体进行交集运算后，它会删除实体不相交的部分，并将相交部分保留下来生成一个新组合体。

执行方式

- 命令行：INTERSECT/IN。
- 菜单栏：选择菜单栏中的"修改"→"实体编辑"→"交集"命令。
- 功能区：单击"常用"选项卡"实体编辑"面板中的"实体，交集"按钮，或者单击"实体"选项卡"布尔值"面板中的"交集"按钮。

操作步骤

执行上述操作后，命令行会进行如下提示。

```
命令： INTERSECT
选择对象：
```

◇ **练一练——对三维模型进行交集运算**

素材文件：素材 \CH14\ 交集运算 .dwg
结果文件：结果 \CH14\ 交集运算 .dwg
利用交集命令创建交集运算对象。

操作步骤：
第1步 打开随书配套资源中的"素材\CH14\交集运算.dwg"文件，如图14-5所示。

第2步 单击"常用"选项卡"实体编辑"面板中的"实体，交集"按钮。

第3步 选择球体和长方体，按"Enter"键确认，结果如图14-6所示。

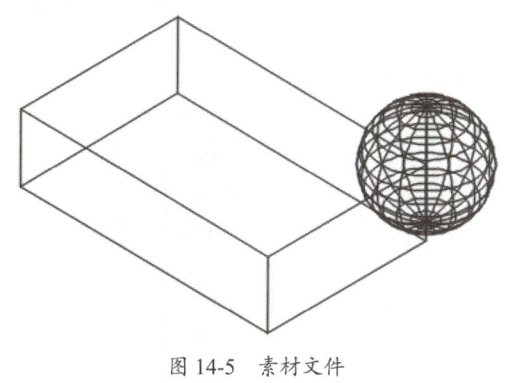

图14-5　素材文件

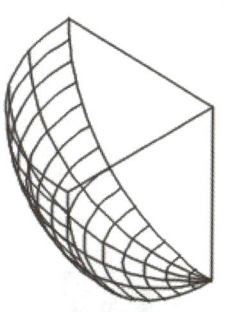

图14-6　交集运算

14.1.4　干涉检查

干涉检查和交集的区别在于，干涉检查后可以将干涉部分保留或删除，但不论保留还是删除，都不影响检查的两组主体对象。

下面将对干涉检查的运用方法进行介绍。

执行方式

- 命令行：INTERFERE。
- 菜单栏：选择菜单栏中的"修改"→"三维操作"→"干涉检查"命令。
- 功能区：单击"常用"选项卡"实体编辑"面板中的"干涉"按钮，或者单击"实体"选项卡"实体编辑"面板中的"干涉"按钮。

操作步骤

执行上述操作后，命令行会进行如下提示。

```
命令：INTERFERE
选择第一组对象或 [嵌套选择(N)/设置(S)]：
```

◇ **练一练——对三维模型进行干涉检查**

素材文件：素材\CH14\干涉检查.dwg
结果文件：结果\CH14\干涉检查.dwg

利用干涉检查命令对三维模型进行干涉检查。

操作步骤：
第1步 打开随书配套资源中的"素材\CH14\干涉检查.dwg"文件，如图14-7所示。

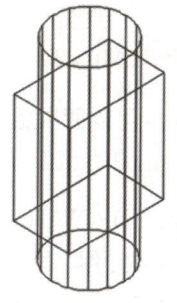

图14-7　素材文件

第2步 单击"常用"选项卡"实体编辑"面板中的"干涉"按钮。

第3步 选择长方体作为第一组对象，按"Enter"键确认，然后选择圆柱体作为第二组对象，按"Enter"键确认，弹出"干涉检查"对话框，如图14-8所示。

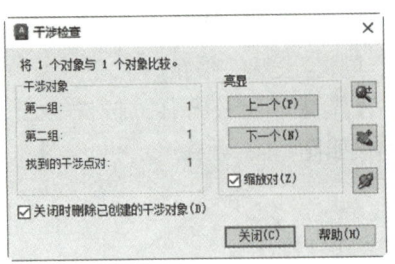

图 14-8 "干涉检查"对话框

第4步 干涉检查结果如图 14-9 所示。

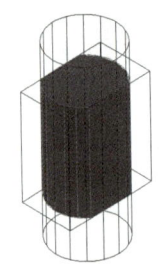

图 14-9 干涉检查结果

> **提示**
>
> 在"干涉检查"对话框中如果取消勾选"关闭时删除已创建的干涉对象",关闭"干涉检查"对话框后,干涉部分将被保留,将干涉部分移到合适位置后,结果如图 14-10 所示。

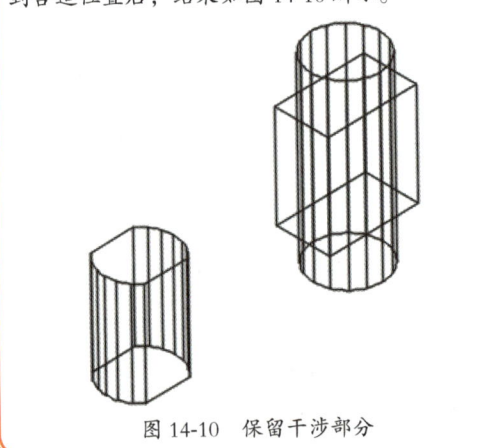

图 14-10 保留干涉部分

14.2 三维图形的操作

在三维空间中编辑对象时,除了直接使用二维空间中的"移动""镜像""阵列"等编辑命令,AutoCAD 还提供了专门用于编辑三维图形的编辑命令。

14.2.1 三维旋转

三维旋转命令可以使指定对象绕预定义轴,按指定基点、角度旋转三维对象。

📄 **执行方式**

- 命令行:3DROTATE/3R。
- 菜单栏:选择菜单栏中的"修改"→"三维操作"→"三维旋转"命令。
- 功能区:单击"常用"选项卡"修改"面板中的"三维旋转"按钮 ⓤ。

📄 **操作步骤**

执行上述操作后,命令行会进行如下提示。

命令:_3DROTATE

UCS 当前的正角方向: ANGDIR=逆时针
ANGBASE=0
选择对象:

◇ **练一练——对三维模型进行三维旋转操作**

素材文件:素材 \CH14\ 三维旋转 .dwg
结果文件:结果 \CH14\ 三维旋转 .dwg
利用三维旋转命令对三维模型进行三维旋转操作。

第 14 章
编辑三维模型

操作步骤：

第1步 打开随书配套资源中的"素材\CH14\三维旋转.dwg"文件，如图14-11所示。

图 14-11　素材文件

第2步 单击"常用"选项卡"修改"面板中的"三维旋转"按钮。

第3步 选择整个图形为旋转对象，按"Enter"键确认，然后单击指定旋转基点，如图14-12所示。

图 14-12　指定旋转基点

第4步 将鼠标移动到蓝色的圆环处，当出现蓝色轴线（Z轴）时单击，选择Z轴为旋转轴，如图14-13所示。

图 14-13　选择旋转轴

第5步 在命令行提示下输入旋转角度"90"，按"Enter"键确认，结果如图14-14所示。

图 14-14　三维旋转

> **提示**
>
> CAD中默认X轴为红色，Y轴为绿色，Z轴为蓝色。

14.2.2　三维对齐

三维对齐是将选取的实体按照指定的三个点来进行点对点的对齐。

执行方式

- 命令行：3DALIGN/3AL。
- 菜单栏：选择菜单栏中的"修改"→"三维操作"→"三维对齐"命令。
- 功能区：单击"常用"选项卡"修改"面板中的"三维对齐"按钮。

操作步骤

执行上述操作后，命令行会进行如下提示。

```
命令：3DALIGN
选择对象：
```

◇ 练一练——对三维模型进行三维对齐操作

素材文件：素材 \CH14\ 三维对齐 .dwg
结果文件：结果 \CH14\ 三维对齐 .dwg

利用三维对齐命令对三维模型进行三维对齐操作。

操作步骤：

第1步 打开随书配套资源中的"素材 \CH14\ 三维对齐 .dwg"文件，如图 14-15 所示。

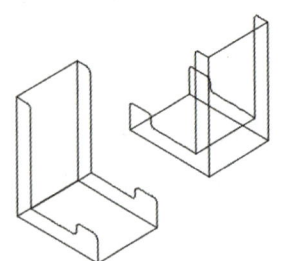

图 14-15　素材文件

第2步 单击"常用"选项卡"修改"面板中的"三维对齐"按钮 。

第3步 选择图 14-16 所示的图形对象作为需要对齐的对象，按"Enter"键确认。

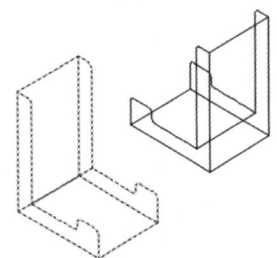

图 14-16　选择对象

第4步 捕捉图 14-17 所示的端点作为基点。

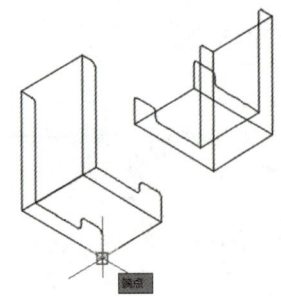

图 14-17　捕捉端点

第5步 拖动鼠标捕捉图 14-18 所示的端点作为第二个点。

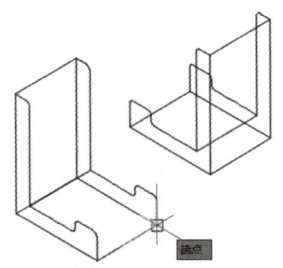

图 14-18　捕捉端点

第6步 拖动鼠标捕捉图 14-19 所示的端点作为第三个点。

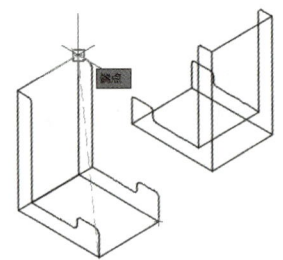

图 14-19　捕捉端点

第7步 拖动鼠标捕捉图 14-20 所示端点作为第一个目标点。

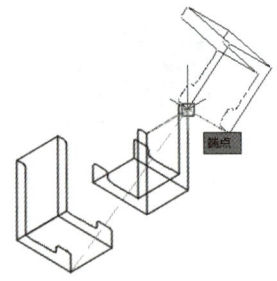

图 14-20　捕捉端点

第8步 拖动鼠标捕捉图 14-21 所示端点作为第二个目标点。

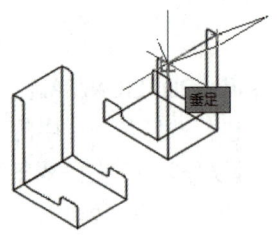

图 14-21　捕捉端点

第9步 拖动鼠标捕捉图 14-22 所示端点作为第三个目标点。

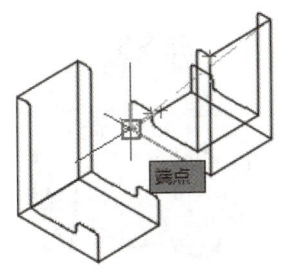

图 14-22　捕捉端点

第10步 结果如图 14-23 所示。

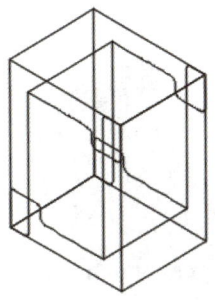

图 14-23　三维对齐

14.2.3　三维镜像

三维镜像是将三维实体模型按照指定的平面进行对称复制，选择的镜像平面可以是对象的面、三点创建的面，也可以是坐标系的三个基准平面。三维镜像与二维镜像的区别在于，二维镜像是以直线为镜像参考，而三维镜像则是以平面为镜像参考。

执行方式

- 命令行：MIRROR3D。
- 菜单栏：选择菜单栏中的"修改"→"三维操作"→"三维镜像"命令。
- 功能区：单击"常用"选项卡"修改"面板中的"三维镜像"按钮⚃。

操作步骤

执行上述操作后，命令行会进行如下提示。

```
命令：MIRROR3D
选择对象：
```

◇ **练一练——对三维模型进行三维镜像操作**

素材文件：素材 \CH14\ 三维镜像 .dwg
结果文件：结果 \CH14\ 三维镜像 .dwg

利用三维镜像命令对三维模型进行三维镜像操作。

操作步骤：

第1步 打开随书配套资源中的"素材\CH14\三维镜像.dwg"文件，如图 14-24 所示。

第2步 单击"常用"选项卡"修改"面板中的"三维镜像"按钮⚃。

第3步 选择全部图形对象作为需要镜像的对象，按"Enter"键确认，单击指定镜像平面的第一个点，如图 14-25 所示。

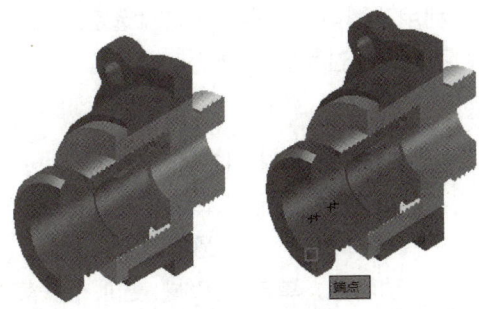

图 14-24　素材文件　　图 14-25　捕捉端点

第4步 单击指定镜像平面的第二个点，如图 14-26 所示。

图 14-26　捕捉端点

第5步 单击指定镜像平面的第三个点，如图 14-27 所示。

第6步 按"Enter"键确认，不删除源对象，结果如图 14-28 所示。

图 14-27　捕捉端点

图 14-28　三维镜像

14.3　三维实体边编辑

三维实体编辑（SOLIDEDIT）命令的选项分为三类，分别是边、面和体。这一节我们通过一个实例来介绍边编辑。

14.3.1　圆角边

利用"圆角边"命令可以对选定的三维实体对象的边进行圆角，圆角半径可由用户自行设定，不允许超过可圆角的最大半径值。

- **执行方式**
  - 命令行：FILLETEDGE。
  - 菜单栏：选择菜单栏中的"修改"→"实体编辑"→"圆角边"命令。
  - 功能区：单击"实体"选项卡"实体编辑"面板中的"圆角边"按钮。

- **操作步骤**

执行上述操作后，命令行会进行如下提示。

```
命令：_FILLETEDGE
半径 = 1.0000
选择边或 [链(C)/环(L)/半径(R)]：
```

◇ 练一练——对三维实体对象进行圆角边操作

素材文件：素材\CH14\三维实体边编辑.dwg

结果文件：结果\CH14\三维实体边编辑.dwg

利用圆角边命令创建如图 14-31 所示的圆角边对象。

操作步骤：

第1步 打开随书配套资源中的"素材\CH14\三维实体边编辑.dwg"文件，如图 14-29 所示。

图 14-29　素材文件

第2步 单击"实体"选项卡"实体编辑"面板中的"圆角边"按钮。

第3步 选择需要圆角的边,如图 14-30 所示。

第4步 在命令行提示下输入"R"按"Enter"键,继续输入"2"按"Enter"键以指定圆角半径,最后连续按"Enter"键结束该命令,结果如图 14-31 所示。

图 14-30　选择对象

图 14-31　圆角边后的结果

14.3.2 倒角边

利用"倒角边"命令可以对选定的三维实体对象的边进行倒角,倒角距离可由用户自行设定,但不允许超过可倒角的最大距离值。

执行方式

- 命令行:CHAMFEREDGE。
- 菜单栏:选择菜单栏中的"修改"→"实体编辑"→"倒角边"命令。
- 功能区:单击"实体"选项卡"实体编辑"面板中的"倒角边"按钮。

操作步骤

执行上述操作后命令行会进行如下提示。

```
命令:_CHAMFEREDGE
距离 1 = 1.0000,距离 2 = 1.0000
选择一条边或 [环(L)/距离(D)]:
```

第2步 选择需要倒角的边,如图 14-32 所示。

图 14-32　选择倒角边

第3步 在命令行提示下输入"D"按"Enter"键,将两个倒角距离都设置为"1",连续按"Enter"键结束该命令,结果如图 14-33 所示。

图 14-33　倒角边后的结果

◇ 练一练——对三维实体对象进行倒角边操作

在 14.3.1 节案例的基础上,利用倒角边命令创建倒角边对象。

操作步骤:

第1步 单击"实体"选项卡"实体编辑"面板中的"倒角边"按钮。

14.3.3 提取边

"提取边"命令可以从实体或曲面提取线框对象。通过提取边命令可以提取指定对象的所有边,从而创建线框几何体。提取对象包括三维实体、三维实体历史记录子对象、网格、面域、曲面、子对象(边和面)。

- **执行方式**
  - 命令行:XEDGES。
  - 菜单栏:选择菜单栏中的"修改"→"三维操作"→"提取边"命令。
  - 功能区:单击"常用"选项卡"实体编辑"面板中的"提取边"按钮,或者单击"实体"选项卡"实体编辑"面板中的"提取边"按钮。

- **操作步骤**

  执行上述操作后,命令行会进行如下提示。

  ```
  命令:_XEDGES
  选择对象:
  ```

◇ **练一练——对三维实体对象进行提取边操作**

在 14.3.2 节案例的基础上,利用提取边命令创建提取边对象。

操作步骤:

第1步 单击"常用"选项卡"实体编辑"面板中的"提取边"按钮。

第2步 在绘图区域中单击选择三维实体对象作为需要提取边的对象,按"Enter"键确认,如图 14-34 所示。

图 14-34 选择对象

第3步 单击"常用"选项卡"修改"面板中的"移动"按钮。

第4步 将三维实体对象移至其他位置,结果如图 14-35 所示。

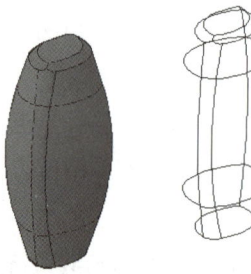

图 14-35 提取边

14.3.4 压印边

通过"压印边"命令可以压印三维实体或曲面上的二维几何图形,从而在平面上创建其他边。被压印的对象必须与选定对象的一个或多个面相交,才可以完成压印。"压印"选项仅限于以下对象执行:圆弧、圆、直线、二维和三维多段线、椭圆、样条曲线、面域、体和三维实体。

- **执行方式**
  - 命令行:IMPRINT。
  - 菜单栏:选择菜单栏中的"修改"→"实体编辑"→"压印"命令。
  - 功能区:单击"常用"选项卡"实体编辑"面板中的"压印"按钮,或者单击"实体"选项卡"实体编辑"面板中的"压印"按钮。

第 14 章
编辑三维模型

📋 **操作步骤**

执行上述操作后,命令行会进行如下提示。

```
命令: _IMPRINT
选择三维实体或曲面:
```

◇ 练一练——对三维实体对象进行压印边操作

在上节案例的基础上,利用压印边命令创建压印边对象。

操作步骤:

第1步 单击"常用"选项卡"绘图"面板中的"多边形"按钮 ⬡,在实体表面绘制一个任意大小的五边形,如图 14-36 所示。

图 14-36 绘制五边形

第2步 单击"常用"选项卡"实体编辑"面板中的"压印"按钮 。

第3步 单击选择三维实体对象,如图 14-37 所示。

图 14-37 选择三维对象

第4步 单击选择五边形作为要压印的对象,如图 14-38 所示。

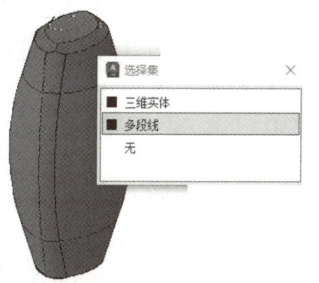

图 14-38 选择压印对象

第5步 在命令行提示下输入"N"按"Enter"键,以确定不删除源对象,按"Enter"键结束该命令,结果如图 14-39 所示。

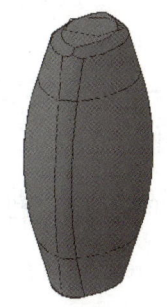

图 14-39 结束压印边命令

第6步 选择五边形,按"Del"键将其删除,结果如图 14-40 所示。

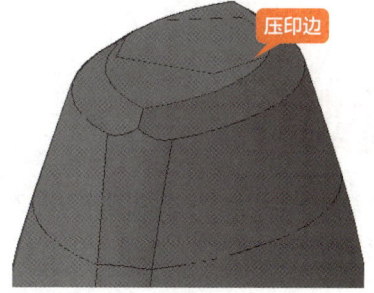

图 14-40 压印边

14.3.5 着色边

利用"着色边"命令可以为选定的三维实体对象的边进行着色,着色颜色可由用户自行选定,默认情况下着色边操作完成后,三维实体对象在选定状态下会以最新指定颜色显示。

执行方式

- 菜单栏：选择菜单栏中的"修改"→"实体编辑"→"着色边"命令。
- 功能区：单击"常用"选项卡"实体编辑"面板中的"着色边"按钮。

操作步骤

执行上述操作后，命令行会进行如下提示。

```
命令：_SOLIDEDIT
实体编辑自动检查： SOLIDCHECK=1
输入实体编辑选项 [面(F)/边(E)/体(B)/放弃(U)/退出(X)] <退出>: E
输入边编辑选项 [复制(C)/着色(L)/放弃(U)/退出(X)] <退出>: L
选择边或 [放弃(U)/删除(R)]:
```

◇ **练一练——对三维实体对象进行着色边操作**

在上节案例的基础上，利用着色边命令创建着色边对象。

操作步骤：

第1步 单击"常用"选项卡"实体编辑"面板中的"着色边"按钮。

第2步 单击选择需要着色的边，如图14-41所示。

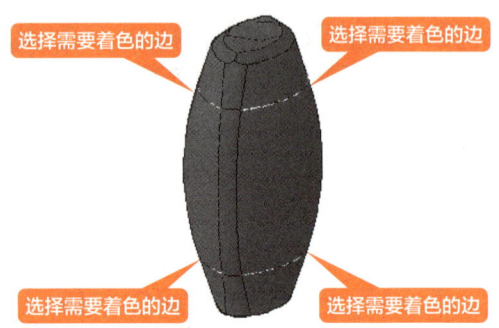

图 14-41 选择对象

第3步 按"Enter"键确认，弹出"选择颜色"对话框，选择"蓝色"，单击"确定"按钮，如图14-42所示。

第4步 连续按"Enter"键结束该命令，将当前视觉样式切换为"隐藏"，结果如图14-43所示。

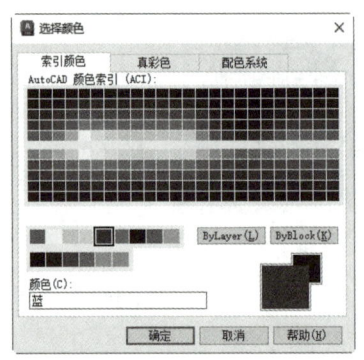 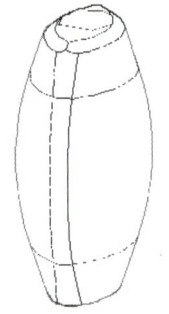

图 14-42 选择颜色   图 14-43 着色边

14.3.6 复制边

复制边功能可以对三维实体对象的各个边进行复制，所复制的边可生成为直线、圆弧、圆、椭圆或样条曲线。

执行方式

- 菜单栏：选择菜单栏中的"修改"→"实体编辑"→"复制边"命令。
- 功能区：单击"常用"选项卡"实体编辑"面板中的"复制边"按钮。

操作步骤

执行上述操作后，命令行会进行如下提示。

```
命令：_SOLIDEDIT
实体编辑自动检查： SOLIDCHECK=1
输入实体编辑选项 [面(F)/边(E)/体(B)/放弃(U)/退出(X)] <退出>: E
输入边编辑选项 [复制(C)/着色(L)/放弃(U)/退出(X)] <退出>: C
选择边或 [放弃(U)/删除(R)]:
```

第 14 章
编辑三维模型

◇ 练一练——对三维实体对象进行复制边操作

在 14.3.5 节案例的基础上，利用复制边命令创建复制边对象。

操作步骤：

第1步 单击"常用"选项卡"实体编辑"面板中的"复制边"按钮。

第2步 选择需要复制的边，按"Enter"键确认，如图 14-44 所示。

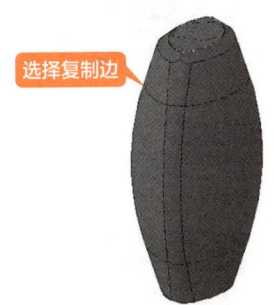

图 14-44　选择对象

第3步 在绘图区域单击指定位移基点，拖动鼠标在绘图区域单击指定位移第二点，如图 14-45 所示。

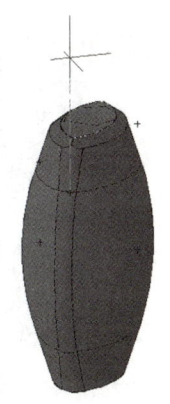

图 14-45　指定位移点

第4步 连续按"Enter"键结束该命令，结果如图 14-46 所示。

图 14-46　复制边

14.3.7 偏移边

"偏移边"命令可以偏移三维实体或曲面上平整面的边。其结果会产生闭合多段线或样条曲线，位于与选定的面或曲面相同的平面上，而且可以是原始边的内侧或外侧。

📖 执行方式

- 命令行：OFFSETEDGE。
- 功能区：单击"实体"选项卡"实体编辑"面板中的"偏移边"按钮，或者单击"曲面"选项卡"编辑"面板中的"偏移边"按钮。

📖 操作步骤

执行上述操作后，命令行会进行如下提示。

```
命令：_OFFSETEDGE
角点 = 锐化
选择面：
```

◇ 练一练——对三维实体对象进行偏移边操作

在上节案例的基础上，利用偏移边命令创建偏移边对象。

操作步骤：

第1步 单击"实体"选项卡"实体编辑"面板中的"偏移边"按钮。

第2步 选择需要偏移边的面，如图 14-47 所示。

图 14-47　选择对象

第 3 步 在命令行提示下输入"O"按"Enter"键，继续输入"5"按"Enter"键，在选择面的外侧单击以指定偏移方向。

第 4 步 按"Enter"键结束该命令，结果如图 14-48 所示。

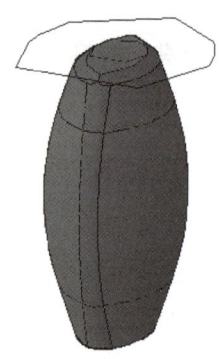

图 14-48　偏移边

14.4　三维实体面编辑

14.3 节介绍了三维实体边编辑，这一节我们用一个实例来介绍三维实体面编辑。

14.4.1　拉伸面

"拉伸面"命令可以根据指定的距离拉伸平面，或者将平面沿着指定的路径进行拉伸。"拉伸面"命令只能拉伸平面，对球体表面、圆柱体或圆锥体的曲面均无效。

- **执行方式**
  - 菜单栏：选择菜单栏中的"修改"→"实体编辑"→"拉伸面"命令。
  - 功能区：单击"常用"选项卡"实体编辑"面板中的"拉伸面"按钮，或者单击"实体"选项卡"实体编辑"面板中的"拉伸面"按钮。

- **操作步骤**

执行上述操作后，命令行会进行如下提示。

```
命令：_SOLIDEDIT
实体编辑自动检查： SOLIDCHECK=1
输入实体编辑选项 [面(F)/边(E)/体(B)/放弃(U)/退出(X)] <退出>: F
输入面编辑选项 [拉伸(E)/移动(M)/旋转(R)/偏移(O)/倾斜(T)/删除(D)/复制(C)/颜色(L)/材质(A)/放弃(U)/退出(X)] <退出>: E
选择面或 [放弃(U)/删除(R)]:
```

◇ **练一练——对三维实体对象进行拉伸面操作**

素材文件：素材\CH14\ 三维实体面编辑.dwg

结果文件：结果\CH14\ 三维实体面编辑.dwg

利用拉伸面命令创建的拉伸面对象。

操作步骤：

第1步 打开随书配套资源中的"素材\CH14\三维实体面编辑.dwg"文件，如图14-49所示。

第2步 单击"常用"选项卡"实体编辑"面板中的"拉伸面"按钮。

第3步 单击选择需要拉伸的面，按"Enter"键确认，如图14-50所示。

第4步 在命令行提示下指定拉伸高度为"5"、倾斜角度为"0"，连续按"Enter"键结束该命令，结果如图14-51所示。

图14-51 拉伸结果

图14-49 素材文件　　图14-50 选择拉伸面

14.4.2 倾斜面

"倾斜面"命令可以使实体表面产生倾斜和锥化效果。

- **执行方式**
  - 菜单栏：选择菜单栏中的"修改"→"实体编辑"→"倾斜面"命令。
  - 功能区：单击"常用"选项卡"实体编辑"面板中的"倾斜面"按钮，或者单击"实体"选项卡"实体编辑"面板中的"倾斜面"按钮。

- **操作步骤**

执行上述操作后，命令行会进行如下提示。

```
命令：SOLIDEDIT
实体编辑自动检查：SOLIDCHECK=1
输入实体编辑选项 [面(F)/边(E)/体
(B)/放弃(U)/退出(X)] <退出>：F
输入面编辑选项[拉伸(E)/移动(M)/旋转
(R)/偏移(O)/倾斜(T)/删除(D)/复制
(C)/颜色(L)/材质(A)/放弃(U)/退出
(X)] <退出>：T
选择面或 [放弃(U)/删除(R)]：
```

◇ **练一练——对三维实体对象进行倾斜面操作**

在上节案例的基础上，利用倾斜面命令创建倾斜面对象。

操作步骤：

第1步 单击"常用"选项卡"实体编辑"面板中的"倾斜面"按钮。

第2步 在绘图区域中单击选择需要倾斜的面，按"Enter"键确认，如图14-52所示。

图14-52 选择面

第3步 单击指定圆心为倾斜基点，如图14-53所示。

图14-53 指定倾斜基点

第4步 拖动鼠标单击象限点为沿倾斜轴的另一个点，如图14-54所示。

第5步 在命令行提示下输入"15"，按"Enter"键确认，以指定倾斜角度，连续按"Enter"键结束该命令，结果如图14-55所示。

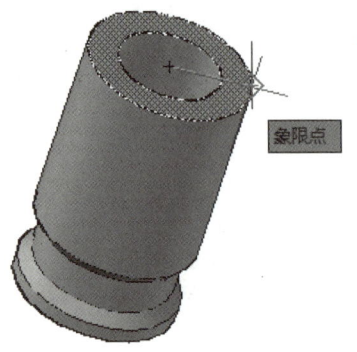

图14-54 指定沿倾斜轴另一个点

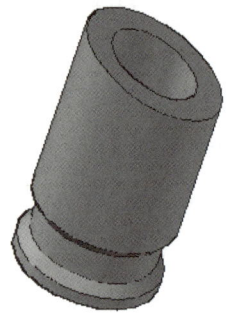

图14-55 倾斜面

14.4.3 移动面

"移动面"命令可以在保持面的法线方向不变的前提下移动面的位置，从而修改实体的尺寸或更改实体中槽和孔的位置。

执行方式

- 菜单栏：选择菜单栏中的"修改"→"实体编辑"→"移动面"命令。
- 功能区：单击"常用"选项卡"实体编辑"面板中的"移动面"按钮。

操作步骤

执行上述操作后，命令行会进行如下提示。

```
命令： SOLIDEDIT
实体编辑自动检查： SOLIDCHECK=1
输入实体编辑选项 [面(F)/边(E)/体
(B)/放弃(U)/退出(X)] <退出>: F
输入面编辑选项[拉伸(E)/移动(M)/旋转
(R)/偏移(O)/倾斜(T)/删除(D)/复制
(C)/颜色(L)/材质(A)/放弃(U)/退出
(X)] <退出>: M
选择面或 [放弃(U)/删除(R)]:
```

◇ **练一练——对三维实体对象进行移动面操作**

在上节案例的基础上，利用移动面命令创建移动面对象。

操作步骤：

第1步 单击"常用"选项卡"实体编辑"面板中的"移动面"按钮。

第2步 单击选择下侧倾斜面作为需要移动的面，按"Enter"键确认，如图14-56所示。

第3步 在绘图区域中任意单击一点作为移动基点，在命令行提示下输入"@0.2,0,0"，按"Enter"键确认，连续按"Enter"键结束该命令，结果如图14-57所示。

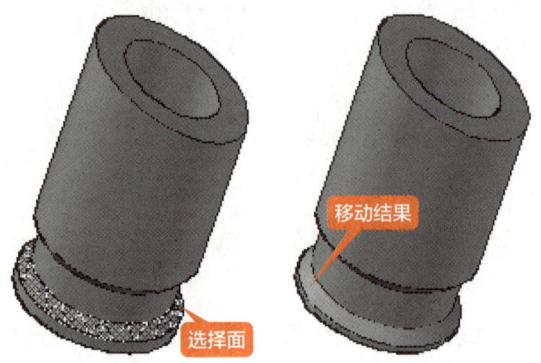

图14-56 选择面　　图14-57 移动面

第 14 章 编辑三维模型

14.4.4 复制面

"复制面"命令可以将实体中的平面和曲面分别复制生成面域和曲面模型。

执行方式

- 菜单栏：选择菜单栏中的"修改"→"实体编辑"→"复制面"命令。
- 功能区：单击"常用"选项卡"实体编辑"面板中的"复制面"按钮。

操作步骤

执行上述操作后，命令行会进行如下提示。

```
命令：_SOLIDEDIT
实体编辑自动检查： SOLIDCHECK=1
输入实体编辑选项 [面(F)/边(E)/体
(B)/放弃(U)/退出(X)] <退出>: F
输入面编辑选项[拉伸(E)/移动(M)/旋转
(R)/偏移(O)/倾斜(T)/删除(D)/复制
(C)/颜色(L)/材质(A)/放弃(U)/退出
(X)] <退出>: C
选择面或 [放弃(U)/删除(R)]:
```

◇ **练一练——对三维实体对象进行复制面操作**

在上节案例的基础上，利用复制面命令创建复制面对象。

操作步骤：

第1步 单击"常用"选项卡"实体编辑"面板中的"复制面"按钮。

第2步 单击选择需要复制的面，按"Enter"键确认，如图 14-58 所示。

图 14-58 选择面

第3步 在绘图区域中任意单击一点作为移动基点，在命令行提示下输入"@0,0,10"，按"Enter"键确认，连续按"Enter"键结束该命令，结果如图 14-59 所示。

图 14-59 复制面

14.4.5 偏移面

"偏移面"命令不具备复制功能，它只能按照指定的距离或通过点均匀地偏移实体表面。在偏移面时，如果偏移面是实体轴，正偏移值使得轴变大；如果偏移面是一个孔，正偏移值使得孔变小，因为实体体积最终要变大。

执行方式

- 菜单栏：选择菜单栏中的"修改"→"实体编辑"→"偏移面"命令。
- 功能区：单击"常用"选项卡"实体编辑"面板中的"偏移面"按钮，或者单击"实体"选项卡"实体编辑"面板中的"偏移面"按钮。

操作步骤

执行上述操作后，命令行会进行如下提示。

```
命令：SOLIDEDIT
实体编辑自动检查：SOLIDCHECK=1
输入实体编辑选项 [面(F)/边(E)/体
(B)/放弃(U)/退出(X)] <退出>：F
输入面编辑选项[拉伸(E)/移动(M)/旋转
(R)/偏移(O)/倾斜(T)/删除(D)/复制
(C)/颜色(L)/材质(A)/放弃(U)/退出
(X)] <退出>：O
选择面或 [放弃(U)/删除(R)]：
```

◇ **练一练——对三维实体对象进行偏移面操作**

在上节案例的基础上，利用偏移面命令创建偏移面对象。

操作步骤：

第1步 单击"常用"选项卡"实体编辑"面板中的"偏移面"按钮 。

第2步 单击选择需要偏移的面，按"Enter"键

确认，如图14-60所示。

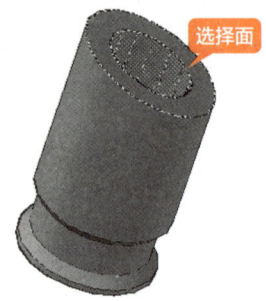

图 14-60　选择面

第3步 在命令行提示下输入"0.5"，按"Enter"键确认，以指定偏移距离，连续按"Enter"键结束该命令，结果如图14-61所示。

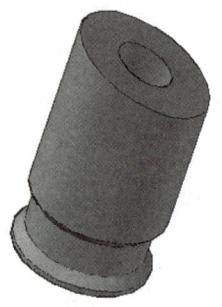

图 14-61　偏移面

14.4.6　删除面

使用"删除面"命令可以从选择集中删除以前选择的面。

执行方式

- 菜单栏：选择菜单栏中的"修改"→"实体编辑"→"删除面"命令。
- 功能区：单击"常用"选项卡"实体编辑"面板中的"删除面"按钮 。

操作步骤

执行上述操作后，命令行会进行如下提示。

```
命令：SOLIDEDIT
实体编辑自动检查：SOLIDCHECK=1
输入实体编辑选项 [面(F)/边(E)/体
(B)/放弃(U)/退出(X)] <退出>：F
输入面编辑选项[拉伸(E)/移动(M)/旋转
(R)/偏移(O)/倾斜(T)/删除(D)/复制
(C)/颜色(L)/材质(A)/放弃(U)/退出
(X)] <退出>：D
选择面或 [放弃(U)/删除(R)]：
```

◇ **练一练——对三维实体对象进行删除面操作**

在上节案例的基础上，利用删除面命令创建删除面对象。

操作步骤：

第1步 单击"常用"选项卡"实体编辑"面板中的"删除面"按钮 。

第 14 章 编辑三维模型

第2步 单击选择需要删除的面，按"Enter"键确认，如图 14-62 所示。

第3步 连续按"Enter"键结束该命令，结果如图 14-63 所示。

图 14-62 选择面

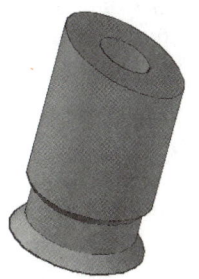

图 14-63 删除面

14.4.7 旋转面

"旋转面"命令可以将选择的面沿着指定的旋转轴和方向进行旋转，从而改变实体的形状。

📄 **执行方式**

- 菜单栏：选择菜单栏中的"修改"→"实体编辑"→"旋转面"命令。
- 功能区：单击"常用"选项卡"实体编辑"面板中的"旋转面"按钮。

📄 **操作步骤**

执行上述操作后，命令行会进行如下提示。

```
命令： SOLIDEDIT
实体编辑自动检查： SOLIDCHECK=1
输入实体编辑选项 [面(F)/边(E)/体
(B)/放弃(U)/退出(X)] <退出>： F
输入面编辑选项[拉伸(E)/移动(M)/旋转
(R)/偏移(O)/倾斜(T)/删除(D)/复制
(C)/颜色(L)/材质(A)/放弃(U)/退出
(X)] <退出>： R
选择面或 [放弃(U)/删除(R)]：
```

◇ **练一练——对三维实体对象进行旋转面操作**

在上节案例的基础上，利用旋转面命令创建旋转面对象。

操作步骤：

第1步 单击"常用"选项卡"实体编辑"面板中的"旋转面"按钮。

第2步 单击选择需要旋转的面，按"Enter"键确认，如图 14-64 所示。

图 14-64 选择面

第3步 绘图区域中单击指定轴点，如图 14-65 所示。

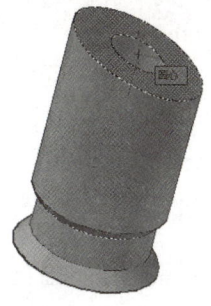

图 14-65 指定轴点

第4步 拖动鼠标单击指定旋转轴上的另外一个点，如图 14-66 所示。

图 14-66　指定旋转轴的点

第5步 在命令行提示下输入"30"，按"Enter"键确认，以指定旋转角度，连续按"Enter"键结束该命令，结果如图 14-67 所示。

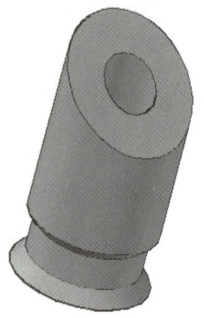

图 14-67　旋转面

14.4.8　着色面

"着色面"命令可以对三维实体的选定面进行相应颜色的指定。

执行方式

- 菜单栏：选择菜单栏中的"修改"→"实体编辑"→"着色面"命令。
- 功能区：单击"常用"选项卡"实体编辑"面板中的"着色面"按钮 。

操作步骤

执行上述操作后，命令行会进行如下提示。

```
命令：_SOLIDEDIT
实体编辑自动检查：SOLIDCHECK=1
输入实体编辑选项 [面(F)/边(E)/体
(B)/放弃(U)/退出(X)] <退出>：F
输入面编辑选项[拉伸(E)/移动(M)/旋转
(R)/偏移(O)/倾斜(T)/删除(D)/复制
(C)/颜色(L)/材质(A)/放弃(U)/退出
(X)] <退出>：L
选择面或 [放弃(U)/删除(R)]：
```

中的"着色面"按钮 。

第2步 单击选择需要着色的面，按"Enter"键确认，如图 14-68 所示。

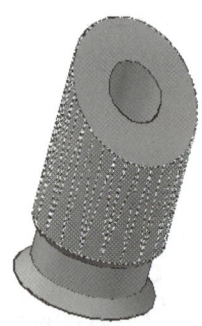

图 14-68　选择面

第3步 弹出"选择颜色"对话框，选择"红色"，单击"确定"按钮，连续按"Enter"键结束该命令，结果如图 14-69 所示。

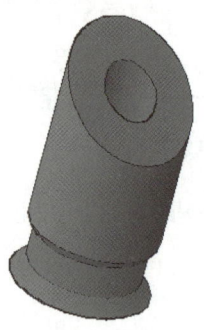

图 14-69　着色面

◇ 练一练——对三维实体对象进行着色面操作

在 14.4.7 节案例的基础上，利用着色面命令创建着色面对象。

操作步骤：

第1步 单击"常用"选项卡"实体编辑"面板

第 14 章 编辑三维模型

14.5 三维实体体编辑

前面介绍了三维实体边编辑和面编辑，这一节来介绍三维实体体编辑。

14.5.1 剖切

为了发现模型内部结构上的问题，经常用"剖切"命令沿一个平面或曲面将实体剖切成两个部分。可以删除剖切实体的一部分，也可以两者都保留。

执行方式

- 命令行：SLICE/SL。
- 菜单栏：选择菜单栏中的"修改"→"三维操作"→"剖切"命令。
- 功能区：单击"常用"选项卡"实体编辑"面板中的"剖切"按钮，或者单击"实体"选项卡"实体编辑"面板中的"剖切"按钮。

操作步骤

执行上述操作后，命令行会进行如下提示。

```
命令：_SLICE
选择要剖切的对象：
```

◇ **练一练——对三维实体对象进行剖切操作**

素材文件：素材 \CH14\ 剖切对象 .dwg
结果文件：结果 \CH14\ 剖切对象 .dwg
利用剖切命令创建剖切对象。
操作步骤：

第1步 打开随书配套资源中的"素材\CH14\剖切对象.dwg"文件，如图 14-70 所示。

图 14-70　素材文件

第2步 单击"常用"选项卡"实体编辑"面板中的"剖切"按钮。

第3步 选择三维实体为剖切对象，按"Enter"键确认，单击圆心为剖切平面的起点，如图 14-71 所示。

图 14-71　指定剖切平面的起点

第4步 拖动鼠标单击指定剖切平面的第二个点，如图 14-72 所示。

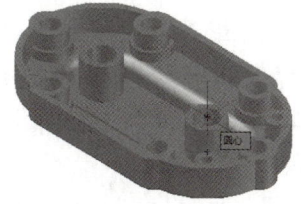

图 14-72　指定剖切平面的第二个点

第5步 在需要保留的一侧单击鼠标，结果如图 14-73 所示。

图 14-73　剖切结果

14.5.2 加厚

"加厚"命令可以加厚曲面，从而把它转换成实体。该命令只能将由平移、拉伸、扫掠、放样或者旋转命令创建的曲面通过加厚后转换成实体。

> **执行方式**
> - 命令行：THICKEN。
> - 菜单栏：选择菜单栏中的"修改"→"三维操作"→"加厚"命令。
> - 功能区：单击"常用"选项卡"实体编辑"面板中的"加厚"按钮，或者单击"实体"选项卡"实体编辑"面板中的"加厚"按钮。

> **操作步骤**
> 执行上述操作后，命令行会进行如下提示。

```
命令: _THICKEN
选择要加厚的曲面:
```

◇ **练一练——对三维实体对象进行加厚操作**

素材文件：素材\CH14\加厚对象.dwg
结果文件：结果\CH14\加厚对象.dwg
利用加厚命令创建加厚对象。
操作步骤：

第1步 打开随书配套资源中的"素材\CH14\加厚对象.dwg"文件，如图 14-74 所示。

第2步 单击"常用"选项卡"实体编辑"面板中的"加厚"按钮。

图 14-74 素材文件

第3步 选择需要加厚的对象，按"Enter"键确认，如图 14-75 所示。

图 14-75 选择对象

第4步 在命令行提示下输入"50"，按"Enter"键确认，以指定厚度，结果如图 14-76 所示。

图 14-76 加厚结果

14.5.4 抽壳

"抽壳"命令通过偏移被选中的三维实体的面，将原始面与偏移面之外的对象删除。也可以在抽壳的三维实体内通过挤压创建一个开口。抽壳过的实体不能进行二次抽壳。

> **执行方式**
> - 菜单栏：选择菜单栏中的"修改"→"实体编辑"→"抽壳"命令。
> - 功能区：单击"常用"选项卡"实体编辑"面板中的"抽壳"按钮，或者单击"实体"选项卡"实体编辑"面板中的"抽壳"按钮。

第 14 章 编辑三维模型

操作步骤

执行上述操作后,命令行会进行如下提示。

```
命令: _SOLIDEDIT
实体编辑自动检查: SOLIDCHECK=1
输入实体编辑选项 [面(F)/边(E)/体
(B)/放弃(U)/退出(X)] <退出>: _B
输入体编辑选项[压印(I)/分割实体(P)/
抽壳(S)/清除(L)/检查(C)/放弃(U)/退
出(X)] <退出>: _S
选择三维实体:
```

◇ **练一练——对三维实体对象进行抽壳操作**

素材文件:素材\CH14\抽壳.dwg
结果文件:结果\CH14\抽壳.dwg
利用抽壳命令创建抽壳对象。
操作步骤:

第1步 打开随书配套资源中的"素材\CH14\抽壳.dwg"文件,如图14-77所示。

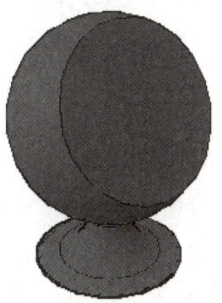

图 14-77 素材文件

第2步 单击"常用"选项卡"实体编辑"面板中的"抽壳"按钮。

第3步 选择三维实体为抽壳对象,在命令提示下单击选择图14-78所示的表面为删除面,按"Enter"键确认。

图 14-78 指定删除面

第4步 在命令行提示下输入"2"作为抽壳偏移距离,按"Enter"键确认。抽壳结果如图14-79所示。

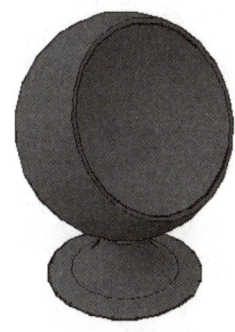

图 14-79 抽壳结果

14.6 实例——创建三维升旗台

在升旗台的绘制过程中主要应用长方体、圆柱体、球体、阵列、三维多段线、楔体、拉伸以及布尔运算等。

升旗台完成后的结果如图 14-80 所示。

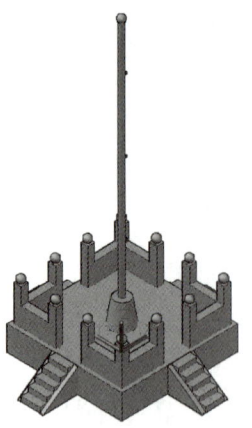

图 14-80 升旗台

1. 创建升旗台的底座

第1步 新建一个 AutoCAD 图形文件，在命令行中输入"ISOLINES"命令，将值设置为16，然后单击绘图界面左上角控件，将视图切换为西南等轴测视图，如图 14-81 所示。

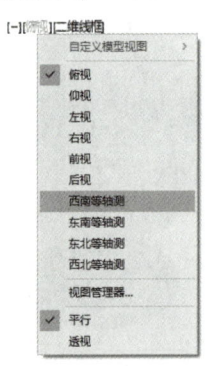

图 14-81 切换模型视图

第2步 单击"常用"选项卡"建模"面板中的"长方体"按钮，以（-25,-25,0）、（@50,50,10）为第一个角点、第二个角点。绘制长方体，结果如图 14-82 所示。

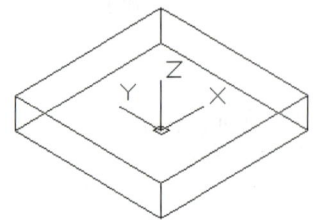

图 14-82 绘制长方体

第3步 重复长方体命令，分别以【(-23.5,-20.5,10)，(@3,12,8)】、【(-20.5,-23.5,10)，(@12,3,8)】、【(-23.5,-23.5,10)，(@3,3,15)】为角点绘制三个长方体，结果如图 14-83 所示。

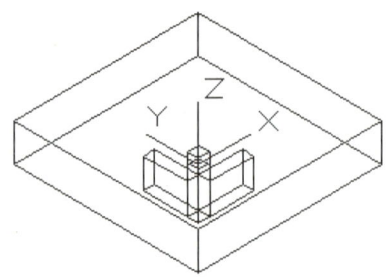

图 14-83 绘制长方体

第4步 单击"常用"选项卡"建模"面板中的"球体"按钮，以（-22,-22,26.5）为中心点，绘制一个半径为 1.5 的球体，结果如图 14-84 所示。

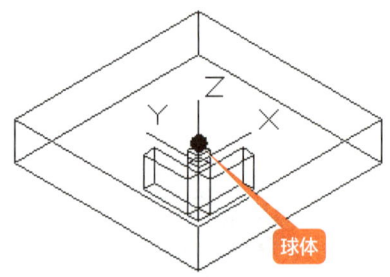

图 14-84 绘制球体

第5步 单击"常用"选项卡"修改"面板中的"复制"按钮，选择图 14-85 所示的球体和长方体为复制对象，然后在绘图窗口中指定基点。

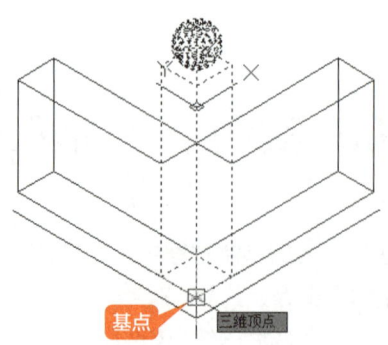

图 14-85 选择复制对象和基点

第6步 指定复制的第二点，如图 14-86 所示。

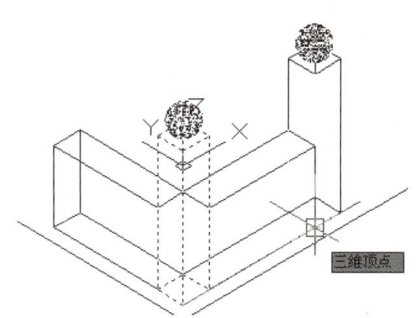

图 14-86 选择复制的第二点

第7步 重复复制命令,将第 5 步选择的对象复制到另一边,结果如图 14-87 所示。

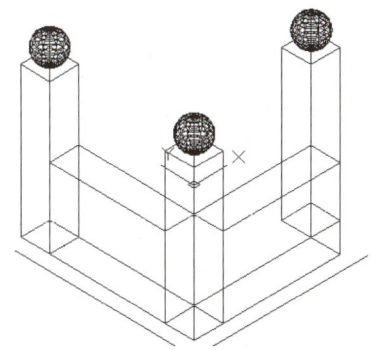

图 14-87 复制结果

第8步 单击"常用"选项卡"实体编辑"面板中的"实体,并集"按钮,然后在绘图窗口中选择要并集的对象,如图 14-88 所示。

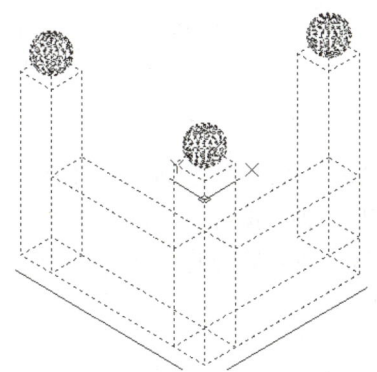

图 14-88 选择并集对象

第9步 单击"常用"选项卡"修改"面板中的"环形阵列"按钮,选择并集后的模型为阵列对象,根据提示指定阵列的中心点为(0,0),输入项目数"4",填充角度"360",如图 14-89 所示。

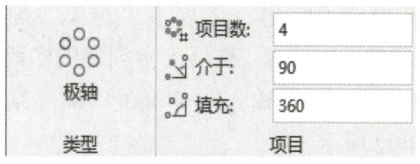

图 14-89 阵列设置

第10步 阵列后如图 14-90 所示。

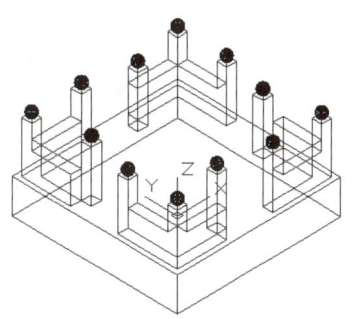

图 14-90 阵列结果

2. 创建升旗台的楼梯

第1步 在命令行输入"UCS",将坐标系绕 Y 轴旋转 90°。

```
命令: _UCS
当前 UCS 名称: *世界*
指定 UCS 的原点或 [面(F)/命名(NA)/
对象(OB)/上一个(P)/视图(V)/世界
(W)/X/Y/Z/Z 轴(ZA)] <世界>: Y
指定绕 Y 轴的旋转角度 <90>: 90
```

第2步 单击"常用"选项卡"绘图"面板中的"多段线"按钮,根据提示输入多段线的起点(0,-25,-4)。然后根据提示分别输入点(@-10,0)、(@0,-3)、(@2,0)、(@0,-3)、(@2,0)、(@0,-3)、(@2,0)、(@0,-3)、(@2,0)、(@0,-3)、(@2,0),最后输入"C",结果如图 14-91 所示。

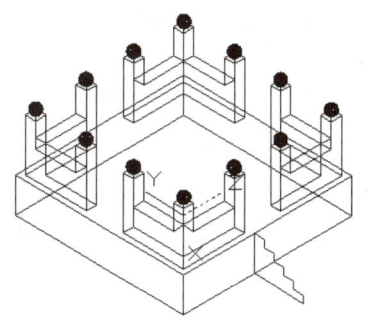

图 14-91 绘制多段线

第3步 单击"常用"选项卡"建模"面板中的"拉伸"按钮，选择上步创建的多段线为拉伸对象，然后输入拉伸高度"8"，结果如图14-92所示。

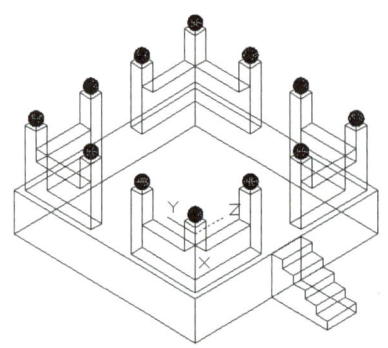

图 14-92 拉伸成型

第4步 在命令行中输入"UCS"，直接按"Enter"键，先返回世界坐标系，然后将坐标系沿Z轴方向旋转-90。

```
命令：_UCS
当前 UCS 名称：*没有名称*
指定 UCS 的原点或 [面(F)/命名(NA)/
对象(OB)/上一个(P)/视图(V)/世界
(W)/X/Y/Z/Z 轴(ZA)] <世界>：✓
命令：_UCS
当前 UCS 名称：*世界*
指定 UCS 的原点或 [面(F)/命名(NA)/
对象(OB)/上一个(P)/视图(V)/世界
(W)/X/Y/Z/Z 轴(ZA)] <世界>：Z
指定绕 Z 轴的旋转角度 <90>：-90
```

第5步 单击"常用"选项卡"建模"面板中的"楔体"按钮，以（25,-4,0）、（@15,-1.5,10）为角点绘制一个楔体，如图14-93所示。

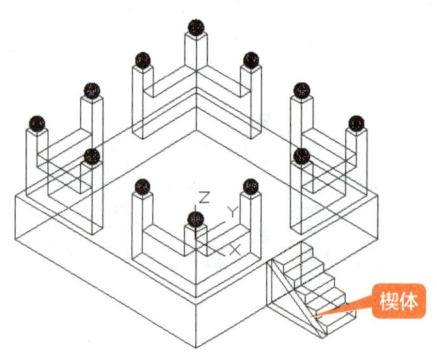

图 14-93 绘制楔体

第6步 单击"常用"选项卡"修改"面板中的"镜像"按钮，选择楔体为镜像对象。根据命令行提示输入（25,0）、（@40,0）为镜像线的第一点、第二点，选择不删除源对象，结果如图14-94所示。

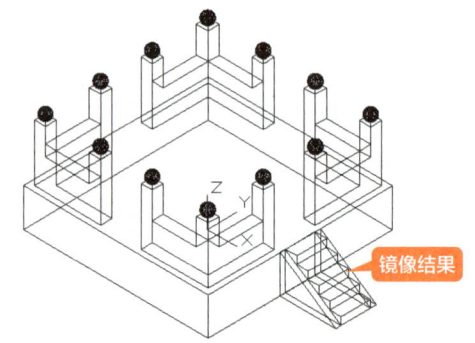

图 14-94 镜像楔体

第7步 单击"常用"选项卡"实体编辑"面板中的"实体，并集"按钮，然后在绘图窗口中选择要并集的对象，如图14-95所示。

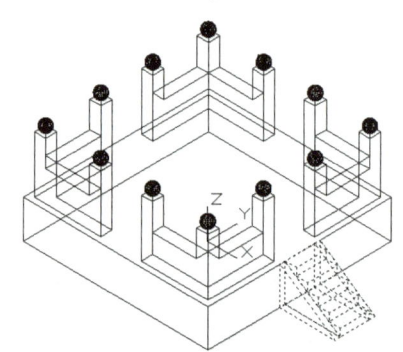

图 14-95 选择并集对象

第8步 单击"常用"选项卡"修改"面板中的"环形阵列"按钮，选择并集后的楼梯为阵列对象，指定阵列的中心点为（0,0），输入项目数"4"，填充角度"360"，阵列设置如图14-96所示。

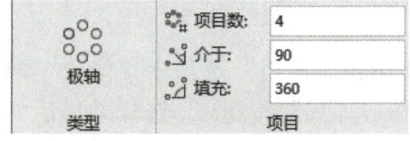

图 14-96 阵列设置

第9步 阵列后结果如图14-97所示。

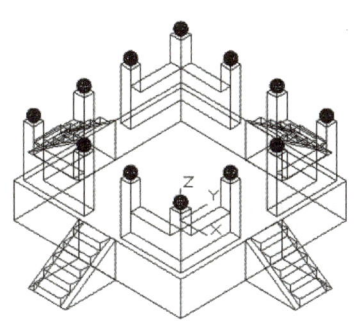

图 14-97 阵列结果

3. 创建升旗台的旗杆

第1步 在命令行输入"UCS",将坐标系切换到世界坐标系。

```
命令：_UCS
当前 UCS 名称：*世界*
指定 UCS 的原点或 [面(F)/命名(NA)/
对象(OB)/上一个(P)/视图(V)/世界
(W)/X/Y/Z/Z 轴(ZA)] <世界>：↙
```

第2步 单击"常用"选项卡"建模"面板中的"圆锥体"按钮△,以(0,0,10)为底面中心,绘制一个底面半径为"5",顶面半径为"3.3",高度为"10"的圆台体,结果如图 14-98 所示。

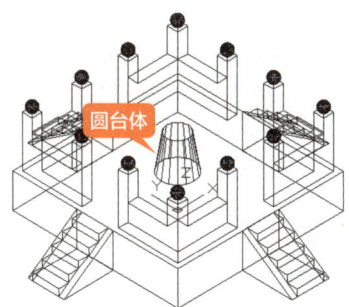

图 14-98 绘制圆台体

第3步 单击"常用"选项卡"建模"面板中的"圆柱体"按钮,以(0,0,20)为底面中心,绘制一个底面半径为"1",高度为"100"的圆柱体,结果如图 14-99 所示。

第4步 单击"常用"选项卡"建模"面板中的"球体"按钮,以(0,0,120.5)为球心,绘制一个半径为"1.5"的球体,结果如图 14-100 所示。

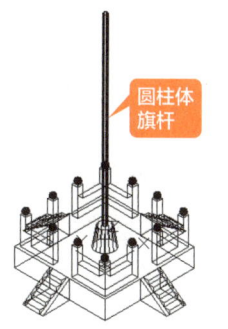 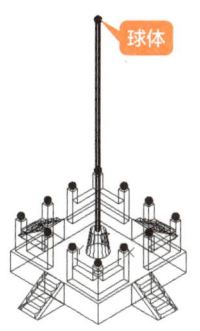

图 14-99 绘制圆柱体旗杆　　图 14-100 绘制球体

第5步 单击"常用"选项卡"建模"面板中的"圆环体"按钮◎,以(1.6,0,70)为中心,绘制一个半径为"0.5",圆管半径为"0.1"的圆环体,结果如图 14-101 所示。

第6步 重复圆环体命令,创建两个圆环体,一个以(1.6,0,100)为中心,半径为"0.5",管径为"0.1",另一个以(1.6,0,40)为中心,半径为"0.5",管径为"0.1",结果如图 14-102 所示。

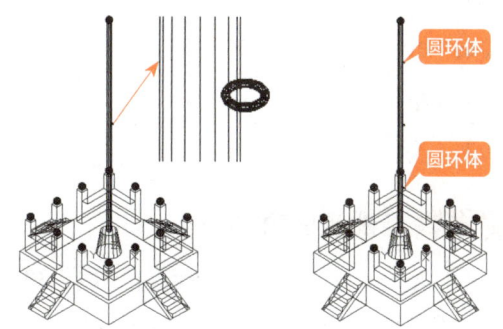

图 14-101 绘制圆环体　　图 14-102 绘制圆环体

第7步 单击"常用"选项卡"实体编辑"面板中的"实体,并集"按钮,将所有的实体合并在一起,最后将视觉样式切换为"灰度",结果如图 14-103 所示。

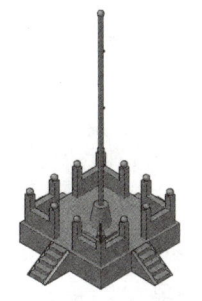

图 14-103 切换视觉样式

疑难解析

1. 可用于三维空间的二维编辑命令

很多二维命令都可以在三维中使用，具体如表 14-1 所示。

表 14-1　二维命令在三维绘图中的用法

命令	在三维绘图中的用法	命令	在三维绘图中的用法
删除（E）	与二维相同	缩放（SC）	可用于三维对象
复制（CO）	与二维相同	拉伸（S）	在三维空间可用于二维对象、线框和曲面
镜像（MI）	镜像线在二维平面上时，可以用于三维对象	拉长（LEN）	在三维空间只能用于二维对象
偏移（O）	在三维中也只能用于二维对象	修剪（TR）	有专门的三维选项
阵列（AR）	与二维相同	延伸（EX）	有专门的三维选项
移动（M）	与二维相同	打断（BR）	在三维空间只能用于二维对象
旋转（RO）	可用于 XY 平面上的三维对象	倒角（CHA）	有专门的三维选项
对齐（AL）	可用于三维对象	圆角（F）	有专门的三维选项
分解（X）	与二维相同		

2. 轻松标注三维模型

在 AutoCAD 中没有三维标注功能，尺寸标注都是基于 XY 平面内的二维平面的标注。因此，要为三维图形标注必须通过转换坐标系把需要标注的对象放置到 XY 二维平面上进行标注。

第 1 步　打开随书配套资源中的"素材\CH14\三维标注.dwg"文件，如图 14-104 所示。

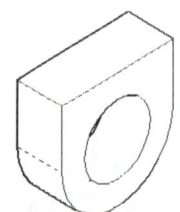

图 14-104　素材文件

第 2 步　在命令行输入"UCS"，拖动鼠标将坐标系转换到圆心的位置，如图 14-105 所示。

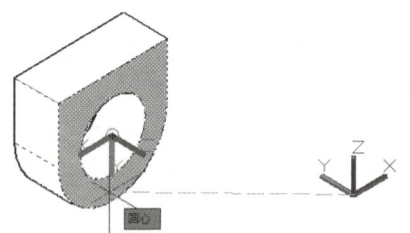

图 14-105　坐标系

第 3 步　拖动鼠标指引 X 轴方向，如图 14-106 所示。

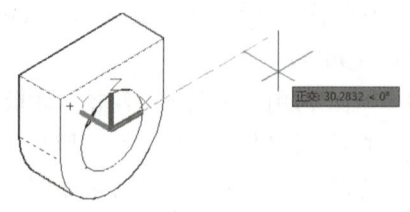

图 14-106　指引 X 轴方向

第4步 拖动鼠标指引 Y 轴方向，如图 14-107 所示。

第5步 让 XY 平面与实体的前侧面平齐后如图 14-108 所示。

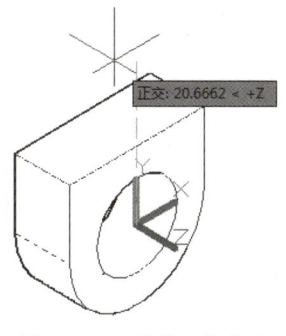
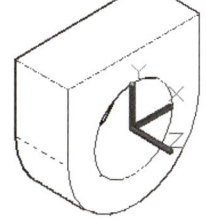

图 14-107　指引 Y 轴方向　　　图 14-108　坐标系

第6步 调用直径标注命令，选择前侧面的圆为标注对象，拖动鼠标在合适的位置放置尺寸线，结果如图 14-109 所示。

第7步 调用半径标注命令，选择前侧面的大圆弧为标注对象，拖动鼠标在合适的位置放置尺寸线，结果如图 14-110 所示。

> **提示**
>
> 移动 UCS 坐标系前，先将对象捕捉和正交模式打开。

第8步 重复第 2～4 步，将 XY 平面切换到与顶面平齐的位置，调用线性标注命令，给顶面进行尺寸标注，结果如图 14-111 所示。

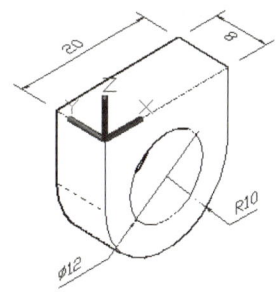

图 14-111　线性标注

第9步 重复第 2～4 步，将 XY 平面切换到与竖直面平齐的位置，调用线性标注命令进行尺寸标注，结果如图 14-112 所示。

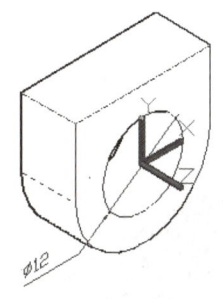
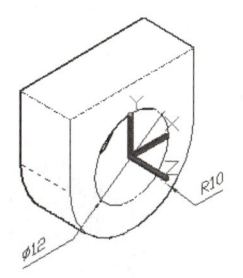

图 14-109　直径标注　　　图 14-110　半径标注

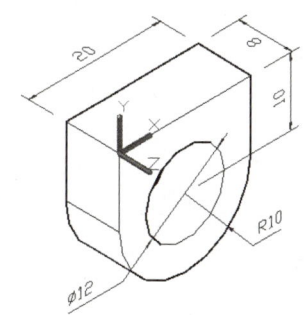

图 14-112　线性标注

本章练习是创建收纳箱模型，创建过程中主要应用长方体、三维镜像、并集运算、抽壳和视觉样式等命令，绘制思路如下。

第1步 通过长方体命令，创建 150×200×100 和 170×220×5 的两个长方体，两个长方体的中心重合，结果如图 14-113 所示。

第2步 重复长方体命令，绘制一个 50×30×10 的长方体，位置如图 14-114 所示。

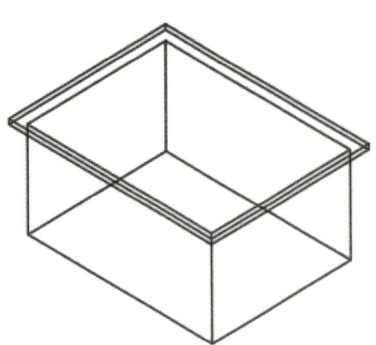

图 14-113 绘制长方体

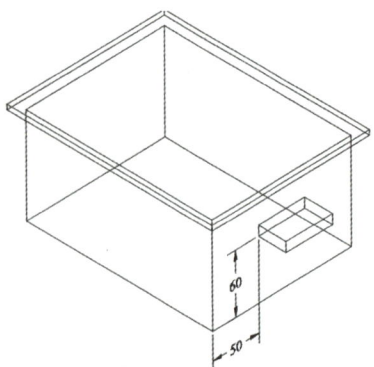

图 14-114 绘制长方体

第3步 通过三维镜像命令，将上步绘制的长方体沿中心平面进行镜像，然后将所有对象并集，结果如图 14-115 所示。

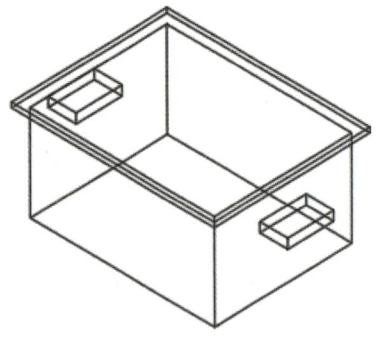

图 14-115 三维镜像

第4步 通过抽壳命令，将并集后的对象进行抽壳，选择图 14-116 和图 14-117 所示的三个面为删除面，抽壳偏移距离设置为"1"。

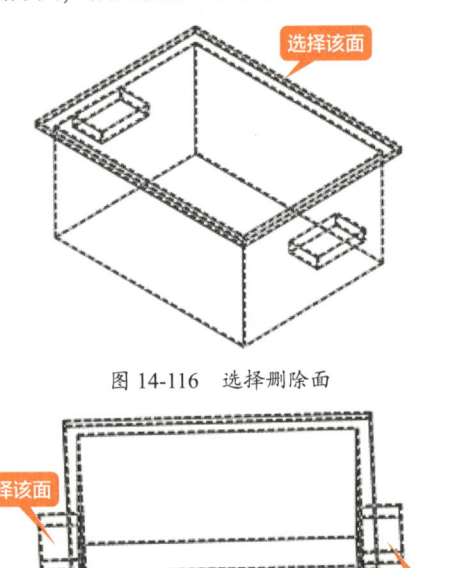

图 14-116 选择删除面

图 14-117 选择删除面

第5步 将视觉样式切换为"概念"，结果如图 14-118 所示。

图 14-118 切换视觉样式

第4篇

行业应用篇

第15章
钢链围墙护栏施工图

重点导读

护栏根据用途可以分为围墙护栏、阳台护栏、道路护栏、空调护栏等。本章以钢链围墙护栏为例,对护栏施工图的绘制进行介绍。

效果图展示

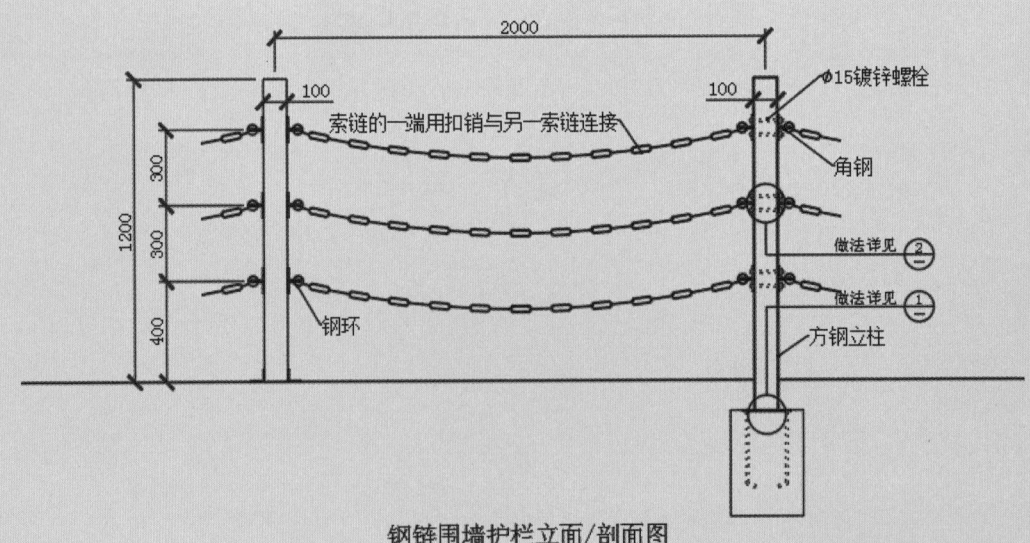

钢链围墙护栏立面/剖面图

15.1 围墙护栏设计简介

围墙护栏主要起到隔离和防护的作用,下面将分别对其设计标准、绘制思路、注意事项进行介绍。

15.1.1 围墙护栏的设计标准

围墙护栏常见标准如下。

(1) 围墙护栏高度(立柱上端距地面)1200mm、1500mm、1800mm、2000mm。

(2) 立柱垂直净间距 2000mm、2500mm、3000mm。

(3) 立杆垂直间距 110～120mm。

(4) 立杆上端距立柱上端间距 50mm,立杆下端距地面 50mm。

(5) 二道横杆布局:上横杆距立杆上端 200mm,下横杆距立杆下端 150mm。

(6) 三道横杆布局:上横杆距立杆上端 200mm,下横杆距立杆下端 150mm,中横杆与上横杆间距 120～150mm。

(7) 常用管材规格有以下几种。

立柱:100mm×100mm×2.0mm、80mm×80mm×2.0mm、56mm×56mm×2.0mm。

横杆:60mm×45mm×1.5mm、50mm×34mm×1.5mm。

立杆:70mm×25mm×1.0mm、46mm×20mm×1.0mm、35mm×35mm×1.0mm、25mm×24mm×1.0mm、24mm×20mm×1.0mm、19mm×19mm×1.0mm、16mm×16mm×1.0mm。

(8) 连接方式:立柱与地面宜采用钢制连接件内膨胀栓固定或预埋固定。

15.1.2 钢链围墙护栏施工图的绘制思路

绘制钢链围墙护栏施工图思路是先设置绘图环境,然后绘制钢链围墙护栏立面图/剖面图并添加注释,继续绘制详图 1 和详图 2。具体绘制思路如表 15-1 所示。

表 15-1 绘制思路表

序号	绘图方法	结果	备注
1	设置绘图环境,如图层、文字样式、标注样式、多重引线样式、草图设置等		

续表

序号	绘图方法	结果	备注
2	利用直线、矩形、圆、多段线、复制、镜像、阵列、修剪、偏移等命令绘制钢链围墙护栏立面图	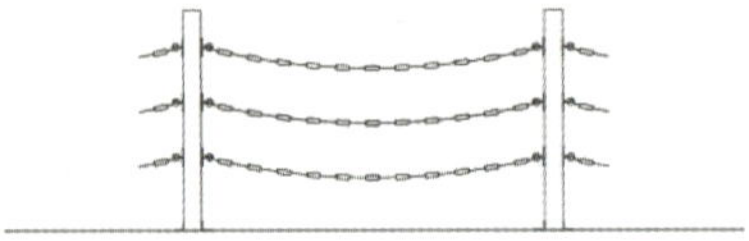	注意"FRO"的应用
3	利用直线、矩形、圆、修剪、复制、偏移、分解、延伸等命令绘制钢链围墙护栏剖面图	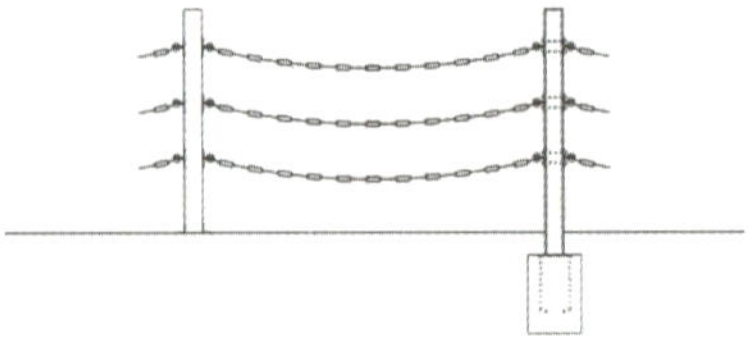	注意偏移命令的灵活运用
4	利用线性标注命令、多重引线标注命令为钢链围墙护栏立面/剖面图添加注释	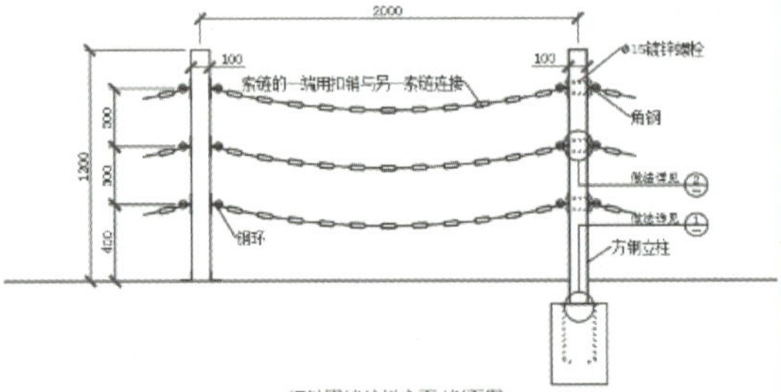	注意标注位置
5	利用直线、复制、修剪、缩放、填充、线性标注、多重引线标注等命令为钢链围墙护栏绘制详图 1	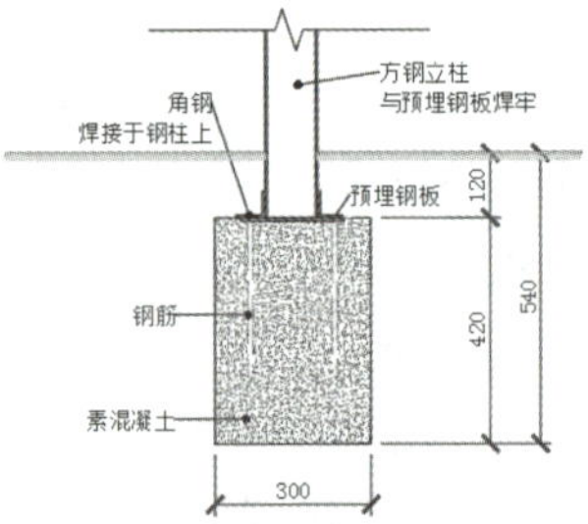	注意图层的运用
6	利用直线、复制、修剪、缩放、填充、线性标注、多重引线标注等命令为钢链围墙护栏绘制详图 2	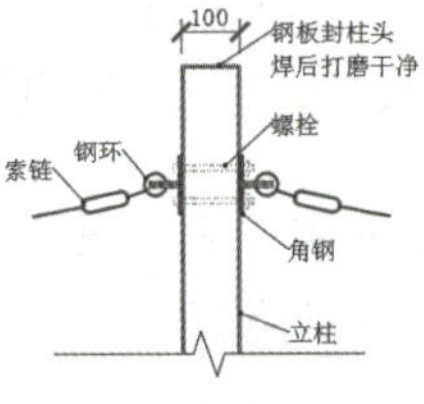	注意图层的运用

15.1.3 围墙护栏设计的注意事项

围墙护栏常见的注意事项如下。

（1）护栏最基本的作用是隔离、防护，起到保护安全的作用，所以在设计过程中需要做好防止攀爬的工作，可以在造型、材料、高度方面做出相关设计。

（2）护栏材料必须坚固、耐用、安全，空心材料需要有足够的壁厚，做好防腐蚀工作。

第 15 章
钢链围墙护栏施工图

(3) 安装在道路上的护栏需要进行纵向分隔，使机动车、非机动车和行人分道行驶，保证道路交通安全性。

(4) 材料选择方面建议使用环保材料，使用年限长，减少资源浪费。

(5) 安装过程尽量采用螺栓之类的组装式安装，减少电弧焊带来的空气、噪声污染。

15.2 绘制钢链围墙护栏施工图

钢链护栏围墙施工图包括立面图、剖面图、详图、立柱与索链连接轴测示意图等，下面将分别进行介绍。

15.2.1 设置绘图环境

在绘制图形之前，首先要设置绘图环境，如图层、文字样式、标注样式、多重引线样式、草图设置等。

1. 设置图层

第1步 新建一个dwg文件，单击"默认"选项卡"图层"面板中的"图层特性"按钮，系统弹出"图层特性管理器"对话框，新建一个名称为"连接件"的图层，如图15-1所示。

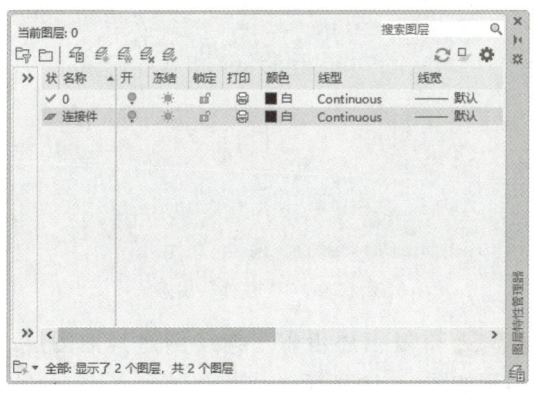

图 15-1 图层特性管理器

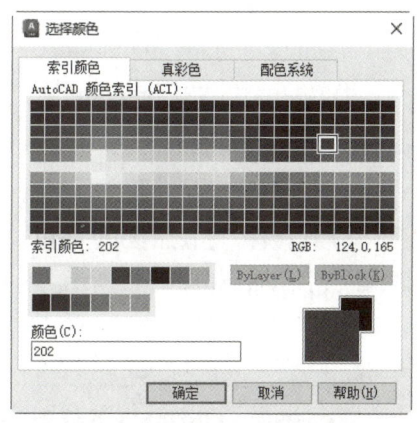

图 15-2 选择颜色

第2步 单击"连接件"图层的颜色按钮，弹出"选择颜色"对话框，将颜色设置为"202"，单击"确定"按钮，如图15-2所示。

第3步 返回"图层特性管理器"对话框，"连接件"图层的颜色已经发生变化，如图15-3所示。

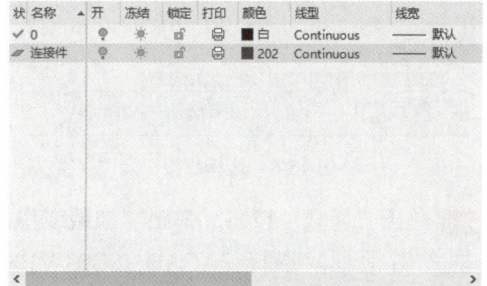

图 15-3 图层颜色

第4步 单击"连接件"图层的线宽按钮，弹出"线宽"对话框，选择"0.13mm"，单击"确定"按钮，如图15-4所示。

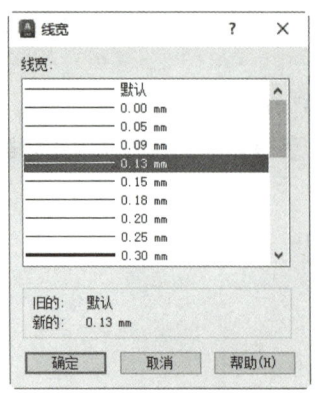

图 15-4　选择线宽

第5步 返回"图层特性管理器"对话框,"连接件"图层线宽变为"0.13毫米",如图15-5所示。

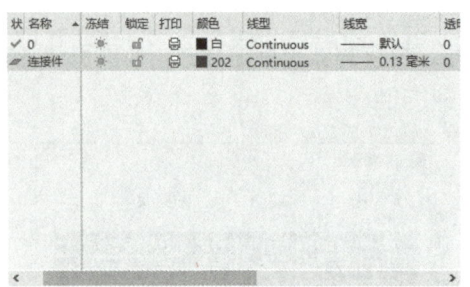

图 15-5　图层线宽

第6步 单击"连接件"图层的线型按钮,弹出"选择线型"对话框,如图15-6所示。

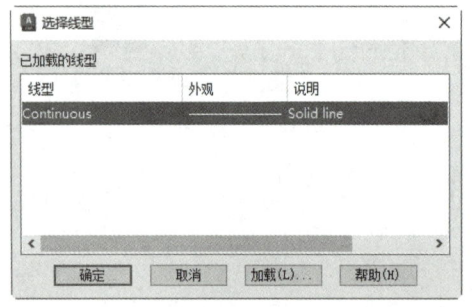

图 15-6　选择线型

第7步 单击"加载"按钮,弹出"加载或重载线型"对话框,选择"ACAD_ISO03W100"线型,如图15-7所示。

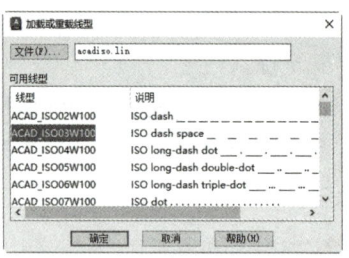

图 15-7　加载或重载线型

第8步 单击"确定"按钮,返回"选择线型"对话框,选择刚才加载的"ACAD_ISO03W100"线型,单击"确定"按钮,如图15-8所示。

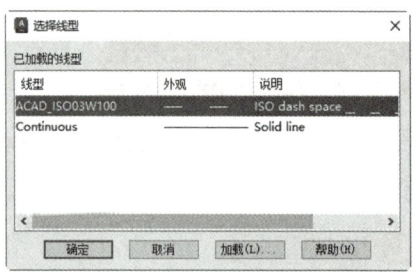

图 15-8　图层线型

第9步 返回"图层特性管理器"对话框,"连接件"图层线型变为"ACAD_ISO03W100",如图15-9所示。

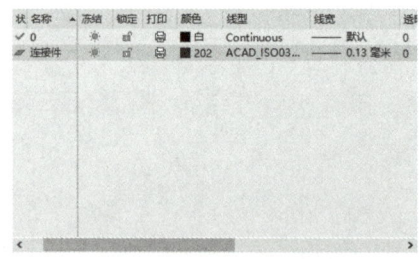

图 15-9　"连接件"图层

第10步 重复上述步骤,继续创建其他图层,结果如图15-10所示。

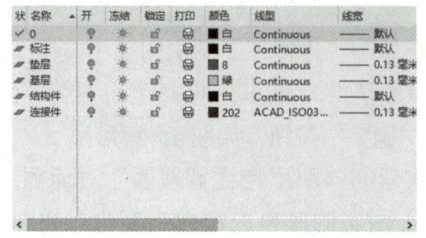

图 15-10　所有图层

第 15 章
钢链围墙护栏施工图

2. 设置文字样式

第1步 在命令行输入"ST"并按"Enter"键，弹出"文字样式"对话框，新建一个名称为"注释样式"的文字样式，如图 15-11 所示。

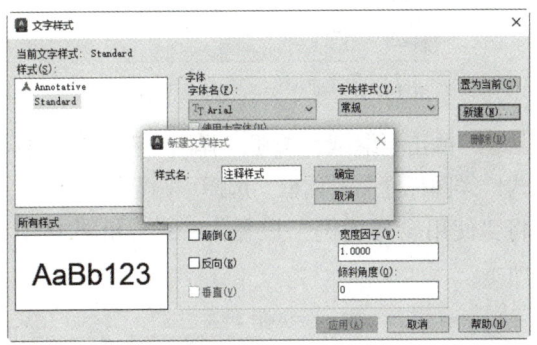

图 15-11 新建文字样式

第2步 将"注释样式"的字体设置为"宋体"，单击"应用"按钮，并将其"置为当前"，如图 15-12 所示。

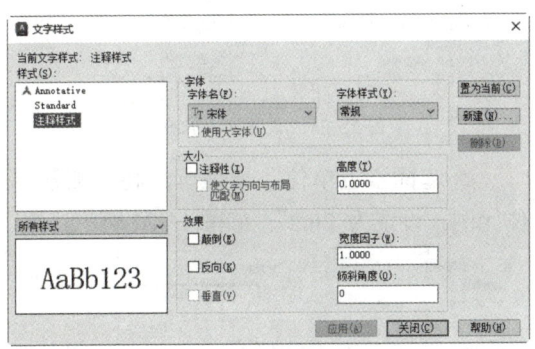

图 15-12 设置文字样式

3. 设置标注样式

第1步 在命令行输入"D"并按"Enter"键，弹出"标注样式管理器"对话框，新建一个名称为"建筑标注样式"的标注样式，如图 15-13 所示。

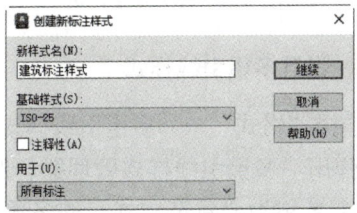

图 15-13 新建标注样式

第2步 单击"继续"按钮，弹出"新建标注样式：建筑标注样式"对话框，选择"线"选项卡，进行如图 15-14 所示的参数设置。

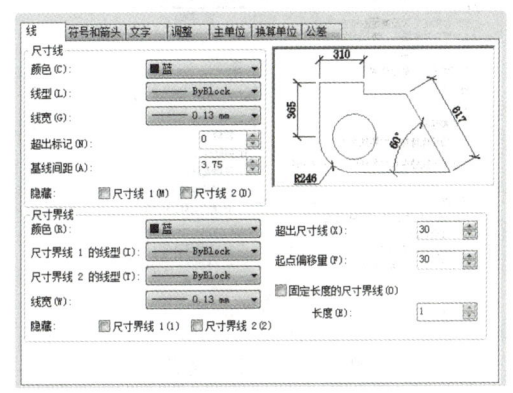

图 15-14 设置尺寸线

第3步 选择"符号和箭头"选项卡，进行如图 15-15 所示的参数设置。

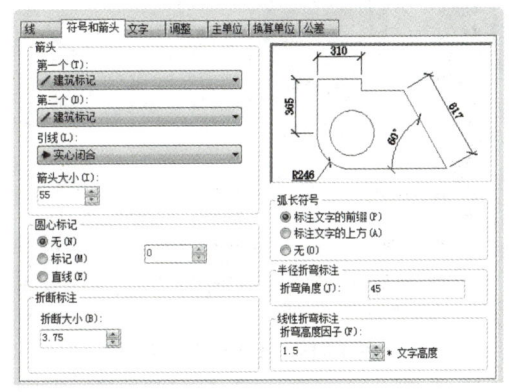

图 15-15 设置符号和箭头

第4步 选择"文字"选项卡，进行如图 15-16 所示的参数设置。

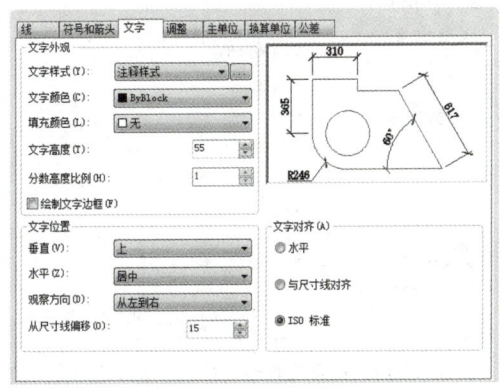

图 15-16 设置标注文字样式

第5步 选择"调整"选项卡，进行如图15-17所示的参数设置。

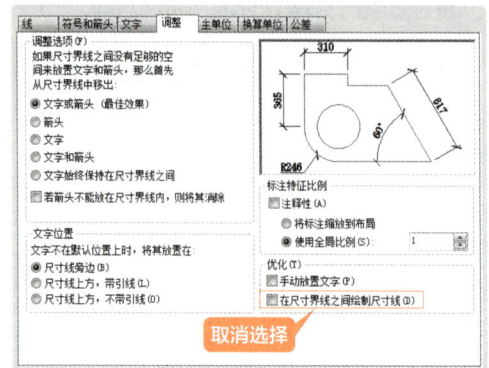

图15-17 优化尺寸线

第6步 选择"主单位"选项卡，进行如图15-18所示的参数设置。

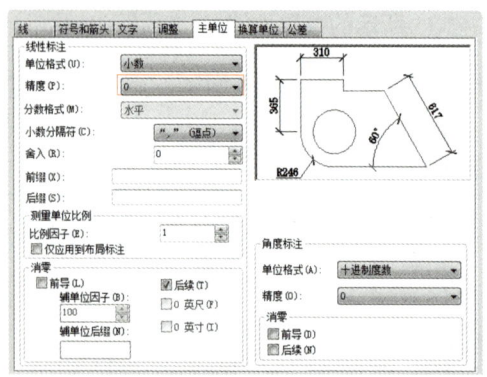

图15-18 修改标注精度

第7步 单击"确定"按钮，返回"标注样式管理器"对话框，将"建筑标注样式""置为当前"，如图15-19所示。

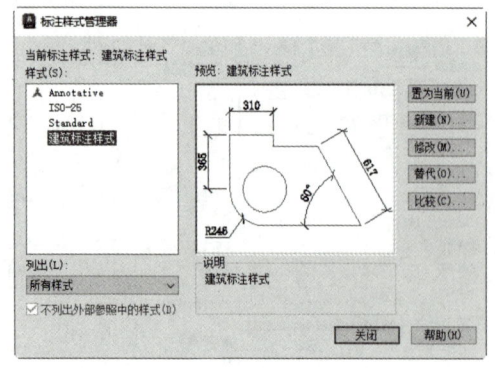

图15-19 将新建的标注样式"置为当前"

第8步 以"建筑标注样式"为基础，新建一个"详图标注"样式，如图15-20所示。

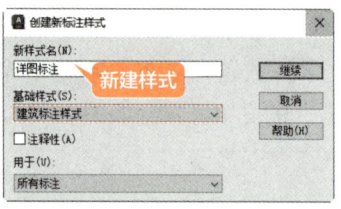

图15-20 新建"详图标注"样式

第9步 单击"继续"按钮，弹出"新建标注样式：详图标注"对话框，选择"调整"选项卡，将"使用全局比例"设置为"3"，如图15-21所示。

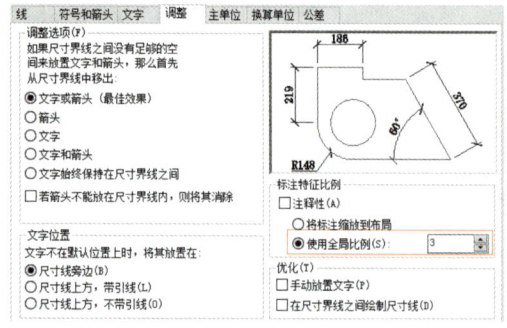

图15-21 设置全局比例

第10步 选择"主单位"选项卡，将"测量单位比例"设置为"0.2"，如图15-22所示。

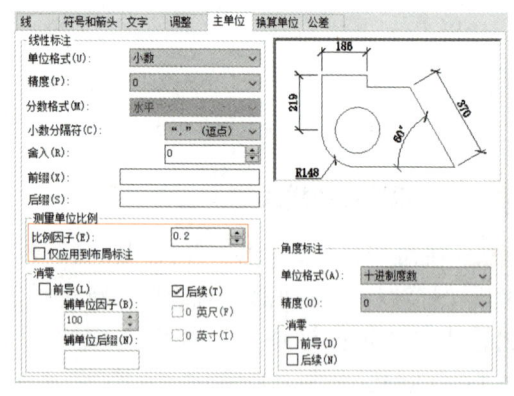

图15-22 设置测量比例

4. 设置多重引线样式

第1步 选择"格式"→"多重引线样式"菜单命令，弹出"多重引线样式管理器"对话框，新建一个名称为"建筑样式"的多重引线样式，如图15-23所示。

第 15 章
钢链围墙护栏施工图

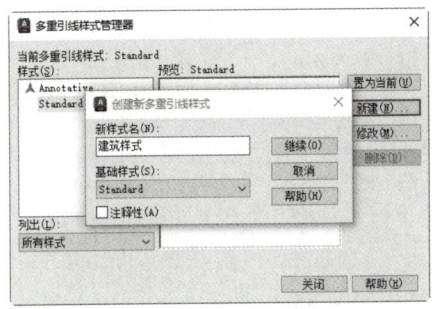

图 15-23　多重引线样式管理器

第2步　单击"继续"按钮,弹出"修改多重引线样式:建筑样式"对话框,选择"引线格式"选项卡,进行如图 15-24 所示的参数设置。

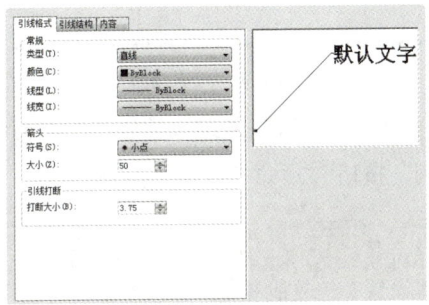

图 15-24　设置引线格式

第3步　选择"内容"选项卡,进行如图 15-25 所示的参数设置。

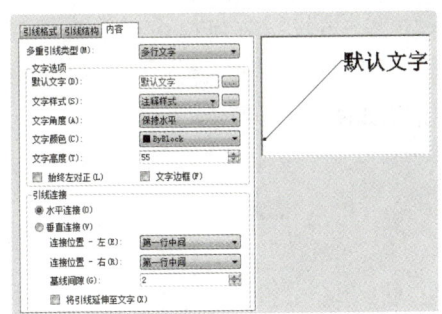

图 15-25　设置多重引线内容样式

第4步　单击"确定"按钮,返回"多重引线样式管理器"对话框,选择"建筑样式""置为当前",如图 15-26 所示。

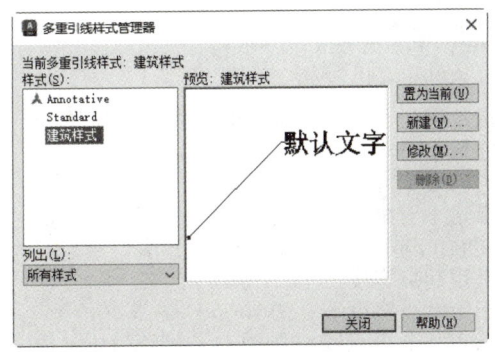

图 15-26　将新建的多重引线样式"置为当前"

5.草图设置

在命令行输入"SE"并按"Enter"键确认,在弹出的"草图设置"对话框上选择"对象捕捉"选项卡,进行相关参数设置,如图 15-27 所示。

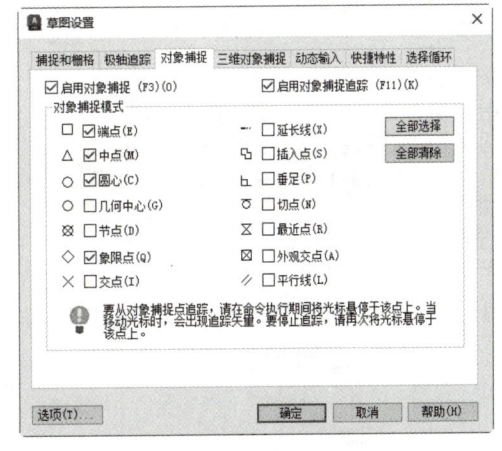

图 15-27　草图设置

15.2.2　绘制钢链围墙护栏立面图

下面将综合利用直线、矩形、圆、多段线、复制、镜像、阵列、修剪、偏移等命令绘制钢链围墙护栏立面图,具体操作步骤如下。

1. 绘制立柱、角钢

第1步 将"结构件"图层置为当前，单击"默认"选项卡"绘图"面板中的"多段线"按钮，命令行提示如下。

```
命令：_PLINE
指定起点：  //在绘图区域的空白位置处任意单击一点即可
当前线宽为 10.0000
指定下一个点或 [圆弧(A)/半宽(H)/长度(L)/放弃(U)/宽度(W)]：W
指定起点宽度 <10.0000>：2.5
指定端点宽度 <2.5000>：2.5
指定下一个点或 [圆弧(A)/半宽(H)/长度(L)/放弃(U)/宽度(W)]：@4100,0
指定下一点或 [圆弧(A)/闭合(C)/半宽(H)/长度(L)/放弃(U)/宽度(W)]：↙
```

结果如图 15-28 所示。

图 15-28 绘制多段线

第2步 单击"默认"选项卡"绘图"面板中的"矩形"按钮，命令行提示如下。

```
命令：_RECTANG
指定第一个角点或 [倒角(C)/标高(E)/圆角(F)/厚度(T)/宽度(W)]：FRO
基点：  //捕捉刚才绘制的多段线的左侧端点
<偏移>：@1000,0
指定另一个角点或 [面积(A)/尺寸(D)/旋转(R)]：@100,1200
```

结果如图 15-29 所示。

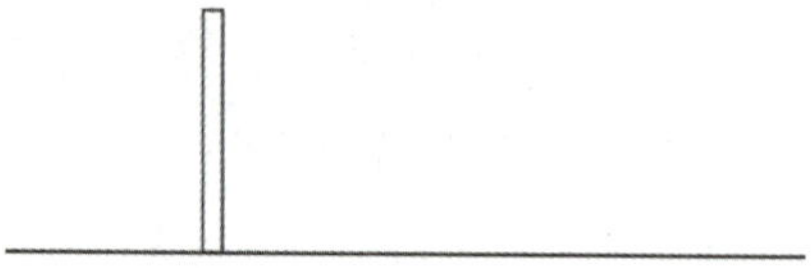

图 15-29 绘制矩形

第3步 单击"默认"选项卡"绘图"面板中的"直线"按钮，命令行提示如下。

```
命令：_LINE
指定第一个点：
指定下一点或 [放弃(U)]：@-55,0
指定下一点或 [退出(E)/放弃(U)]：@0,5
```

```
指定下一点或[关闭(C)/退出(X)/放弃(U)]：@50,0
指定下一点或[关闭(C)/退出(X)/放弃(U)]：@0,45
指定下一点或[关闭(C)/退出(X)/放弃(U)]：@5,0
指定下一点或[关闭(C)/退出(X)/放弃(U)]：C
```

结果如图 15-30 所示。

图 15-30 绘制直线

第4步 单击"默认"选项卡"修改"面板中的"复制"按钮，命令行提示如下。

```
命令：_COPY
选择对象：  //选择第3步绘制的图形
当前设置：  复制模式 = 多个
指定基点或 [位移(D)/模式(O)] <位移>：  //在绘图区域的空白位置处任意单击一点即可
指定第二个点或 [阵列(A)] <使用第一个点作为位移>：@0,400
指定第二个点或 [阵列(A)/退出(E)/放弃(U)] <退出>：↙
```

结果如图 15-31 所示。

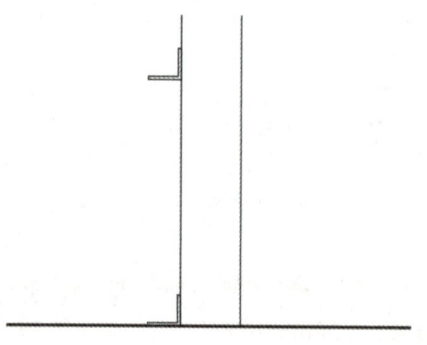

图 15-31 复制结果

第5步 单击"默认"选项卡"修改"面板中的"镜像"按钮，选择第4步中得到的图形作为需要镜像的对象，捕捉图 15-32 所示端点作

第 15 章
钢链围墙护栏施工图

为镜像线的第一个点。

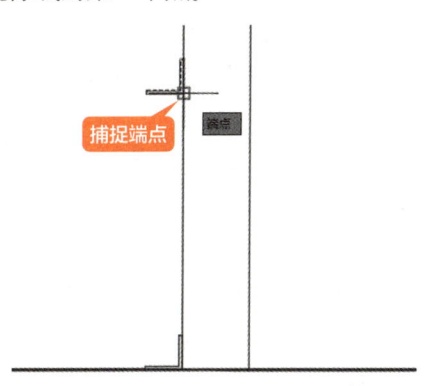

图 15-32 捕捉镜像线的第一点

第6步 在水平方向上单击指定镜像线的第二个点,并且保留源对象,结果如图 15-33 所示。

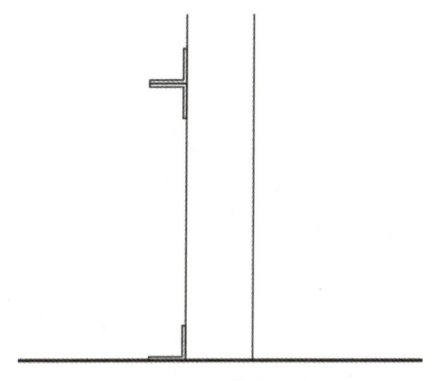

图 15-33 镜像结果

第7步 继续调用"镜像"命令,选择第 3～6 步中得到的图形作为需要镜像的对象,捕捉图 15-34 所示中点作为镜像线的第一个点。

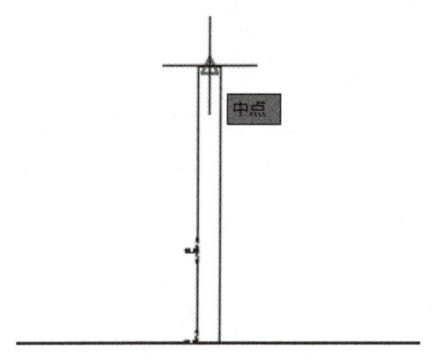

图 15-34 捕捉中点

第8步 在竖直方向上单击指定镜像线的第二个点,并且保留源对象,结果如图 15-35 所示。

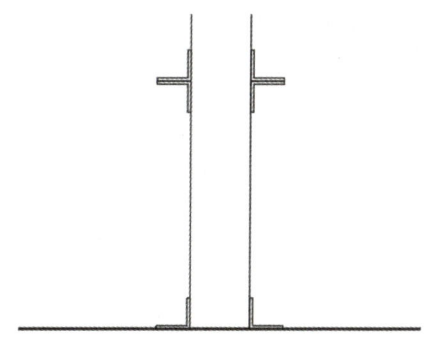

图 15-35 镜像结果

第9步 单击"默认"选项卡"修改"面板中的"复制"按钮,命令行提示如下。

```
命令: _COPY
选择对象:     //选择第2～8步得到的图形
当前设置: 复制模式 = 多个
指定基点或 [位移(D)/模式(O)] <位移>:     //在绘图区域的空白位置处任意单击一点即可
指定第二个点或 [阵列(A)] <使用第一个点作为位移>: @2000,0
指定第二个点或 [阵列(A)/退出(E)/放弃(U)] <退出>: ✓
```

结果如图 15-36 所示。

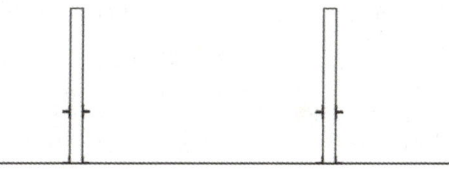

图 15-36 复制结果

2. 绘制索链

第1步 单击"默认"选项卡"绘图"面板中的"圆心,半径"按钮,在命令行输入"FRO"并按"Enter"键,捕捉图 15-37 所示中点作为基点。

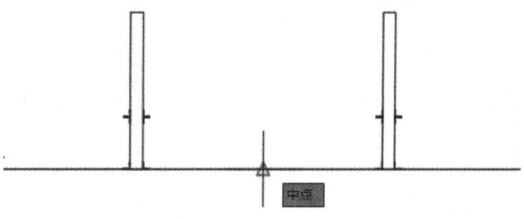

图 15-37 捕捉基点

第2步 命令行提示如下。

```
<偏移>: @-28,285
指定圆的半径或 [直径(D)]
<13.0000>: 13
```

结果如图 15-38 所示。

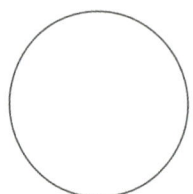

图 15-38 绘制的圆

第3步 继续调用"圆心、半径"绘制圆命令，绘制一个和第 2 步同心圆的圆形，半径指定为"10"，结果如图 15-39 所示。

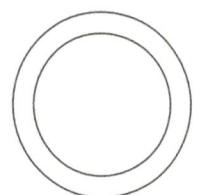

图 15-39 绘制同心圆

第4步 单击"默认"选项卡"修改"面板中的"复制"按钮，命令行提示如下。

```
命令: COPY
选择对象:        //选择第2~3步得到的两个
圆形
当前设置: 复制模式 = 多个
指定基点或 [位移(D)/模式(O)] <位移
>:    //在绘图区域的空白位置处任意单击
一点即可
指定第二个点或 [阵列(A)] <使用第一个
点作为位移>: @56,0
指定第二个点或 [阵列(A)/退出(E)/放
弃(U)] <退出>: ↵
```

结果如图 15-40 所示。

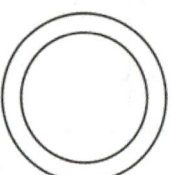 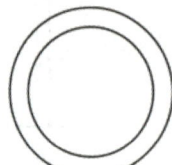

图 15-40 复制结果

第5步 单击"默认"选项卡"绘图"面板中的"直线"按钮，采用象限点连接象限点的方式绘制四条水平直线段，结果如图 15-41 所示。

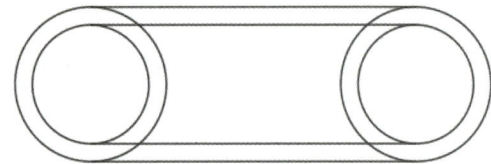

图 15-41 绘制直线

第6步 单击"默认"选项卡"修改"面板中的"修剪"按钮，将多余线条修剪掉，结果如图 15-42 所示。

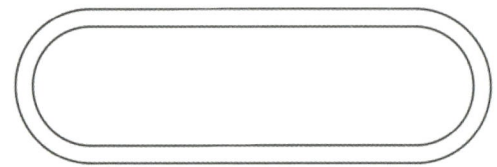

图 15-42 修剪结果

第7步 单击"默认"选项卡"修改"面板中的"环形阵列"按钮，选择第 6 步修剪得到的图形作为需要阵列的对象，按"Enter"键确认。

第8步 当命令行提示"指定阵列的中心点"时，输入"FRO"并按"Enter"键确认，然后捕捉图 15-43 所示圆心点作为基点。

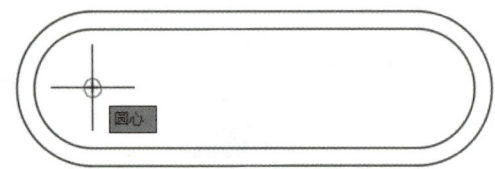

图 15-43 捕捉圆心

第9步 在命令行输入"@28,3937"，按"Enter"键确认，系统弹出"阵列创建"选项卡，进行如图 15-44 所示的参数设置。

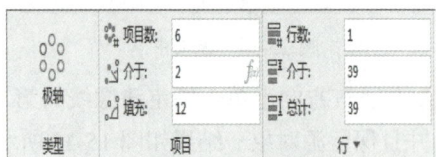

图 15-44 阵列设置

第10步 单击"关闭阵列"按钮 ✓，结果如图15-45所示。

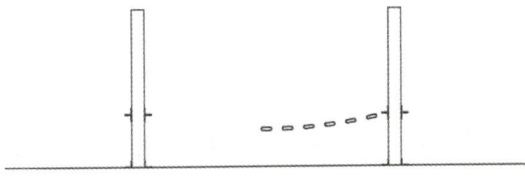

图15-45 阵列结果

3. 绘制钢环、扣销

第1步 单击"默认"选项卡"绘图"面板中的"圆心，半径"按钮，在命令行输入"FRO"并按"Enter"键，捕捉图15-46所示端点作为基点。

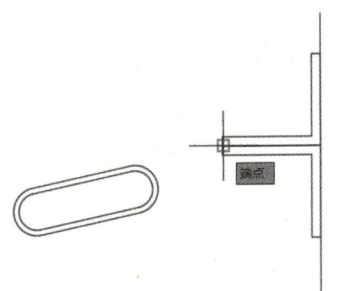

图15-46 捕捉端点

第2步 命令行提示如下。

```
<偏移>：@10,0
指定圆的半径或 [直径(D)]
<10.0000>: 20
```

结果如图15-47所示。

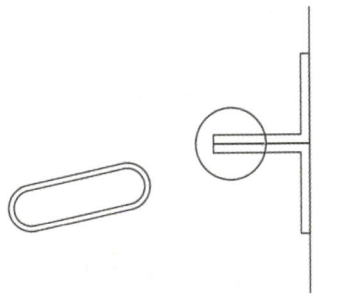

图15-47 绘制圆

第3步 继续调用"圆心、半径"绘制圆命令，绘制一个和第2步同心圆的圆形，半径指定为"17.5"，结果如图15-48所示。

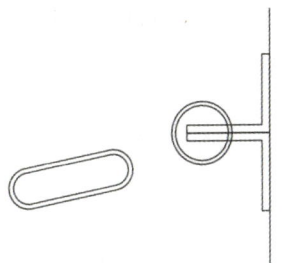

图15-48 绘制同心圆

第4步 单击"默认"选项卡"修改"面板中的"修剪"按钮，将多余线条修剪掉，结果如图15-49所示。

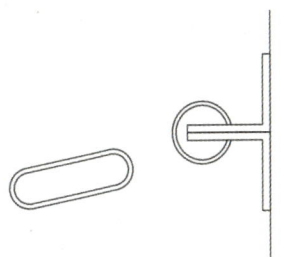

图15-49 修剪结果

第5步 单击"默认"选项卡"绘图"面板中的"直线"按钮，捕捉图15-50所示中点作为直线的起点。

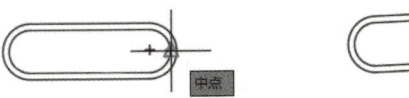

图15-50 捕捉中点

第6步 捕捉图15-51所示中点作为直线的下一个点。

图15-51 捕捉另一个中点

第7步 按"Enter"键结束直线命令，结果如图15-52所示。

图15-52 绘制直线

第8步 单击"默认"选项卡"修改"面板中的"偏移"按钮，偏移距离设置为"1.25"，将刚才绘制的直线段分别向两侧偏移，结果如图 15-53 所示。

图 15-53　偏移结果

第9步 将第 5～7 步绘制的直线段删除，选择"绘图"→"圆"→"两点"菜单命令，捕捉图 15-54 所示端点作为圆直径的第一个点。

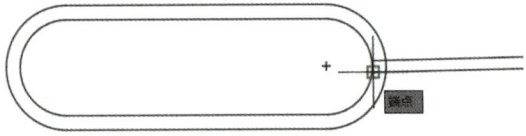

图 15-54　捕捉端点

第10步 捕捉图 15-55 所示端点作为圆直径的第二个点。

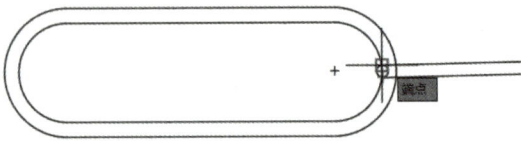

图 15-55　捕捉另一个端点

第11步 结果如图 15-56 所示。

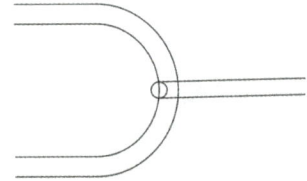

图 15-56　绘制圆

第12步 重复第 9～11 步的操作，在另一侧绘制一个同样的圆形，结果如图 15-57 所示。

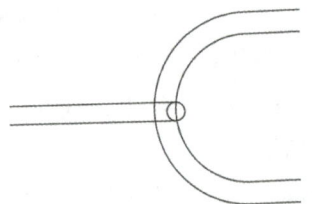

图 15-57　绘制另一侧的圆

第13步 单击"默认"选项卡"修改"面板中的"修剪"按钮 ，将多余线条修剪掉，结果如图 15-58 所示。

图 15-58　修剪图形

第14步 重复第 5～13 步的操作，对其他位置进行类似的扣销的绘制，结果如图 15-59 所示。

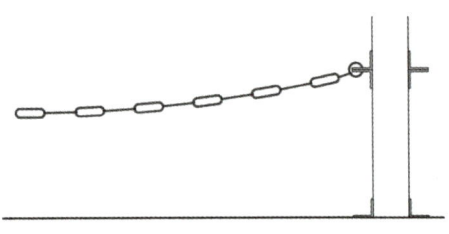

图 15-59　扣销绘制结果

4. 绘制其他位置的索链、扣销、钢环

第1步 单击"默认"选项卡"修改"面板中的"镜像"按钮 ，选择图 15-60 所示对象为镜像对象。

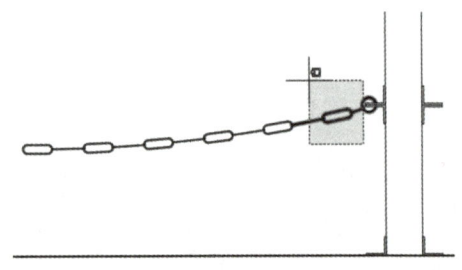

图 15-60　选择镜像对象

第2步 捕捉图 15-61 所示中点作为镜像线的第一个点。

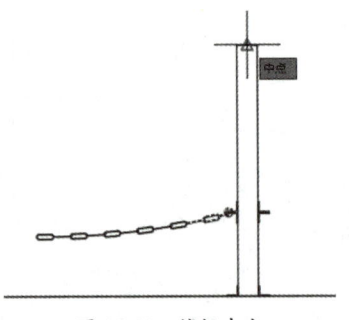

图 15-61　捕捉中点

第3步 在竖直方向上单击指定镜像线的第二个点，并且保留源对象，结果如图 15-62 所示。

第 15 章
钢链围墙护栏施工图

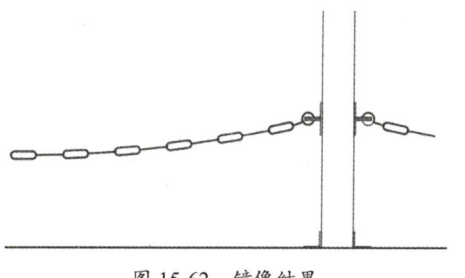

图 15-62 镜像结果

第 4 步 继续调用"镜像"命令,选择图 15-63 所示对象作为需要镜像的对象。

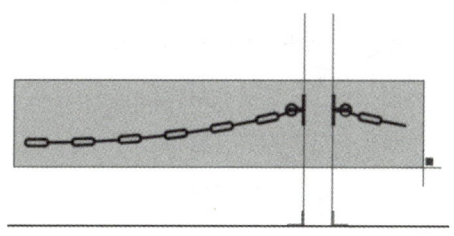

图 15-63 选择镜像对象

第 5 步 捕捉图 15-64 所示中点作为镜像线的第一个点。

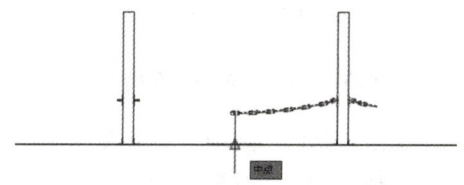

图 15-64 捕捉中点

第 6 步 在竖直方向上单击指定镜像线的第二个点,并且保留源对象,结果如图 15-65 所示。

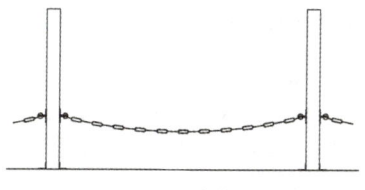

图 15-65 镜像结果

第 7 步 单击"默认"选项卡"修改"面板中的"复制"按钮,选择图 15-66 所示对象为复制对象。

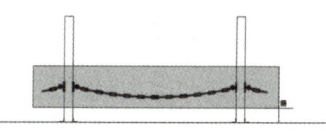

图 15-66 选择复制对象

第 8 步 命令行提示如下。

```
当前设置:   复制模式 = 多个
指定基点或 [位移(D)/模式(O)] <位移
>:   //在绘图区域的空白位置处任意单击
一点即可
指定第二个点或 [阵列(A)] <使用第一个
点作为位移>: @0,300
指定第二个点或 [阵列(A)/退出(E)/放
弃(U)] <退出>: @0,600
指定第二个点或 [阵列(A)/退出(E)/放
弃(U)] <退出>: ↙
```

结果如图 15-67 所示。

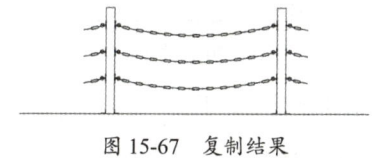

图 15-67 复制结果

15.2.3 绘制钢链围墙护栏剖面图

下面将综合利用直线、矩形、圆、修剪、复制、偏移、分解、延伸等命令绘制钢链围墙护栏剖面图,具体操作步骤如下。

1. 绘制底座

第 1 步 单击"默认"选项卡"绘图"面板中的"矩形"按钮,在命令行输入"FRO"并按"Enter"键,捕捉图 15-68 所示中点作为基点。

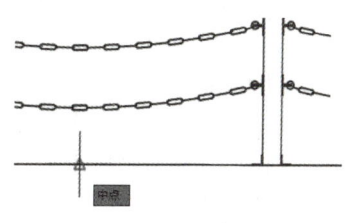

图 15-68 捕捉中点

· 305 ·

第2步 命令行提示如下。

<偏移>：@854,-120
指定另一个角点或 [面积(A)/尺寸(D)/
旋转(R)]：@296,-420

结果如图15-69所示。

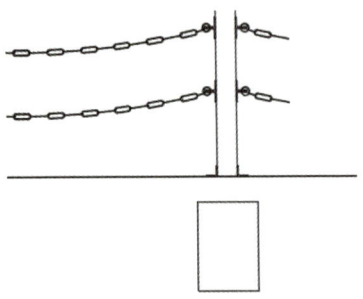

图15-69 绘制矩形

第3步 继续调用"矩形"命令，在命令行输入"FRO"并按"Enter"键，捕捉图15-70所示端点作为基点。

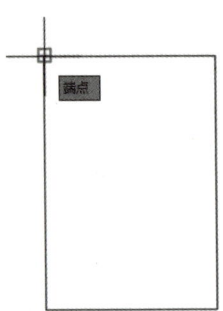

图15-70 捕捉端点

第4步 命令行提示如下。

<偏移>：@50,0
指定另一个角点或 [面积(A)/尺寸(D)/
旋转(R)]：@196,-6

结果如图15-71所示。

图15-71 绘制矩形

第5步 选择图15-72所示的部分图形，将其删除。

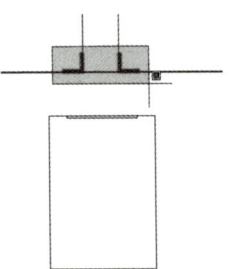

图15-72 选择删除对象

第6步 删除后结果如图15-73所示。

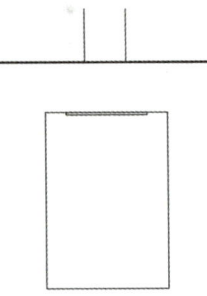

图15-73 删除后的结果

2. 绘制护栏与底座的连接

第1步 单击"默认"选项卡"修改"面板中的"偏移"按钮，偏移距离设置为"4"，将图15-74所示的矩形向内侧偏移。

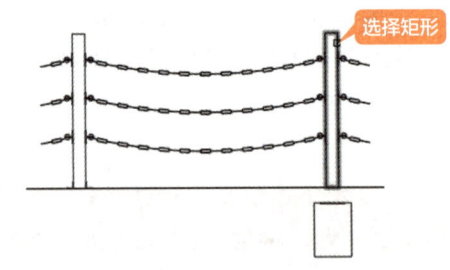

图15-74 选择偏移对象

第2步 偏移结果如图15-75所示。

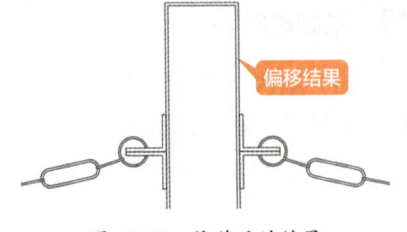

图15-75 偏移后的结果

第3步 单击"默认"选项卡"修改"面板中的"分解"按钮，将图15-76所示的两个矩形分解。

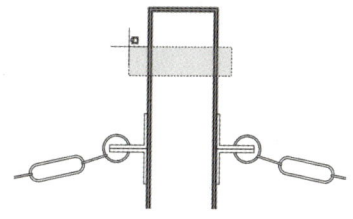

图15-76　选择分解对象

第4步 选择图15-77所示的两条线段，将其删除。

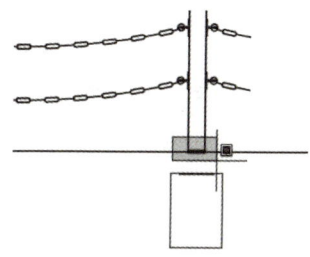

图15-77　选择删除对象

第5步 单击"默认"选项卡"修改"面板中的"延伸"按钮，将图15-78所示的直线延伸到与矩形相交。

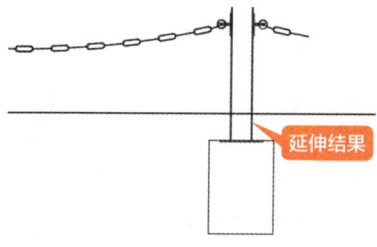

图15-78　延伸图形

第6步 按住"Shift"键，将多余线条修剪掉，结果如图15-79所示。

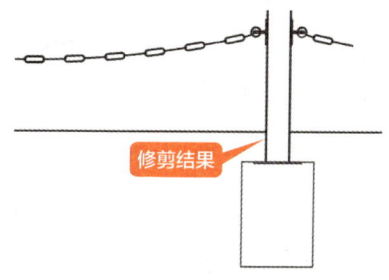

图15-79　修剪图形

> **提示**
>
> 在"延伸"或"修剪"命令中，按住"Shift"键，可以实现这两个命令间的相互转换。

3. 绘制底座连接

第1步 将"连接件"图层置为当前，单击"默认"选项卡"绘图"面板中的"多段线"按钮，在命令行输入"FRO"并按"Enter"键，捕捉图15-80所示端点作为基点。

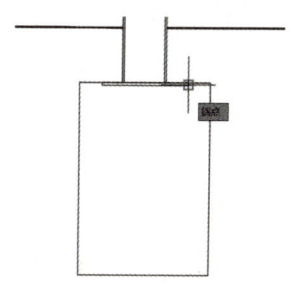

图15-80　选择端点

第2步 命令行提示如下。

```
<偏移>: @-13,0
当前线宽为 2.5000
指定下一个点或 [圆弧(A)/半宽(H)/长
度(L)/放弃(U)/宽度(W)]: W
指定起点宽度 <2.5000>: 0
指定端点宽度 <0.0000>: 0
指定下一个点或 [圆弧(A)/半宽(H)/长
度(L)/放弃(U)/宽度(W)]: @0,-289
指定下一点或 [圆弧(A)/闭合(C)/半宽
(H)/长度(L)/放弃(U)/宽度(W)]:
@-36,-13
指定下一点或 [圆弧(A)/闭合(C)/半宽
(H)/长度(L)/放弃(U)/宽度(W)]: ✓
```

结果如图15-81所示。

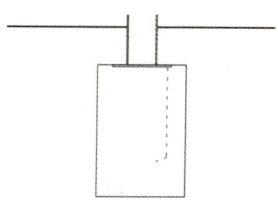

图15-81　绘制多段线

第3步 单击"默认"选项卡"修改"面板中的"偏移"按钮，偏移距离设置为"10"，将刚才绘制的多段线对象向左侧偏移，结果如图 15-82 所示。

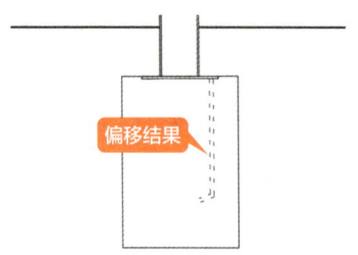

图 15-82　偏移多段线

第 4 步　单击"默认"选项卡"绘图"面板中的"直线"按钮，通过连接端点的方式绘制一条直线段，结果如图 15-83 所示。

图 15-83　绘制直线

第 5 步　单击"默认"选项卡"修改"面板中的"镜像"按钮，选择图 15-84 所示图形为镜像对象。

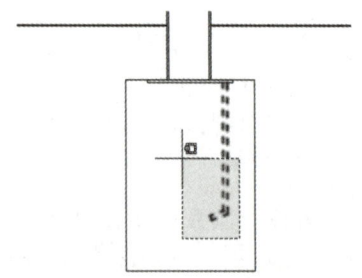

图 15-84　选择镜像对象

第 6 步　捕捉图 15-85 所示中点，作为镜像线的第一个点。

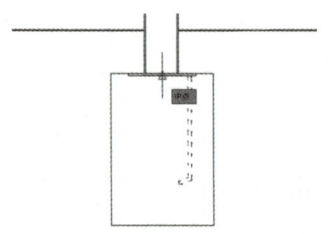

图 15-85　捕捉中点

第 7 步　在竖直方向上单击指定镜像线的第二个点，并且保留源对象，结果如图 15-86 所示。

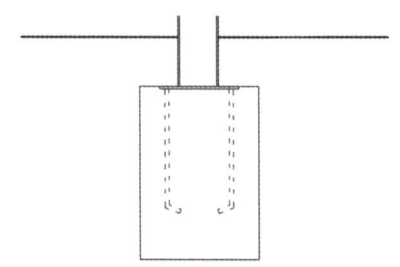

图 15-86　镜像结果

4. 绘制护栏连接

第 1 步　单击"默认"选项卡"绘图"面板中的"圆心，半径"按钮，在命令行输入"FRO"并按"Enter"键，捕捉图 15-87 所示端点作为基点。

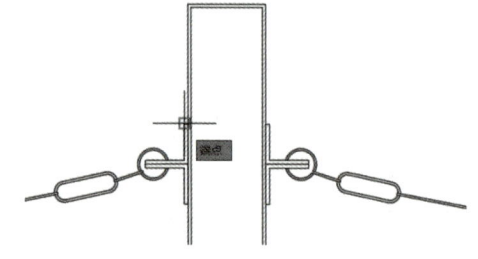

图 15-87　捕捉端点

第 2 步　命令行提示如下。

```
<偏移>：@0,-22.5
指定圆的半径或 [直径(D)] <1.2500>：
9
```

结果如图 15-88 所示。

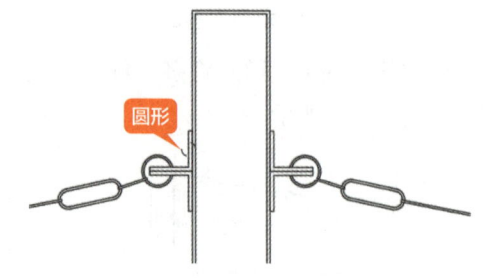

图 15-88　绘制圆

第 3 步　单击"默认"选项卡"修改"面板中的"修剪"按钮，将多余部分线条修剪掉，结果如图 15-89 所示。

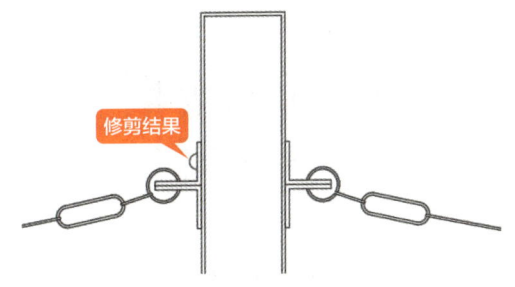

图 15-89 修剪结果

第4步 单击"默认"选项卡"绘图"面板中的"直线"按钮，在命令行输入"FRO"并按"Enter"键，捕捉图 15-90 所示圆心点作为基点。

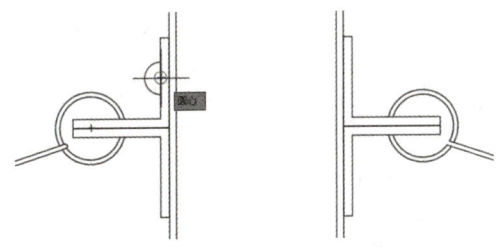

图 15-90 捕捉圆心

第5步 命令行提示如下。

```
基点：<偏移>：@0,4.8
指定下一点或 [放弃(U)]：@127.5,0
指定下一点或[退出(E)/放弃(U)]：
@0,-9.6
指定下一点或[关闭(C)/退出(X)/放弃
(U)]：@-127.5,0
指定下一点或[关闭(C)/退出(X)/放弃
(U)]：↙
```

结果如图 15-91 所示。

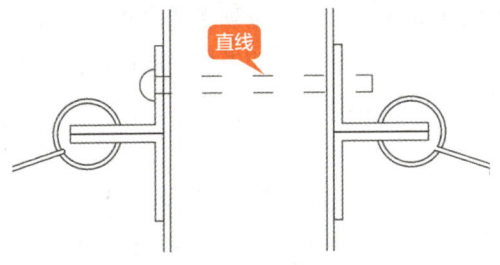

图 15-91 绘制直线

第6步 继续调用"直线"命令，在命令行输入"FRO"并按"Enter"键，捕捉图 15-92 所示中点作为基点。

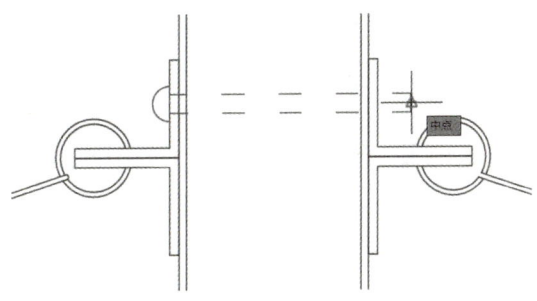

图 15-92 捕捉中点

第7步 命令行提示如下。

```
基点：<偏移>：@-17.5,12.5
指定下一点或 [放弃(U)]：@9,0
指定下一点或[退出(E)/放弃(U)]：
@0,-25
指定下一点或[关闭(C)/退出(X)/放弃
(U)]：@-9,0
指定下一点或[关闭(C)/退出(X)/放弃
(U)]：↙
```

结果如图 15-93 所示。

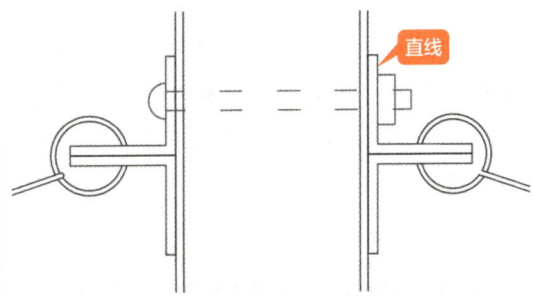

图 15-93 绘制直线

第8步 单击"默认"选项卡"修改"面板中的"镜像"按钮，选择图 15-94 所示的图形作为需要镜像的对象。

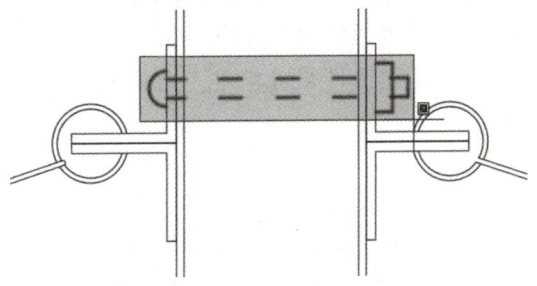

图 15-94 选择镜像对象

第9步 捕捉图 15-95 所示端点作为镜像线的第一个点。

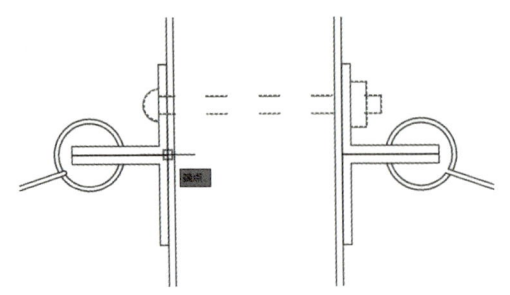

图 15-95 捕捉端点

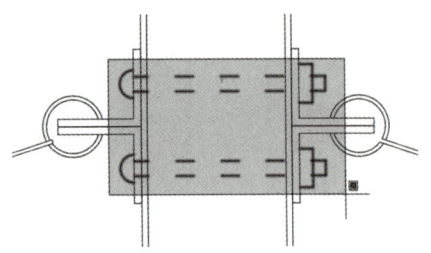

图 15-97 选择复制对象

第 10 步 在水平方向上单击指定镜像线的第二个点,并且保留源对象,结果如图 15-96 所示。

第 12 步 命令行提示如下。

当前设置： 复制模式 = 多个
指定基点或 [位移(D)/模式(O)] <位移>：
指定第二个点或 [阵列(A)] <使用第一个点作为位移>：@0,-300
指定第二个点或 [阵列(A)/退出(E)/放弃(U)] <退出>：@0,-600
指定第二个点或 [阵列(A)/退出(E)/放弃(U)] <退出>：✓

结果如图 15-98 所示。

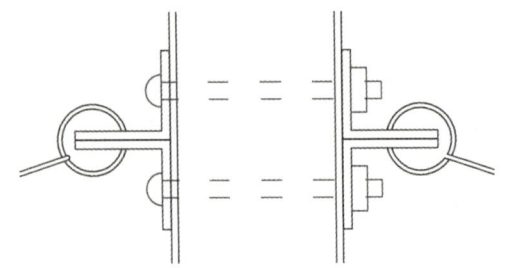

图 15-96 镜像结果

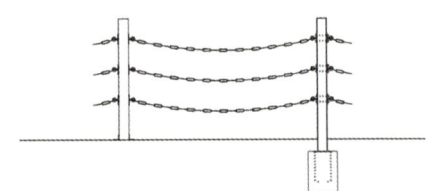

图 15-98 复制结果

第 11 步 单击"默认"选项卡"修改"面板中的"复制"按钮 ，选择图 15-97 所示图形为复制对象。

15.2.4 为钢链围墙护栏立面/剖面图添加注释

下面将综合利用线性标注、多重引线标注等命令为钢链围墙护栏立面/剖面图添加注释,具体操作步骤如下。

第 1 步 将"标注"图层置为当前,单击"默认"选项卡"注释"面板中的"线性"按钮 ,添加线性尺寸标注,结果如图 15-99 所示。

第 2 步 单击"默认"选项卡"注释"面板中的"引线"按钮 ,添加多重引线标注,结果如图 15-100 所示。

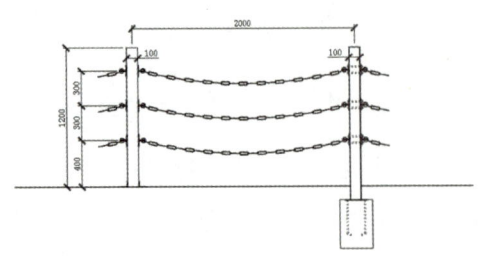

图 15-99 线性标注

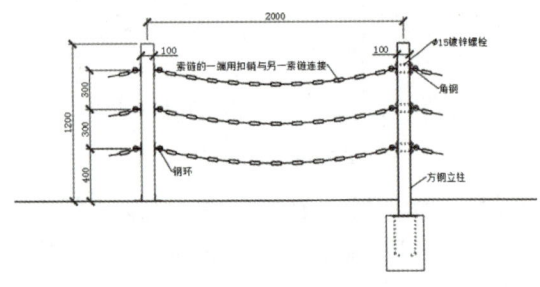

图 15-100 添加多重引线

第 15 章
钢链围墙护栏施工图

第 3 步 单击"默认"选项卡"绘图"面板中的"圆心，半径"按钮，在适当的位置处绘制四个大小适当的圆形，结果如图 15-101 所示。

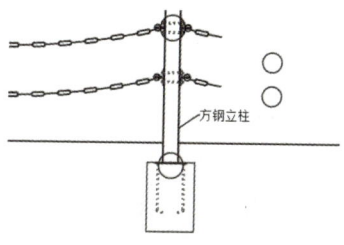

图 15-101 绘制圆

第 4 步 单击"默认"选项卡"绘图"面板中的"直线"按钮，在适当的位置处绘制相应的直线段，结果如图 15-102 所示。

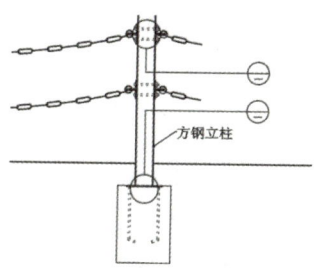

图 15-102 绘制直线

第 5 步 单击"默认"选项卡"注释"面板中的"单行文字"按钮A，文字高度设置为"45"，

角度设置为"0"，在适当的位置处输入相应的文字内容，结果如图 15-103 所示。

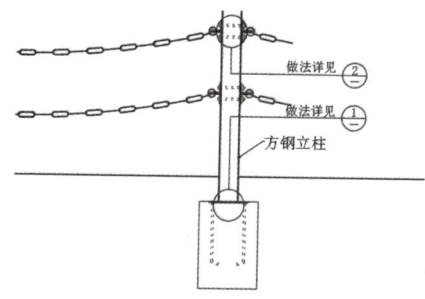

图 15-103 添加文字注释

第 6 步 继续调用"单行文字"命令，文字高度设置为"70"，角度设置为"0"，在适当的位置处输入相应的文字内容，结果如图 15-104 所示。

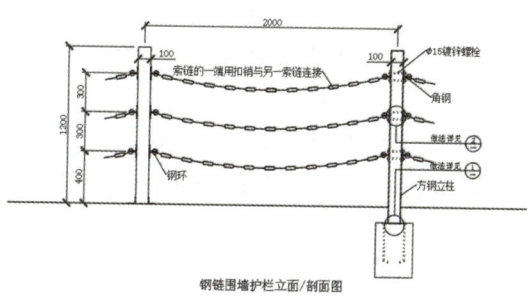

图 15-104 添加文字注释

15.2.5 绘制详图 1

下面将综合利用直线、复制、修剪、缩放、填充、线性标注、多重引线标注等命令为钢链围墙护栏绘制详图 1，具体操作步骤如下。

第 1 步 单击"默认"选项卡"修改"面板中的"复制"按钮，对图 15-105 所示部分图形进行复制。

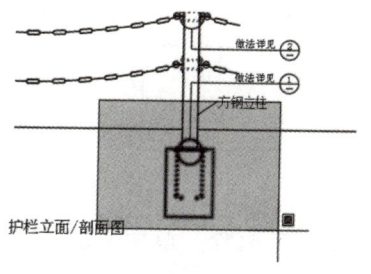

图 15-105 选择复制对象

第 2 步 复制结果如图 15-106 所示。

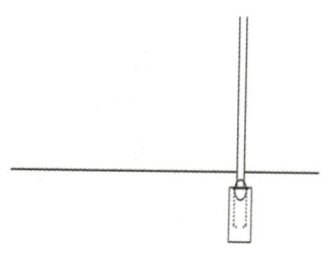

图 15-106 复制结果

第 3 步 利用夹点编辑的方式对线段的长度进行适当调整，结果如图 15-107 所示。

· 311 ·

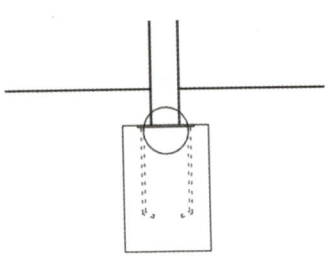

图 15-107　调整线段长度

第4步 单击"默认"选项卡"修改"面板中的"复制"按钮 ⅍，对图 15-108 所示部分图形进行复制。

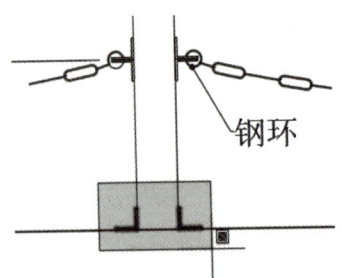

图 15-108　选择复制对象

第5步 捕捉图 15-109 所示端点作为复制的基点。

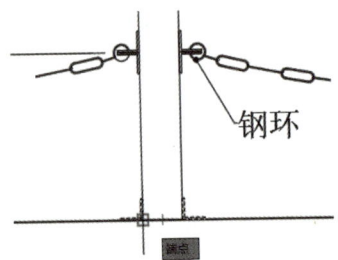

图 15-109　捕捉端点

第6步 捕捉图 15-110 所示端点作为复制的第二个点。

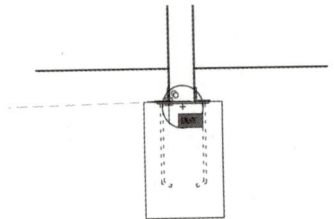

图 15-110　捕捉端点

第7步 结果如图 15-111 所示。

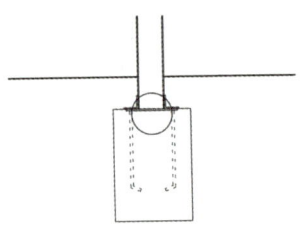

图 15-111　复制结果

第8步 将"结构件"图层置为当前，单击"默认"选项卡"绘图"面板中的"直线"按钮 ╱，在命令行输入"FRO"并按"Enter"键，捕捉图 15-112 所示端点作为基点。

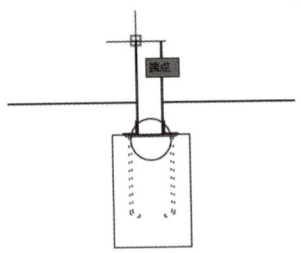

图 15-112　捕捉端点

第9步 命令行提示如下。

```
基点：<偏移>：@-220,0
指定下一点或 [放弃(U)]：@240,0
指定下一点或[退出(E)/放弃(U)]：@12.4,38
指定下一点或[关闭(C)/退出(X)/放弃(U)]：@27.7,-75.5
指定下一点或[关闭(C)/退出(X)/放弃(U)]：@12.4,38
指定下一点或[关闭(C)/退出(X)/放弃(U)]：@240,0
指定下一点或[关闭(C)/退出(X)/放弃(U)]：↙
```

结果如图 15-113 所示。

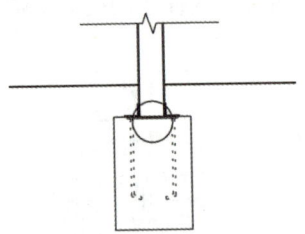

图 15-113　绘制直线

第10步 将圆形删除，单击"默认"选项卡"绘图"面板中的"图案填充"按钮 ▨，图案

第 15 章
钢链围墙护栏施工图

选择"ANSI31",比例设置为"1",角度设置为"0",填充结果如图15-114所示。

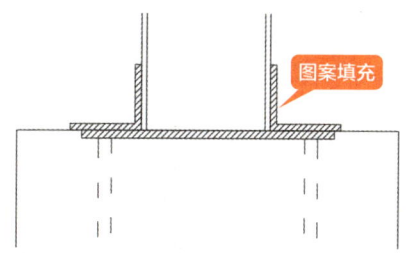

图 15-114 图案填充

第11步 将"基层"图层置为当前,单击"默认"选项卡"绘图"面板中的"矩形"按钮□,绘制两个矩形,如图15-115所示。

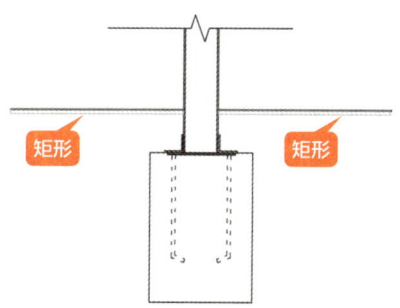

图 15-115 绘制矩形

第12步 单击"默认"选项卡"绘图"面板中的"图案填充"按钮▨,在刚绘制的矩形内部进行填充,图案选择"AR-PARQ1",比例设置为"0.1",角度设置为"45",填充结果如图15-116所示。

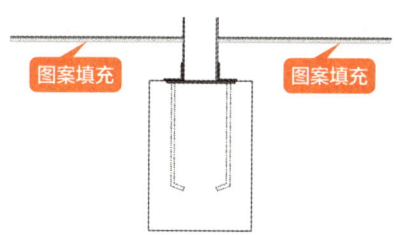

图 15-116 图案填充

第13步 将"垫层"图层置为当前,重复"图案填充"命令,对底座内部进行填充,图案选择"AR-CONC",比例设置为"0.1",角度设置为"0",填充结果如图15-117所示。

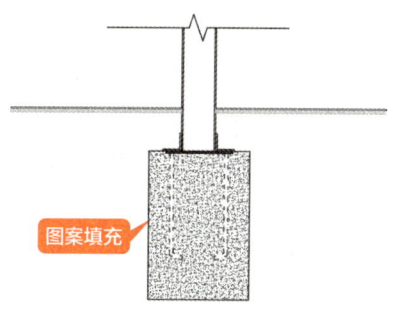

图 15-117 图案填充

第14步 单击"默认"选项卡"修改"面板中的"缩放"按钮□,缩放的比例因子设置为"5",对图15-118所示图形进行缩放。

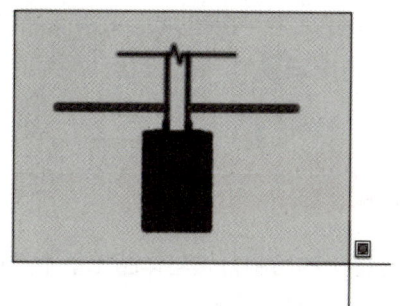

图 15-118 放大详图

第15步 将"标注"图层置为当前,并将"详图标注"置为当前,然后单击"默认"选项卡"注释"面板中的"线性"按钮┤,标注结果如图15-119所示。

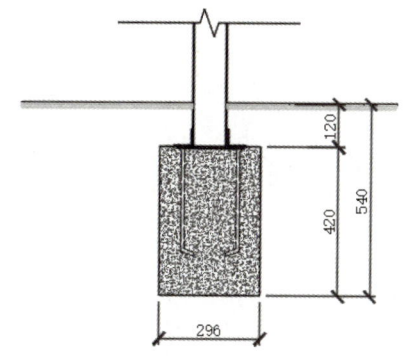

图 15-119 标注详图

第16步 单击"默认"选项卡"注释"面板中的"引线"按钮✎,进行多重引线标注,对文字大小进行相应设置,标注结果如图15-120所示。

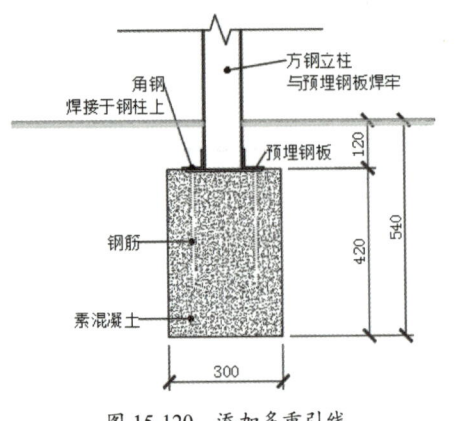

图 15-120 添加多重引线

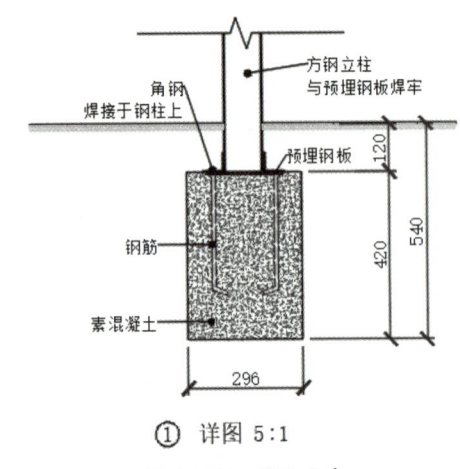

图 15-121 添加文字

第17步 单击"默认"选项卡"注释"面板中的"单行文字"按钮 A,文字高度设置为"200",角度设置为"0",进行文字对象的创建,结果如图 15-121 所示。

15.2.6 绘制详图 2

详图 2 的绘制方法与详图 1 基本类似,可以参考详图 1 的绘制方法进行绘制。绘制完成后结果如图 15-122 所示。

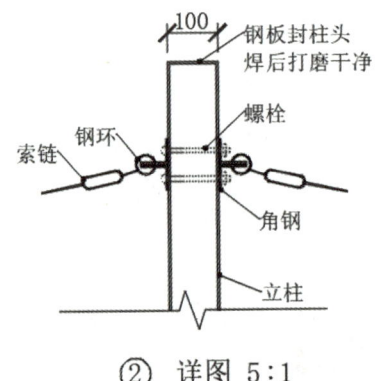

图 15-122 详图 2

第 16 章

四通管绘制

重点导读

四通管是一种管件，主要应用于管道汇集的地方，用于连接管道并传输相应介质。本章将对四通管的绘制进行介绍。

效果图展示

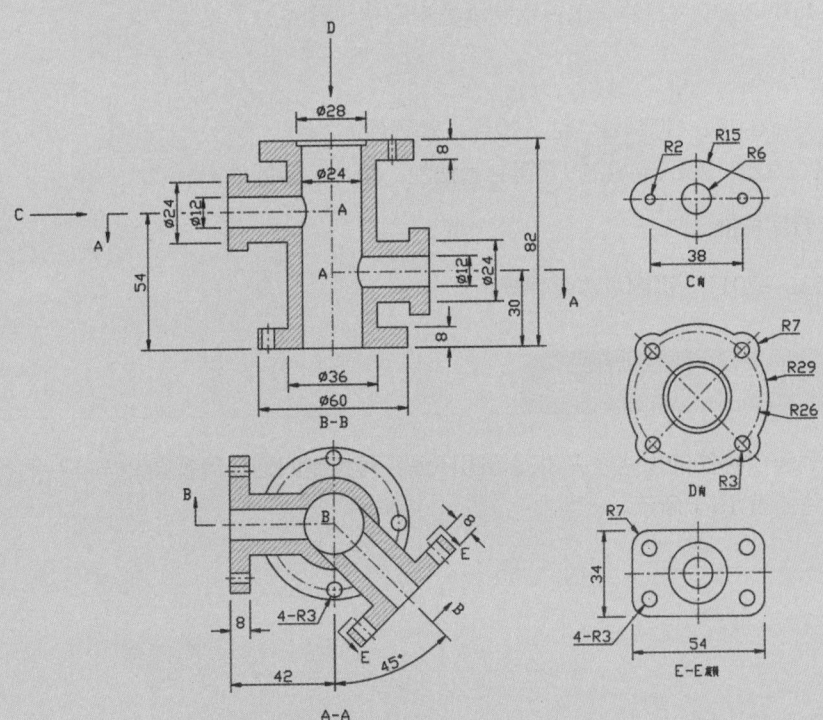

16.1 四通管设计简介

四通管规格很多,但作用基本相同。下面将分别对其设计标准、绘制思路、注意事项进行介绍。

16.1.1 四通管的设计标准

四通管是管件中的一种,其设计标准可以参考管件。以下是管件的常见标准。

1. 国家标准

GB/T 12459—2017《钢制对焊管件 类型与参数》
GB/T 13401—2017《钢制对焊管件 技术规范》
GB/T 14383—2021《锻制承插焊和螺纹管件》
GB/T 9124.1—2019《钢制管法兰 第 1 部分:PN 系列》
GB/T 29168.4—2024《石油天然气工业 管道输送系统用弯管、管件和法兰 第 4 部分:冷弯管》

2. 中石化标准

SH/T 3406—2022《石油化工钢制管法兰技术规范》
SH/T 3408—2022《石油化工钢制对焊管件技术规范》
SH/T 3410—2012《石油化工锻钢制承插焊和螺纹管件》

3. 化工标准

HGJ44～76—91《钢制管法兰、垫片、紧固件》
HG/T 20592～20635—2009《钢制管法兰、垫片、紧固件》

4. 中石油标准

SY/T 0510—2017《钢制对焊管件规范》

16.1.2 四通管的绘制思路

绘制四通管零件图的思路是先设置绘图环境,再绘制四通管剖视图及局部视图并添加注释。具体绘制思路如表 16-1 所示。

第 16 章 四通管绘制

表 16-1 四通管的绘制思路

序号	绘图方法	结果	备注
1	设置绘图环境，如图层、文字样式、标注样式、多重引线样式、草图设置等	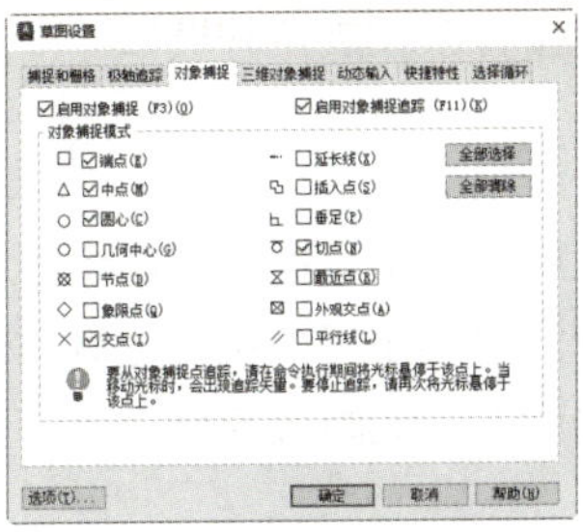	
2	利用直线、圆、修剪、旋转、偏移、延伸、镜像、移动、阵列、图案填充等命令绘制四通管A-A剖视图	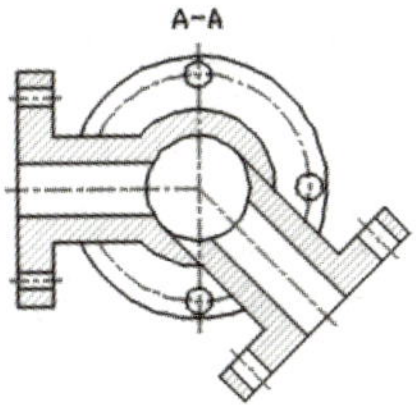	注意"FRO"的应用
3	利用直线、构造线、圆弧、修剪、偏移、镜像、移动、图案填充等命令绘制四通管B-B剖视图	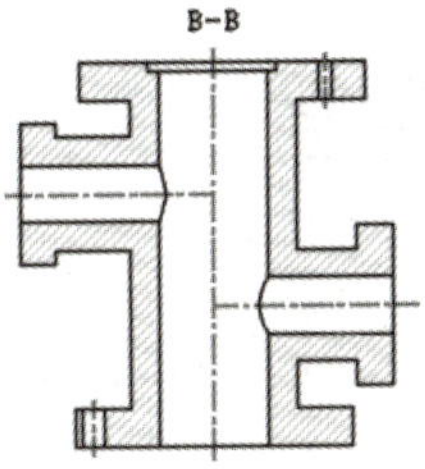	注意"FRO"的应用
4	利用直线、矩形、圆、修剪等命令绘制四通管局部视图	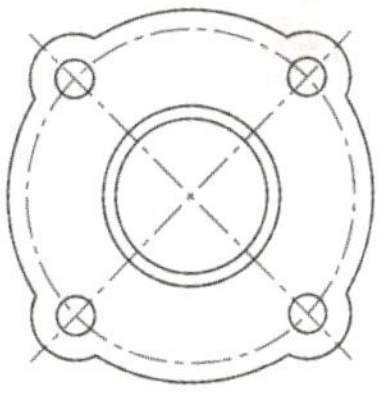	注意"FRO"的应用

16.1.3 四通管设计的注意事项

四通管通常会应用于管路中，管路的合理设计和四通管息息相关，下面将对管路设计中的常见注意事项进行介绍。

1. 非软管

（1）根据系统技术参数对管的材质、壁厚、通径等进行选择。

（2）对各类接头零部件进行适当的选择。

（3）管的铺设需要美观、互不干涉，假如靠近设备，应尽量沿设备进行布置，与设备构成一体。

（4）管的两端需要配置相应接头类零部件，避免采用直接的管–管焊接连接，以便于拆卸

· 317 ·

清理焊渣、疏通和清洗等操作。

（5）管转弯处尽量避免急弯，小直径管可以直接弯管制成，大直径管选用长半径弯头。

（6）管变径处需要配置过渡类接头部件。

（7）管与接头的焊接处应按规定开坡口。

2. 软管

（1）软管一般会应用于设备有振动或两个接口有相对运动的场合。

（2）尽量避免软管的过度扭转，以免造成损伤。

（3）尽量减少弯曲应力，同时应安装管夹、支架等辅件进行导向和保护。

3. 管夹

（1）管路需用管夹固定，管夹间距应符合相关规定或标准要求。

（2）管接头附近应有管夹。

（3）管夹不宜布置在弯管半径内，应布置在弯管两端处。

（4）固定管夹应具有足够的刚度，以免产生振动损坏管件。

16.2 绘制四通管

四通管主要使用剖视图和局部视图来进行表达，下面将对四通管的绘制进行介绍。

16.2.1 设置绘图环境

在绘制图形之前，首先要设置绘图环境，如图层、文字样式、标注样式、多重引线样式、草图设置等。

1. 设置图层

新建一个 DWG 文件，单击"默认"选项卡"图层"面板中的"图层特性"按钮，在弹出的"图层特性管理器"对话框中创建如图 16-1 所示的图层。

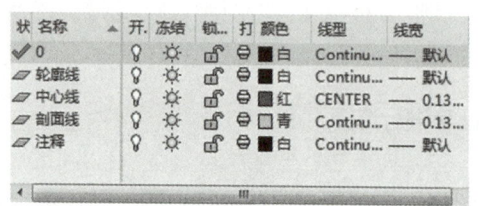

图 16-1　创建图层

2. 设置文字样式

第1步　在命令行输入"ST"并按"Enter"键，弹出"文字样式"对话框，新建一个名称为"机械样式"的文字样式，如图 16-2 所示。

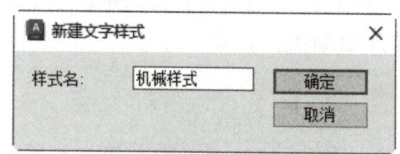

图 16-2　创建文字样式

第2步　将"机械样式"的字体设置为"txt.shx"，勾选"使用大字体"选项，大字体选择"gbcbig.shx"，单击"应用"按钮，并将其

"置为当前",如图16-3所示。

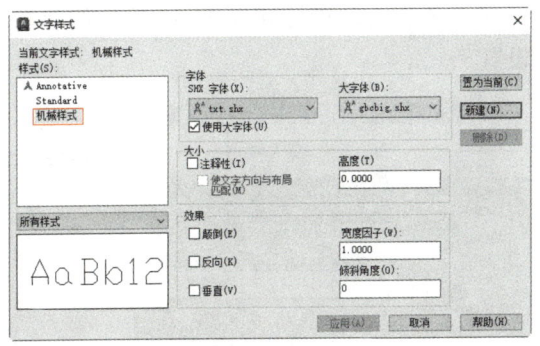

图16-3 将新建文字样式"置为当前"

3. 设置标注样式

第1步 在命令行输入"D"并按"Enter"键,弹出"标注样式管理器"对话框,新建一个名称为"机械标注样式"的标注样式,如图16-4所示。

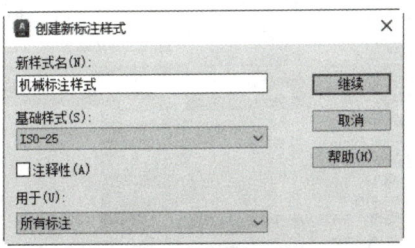

图16-4 创建标注样式

第2步 单击"继续"按钮,弹出"新建标注样式:机械标注样式"对话框,选择"线"选项卡,进行如图16-5所示的参数设置。

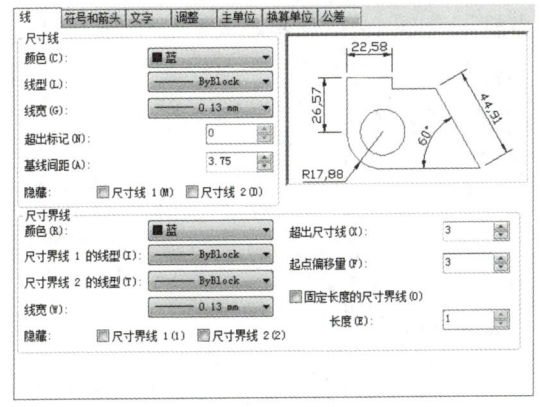

图16-5 设置尺寸线

第3步 选择"符号和箭头"选项卡,进行如图16-6所示的参数设置。

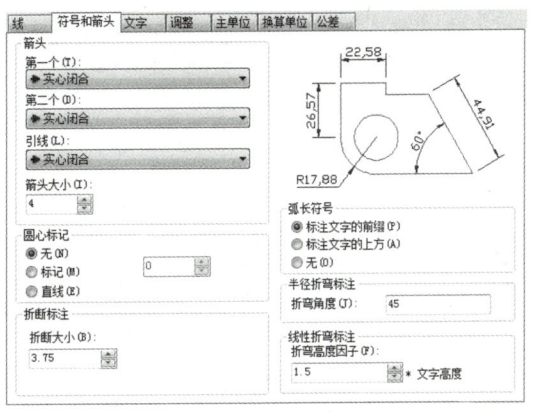

图16-6 设置符号和箭头

第4步 选择"文字"选项卡,进行如图16-7所示的参数设置。

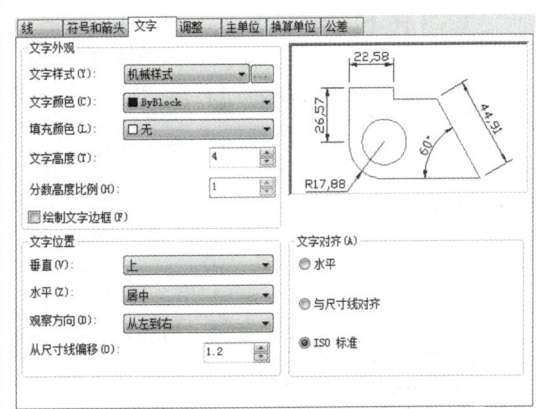

图16-7 设置标注文字样式

第5步 选择"调整"选项卡,进行如图16-8所示的参数设置。

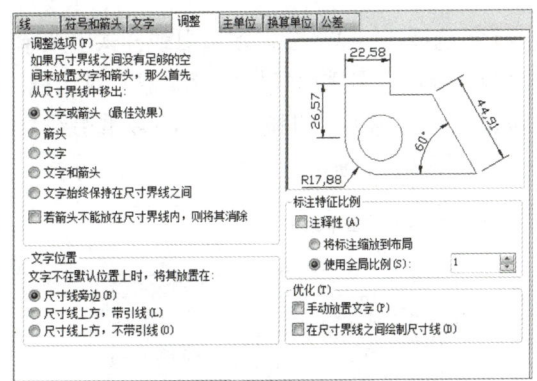

图16-8 优化尺寸线

第6步 选择"主单位"选项卡,进行如图16-9

所示的参数设置。

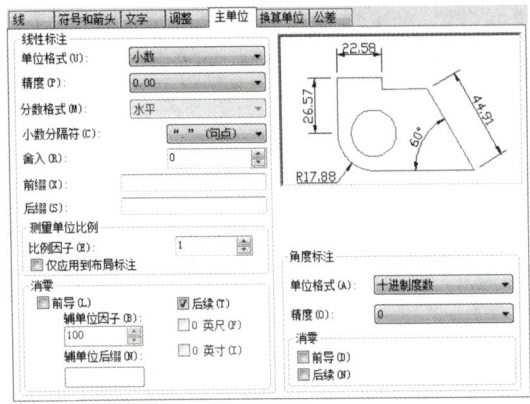

图 16-9 修改标注精度

第7步 单击"确定"按钮,返回"标注样式管理器"对话框,将"机械标注样式""置为当前",如图 16-10 所示。

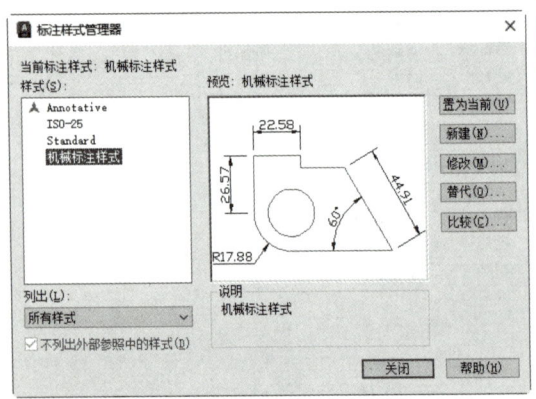

图 16-10 将新建的标注样式"置为当前"

4. 设置多重引线样式

第1步 选择"格式"→"多重引线样式"菜单命令,弹出"多重引线样式管理器"对话框,新建一个名称为"机械样式"的多重引线样式,如图 16-11 所示。

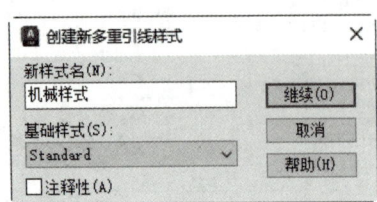

图 16-11 创建多重引线样式

第2步 单击"继续"按钮,弹出"修改多重引线样式:机械样式"对话框,选择"引线格式"选项卡,进行如图 16-12 所示的参数设置。

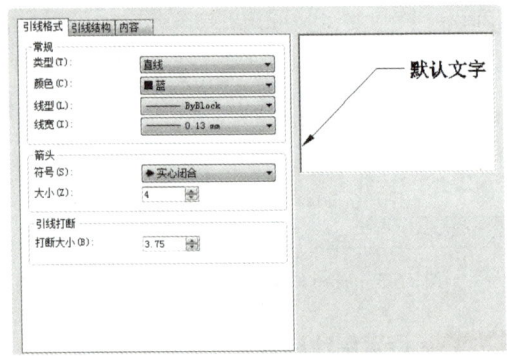

图 16-12 设置引线格式

第3步 选择"内容"选项卡,进行如图 16-13 所示的参数设置。

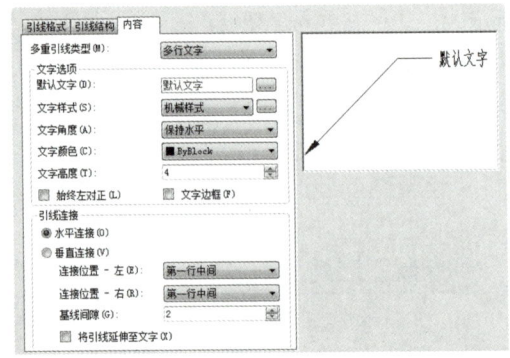

图 16-13 设置多重引线内容样式

第4步 单击"确定"按钮,返回"多重引线样式管理器"对话框,选择"机械样式""置为当前",如图 16-14 所示。

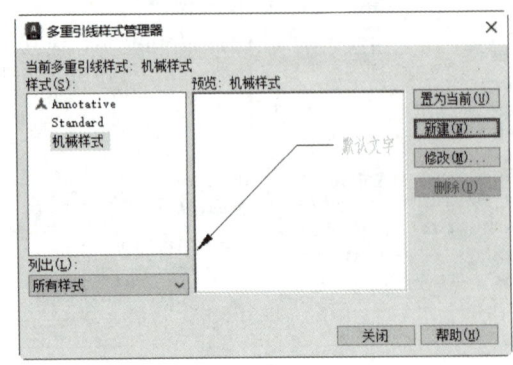

图 16-14 将新建的多重引线样式"置为当前"

第 16 章 四通管绘制

5. 草图设置

在命令行输入"SE"并按"Enter"键确认,在弹出的"草图设置"对话框上选择"对象捕捉"选项卡,进行相关参数设置,如图 16-15 所示。

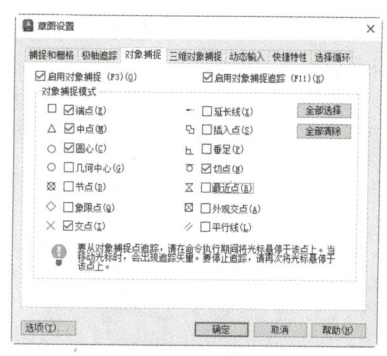

图 16-15 草图设置

16.2.2 绘制剖视图 A-A

下面将综合利用直线、圆、修剪、旋转、偏移、延伸、镜像、移动、阵列、图案填充等命令绘制四通管剖视图 A-A,具体操作步骤如下。

1. 绘制四通管底面

第1步 将"中心线"图层置为当前,单击"默认"选项卡"绘图"面板中的"直线"按钮 ,在绘图区域中任意位置处绘制一条长度为"66"的竖直直线段,如图 16-16 所示。

图 16-16 绘制竖直中心线

第2步 重复直线命令,以竖直线的中点为起点,绘制一条长"45"的水平直线段,如图 16-17 所示。

图 16-17 绘制水平中心线

> **提示**
> 可以在特性选项板中适当调整中心线的线型比例。

第3步 将"轮廓线"图层置为当前,单击"默认"选项卡"绘图"面板中的"圆心,半径"按钮 ,以两条中心线的交点为圆心,分别绘制半径为"12""18""26""30"的同心圆,结果如图 16-18 所示。

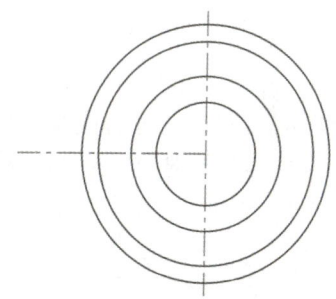

图 16-18 绘制同心圆

第4步 将半径为"26"的圆形移动到"中心线"图层,结果如图 16-19 所示。

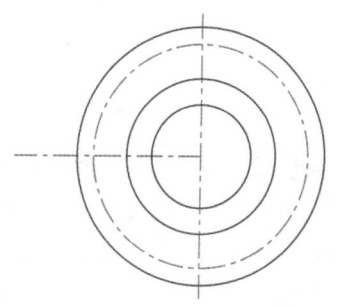

图 16-19 更改图层

· 321 ·

第5步 重复"圆心、半径"绘制圆命令,捕捉图16-20所示交点作为圆心。

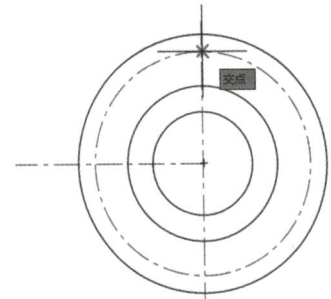

图16-20 指定圆心

第6步 指定圆的半径为"3",结果如图16-21所示。

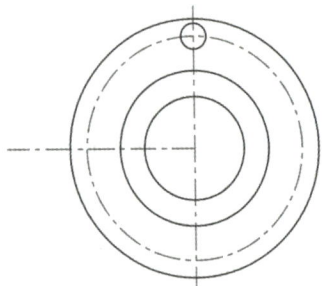

图16-21 绘制圆

第7步 单击"默认"选项卡"修改"面板中的"环形阵列"按钮,选择刚绘制的半径为"3"的圆作为阵列的对象,按"Enter"键确认,捕捉图16-22所示交点作为阵列中心点。

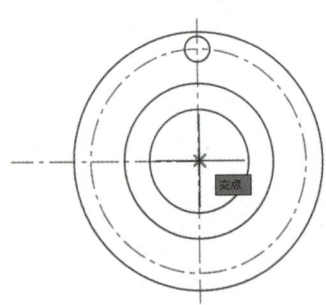

图16-22 指定中心点

第8步 在系统弹出的"阵列创建"选项卡中进行如图16-23所示的参数设置。

第9步 单击"关闭阵列"按钮,结果如图16-24所示。

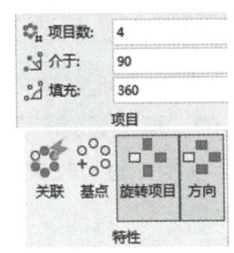

图16-23 阵列设置

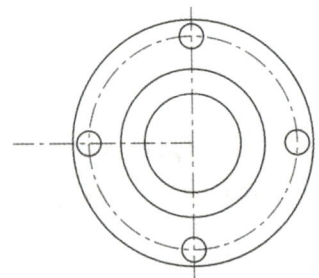

图16-24 阵列结果

第10步 选择左侧的小圆将其删除,结果如图16-25所示。

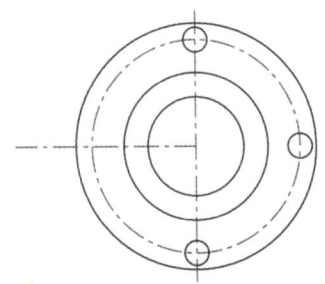

图16-25 删除对象

2. 绘制四通管侧面1

第1步 单击"默认"选项卡"修改"面板中的"偏移"按钮,将水平中心线分别向两侧偏移"6""12""27",并将偏移得到的直线段移动到"轮廓线"图层,结果如图16-26所示。

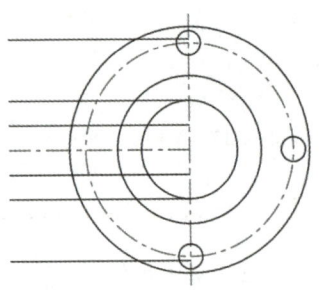

图16-26 上下偏移

第 16 章 四通管绘制

第2步 重复"偏移"命令,将竖直中心线向左侧分别偏移"34""42",并将偏移得到的直线段移动到"轮廓线"图层,结果如图 16-27 所示。

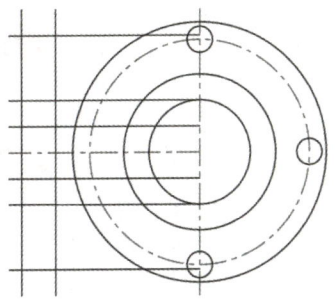

图 16-27 左侧偏移

第3步 单击"默认"选项卡"修改"面板中的"修剪"按钮 ,对第 1～2 步偏移得到的图形进行修剪操作,图 16-28 虚线部分为保留的部分,图 16-29 为修剪后的结果。

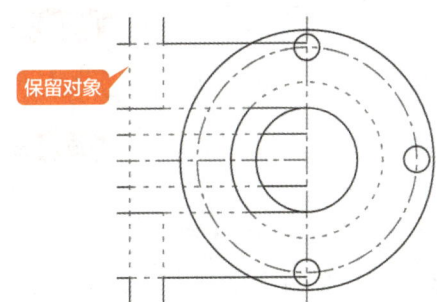

图 16-28 虚线为保留部分

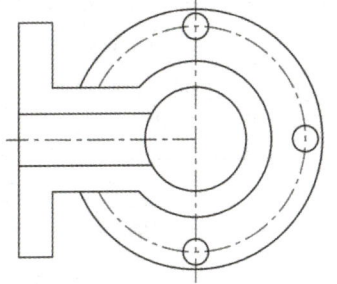

图 16-29 修剪结果

第4步 单击"默认"选项卡"修改"面板中的"偏移"按钮 ,选择图 16-30 所示直线为偏移对象。

第5步 将其分别向下偏移"4""8""46""50",结果如图 16-31 所示。

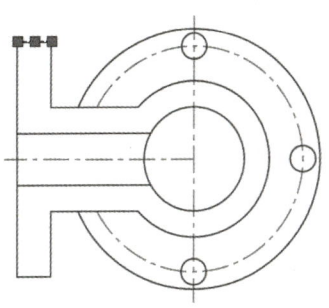

图 16-30 选择偏移对象

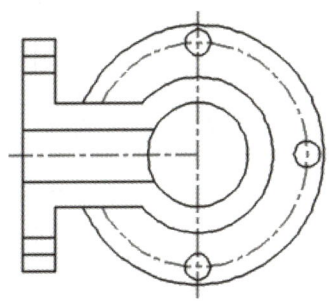

图 16-31 偏移结果

第6步 单击"注释"选项卡"中心线"面板"中心线"按钮 ,选择偏移后相邻的两条直线,将生成的中心线移动到"中心线"图层。通过"特性"选项板对线型比例进行调整,结果如图 16-32 所示。

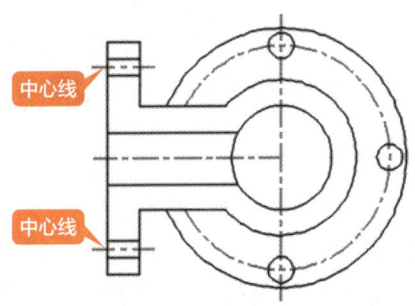

图 16-32 生成中心线

3. 绘制四通管侧面 2

第1步 单击"默认"选项卡"修改"面板中的"镜像"按钮 ,选择如图 16-33 所示的部分图形作为镜像对象,按"Enter"键确认。

第2步 在竖直中心线上任意指定两点,以确定镜像线,并且保留源对象,结果如图 16-34 所示。

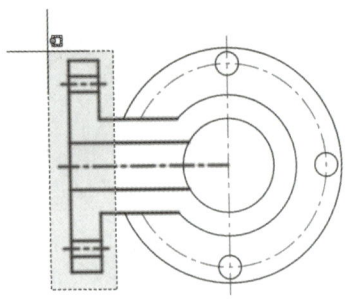

图 16-33　选择镜像对象

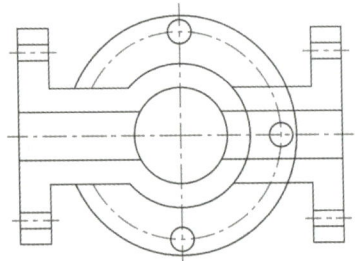

图 16-34　镜像结果

第 3 步　单击"默认"选项卡"修改"面板中的"移动"按钮✥，选择图 16-35 所示的两条直线段为移动对象，按"Enter"键确认。

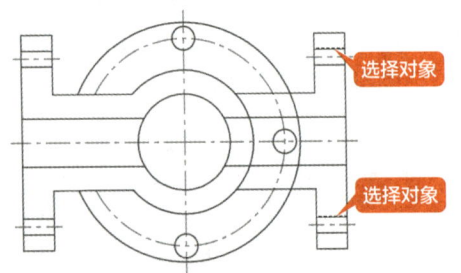

图 16-35　选择移动对象

第 4 步　在绘图区域中任意单击一点作为移动的基点，然后在命令行输入"@0，1"作为移动的第二个点，按"Enter"键确认，结果如图 16-36 所示。

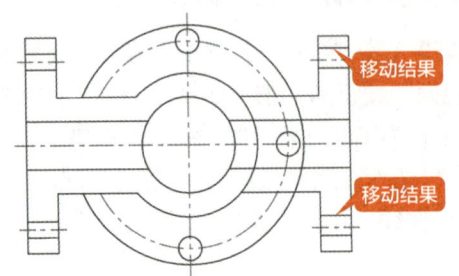

图 16-36　移动结果

第 5 步　重复移动命令，选择图 16-37 所示的两条直线段作为需要移动的对象，按"Enter"键确认。

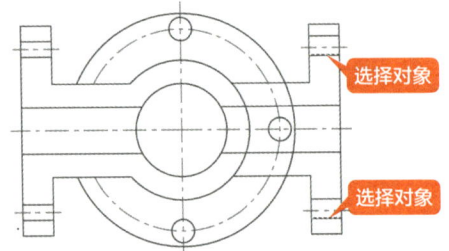

图 16-37　选择移动对象

第 6 步　在绘图区域中任意单击一点作为移动的基点，然后在命令行输入"@0，-1"作为移动的第二个点，按"Enter"键确认，结果如图 16-38 所示。

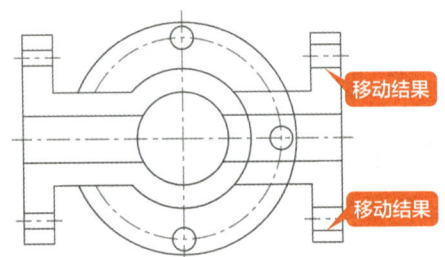

图 16-38　移动结果

第 7 步　单击"默认"选项卡"修改"面板中的"旋转"按钮↻，选择图 16-39 所示的部分图形作为旋转对象，并捕捉交点作为旋转基点。

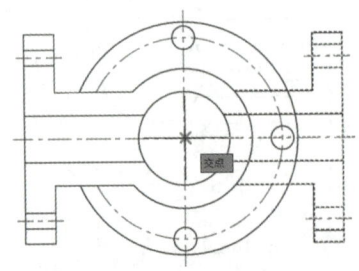

图 16-39　选择旋转对象

第 8 步　旋转角度设置为"-45"，结果如图 16-40 所示。

第 9 步　单击"默认"选项卡"修改"面板中的"修剪"按钮✂，对部分图形对象进行修剪操作，结果如图16-41所示。

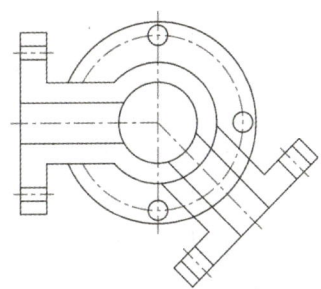

图16-40　旋转结果

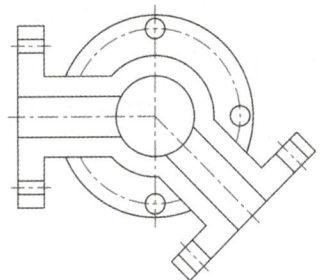

图16-41　修剪结果

第10步 不退出"修剪"命令，按住"Shift"键，将两条直线延伸到与中心圆相交，结果如图16-42所示。

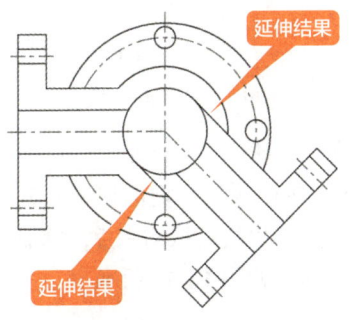

图16-42　延伸结果

第11步 将"剖面线"图层置为当前，单击"默认"选项卡"绘图"面板中的"图案填充"按钮▨，填充图案选择"ANSI31"，填充比例设置为"0.5"，填充角度设置为"0"，选择填充区域后单击"关闭图案填充"按钮✓，结果如图16-43所示。

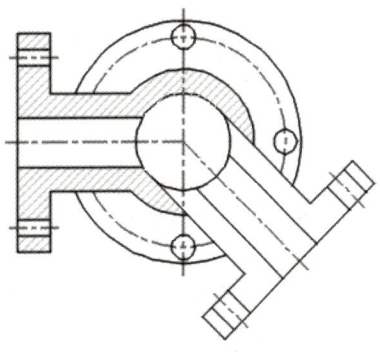

图16-43　图案填充

第12步 重复填充命令，将填充角度设置为"135"，其他设置与第11步相同，结果如图16-44所示。

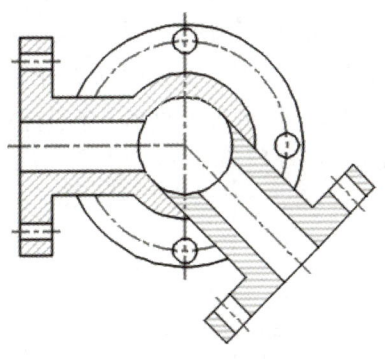

图16-44　图案填充

16.2.3　绘制剖视图 B-B

下面将综合利用直线、构造线、圆弧、修剪、偏移、镜像、移动、图案填充等命令绘制四通管剖视图 B-B，具体操作步骤如下。

1. 绘制主体剖视图

第1步 将"中心线"图层置为当前，单击"默认"选项卡"绘图"面板中的"直线"按钮╱，绘制一条长度为88的竖直线，该直线与剖视图 A-A 中的竖直中心线对齐，如图16-45所示。

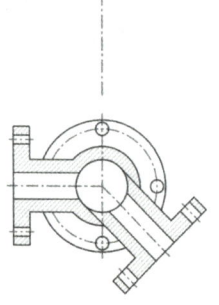

图 16-45 绘制竖直线

第 2 步 重复直线命令，命令行提示如下。

```
命令：_LINE
指定第一个点：FRO
基点：       //捕捉第1步绘制的中心线的下侧
             端点
<偏移>：@0,57
指定下一点或 [放弃(U)]：@-45,0
指定下一点或[退出(E)/放弃(U)]：✓
```

结果如图 16-46 所示。

第 3 步 将"轮廓线"图层置为当前，单击"默认"选项卡"绘图"面板中的"构造线"按钮，参考剖视图 A-A 绘制三条竖直构造线，结果如图 16-47 所示。

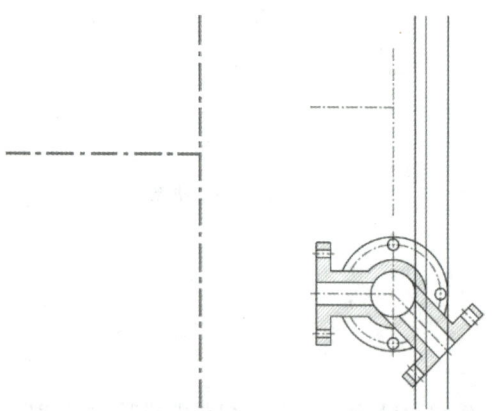

图 16-46 绘制水平直线　　图 16-47 绘制构造线

第 4 步 单击"默认"选项卡"修改"面板中的"镜像"按钮，对刚绘制的三条构造线进行镜像操作，镜像线为剖视图 B-B 的竖直中心线，并且保留源对象，结果如图 16-48 所示。

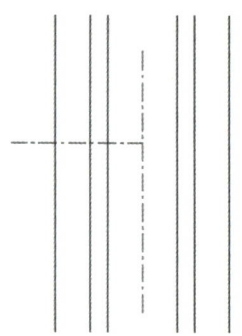

图 16-48 镜像构造线

第 5 步 单击"默认"选项卡"修改"面板中的"偏移"按钮，将剖视图 B-B 的竖直中心线向左侧偏移"29"，向右侧偏移"33"，将偏移得到的两条直线段放置到"轮廓线"图层上，结果如图 16-49 所示。

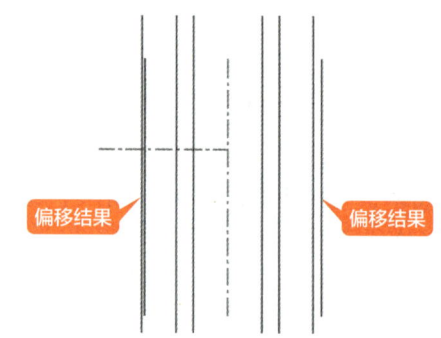

图 16-49 偏移直线

第 6 步 单击"默认"选项卡"绘图"面板中的"构造线"按钮，捕捉剖视图 B-B 的两条中心线的交点作为构造线的中点，绘制一条水平构造线，结果如图 16-50 所示。

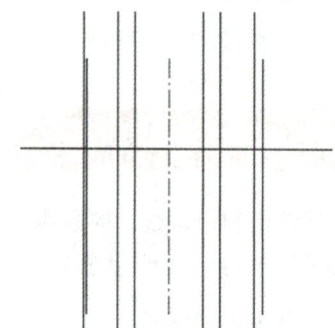

图 16-50 绘制构造线

第 7 步 单击"默认"选项卡"修改"面板中的"偏移"按钮，将刚绘制的水平构造线

第 16 章 四通管绘制

向下侧分别偏移"46""54",向上侧分别偏移"20""28",结果如图 16-51 所示。

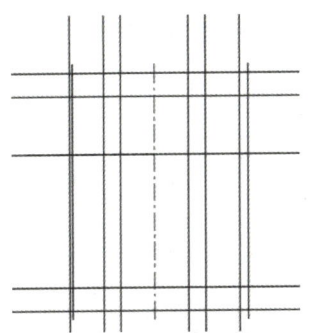

图 16-51 偏移构造线

第 8 步 单击"默认"选项卡"修改"面板中的"修剪"按钮,对第 3～7 步绘制的图形进行修剪操作,图 16-52 虚线显示为保留部分,修剪后结果如图 16-53 所示。

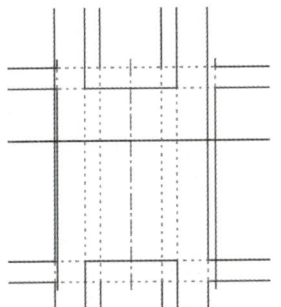

图 16-52 虚线为保留部分

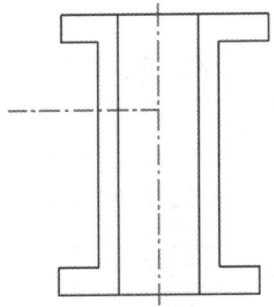

图 16-53 修剪结果

第 9 步 单击"默认"选项卡"修改"面板中的"偏移"按钮,将竖直中心线分别向两侧各偏移"14",并且将偏移得到的直线段移动到"轮廓线"图层,然后将第 8 步中所示的水平直线段向下偏移"2",结果如图 16-54 所示。

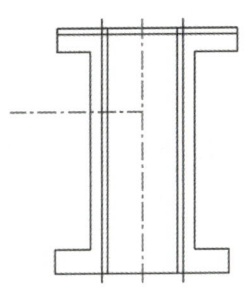

图 16-54 偏移直线

第 10 步 单击"默认"选项卡"修改"面板中的"修剪"按钮,对第 9 步绘制的图形进行修剪操作,结果如图 16-55 所示。

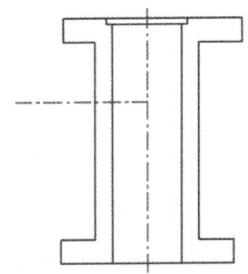

图 16-55 修剪结果

2. 绘制左侧部分剖视图

第 1 步 单击"默认"选项卡"修改"面板中的"偏移"按钮,将水平中心线分别向两侧各偏移"6""12""15",然后将竖直中心线向左侧分别偏移"34""42",并且将偏移得到的直线段移动到"轮廓线"图层,结果如图 16-56 所示。

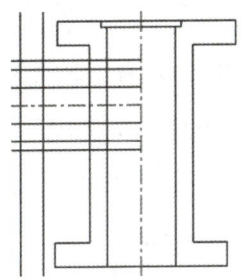

图 16-56 偏移中心线

第 2 步 单击"默认"选项卡"修改"面板中的"修剪"按钮,对第 1 步绘制的图形进行修剪操作,图 15-57 虚线显示为保留部分,结果如图 15-58 所示。

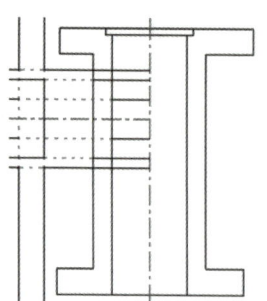

图 16-57　虚线为保留部分

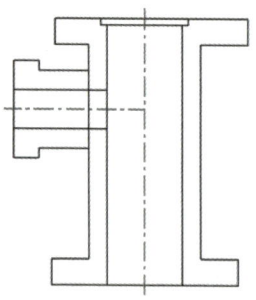

图 16-58　修剪结果

第3步　单击"默认"选项卡"绘图"面板中的"圆弧"下拉按钮，选择"起点、端点、半径"按钮，捕捉图 16-59 所示端点作为圆弧的起点。

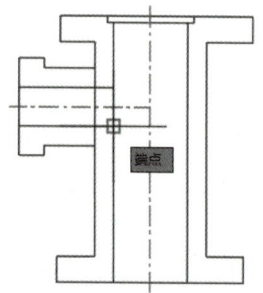

图 16-59　指定圆弧起点

第4步　捕捉图 16-60 所示端点作为圆弧的端点。

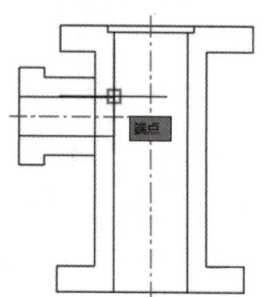

图 16-60　指定圆弧端点

第5步　圆弧半径设定为"11.5"，结果如图 16-61 所示。

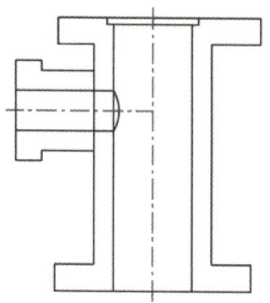

图 16-61　绘制的圆弧

第6步　单击"默认"选项卡"修改"面板中的"修剪"按钮，对图形进行修剪操作，结果如图 16-62 所示。

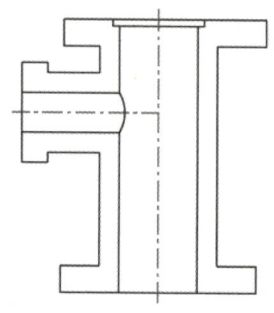

图 16-62　修剪图形

3. 绘制右侧部分剖视图

第1步　单击"默认"选项卡"修改"面板中的"镜像"按钮，选择图 16-63 所示的部分图形作为镜像对象，按"Enter"键确认。

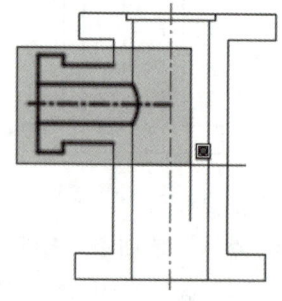

图 16-63　选择镜像对象

第2步　在竖直中心线上面任意指定两点以确定镜像线，并且保留源对象，结果如图 16-64 所示。

第 16 章
四通管绘制

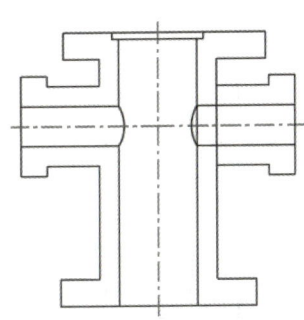

图 16-64 镜像结果

第3步 单击"默认"选项卡"修改"面板中的"移动"按钮✥，选择镜像得到的图形为移动对象，按"Enter"键确认，然后任意单击一点作为移动基点，在命令行提示下输入"@0,-24"，作为位移第二点，结果如图 16-65 所示。

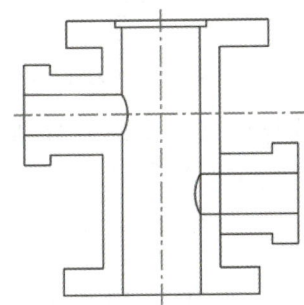

图 16-65 移动结果

第4步 单击"默认"选项卡"修改"面板中的"拉伸"按钮，选择图 16-66 所示的图形为拉伸对象，按"Enter"键确认选择。

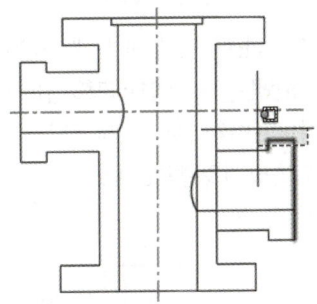

图 16-66 选择拉伸对象

第5步 任意单击一点作为拉伸基点，在命令行提示下输入"@0, 2"以指定拉伸第二点，结果如图 16-67 所示。

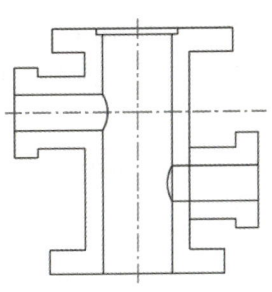

图 16-67 拉伸结果

第6步 重复拉伸命令，选择图 16-68 所示图形为拉伸对象。

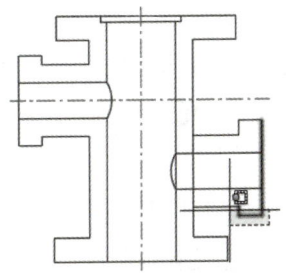

图 16-68 选择拉伸对象

第7步 任意单击一点作为拉伸基点，在命令行提示下输入"@0, -2"，作为拉伸的第二点，结果如图 16-69 所示。

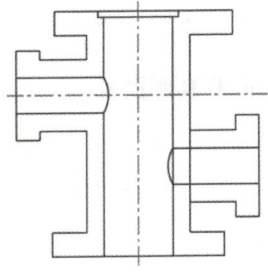

图 16-69 拉伸结果

第8步 重复拉伸命令，选择图 16-70 所示图形为拉伸对象。

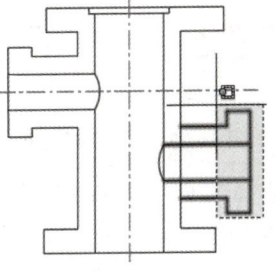

图 16-70 选择拉伸对象

第9步 任意单击一点作为拉伸基点，在命令行提示下输入"@-3，0"，作为拉伸的第二点，结果如图16-71所示。

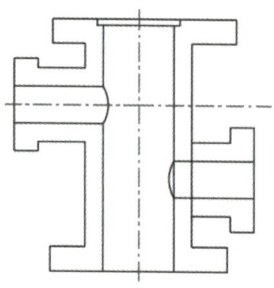

图 16-71 拉伸结果

第10步 单击"默认"选项卡"修改"面板中的"修剪"按钮，对图形进行修剪操作，结果如图16-72所示。

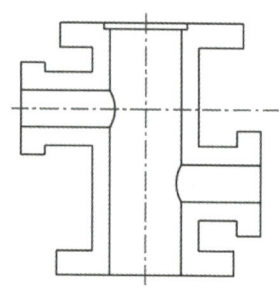

图 16-72 修剪图形

4. 完善 B-B 剖视图

第1步 单击"默认"选项卡"修改"面板中的"偏移"按钮，选择图16-73所示的直线作为偏移对象。

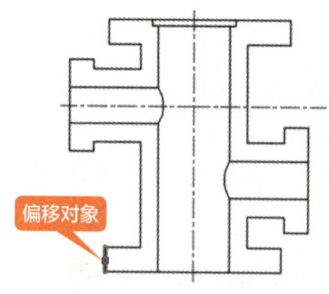

图 16-73 选择偏移对象

第2步 将选择的直线向右侧分别偏移"1.5""6.5"，结果如图16-74所示。

第3步 重复偏移命令，选择如图16-75所示的直线作为偏移对象。

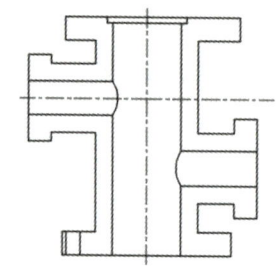

图 16-74 偏移结果

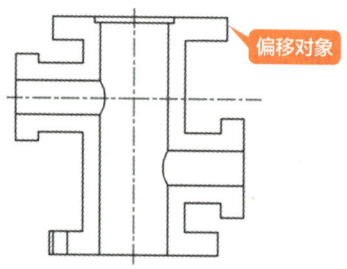

图 16-75 选择偏移对象

第4步 将选择的直线向左侧分别偏移"7""10"，结果如图16-76所示。

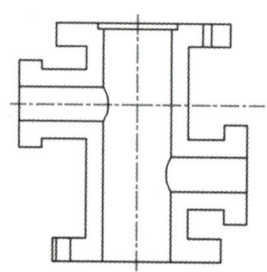

图 16-76 偏移结果

第5步 单击"注释"选项卡"中心线"面板"中心线"按钮，选择偏移后的两条直线，将生成的中心线移动到"中心线"图层。通过"特性"选项板对线型比例进行调整，结果如图16-77所示。

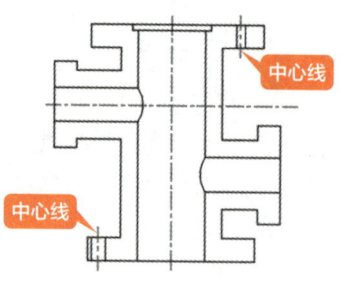

图 16-77 添加中心线

第 16 章 四通管绘制

第6步 单击"默认"选项卡"修改"面板中的"移动"按钮 ✥,选择右侧水平中心线作为需要移动的对象,在绘图区域中任意单击一点作为移动的基点,然后在命令行提示下输入"@0,-24"作为位移的第二个点,按"Enter"键确认,结果如图 16-78 所示。

第7步 将"剖面线"图层置为当前,单击"默认"选项卡"绘图"面板中的"图案填充"按钮 ▨,填充图案选择"ANSI31",填充比例设置为"0.5",填充角度设置为"0",选择填充区域,结果如图 16-79 所示。

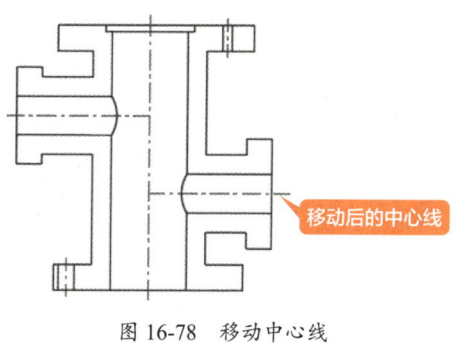

图 16-78 移动中心线

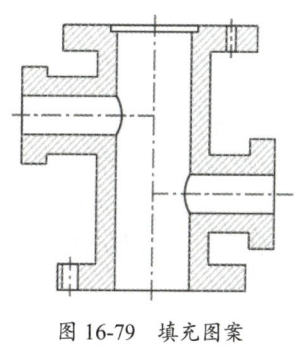

图 16-79 填充图案

16.2.4 绘制局部视图

下面将综合利用直线、矩形、圆、修剪等命令绘制四通管局部视图,具体操作步骤如下。

1. 绘制 C 向视图

第1步 将"轮廓线"图层置为当前,单击"默认"选项卡"绘图"面板中的"圆心,半径"按钮 ⌀,在图中任意位置绘制两个半径分别为"6""15"的同心圆,如图 16-80 所示。

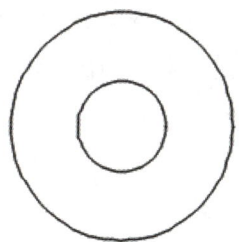

图 16-80 绘制同心圆

第2步 重复"圆心,半径"绘制圆命令,命令行提示如下。

```
命令: _CIRCLE
指定圆的圆心或 [三点(3P)/两点(2P)/
切点、切点、半径(T)]: FRO
基点: //捕捉两条中心线的交点
<偏移>: @-19,0
指定圆的半径或 [直径(D)] <8.0000>:
8
命令: _CIRCLE
指定圆的圆心或 [三点(3P)/两点(2P)/
切点、切点、半径(T)]:   //捕捉R8的
圆心
指定圆的半径或 [直径(D)] <8.0000>:
2
命令: _CIRCLE
指定圆的圆心或 [三点(3P)/两点(2P)/
切点、切点、半径(T)]: FRO
基点: //捕捉两条中心线的交点
<偏移>: @19,0
指定圆的半径或 [直径(D)] <2.0000>:
8
命令: _CIRCLE
指定圆的圆心或 [三点(3P)/两点(2P)/
切点、切点、半径(T)]:   //捕捉R8的
圆心
指定圆的半径或 [直径(D)] <8.0000>:
2
```

结果如图 16-81 所示。

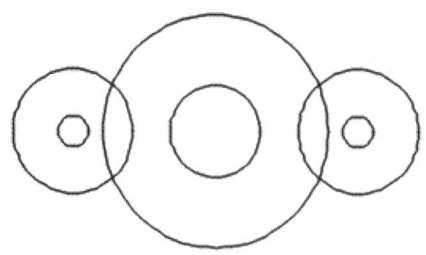

图 16-81 绘制圆

第3步 将"中心线"图层置为当前,单击"注释"选项卡"中心线"面板"圆心标记"按钮⊕,选择最大的圆,生成中心线后选中水平中心线,通过夹点编辑进行调整,结果如图 16-82 所示。

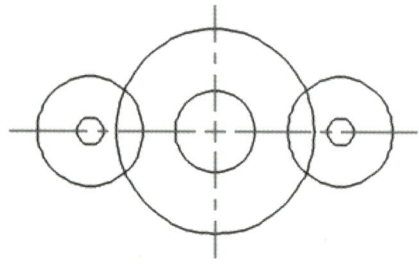

图 16-82 生成中心线

第4步 将"轮廓线"图层置为当前,单击"默认"选项卡"绘图"面板中的"直线"按钮 ╱,捕捉图 16-83 所示切点位置。

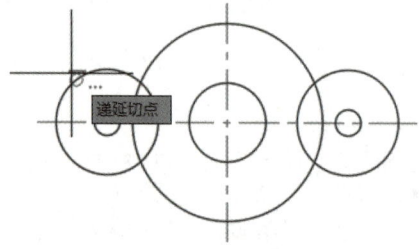

图 16-83 捕捉切点

> **提示**
> 调用直线命令后,按住"Shift"键单击鼠标右键,在弹出的快捷菜单中选择"切点",可以通过临时捕捉点,快速捕捉切点。

第5步 捕捉图 16-84 所示切点为直线的第二点,按"Enter"键结束直线命令,结果如图 16-85 所示。

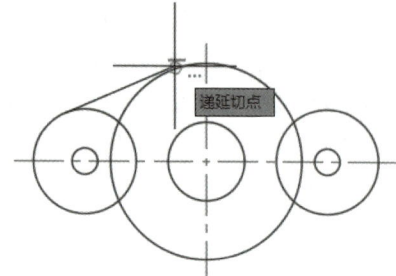

图 16-84 捕捉切点

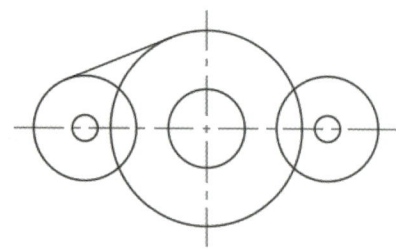

图 16-85 生成切线

第6步 重复第 4～5 步的操作,继续进行另外三条直线的绘制,结果如图 16-86 所示。

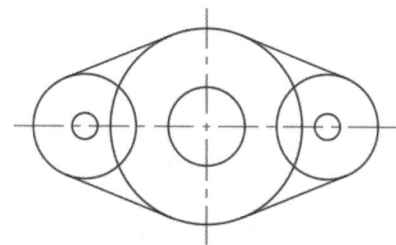

图 16-86 绘制切线

第7步 单击"默认"选项卡"修改"面板中的"修剪"按钮 ✂,对 C 向视图进行修剪,结果如图 16-87 所示。

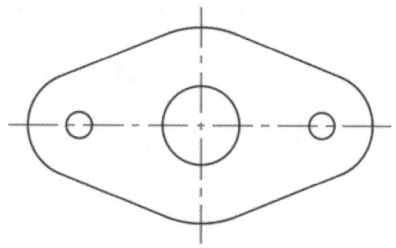

图 16-87 修剪图形

2. 绘制 D 向视图

第1步 将"中心线"图层置为当前,单击"默认"选项卡"绘图"面板中的"直线"按钮

/，在绘图区域中的任意位置处单击一点作为直线第一个点，然后在命令行提示下输入"@72<45"，按"Enter"键结束直线命令，结果如图16-88所示。

第2步 单击"默认"选项卡"修改"面板中的"旋转"按钮⟳，选择刚才绘制的中心线作为需要旋转的对象，捕捉中心线中点作为旋转基点，然后在命令行提示下输入"C"并按"Enter"键确认，旋转角度设置为"90"，结果如图16-89所示。

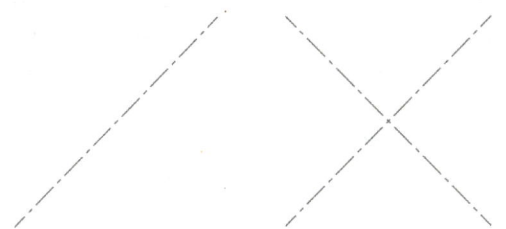

图16-88 绘制直线　　图16-89 旋转并复制直线

第3步 将"轮廓线"图层置为当前，单击"默认"选项卡"绘图"面板中的"圆心，半径"按钮⊙，捕捉两条中心线的交点作为圆心，半径分别指定为"12""14""26""29"，结果如图16-90所示。

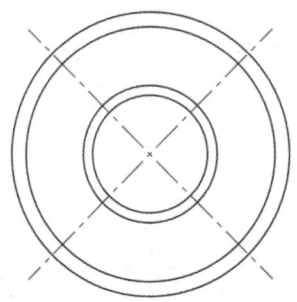

图16-90 绘制同心圆

第4步 将半径"26"的圆形移动到"中心线"图层，结果如图16-91所示。

第5步 单击"默认"选项卡"绘图"面板中的"圆心，半径"按钮⊙，分别捕捉中心线和半径为"26"的圆的交点作为圆心，绘制半径为"3"和"7"的同心圆，结果如图16-92所示。

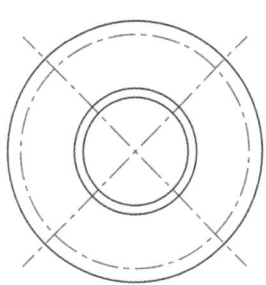

图16-91 更改图层

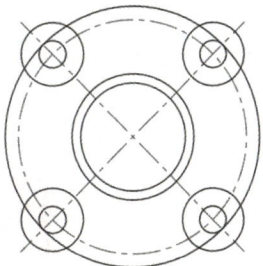

图16-92 绘制同心圆

第6步 单击"默认"选项卡"修改"面板中的"修剪"按钮✂，对D向视图进行修剪，结果如图16-93所示。

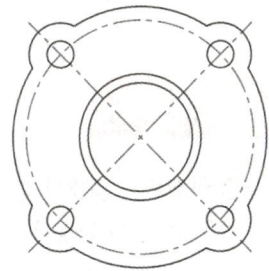

图16-93 修剪图形

3. 绘制E-E旋转视图

第1步 单击"默认"选项卡"绘图"面板中的"矩形"按钮▭，命令行提示如下。

```
命令：_RECTANG
指定第一个角点或 [倒角(C)/标高(E)/
圆角(F)/厚度(T)/宽度(W)]：F
指定矩形的圆角半径 <0.0000>：7
指定第一个角点或 [倒角(C)/标高(E)/
圆角(F)/厚度(T)/宽度(W)]：
//任意位置单击作为矩形的第一个角点
指定另一个角点或 [面积(A)/尺寸(D)/
旋转(R)]：@54,34
```

结果如图16-94所示。

图 16-94 绘制圆角矩形

第2步 将"中心线"图层置为当前,单击"注释"选项卡"中心线"面板"中心线"按钮,分别选择矩形的两条水平边和两条竖直边,生成两条中心线,结果如图 16-95 所示。

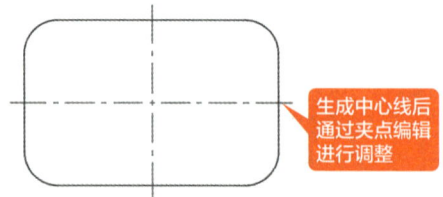

> 生成中心线后通过夹点编辑进行调整

图 16-95 生成中心线

第3步 将"轮廓线"图层置为当前,单击"默认"选项卡"绘图"面板中的"圆心,半径"按钮,捕捉两条中心线的交点作为圆心点,

绘制半径为"6"和"12"的同心圆,结果如图 16-96 所示。

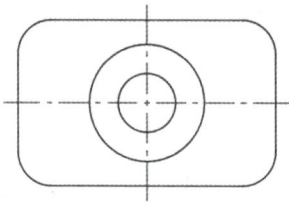

图 16-96 绘制同心圆

第4步 重复"圆心、半径"绘制圆命令,分别捕捉矩形四个角圆弧的圆心作为圆形的圆心点,绘制四个半径为"3"的圆,结果如图 16-97 所示。

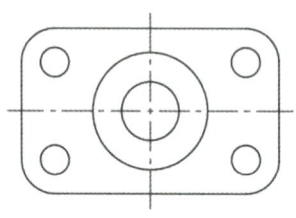

图 16-97 绘制圆

16.2.5 添加注释

下面将综合利用标注及文字等命令为四通管零件图添加注释,具体操作步骤如下。

第1步 将"注释"图层置为当前,选择标注命令为各视图添加标注对象,结果如图 16-98 所示。

第2步 选择文字命令为各视图添加注释对象,结果如图 16-99 所示。

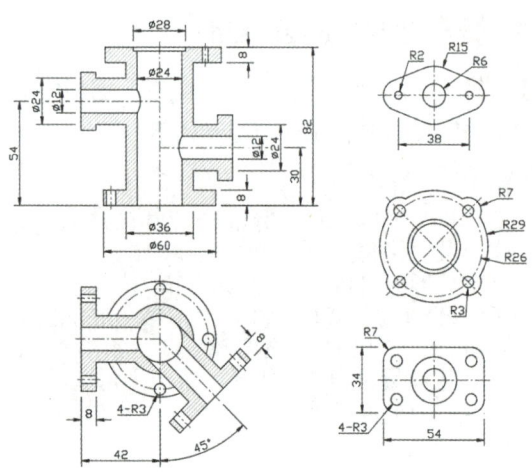

图 16-98 添加标注

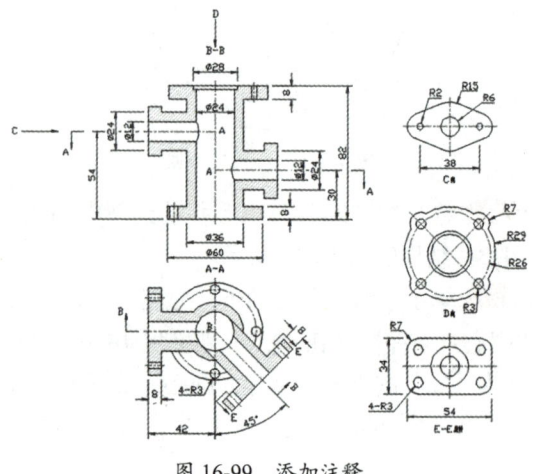

图 16-99 添加注释